国家示范性高职院校优质核心课程系列教材

畜产品加工与检验

■ 姜凤丽　主编

XUCHANPIN
JIAGONG YU
JIANYAN

化学工业出版社

·北　京·

《畜产品加工与检验》为国家示范性高职院校优质核心课程系列教材之一。教材以畜产品的检疫检验过程为主线，融合了畜产品的加工过程，共分六个项目：动物性食品污染与控制、畜禽肉制品加工与检验、乳制品加工与检验、蛋制品加工与检验、市场肉品检疫检验、水产品的检验。各项目下又细分了若干任务，系统、全面地将畜产品的加工与检验的每个环节紧密联系，构成了完整的工作过程体系。

　　《畜产品加工与检验》适合畜牧兽医相关专业、食品类专业的学生使用，也可作为企业技术人员的重要参考资料。

图书在版编目（CIP）数据

畜产品加工与检验/姜凤丽主编. —北京：化学
工业出版社，2016.5
国家示范性高职院校优质核心课程系列教材
ISBN 978-7-122-26833-4

Ⅰ.①畜…　Ⅱ.①姜…　Ⅲ.①畜产品-食品加工-
高等职业教育-教材②畜产品-食品检验-高等职业教育-
教材　Ⅳ.①TS251

中国版本图书馆 CIP 数据核字（2016）第 080767 号

责任编辑：李植峰　迟　蕾　章梦婕　　　　　　　　装帧设计：史利平
责任校对：宋　夏

出版发行：化学工业出版社（北京市东城区青年湖南街 13 号　邮政编码 100011）
印　　装：北京云浩印刷有限责任公司
787mm×1092mm　1/16　印张 16　字数 421 千字　　2017 年 5 月北京第 1 版第 1 次印刷

购书咨询：010-64518888（传真：010-64519686）　　售后服务：010-64518899
网　　址：http://www.cip.com.cn
凡购买本书，如有缺损质量问题，本社销售中心负责调换。

定　　价：34.00 元　　　　　　　　　　　　　　　　　版权所有　违者必究

"国家示范性高职院校优质核心课程系列教材" 建设委员会成员名单

主 任 委 员　蒋锦标

副主任委员　荆　宇　宋连喜

委　　　员　（按姓名汉语拼音排序）

蔡智军	曹　军	陈杏禹	崔春兰	崔颂英
丁国志	董炳友	鄂禄祥	冯云选	郝生宏
何明明	胡克伟	贾冬艳	姜凤丽	姜　君
蒋锦标	荆　宇	李继红	梁文珍	钱庆华
乔　军	曲　强	宋连喜	田长永	田晓玲
王国东	王润珍	王艳立	王振龙	相成久
肖彦春	徐　凌	薛全义	姚卫东	邹良栋

《畜产品加工与检验》编审人员名单

主　　编　姜凤丽

副 主 编　刘衍芬　刘正伟　周丽荣　苗中秋

编写人员　（按姓名汉语拼音排序）

　　　　　曹　晶　（辽宁农业职业技术学院）

　　　　　范　强　（辽宁农业职业技术学院）

　　　　　姜凤丽　（辽宁农业职业技术学院）

　　　　　李春华　（辽宁农业职业技术学院）

　　　　　林旭东　（辽宁省营口市鲅鱼圈区畜产品安全监察所）

　　　　　刘衍芬　（辽宁农业职业技术学院）

　　　　　刘正伟　（辽宁农业职业技术学院）

　　　　　路卫星　（辽宁农业职业技术学院）

　　　　　苗中秋　（辽宁农业职业技术学院）

　　　　　王铭良　（辽宁省营口市鲅鱼圈区动物卫生监督管理所）

　　　　　张　利　（辽宁农业职业技术学院）

　　　　　周丽荣　（辽宁农业职业技术学院）

主　　审　宋连喜　（辽宁农业职业技术学院）

序

PREFACE

我国高等职业教育在经济社会发展需求推动下，不断地从传统教育教学模式蜕变出新，特别是近十几年来在国家教育部的重视下，高等职业教育从示范专业建设到校企合作培养模式改革，从精品课程遴选到双师队伍构建，从质量工程的开展到示范院校建设项目的推出，经历了从局部改革到全面建设的历程。教育部《关于全面提高高等职业教育教学质量的若干意见》（教高［2006］16 号）和《教育部、财政部关于实施国家示范性高等职业院校建设计划，加快高等职业教育改革与发展的意见》（教高［2006］14 号）文件的正式出台，标志着我国高等职业教育进入了全面提高质量阶段，切实提高教学质量已成为当前我国高等职业教育的一项核心任务，以课程为核心的改革与建设成为高等职业院校当务之急。目前，教材作为课程建设的载体、教师教学的资料和学生的学习依据，存在着与当前人才培养需要的诸多不适应。一是传统课程体系与职业岗位能力培养之间的矛盾；二是教材内容的更新速度与现代岗位技能的变化之间的矛盾；三是传统教材的学科体系与职业能力成长过程之间的矛盾。因此，加强课程改革、加快教材建设已成为目前教学改革的重中之重。

辽宁农业职业技术学院经过十年的改革探索和三年的示范性建设，在课程改革和教材建设上取得了一些成就，特别是示范院校建设中的 32 门优质核心课程的物化成果之一———教材，现均已结稿付梓，即将与同行和同学们见面交流。

本系列教材力求以职业能力培养为主线，以工作过程为导向，以典型工作任务和生产项目为载体，立足行业岗位要求，参照相关的职业资格标准和行业企业技术标准，遵循高职学生成长规律、高职教育规律和行业生产规律进行开发建设。教材建设过程中广泛吸纳了行业、企业专家的智慧，按照任务驱动、项目导向教学模式的要求，构建情境化学习任务单元，在内容选取上注重了学生可持续发展能力和创新能力培养，具有典型的工学结合特征。

本套以工学结合为主要特征的系列化教材的正式出版，是学院不断深化教学改革，持续开展工作过程系统化课程开发的结果，更是国家示范院校建设的一项重要成果。本套教材是我们多年来按农时季节工艺流程工作程序开展教学活动的一次理性升华，也是借鉴国外职教经验的一次探索尝试，这里面凝聚了各位编审人员的大量心血与智慧。希望该系列教材的出版能为推动基于工作过程系统化课程体系建设和促进人才培养质量提高提供更多的方法及路径，能为全国农业高职院校的教材建设起到积极的引领和示范作用。当然，系列教材涉及的专业较多，编者对现代教育理念的理解不一，难免存在各种各样的疏漏与不足，希望得到专家的斧正和同行的指点，以便我们改进。

该系列教材的正式出版得到了姜大源、徐涵等职教专家的悉心指导，同时，也得到了相关行业企业专家和有关兄弟院校的大力支持，在此一并表示感谢！

蒋锦标
2010 年 12 月

前言
FOREWORD

本教材是根据《国家中长期教育改革和发展规划纲要（2010—2020年）》、《教育部关于加强高职高专教育人才培养工作的意见》、《教育部关于以就业为导向深化高等职业教育改革的若干意见》、《关于全面提高高职教育教学若干意见》及《关于加强高职教育教材建设的若干意见》的精神和要求进行编写的。

畜产品加工与检验是畜牧兽医专业的专业拓展课程，是为了掌握畜禽产品的检验与加工方法的典型任务，以保证畜禽产品安全，同时培养学生实践能力的一门课程。该课程与畜禽生产及疾病防治的各环节紧密相关，构成了任务化过程的完整体系。

教材在设计理念上，按照"基于工作过程系统化"的思路，进行整体设计。以畜产品加工与检验的流程为主线进行任务划分，以学生为主体，使学生在获得适应岗位的职业素养和职业能力的同时，获得自主学习能力、创新的方法和可持续发展的职业能力。

由于编写时间较紧，加之业务水平和经验有限，书稿中难免存有不尽完善之处，敬请大家批评指正。

编者

2017 年 1 月

目 录
CONTENTS

项目一　动物性食品污染与控制

【知识目标】
- 理解动物性食品污染的来源、食物中毒的原因。
- 掌握食品污染、食物中毒的控制方法。

【技能目标】
- 能够进行食品生物性污染的控制与监测。
- 会进行盐酸克仑特罗的检测。

食品污染是指食品中原来含有的或加工时人为添加的各种生物性或化学性物质，其共同特点是对人体健康有急性或慢性的危害。造成动物性食品污染的原因是多方面的，除了过去所熟悉的微生物和寄生虫的污染外，各种药物、农药、重金属、真菌毒素、激素、添加剂、放射性物质及其他化学物质的污染也日益突出。

根据污染物的性质和来源，动物性食品污染可分为生物性污染、化学性污染和放射性污染；按照污染的途径，则可分为内源性污染和外源性污染。其特点是：污染源除直接污染食品原料或制品外，多半是通过食物链逐级富集的；造成的危害，除引起急性疾患外，还可蓄积或残留在体内，构成慢性危害和潜在性的威胁；被污染的食品，除少数表现出感官变化外，多数不能被感官所察觉；常规的冷、热处理不能达到绝对无害（尤其是非生物性污染）。

在动物性食品的污染过程中，食物链起着非常重要的作用。污染物可以通过食物链最终进入人体，危及健康。食物链是指在生态系统中，由低等微生物到高等微生物顺次作为食物而连接起来的一个生态系统。与人类有关的食物链主要有两条：一条是陆生生物食物链，即土壤→农作物→畜禽→人；另一条是水生生物食物链，即水→浮游植物→浮游动物→鱼类→人。食物链在食品污染中的突出特点是生物富集作用，即指生物将环境中低浓度的化学物质蓄积在体内达到较高浓度的过程。

任务一　动物性食品污染的控制

子任务1　细菌总数的测定

一、技能目标

掌握食品中细菌总数测定的方法、菌落计数和报告方式，以及经常食用的各类动物性食品的细菌总数标准。

二、工作原理

菌落总数是指食品经过处理，在一定条件下培养后，所得 1g 或 1mL 检样中所含细菌的菌落总数。菌落总数主要作为判别食品被污染程度的标志，也可以应用这一方法观察细菌在食品中繁殖的动态，以便为被检样品进行卫生学评价时提供依据。

菌落总数并不表示样品中实际存在的所有细菌总数，菌落总数并不能区分其中细菌的种类，所以有时被称为杂菌数、需氧菌数等。

三、任务条件

培养箱、天平、灭菌试管、吸管、灭菌平皿、乳钵、剪子和镊子、稀释液、营养琼脂等。

四、任务实施

1. 检样稀释及培养

（1）以无菌操作，取检样 25g（或 25mL），放于 225mL 灭菌生理盐水或其他稀释液的灭菌玻璃瓶内（瓶内预置适当数量的玻璃珠）或灭菌乳钵内，经充分振摇或研磨制成 1∶10 的均匀稀释液。固体检样在加入稀释液后，最好置灭菌均质器中以 8000～10000r/min 的速度处理 1min，制成 1∶10 的均匀稀释液。

（2）用 1mL 灭菌吸管吸取 1∶10 稀释液 1mL，沿管壁徐徐注入含有 9mL 灭菌生理盐水或其他稀释液的试管内，振摇试管混合均匀，制成 1∶100 的稀释液。

（3）另取 1mL 灭菌吸管，按（2）操作顺序，制备 10 倍递增稀释液，如此每递增稀释一次即换用 1 支 1mL 灭菌吸管。

（4）根据标准要求或对污染情况的估计，选择 2～3 个适宜稀释度，分别在制备 10 倍递增稀释液的同时，以吸取该稀释度的吸管移取 1mL 稀释液于灭菌平皿中，每个稀释度做两个平皿。

（5）将凉至 46℃营养琼脂培养基注入平皿约 15mL，并转动平皿，混合均匀。同时将营养琼脂培养基倾入加有 1mL 稀释液（不含样品）的灭菌平皿内作空白对照。

（6）待琼脂凝固后，翻转平板，置（36±1）℃培养箱内培养（24±2）h［肉、水产、乳、蛋为（48±2）h］，取出计算平板内菌落数目，乘以稀释倍数，即得每克（每毫升）样品所含菌落总数。

2. 菌落计数和报告

（1）操作方法：培养到时间后，计数每个平板上的菌落数。可用肉眼观察，必要时用放大镜检查，以防遗漏。记下各平板的菌落总数，求出同稀释度的各平板平均菌落数，计算出原始样品中每克（或每毫升）中的菌落数，进行报告。

（2）到达规定培养时间，应立即计数。如果不能立即计数，应将平板放置于 0～4℃，但不得超过 24h。

（3）计数时应选取菌落数在 30～300 之间的平板（SN 标准要求为 25～250 个菌落），若有 2 个稀释度均在 30～300 之间时，按国家标准方法要求应以二者比值决定，比值小于或等于 2 取平均数，比值大于 2 则取其较小数字（有的规定不考虑其比值大小，均以平均数报告）。

（4）若所有稀释度均不在计数区间，如均大于 300，则取最高稀释度的平均菌落数乘以稀释倍数报告之；如均小于 30，则以最低稀释度的平均菌落数乘以稀释倍数报告之；如菌落数有的大于 300，有的小于 30，但均不在 30～300，则应以最接近 300 或 30 的平均菌落数乘以稀释倍数报告之；如所有稀释度均无菌落生长，则应按小于 1 乘以最低稀释倍数报告之。有的规定对上述几种情况计算出的菌落数按估算值报告。

（5）不同稀释度的菌落数应与稀释倍数成反比（同一稀释度的 2 个平板的菌落数应基本接近），即稀释倍数愈高菌落数愈少，稀释倍数愈低菌落数愈多。如出现逆反现象，则应视为检验中的差错（有的食品有时可能出现逆反现象，如酸性饮料等），不应作为检样计数报告的依据。

（6）当平板上有链状菌落生长时，如呈链状生长的菌落之间无任何明显界限，则应作为一个菌落计，如存在有几条不同来源的链，则每条链均应按一个菌落计算，不要把链上生长的每一个菌落分开计数。如片状菌落生长，该平板一般不宜采用，如片状菌落不到平板一半，而另一半又分布均匀，则可以半个平板的菌落数乘以 2 代表全平板的菌落数。

（7）当计数平板内的菌落数过多（即所有稀释度均大于 300 时），但分布很均匀，可取平板的 1/2 或 1/4 计数，再乘以相应稀释倍数作为该平板的菌落数。

（8）菌落数的报告，按国家标准方法规定菌落数在 1～100 时，按实有数字报告，如大于 100 时，则报告前面两位有效数字，第三位数按四舍五入计算。固体检样以克（g）为单位报告，液体检样以毫升（mL）为单位报告，表面涂擦则以平方厘米（cm²）报告。

五、任务报告

根据食品检样测定的方法、结果，报告被检食品的菌落总数，并对检样进行卫生评价。

子任务 2　大肠菌群的测定

一、技能目标

1. 了解大肠菌群在食品卫生检验中的意义；
2. 学习并掌握大肠菌群的检验方法。

二、工作原理

大肠菌群系指一群能发酵乳糖，产酸产气，需氧和兼性厌氧的革兰阴性无芽孢杆菌。该菌主要来源于人畜粪便，故以此作为粪便污染指标来评价食品的卫生质量，具有广泛的卫生学意义。它反映了食品是否被粪便污染，同时间接地指出食品是否有肠道致病菌污染的可能性。食品中大肠菌群数系以每 100g（或 mL）检样内大肠菌群最近似数（the most probable number，MPN）表示。

三、任务条件

1. 样品　乳、肉、禽蛋制品，饮料、糕点、发酵调味品或其他食品。
2. 菌种　大肠埃希菌、产气肠杆菌。
3. 培养基及试剂　单料乳糖胆盐发酵管、双料乳糖胆盐发酵管、乳糖胆盐发酵管、伊红美蓝琼脂（EMB）、革兰染色液。
4. 其他　培养箱、恒温水浴、药物天平、培养皿、载玻片等。

四、任务实施

1. 样品稀释

（1）以无菌操作，取检样 25g（或 25mL），放于 225mL 灭菌生理盐水或其他稀释液的灭菌玻璃瓶内（瓶内预置适当数量的玻璃珠）或灭菌乳钵内，经充分振摇或研磨制成 1∶10 的均匀稀释液。固体检样在加入稀释液后，最好置灭菌均质器中以 8000～10000r/min 的速度处理 1min，制成 1∶10 的均匀稀释液。

（2）用 1mL 灭菌吸管吸取 1∶10 稀释液 1mL，沿管壁徐徐注入含有 9mL 灭菌生理盐水或其他稀释液的试管内，振摇试管混合均匀，制成 1∶100 的稀释液。

（3）另取 1mL 灭菌吸管，按（2）操作顺序，制备 10 倍递增稀释液，如此每递增稀释一次即换用 1 支 1mL 灭菌吸管。

（4）根据标准要求或对污染情况的估计，选择 3 个适宜稀释度，分别在制备 10 倍递增稀释液的同时，以吸取该稀释度的吸管移取 1mL 稀释液于灭菌平皿中，每个稀释度做 3 个平皿。

2. 乳糖发酵试验

根据食品卫生要求或对检样污染程度的估计，选择 3 个稀释度，每个稀释度接种 3 管乳糖胆盐发酵管。接种量在 1mL 以上者，用双料乳糖胆盐发酵管；接种量在 1mL 及 1mL 以下者，用单料乳糖胆盐发酵管，同时用大肠埃希菌和产气肠杆菌混合菌种混合接种于 1 支单料乳糖胆盐发酵管作对照。置（36±1）℃培养箱内，培养（24±2）h，如所有发酵管都不产气，则可报告为大肠菌群阴性，如有产气者，则与对照的混合菌种一起按下列程序进行操作。

3. 分离培养

将产气的发酵管分别在伊红美蓝琼脂平板上划线分离。然后置（36±1）℃培养箱内，培养 18～24h 后取出，观察菌落形态，并做革兰染色和证实试验。

4. 证实试验

在上述平板上，挑取可疑大肠菌落 1～2 个进行革兰染色，同时接种乳糖胆盐发酵管，置（36±1）℃培养箱培养（24±2）h，观察产气情况，凡乳糖管产气、革兰染色为阴性的无芽孢杆菌，即可报告为大肠菌群阳性。

5. 报告

根据证实为大肠杆菌阳性的管数，查 MPN 表，报告每 100mL（g）大肠菌群的 MPN 值。

五、任务报告

根据食品检样测定的方法、结果，报告被检食品的大肠菌群 MPN 值，并对检样进行卫生评价。

 相关知识

一、生物性污染

生物性污染是微生物和寄生虫以及昆虫对动物性食品造成的污染。其污染方式和途径可以是内源性的，也可以是外源性的。

1. 内源性污染

内源性污染又称食用动物的生前污染或第一次污染，即动物在生长发育过程中，由本身带染的生物性或从环境中侵入的生物性物质而造成的食品污染。

（1）人畜共患传染病和寄生虫病的病原体的污染　人畜共患病是指脊椎动物和人类之间自然传染的疾病。现已查明，在目前已知的 200 多种动物传染病和 150 多种寄生虫病中，至少有 160 种左右可以自然传染给人，其中通过肉用动物及其产品传染给人的有 30 多种。如果动物生长发育过程中感染了这些人畜共患传染病和寄生虫病，就可能对人类健康造成威胁。

（2）动物固有的传染病和寄生虫病的病原体的污染　除人畜共患病外，食用动物还可感染其固有的一些疾病。这些疾病虽然不感染人，但由于病原体在体内的活动以及组织的病理分解，使动物体内蓄积了某些有毒物质，同时由于患病机体抵抗力减弱，使正常存在于机体中的某些微生物，尤其是沙门菌属细菌发生继发感染，引起人们的食物中毒或感染。

（3）非致病性和条件致病性微生物的污染　正常条件下，在动物机体的某些部位，如消化道、上呼吸道、泌尿生殖道及体表等，存在着一些非致病性和条件致病性微生物，当动物宰前处于不良条件下，如长途运输、过度疲劳、拥挤、饥饿等，动物机体的抵抗力降低，这些微生物便有可能侵入肌肉、肝脏等部位，造成动物性食品的污染。

2. 外源性污染

外源性污染又称为食品加工流通过程的污染或第二次污染，即食品在生产、加工、运输、贮藏、销售等过程中的污染。常见以下几种。

（1）通过水的污染　动物性食品的生产加工的许多环节都离不开水，如果使用被生物性、化学性或放射性物质污染的水源，则会造成食品的污染。

（2）通过空气的污染　空气中含有大量的微生物，还可能含有工业废气等有害物质。空气中的污染物可以自然沉降或随雨滴降落在食品上，造成直接污染，也可以污染水源、土壤，造成间接污染。此外，带有微生物的痰沫、鼻涕与唾液的飞沫、空气中的尘埃等也可对食品造成污染。

（3）通过土壤的污染　土壤中可能存在各种致病性微生物和各种有毒的化学物质。动物性食品在生产、加工、贮藏、运输等过程中，接触被污染的土壤，或尘土沉降于食品表面，造成食品的直接污染，或者成为水及空气的污染源而间接污染食品。

土壤、空气、水的污染是相互联系、相互影响的，污染物在三者之间相互转化，往往形成环境污染的恶性循环，从而造成污染物对食品更严重的污染。

（4）生产加工过程和流通环节的污染　食品在生产加工过程的各个环节，都有可能造成食品的污染。如食品加工器具、设备等不清洁，可以造成食品的污染；挤奶过程中，挤奶工人的手、挤奶用具等未经严格消毒，都有可能污染乳汁；直接从事食品生产的工人患有呼吸道、消化道传染病，都有可能污染食品；食品添加剂的不合理使用也会造成食品污染。从食品生产到消费者进食，期间要经过运输、贮藏、销售、烹调等环节，任何一个环节稍不注意，就会造成污染。

（5）从业人员带菌污染　从业人员的健康状态和卫生习惯对食品卫生也至关重要。正常人的体表、呼吸道、消化道、泌尿生殖道均携带一定类群和数量的微生物，尤其是当从业人员患有传染性肝炎、开放性结核、肠道传染病、化脓性皮炎等疾病时，可向体外不断排菌，可以通过加工、运输、贮藏、销售、烹调等环节将病原微生物带入食品，进而危害消费者的健康。因此，对食品加工及经营环节的从业人员，应定期进行健康检查，并搞好个人卫生。

3. 生物性污染的控制与检测

控制食品生物性污染，一方面要控制原料的内源性污染，另一方面控制加工和流通过程中的外源性污染，保证动物性食品的卫生质量。

（1）防止原料的污染　动物性食品来源于各种家畜家禽和水生动物，其健康和洁净状态直接影响到动物性食品的卫生质量与安全性，因此食用动物的卫生管理至关重要。

① 建立良好的动物生活环境　从科学饲养的角度出发，对环境卫生、场圈卫生、畜舍卫生、畜体卫生，以及饮水和饲料卫生等都要给予足够重视；应固定畜禽饲养基地和饲料基地，尽可能自繁自养，建立无病畜禽群体；建立卫生管理机构，健全各项卫生管理制度。

② 消灭畜禽疫病、切断传染途径　开展防疫、检疫、驱虫、灭病，适时进行预防注射，创建无疫区。

（2）防止加工和流通过程中的污染　外源性污染是食品污染的重要来源，要保证食品的卫生质量，必须控制外源性污染。

① 食用动物的屠宰加工应严格按照卫生要求操作，并依据规程进行动物性食品卫生检验。

② 乳品生产应着重抓好畜舍卫生、乳畜卫生和鲜乳初步加工卫生三大环节。

③ 禽蛋和水产品的卫生管理从收集、捕捞到运输、贮藏、销售，应重点抓好包装卫生、运输卫生及冷藏卫生三大环节。

④ 食品的加工贮藏须符合卫生要求。

⑤ 建立健全市场卫生监督检验机制，大力宣传《食品安全法》及其他有关条例、规定和办法。

（3）进行细菌学检测

① 细菌总数　天然食品内部没有或仅有很少的细菌，食品中的细菌主要来源于生产、贮藏、运输、销售等各个环节的污染。食品中的细菌数量越多，食品腐败变质的速度就越快。细菌数量的表示方法因所采用的计数方法不同而有两种：菌落总数和细菌总数。

a. 菌落总数　是指一定数量和面积的食品检样，在一定条件下（如样品的处理、培养基种类、培养时间、温度等）进行培养，使适应该条件的每一个活菌必须而且只能形成一个肉眼可见的菌落，然后进行菌落计数，得到菌落数量。通常以 1g 或 1mL 或 1cm² 样品中所含的菌落数量来表示。

b. 细菌总数　是指一定数量和面积的食品检样，经过适当的处理（如溶解、稀释、揩拭等），在显微镜下对细菌进行直接计数，其中包括各种活菌和尚未消失的死菌数。细菌总数也称细菌直接显微镜数。通常以 1g 或 1mL 或 1cm² 样品中的菌落形成单位（colony forming unit，CFU）来表示。

在实际工作中，我国多采用菌落总数来评价微生物对食品的污染。食品的菌落总数越低，表明该食品被细菌污染的程度越轻，食品的卫生质量越好。

② 大肠菌群　大肠菌群系指一群在 37℃ 发酵乳糖、产酸产气、需氧和兼性厌氧的革兰阴性的无芽孢杆菌。从种类上讲，大肠菌群包括许多细菌属，其中有埃希菌属、枸橼酸菌属、肠杆菌属和克雷伯菌属等，以埃希菌属为主。大肠菌群来自人或温血动物的粪便，食品中检出大肠菌群则认为该食品受到了人或动物粪便的污染，大肠菌群数量越多，则表明粪便污染严重，由此推测该食品存在着肠道致病菌污染的可能，潜伏着食物中毒或流行病的威胁。粪便一般对食品的污染是间接的，通常采取限制食品中大肠菌群数量来控制这类污染。

本指标可以反映出食品曾受到人或温血动物粪便污染，可作为肠道致病菌污染食品的指示菌。

③ 致病菌　食品首要要求是安全性，其次才是可食性和其他方面。食品中一旦含有致病菌，其安全性也就丧失，食用性也不复存在。与菌落总数和大肠菌群相比，致病菌与食物中毒和疾病发生不再是推测性的和潜在性的，而是肯定性和直接的。所以，各国的卫生部门对致病性微生物都做了严格的规定，将其作为食品卫生质量的重要标准之一。

目前列入国家标准的致病菌有 12 种，如沙门菌、葡萄球菌、链球菌、副溶血弧菌等，每一种都有详细、完整的检验方法，作为全国范围内的统一方法，在保证食品安全和维护消费者健康方面起了重要作用。列入出口食品行业标准的致病菌有 7 种，这 7 种致病菌的检验方法与发达国家的相应方法基本保持一致，同时也适合我国国情。

二、非生物性污染

非生物性污染包括化学性污染和放射性污染。其污染方式和途径也可分为内源性和外源性两种。

1. 化学性污染

化学性污染指各种有害的金属、非金属、有机物、无机物等对动物性食品造成的污染。进入动物饲料和人类食品中的化学污染物，除少数因浓度或数量过大引起急性中毒外，绝大部分以食品残毒（通过各种途径进入并残留于食物中的有毒物质）的形式构成潜在的危害。从污染来源可分为以下几类。

（1）环境污染　随着工业生产的发展，"工业三废"（废气、废水、废渣）不合理的排放，是引起大气、水体、土壤及动植物污染的主要原因。这些环境污染物可以通过呼吸、饮水直接进入人体，也可沿食物链间接进入人体。尤其需要注意的是，污染物沿食物链逐级生物富集，可以使本来浓度很低的污染物富集到危险的高浓度水平。例如，多氯联苯（PCB）是几乎不溶于水的物质，它在河水和海水中的浓度只有 $0.00001 \sim 0.001 mg/L$，这样微乎其微的物质是不可能造成什么危害的，但经过食物链富集后，其浓度可以成千上万倍地增加，在鱼体内可富集到 $0.01 \sim 10 mg/kg$，在食鱼鸟体内可进一步富集到 $1.0 \sim 100 mg/kg$，而且食物链越长，富集的程度越高，危害也就越明显。人食用上述鱼类，脂肪中富集的多氯联苯可达 $0.1 \sim 10 mg/kg$。

污染环境的化学物质种类繁多，如镉、铅、汞、砷、多氯联苯、苯并芘、氟化物等。

（2）农药污染　农药是指用于预防、消灭、驱除各种有害昆虫、啮齿动物、霉菌、病毒、杂草和其他有害动植物的物质，以及用于植物的生长调节剂、落叶剂、贮藏剂等。农药的广泛使用，常造成动物性食品的农药残留（是指农药的原形及其代谢物蓄积或贮存于动物的细胞、组织或器官内）。其可以由于对动物体和厩舍使用农药或在运输中受到农药的污染而发生，但主要是通过食物链而来。引起食品污染的主要是有机磷、有机汞、有机砷等农药。

（3）药物污染　用于动物生产的药物，如抗生素、磺胺制剂、生长促进剂和各种激素制品等，可以在动物体内反应并形成残留。人类食用有药物残留的食品，将对人体健康造成影响，主要表现为变态反应与过敏反应，细菌耐药性，致癌、致畸、致突变和激素样作用。为了防止食品中药物残留对人体的危害，使用过药物的动物要经过休药期后方可屠宰或允许其产品上市。

（4）食品添加剂污染　食品添加剂是指为改善食品的品质，增加其色、香、味，以及为防腐和加工工艺的需要而加入食品中的化学合成的或天然的物质。食品添加剂在一定范围内使用限量对人体无害，但若滥用则会造成食品的污染，对食用者的健康造成危害。所以，各国都制定了食品添加剂的卫生标准，规定了允许使用的添加剂名称、使用范围和最大使用量。

2. 放射性污染

食品吸附或者吸收外来的放射性核素，其放射性高于自然放射性本底时，称为食品的放射性污染。这些污染物主要来源于放射物质的开采、冶炼，大气中核爆炸的沉降物，原子能工业和核工业的放射性核素废物的排放不当或意外事故等均可造成环境的污染。这些放射性物质直接或间接地污染食品，危害食用者的健康。

放射性物质对食品污染的特点是：种类较多，半衰期一般较长，被人摄取的机会多，有的在人体内可以长期蓄积。

3. 非生物性污染的控制与监测

（1）积极治理"三废"，加强农药和药物的使用管理

① 做好工业"三废"的综合治理　禁止随意排放，防止对环境的污染。同时，要积极开展环境分析和食品卫生监测工作，及时采取防止食品污染的有效措施。

② 加强对农药生产和使用的管理　严格规定食品中农药的最高残留限量（MRL），禁止和限制使用高残留、剧毒农药，开展食品中农药残留的检测工作，禁止使用农药残留量超标的任何原料生产食品。

③ 加强对药物生产和使用的管理　严格规定药物的休药期和 MRL。对兽药的生产和使用进行严格管理，对动物性食品中的药物残留进行全面检测，凡超过 MRL 的食品不允许在市场上出售和食用。

（2）加强对放射性污染的控制

① 加强对污染源的经常性卫生监督　使用放射性物质时，应严格遵守技术操作规程，定期检查装置的安全性。对食品进行辐照保鲜时，应严格遵守照射源和照射剂量的规定，禁止任何能够引起食品和包装物产生放射性物质的照射。绝对禁止把放射性核素作为食品保藏剂。

② 适时或定期地进行食品卫生监督　对应用于工农业、医学和科学实验目的的核装置及同位素装置附近地区的食品，要定期进行卫生监督。对于辐照处理的食品也应如此监督，严格控制食品的吸收剂量，卫生监督部门随时查验，未经审查批准的辐照食品，一律不得上市。

③ 严格执行卫生标准　1958 年国际辐射防护委员会（ICRP）推荐"人体最大允许量"。一些国家根据这一建议制订了空气、水和食品的放射性核素最大允许浓度或最大允许摄入量。

（3）开展食品的安全性评价和监测工作　食品中有害物质进入人体后，其毒性高低是相对的，只有在一定量和一定接触条件下，才可能对机体造成危害。因此，人们根据食品毒理学的原则和方法，按照图 1-1 程序制定食品中有害物质（化学物质，包括微生物毒素和放射性核素）的容许量标准。

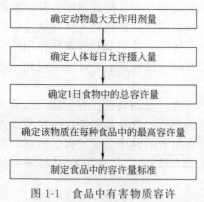

图 1-1　食品中有害物质容许量标准制定程序

① 动物毒性试验　按照食品安全性毒理学评价程序，用该有害物质进行动物试验。

② 确定动物最大无作用剂量（MNL）　一般情况下，有害物质引起动物机体的毒性作用会随着其剂量的逐渐降低而逐渐减弱；当减弱到一定剂量时，不能再观察到它对动物的毒性作用，这一剂量称为动物最大无作用剂量，以 mg/kg 体重表示。

③ 确定人体每日允许摄入量（ADI）　人体每日允许摄入量（ADI）是指人类终生每日摄入该有害物质，对人体健康没有任何已知的不良效应的剂量，以 mg/kg 体重表示。ADI 当然不可能由人体试验进行测定，而是由动物 MNL 换算来的。考虑到动物与人的种间差异以及人的个体差异，为安全起见，在换算时要考虑安全系数，一般定为 100（可以理解为种间差异和个体差异各取 10）。换算公式如下：ADI＝MNL/100。

④ 确定 1 日食物中的总容许量　人类每日允许摄入的有害物质不仅来源于食物，还可能来源于饮水和空气等。因此，必须首先确定该物质来源于食品的量占总量的比例，才能据此由 ADI 值计算该物质在食品中的最高容许量。例如，某农药的 MNL 为 5mg/kg 体重，则 ADI＝5/100＝0.05mg/kg 体重，如果一般成人体重以 60kg 计，则该农药成人 ADI＝0.05mg/kg 体重×60kg/人＝3mg/人；假定该农药进入人体总量的 80% 来自食品，则该农药在一日食物中的总容许量为 3mg×80%＝2.4mg。

⑤ 确定该物质在各种食品中最高容许量　要确定一种有害物质在人体内所摄取的各种

食品中的最高容许量，则首先需要通过膳食调查，了解含该物质的食品种类，并了解各种食品的每日摄入量。假定含该农药的食品只有粮食和蔬菜，人体每日摄取粮食和蔬菜的量分别为 500g 和 300g，则粮食和蔬菜中该农药最高容许量为 2.4mg/(0.5＋0.3) kg＝3mg/kg。不论含有该农药的食品有多少种，均可如此推算。至于多种食品的最高容许量之间是否应该有差别，则可根据具体情况而定。

⑥ 制定食品中的容许量标准　按上述方法计算得出的各种食品最高容许量是理论值，在制定标准时，还应根据实际情况作调整。调整的原则是：在确保人体健康的情况下，兼顾健康需要和目前生产技术水平及经济水平，同时还要考虑与国际标准和国外先进标准的接轨问题。在具体制定时，还应考虑有害物质的毒性、特点和实际摄入情况，将标准从严制定或略加放宽。考虑的因素常有以下几点：a. 该物质在人体内的积蓄性及代谢特点，不易排泄或解毒者从严；b. 该物质的毒性特点，产生严重后果者（如致癌、致畸、致突变等）从严；c. 含有该物质的食品的食用情况，长时间大量食用者从严；d. 含该物质食品的食用对象，儿童、患者食用者从严；e. 该物质在烹调加工过程中的稳定性强者从严。制定食品中有害物质的容许量标准时，带有一定的相对性。故标准制定后，还应进行验证。此外，随着科学技术的发展，容许量标准还应不断进行修订。

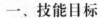

任务二　中毒肉的检验

一、技能目标
掌握敌百虫、敌敌畏中毒畜禽肉的检验方法。

二、工作原理
敌百虫、敌敌畏在碱性溶液中水解产生的醛类物质（二氯乙醛）与间苯二酚反应生成红色化合物。本法灵敏度为 1～5g。

三、任务条件
1. 0.5％间苯二酚乙醇溶液，临用时配制。
2. 10％碳酸钠溶液。
3. 甲醛硫酸试剂：每毫升浓硫酸中加 1 滴 40％甲醛。

四、任务实施
1. 敌百虫、敌敌畏的检验——间苯二酚显色法

（1）样品处理　肌肉或液体样品，可直接用苯或氯仿浸提 10min，浸提后过滤，滤液自然挥干。或在 55～60℃水浴上蒸发浓缩，用乙醇溶解，取其乙醇溶液进行检查。

内脏、胃内容物等样品，向检样中加入无水硫酸钠进行研磨，研成干砂状，然后移入具塞锥形瓶中，加入苯和氯仿浸提，经振摇数分钟后，将提取液经过盛有无水硫酸钠的玻璃漏斗滤入烧杯中，滤液于室温下挥干或在 55～60℃水浴上蒸发浓缩，所得浓缩液供检验用。

（2）操作程序　取提取的挥干物或醇溶液 1 滴于滤纸上，稍干后加 10％碳酸钠溶液 1 滴，略停片刻，再滴加 0.5％间苯二酚乙醇溶液 1 滴，以水蒸气加热熏之，观察滤纸颜色的变化。

（3）判定标准　滤纸颜色呈橘红色或粉红色为阳性。

2. 敌百虫、敌敌畏的鉴别——甲醛硫酸试剂显色反应

（1）样品处理　同上。

（2）操作程序　取提取浓缩液 1 滴，置白磁反应板上，挥干后，滴加甲醛硫酸试剂 1 滴，观察颜色变化，同时于反应板另一端做空白对照试验。

（3）判定标准　若含敌敌畏即显橙红色，而含敌百虫呈黄褐色。

五、任务报告

根据任务过程，写出报告。

 相关知识

食物中毒是指摄入了含有生物性、化学性有毒有害物质的食品或把有毒有害物质当作食品摄入后出现的非传染性（不属于传染病）的急性、亚急性疾病。其中包括感染和中毒两类病型，故又称"食物传染性疾病"。其共同特点为：潜伏期短，来势急剧，短时间内可能有大量患者同时发病；所有患者都有类似的临床表现，一般都有急性胃肠炎的症状；患者在一段时间内都食用过同样食物，一旦停止食用这种食品，发病随即停止；发病曲线呈现突然上升又迅速下降的趋势，一般无传染病流行时的余波。

一、食肉感染

食肉感染是指人类食用患病动物的产品及其制品而引发的某种传染性和寄生虫性疾病。带染有人畜共患病病原体的动物性食品，可经食肉感染给人，导致人畜共患病的传播和流行。

人畜共患病的危害因国家和地区而不同。在我国，据不完全统计，人畜共患病近 200 种之多，其中比较重要的有：炭疽、鼻疽、布鲁菌病、结核病、伪结核病、沙门菌病、猪丹毒、破伤风、土拉杆菌病、军团病、李氏杆菌病、弯杆菌病、钩端螺旋体病、口蹄疫、甲型肝炎、乙型肝炎、狂犬病、Q 热、日本乙型脑炎、轮状病毒病、猪囊尾蚴病、牛囊尾蚴病、棘球蚴病、旋毛虫病、弓形虫病、血吸虫病、住肉孢子虫病、肺吸虫病、华支睾吸虫病、孟氏双槽蚴病等。人可因为食用未彻底消毒的牛乳而感染结核病。1987 年上海暴发甲型肝炎，造成 30 万人发病，其原因是食用了污染有甲肝病毒的水产品。1997 年我国台湾暴发猪口蹄疫，养猪业遭到了毁灭性打击。疯牛病不仅使英国造成巨大损失，而且引起了全世界的恐慌。1997 年我国香港发生禽流感，不仅使大批鸡发病死亡，而且造成 13 人感染 H_5N_1 禽流感病毒并发病，其中 4 人死亡。食用囊尾蚴病猪肉可使人发生感染。人畜共患病不仅通过食物传染给人，危害人体健康，同时，亦会因畜产品及废弃物处理不当，造成动物疫病流行，影响畜牧业的发展。因此，为了保障人类健康，促进畜牧业的发展，必须加强对动物性食品的卫生监督与检验，以防止食肉感染的发生。常见的食肉感染见表 1-1。

表 1-1　常见的食肉感染

人畜共患病	主要传染源动物	主要感染途径	人患主要病症
炭疽	牛、羊、马、猪	接触、食入	炭疽痈、肠炭疽
布鲁菌病	牛、羊、猪	接触	波状热、关节炎、睾丸炎
结核病	牛、猪	食入	肺结核、肠结核
沙门菌病	猪、鸡、牛	食入	肠炎、食物中毒
猪丹毒	猪	创伤、食入	局部红肿疼痛、类丹毒
李氏杆菌病	牛、羊、猪	食入	脑膜脑炎
钩端螺旋体病	猪	接触	出血性黄疸

续表

人畜共患病	主要传染源动物	主要感染途径	人患主要病症
野兔热	兔	食入	局部淋巴结肿胀、菌血症
鼻疽	马	接触	局部溃疡
口蹄疫	猪、牛、羊	接触	手、足、口腔发生水泡、烂斑
旋毛虫病	猪、犬	食入	初期腹痛，后期肌肉疼痛
囊尾蚴病	猪、牛	食入	绦虫病、肌囊虫（极少）
弓形虫病	猪	食入	脾肿、发热、肺炎

二、微生物性食物中毒

微生物性食物中毒是指因食用被中毒性微生物污染的食品而引起的食物中毒，包括细菌性食物中毒和霉菌毒素性食物中毒。前者是指人食入被大量活的中毒性细菌或细菌毒素污染的食品所引起的中毒现象，是常见的一类食物中毒；后者是指某些霉菌如黄曲霉菌、赭曲霉菌等污染了食品，并在适宜条件下繁殖，产生毒素，摄入人体后所引起的食物中毒。长期少量摄入霉菌毒素，则可引起致畸、致癌、致突变的所谓"三致"作用。

1. 沙门菌性食物中毒

沙门菌为肠杆菌科的一个菌属，有2000多个血清型，我国已发现100多个血清型，广泛存在于各种动物的肠道中，当机体免疫力下降时，会进入血液、内脏和肌肉组织，造成肉品的内源性污染；畜禽粪便污染食品加工场所的环境和用具，也会造成沙门菌的污染，引起食物中毒。食物中毒性沙门菌群主要包括鼠伤寒沙门菌、猪霍乱沙门菌、肠炎沙门菌、纽波特沙门菌、病牛沙门菌、都柏林沙门菌、汤普逊沙门菌、山夫顿沙门菌、鸭沙门菌等。

沙门菌食物中毒主要是由于摄入大量致病活菌造成的，菌体内毒素也起到一定的协同作用。沙门菌食物中毒的潜伏期多为4～48h，主要症状为头痛、恶心、头晕、寒战、冷汗、全身无力、食欲缺乏、呕吐、腹泻、腹痛、腹胀、发烧、体温高达38～40℃。重者可引起痉挛、脱水、休克等。急性腹泻以黄色或黄绿色水样便为主，有恶臭。以上症状可因病情轻重而反应不同。本病发病率高，死亡率低。

沙门菌的国家标准检验方法按 GB 4789.4—2010 进行。此外，一些快速检验方法已有应用，如荧光抗体检查法、固相载体吸附免疫技术、免疫染色法等，具有快速、简便、特异等特点。

2. 葡萄球菌食物中毒

葡萄球菌食物中毒是由金黄色葡萄球菌的肠毒素引起的，葡萄球菌通常是通过患病动物的产品以及患化脓疮的食品加工人员及环境因素引起食品污染，在适宜的条件下大量繁殖并产生肠毒素。葡萄球菌是无芽孢细菌中毒力最强的一种，在干燥的脓汁中可存活数月，湿热80℃30min 才能将其杀死，耐盐性强。肠毒素的耐热性强，食物中的肠毒素煮沸 2h 方能被破坏，故一般的消毒和烹调不能破坏。

葡萄球菌食物中毒的特征是发病突然，来势凶猛。潜伏期一般为 2～4h，最短者为30min。主要症状为恶心、剧烈地反复呕吐、腹痛、腹泻等胃肠道症状。

金黄色葡萄球菌的国家标准检验方法按 GB 4789.10—2010 进行。此外，还可进行肠毒素的检测、血清学试验等。

3. 副溶血弧菌食物中毒

副溶血弧菌又称嗜盐杆菌、嗜盐弧菌，存在于海水和海产品中。该菌的致病菌株引起的食物中毒，位居沿海地区食物中毒之首，有明显的季节性，多发生在夏秋季节（6～9月）。

引起中毒的水产品中以带鱼、墨鱼、黄花鱼、海蟹、海蜇为多。潜伏期一般为 8～20h，最短 2h，也可长达数天。主要症状为腹痛、腹泻（在部为水样便，重者为黏液便和黏血便）、恶心、呕吐、发烧，其次尚有头痛、发汗、口渴等症状。发病急促，来势凶猛，必须及时抢救。

副溶血弧菌的国家标准检验方法按 GB 4789.7—2010 进行。

4. 肉毒梭菌食物中毒

肉毒梭菌食物中毒是由肉毒梭菌的外毒素引起的一种比较严重的食物中毒。中毒食品多为家庭自制发酵豆谷类制品，其次为肉类和罐头食品，主要是食品在调制、加工、运输、贮存的过程中污染了肉毒梭菌芽孢，芽孢在适宜的条件下发芽、增殖并产生毒素所造成。肉毒毒素是一种神经毒素，是目前已知化学毒物与生物毒素中毒性最强的一种，对人的致死量为 10^{-9} mg/kg 体重，毒力比氰化钾还要大 1 万倍。毒素在正常胃液中经 24h 不被破坏，但易被碱和热破坏，加热 80℃ 30min 或煮沸 5～20min 可破坏其毒性。

肉毒毒素是一种与神经亲和力较强的毒素，经肠道吸收后，作用于神经肌肉突触，阻止乙酰胆碱的释放，导致肌肉麻痹和神经功能不全，多发生在冬春季，潜伏期长短不一，短者 2h，长者可达数天，一般为 1～7d。主要症状有头晕、无力、视力模糊、眼睑下垂、复视、咀嚼无力、张口困难、伸舌困难、咽喉阻塞感、饮水发呛、吞咽困难、头颈无力等。体温一般正常，病程一般 2～3d，也有长达 2～3 周之久的。肉毒毒素中毒死亡率较高，可达 30%～50%，主要死于呼吸麻痹和心肌麻痹。如早期使用特异性或多价抗血清治疗，病死率可降至 10%～15%。

肉毒毒素的国家标准检验方法按 GB 4789.12—2010 进行。

5. 蜡样芽孢杆菌食物中毒

蜡样芽孢杆菌在自然界分布很广，在各种动植物生熟食品中都能分离到，该菌的肠毒素可引起食物中毒，肠毒素分为呕吐肠毒素和腹泻肠毒素两种，因而中毒的临床表现有呕吐型与腹泻型两种。呕吐型以恶心、呕吐为主，并有头晕、四肢无力的综合症状，腹泻则少见。潜伏期一般为 0.5～5h。腹泻型以腹痛、腹泻为主，呕吐则少见。潜伏期一般为 8～16h。两型均不发热，有时混合发生，致死率较低。由于蜡样芽孢杆菌对热有一定的抵抗力，能耐受 100℃ 30min 的热处理，故可在熟食品中迅速繁殖产生毒素，引起食物中毒。

蜡样芽孢杆菌的国家标准检验方法按 GB 4789.14—2010 进行。

6. 魏氏梭菌食物中毒

魏氏梭菌又称产气荚膜杆菌，是一种厌氧性芽孢杆菌。魏氏梭菌食物中毒多发生在夏秋季节，中毒食物以鱼、肉及其制品为多见，中毒的原因主要是热处理不充分，冷却不及时，致使细菌大量繁殖产生毒素所致。A 型魏氏梭菌食物中毒，潜伏期一般为 10～12h，临床表现为典型急性胃肠炎：腹痛、腹泻，多为水样便，偶尔混有黏液和血液，并伴有恶心、发热，多数在 1～2d 恢复。C 型魏氏梭菌引起的中毒症状较为严重，潜伏期一般 2～3h，临床症状表现为严重的下腹部疼痛，重度腹泻，便中带有血液、黏液，并伴有呕吐。严重者发生毒血症，死亡率可达 35%～40%。

7. 病原性大肠埃希菌食物中毒

病原性大肠埃希菌的食物中毒性菌株，可以通过耐热肠毒素（ST）和不耐热肠毒素（LT）引起食物中毒，主要发生于 3～9 月的温热季节。中毒食物以熟肉制品、蛋及蛋制品、乳类、凉拌食物多见。中毒临床症状以急性胃肠炎为主，也有表现为急性菌痢的，潜伏期 8～44h。一般在进食后 12～24h 出现腹泻、呕吐，严重者呈水样便，伴发头痛、发热、腹痛，病程 1～3d。

病原性大肠埃希菌的国家标准检验方法按 GB 4789.6—2010 进行。

8. 链球菌食物中毒

链球菌在自然界分布较广，引起食物中毒的主要是 D 群的粪链球菌和类粪链球菌。该食物中毒多发生在 5～11 月，中毒的食物以熟肉类、乳类、冷冻食品和水产品为多。临床主要表现为上腹部不适，恶心、呕吐，腹痛腹泻，偶有嗳气、头晕头痛和低烧。症状轻，病程短，1～2d 恢复正常，未见有死亡者。

9. 变形杆菌食物中毒

变形杆菌为腐物寄生菌，在自然界广泛分布。该菌一般对人体无害，但当它在食品中大量繁殖，随食物进入人体可引起食物中毒，多发于夏秋季节，中毒食物以熟肉及内脏冷盘最为常见。临床表现主要是急性胃肠炎型，其次是过敏型。前者的潜伏期多为 5～18h，短者仅 1h。临床特征以上腹部刀绞样痛和急性腹泻为主，有的伴以恶心、呕吐、头痛、发热、体温一般在 38～39℃，病程一般为 1～3d。很少有死亡。

变形杆菌的检测方法按（WS/T 9—1996）附录 A 进行。

10. 空肠弯曲菌食物中毒

空肠弯曲菌引起的食物中毒多见于夏秋季节。潜伏期一般为 3～5d。主要临床症状是发热、腹痛、腹泻、水样便或血腥黏液便。严重腹痛酷似阑尾炎。腹泻可持续 5～7d，多数患者 1 周左右即可恢复。但 20% 的患者病情复发或加重，也有死亡病例。

11. 小肠耶尔森菌食物中毒

小肠耶尔森菌是近年来发现的食物中毒病原菌，中毒的临床表现比较复杂，但主要表现为急性胃肠炎。常见症状为腹痛、腹泻、发热，以及恶心、呕吐，有时伴发关节炎、结节性红斑，甚至出现败血症。腹痛多见于脐周和下腹部，部分患者呈现急性阑尾炎样回盲部疼痛。腹泻多为水样便，无黏液。腹部症状出现后，发生结节性红斑。

三、化学性食物中毒

引起食物中毒的化学物质包括有害元素（重金属、非金属）、农药、添加剂及其他化学毒物。

1. 有害元素等化学物质食物中毒

（1）镉引起的食物中毒　镉在工业上应用十分广泛，采矿、冶炼、合金制造、电镀、印刷、油漆、颜料、电池、陶瓷、汽车运输等工业生产排放的含镉"三废"，以及含镉的农药化肥是造成镉污染的重要因素。镉的生物半衰期为 40 年，含镉工业废水排放，可使鱼、贝等水生生物受到污染，人摄入后主要在肾脏，其次在肝脏中蓄积。镉中毒主要表现为肾脏严重受损，发生肾炎和肾功能不全，出现蛋白尿、糖尿及氨基酸尿，骨质软化、疏松或变形，全身刺痛，易发生骨折。

我国食品卫生标准（GB 2762—2012）规定，食品中镉限量指标［允许最大浓度（MLs）］：畜禽肉类、鱼类 0.1mg/kg，禽蛋 0.05mg/kg。1972 年 WHO 建议，镉的 ADI 应为"无"，而暂时允许每周摄入量为 400～500μg/成人，或 8.3μg/kg 体重。

（2）汞引起的食物中毒　汞及其化合物都是有毒物质，有机汞的毒性比无机汞大得多，汞的污染主要是由于汞矿及其他矿产的开采、冶炼和工农业生产的广泛应用。进入人体的汞，主要来自被污染的鱼、贝类，日本鹿儿岛水俣镇 1953 年发生的所谓"水俣病"，就是一起汞中毒事件。当时该地区鱼体内汞含量曾高达 20～24mg/kg，致使一些微生物，特别是污泥中的微生物将无机汞转化为有机汞。甲基汞进入人体后不易降解，排泄很慢，在人体中的生物半衰期为 70d，主要蓄积于肝和肾，并通过血脑屏障进入脑组织，主要损害神经系统，急性中毒时可迅速昏迷，抽搐，死亡；慢性中毒可使四肢麻木，步态不稳，语言不清，进而发展为瘫痪麻痹，耳聋眼瞎，智力丧失，精神失常。此外，甲基汞还可通过胎盘进入胎儿体内，导致畸胎率明显增高。因此，汞污染已被列为世界八大公害之一。

我国食品卫生标准（GB 2762—2012）规定，食品中汞限量指标（MLs）：肉、去壳蛋总汞为 0.05mg/kg；鱼（不包括食肉鱼类）及其他水产品甲基汞为 0.5mg/kg；食肉鱼类（如鲨鱼、金枪鱼及其他）甲基汞为 1.0mg/kg。

（3）铅引起的食物中毒　铅在采矿、冶炼、蓄电池、汽油、印刷涂料、焊接、陶瓷、塑料、橡胶和农药中广泛使用，可通过工业"三废"污染环境。铅及其化合物对人体都有一定的毒性，有机铅比无机铅毒性更大，尤其作为汽油防爆剂的四乙基铅及其同系物则毒性更大。铅在机体内的生物半衰期为 1460d，主要对神经系统、造血系统和消化系统有毒性作用。中毒性脑病是铅中毒的重要病症，表现为增生性脑膜炎或局部脑损伤。成年人血铅含量超过 0.8μg/mL 时，则会出现明显的临床症状，表现为食欲缺乏、胃肠炎、口腔金属味、失眠、头晕、头痛、关节肌肉酸痛、腰痛、便秘、腹泻和贫血等。中毒者外貌出现"铅容"，牙齿出现"铅缘"。此外，还可导致肝硬化、动脉硬化，对心、肺、肾、生殖系统及内分泌系统均有损伤作用。

我国食品卫生标准（GB 2762—2012）规定，食品中铅限量指标（MLs）：禽畜肉类 0.2mg/kg，鱼类 0.5mg/kg，鲜蛋 0.2mg/kg，鲜乳 0.05mg/kg。

（4）砷引起的食物中毒　砷及其化合物在有色玻璃、合金、制革、染料、医药等行业广泛使用。砷的急性中毒多因误食引起，通过食物长期少量摄入砷主要引起慢性中毒，表现为感觉异常、进行性虚弱、眩晕、气短、心悸、食欲不振、呕吐、皮肤黏膜病变和多发性神经炎，颜面、四肢色素异常，称为黑皮症和白斑，心、肝、脾、肾等实质脏器发生退行性病变，以及并发性溶血性贫血、黄疸等，严重时可导致中毒性肝炎、心肌麻痹而死亡。砷还可通过胎盘引起胎儿中毒。我国台湾西海岸曾发生的"黑足病"，就是长期饮用高砷水（达 1.2～2.0mg/L）引起慢性中毒的结果，其实质是一种干性坏疽。

我国食品卫生标准（GB 2762—2012）规定，食品中砷限量指标（MLs）：肉、蛋类、鲜乳无机砷 0.5mg/kg，鱼无机砷 0.1mg/kg。WHO 暂定 ADI 为 0.05mg/kg 体重。

（5）多氯联苯引起的食物中毒　多氯联苯（PCB）用途广泛，化学性质极其稳定，广泛存在于自然界。长期接触多氯联苯，除引起再生障碍性贫血和致癌外，还可使遗传基因受到损害，出现畸形胎儿。它还能影响大脑功能，使记忆力减退甚至丧失。1968 年日本福冈县发生的"米糠油中毒事件"就是污染多氯联苯所致，患者出现皮肤酒刺样疮疤，并有手足麻木等症状。

我国食品卫生标准（GB 2762—2012）规定，海产食品中多氯联苯限量指标（MLs）为 2.0mg/kg（以 PCB28、PCB52、PCB101、PCB118、PCB138、PCB153、PCB180 总和计）。

2. 农药食物中毒

（1）有机磷农药中毒　有机磷农药广泛应用于谷类、蔬菜、果树等作物的生产中。有机磷农药在土壤中的残留时间一般为数天，个别的可长达数月。有机磷农药随食物进入人体被吸收后，其分布以肝脏为最多，其次为肾、肺、骨、肌肉和脑。有机磷农药毒性作用主要在于抑制胆碱酯酶活性。急性中毒时，表现为血液胆碱酯酶活性下降，引起胆碱神经功能紊乱，例如出汗、肌肉震颤，严重时导致中枢神经功能障碍，出现共济失调、震颤、神经错乱、语言失常等一系列神经中毒的表现。长期接触有机磷农药可引起神经功能的损害。有机磷农药慢性中毒可以出现进行性眼外肌麻痹，眼的屈光度降低。有些有机磷农药如敌百虫、乐果、甲基对硫磷等有迟发神经毒性，即在急性中毒过程结束后第二周患者发生神经症状，主要是下肢软弱无力和运动失调，进一步发展为神经麻痹。

我国动物性食品的有机磷农药的 MRL 相关国家标准是 GB 2763—2014。

（2）氨基甲酸酯类农药中毒　氨基甲酸酯类多为杀虫剂，近年来应用日益广泛。常用的品种有西维因、速灭威、叶蝉散、呋喃丹等，这些农药易分解，在体内不蓄积，其中毒机理与有机磷农药相似，但易恢复，因此症状消失较快。WHO 建议，西维因 ADI 为0.01mg/kg体重。各类食品中的 MRL：家禽和蛋（去壳）0.5mg/kg，畜肉 0.2mg/kg，乳制品 0.1mg/kg。

3. 食品添加剂食物中毒

（1）发色剂　常用的发色剂有硝酸盐和亚硝酸盐。发色剂加入肉品中可使肉色鲜红，香肠、火腿肠、肉类罐头等食品中经常使用。当亚硝酸盐大量进入血液时，可使血红蛋白变为高铁血红蛋白，失去输氧功能。表现为皮肤黏膜青紫、呼吸困难、循环衰竭以及中枢神经系统的损害。此外，亚硝酸盐还引起血管扩张、血压下降。在食品中亚硝基和胺类结合形成具有强烈致癌性的亚硝胺类物质。因此食品工业中应严格限量使用。

我国食品卫生标准（GB 2762—2012）规定，食品中亚硝酸盐限量指标（MLs）（以 $NaNO_2$ 计）：鱼类、肉类 3mg/kg，蛋类 5mg/kg。

（2）油脂抗氧化剂　我国规定使用并制定国家标准的油脂抗氧化剂有丁基羟基茴香醚（BHA）、二丁基羟基甲苯（BHT）和没食子酸内酯（PG）。这三种油脂抗氧化剂毒性很小，较为安全。但近年来对油脂抗氧化剂的安全性提出了新的疑义，有报告称 BHA 和 BHT 有致癌作用，FAO/WHO 添加剂联合专家委员会 1983 年第 27 次会议决定，对 BHA 仍需进一步实验，ADI 暂定为 0.5mg/kg 体重；会议同时肯定 BHT 没有致癌性，ADI 正式定为 0.5mg/kg 体重。

我国食品卫生标准（GB 2760—2011）规定：BHA 和 BHT 混合使用时总量不得超过 0.2g/kg；以上三种抗氧化剂同时使用时，BHA 和 BHT 的量不得超过 0.1g/kg，PG 不得超过 0.05g/kg。

我国允许使用的另一种抗氧化剂为 D-异抗坏血酸钠，肉制品的最大使用量为 0.5g/kg。

（3）防腐剂　我国允许使用并制定有国家标准的防腐剂有苯甲酸及其钠盐、山梨酸及其钾盐、亚硝酸及其盐类。

四、生物毒素性食物中毒

1. 河豚中毒

引起中毒的是河豚毒素，毒素量因部位不同而有差异，河豚的卵巢、血液和肝脏毒性最强。河豚毒素中毒的特点为发病急速而剧烈，潜伏期 10min～3h，首先感觉手指、唇和舌刺痛，然后出现恶心、呕吐、腹泻等胃肠炎症状，并有四肢无力、发冷、口唇、指尖和肢端麻痹，眩晕，重者瞳孔及角膜反射消失，四肢肌肉麻痹，以致身体摇摆、共济失调，甚至全身麻痹、瘫痪，以致语言不清、发绀、血压和体温下降。呼吸先迟缓浅表，后渐困难，以致呼吸麻痹，最后死于呼吸衰竭。

2. 鱼类组胺中毒

组胺中毒是一种过敏型食物中毒。不新鲜的鱼含一定量组胺，容易形成组胺的鱼类有青花鱼、金枪鱼、沙丁鱼等青皮红肉的鱼。组胺中毒主要是组胺使毛细血管扩张和支气管收缩，临床特点为发病快、症状轻、恢复快，潜伏期为数分钟至数小时，主要表现为颜面部、胸部以及全身皮肤潮红和眼结膜充血等，同时还有头痛、头晕、心悸、胸闷、呼吸频数和血压下降。体温一般不升高，多在 1～2d 内恢复。

3. 贝类中毒

贝类引起食物中毒的毒素为石房蛤毒素，属神经毒素，其毒性很强，可阻断神经和骨骼肌细胞间神经冲动的传导。中毒潜伏期为数分钟至数小时，初期唇、舌、指尖麻木，继而腿、臂、颈部麻木，然后运动失调，伴有头痛、头晕、恶心和呕吐。随病程发展，呼吸更加困难，严重者在 2～24h 内因呼吸麻痹而死亡。

4. 甲状腺中毒

食用未摘除甲状腺的肉或误食甲状腺，可引起中毒。中毒潜伏期为12～24h，表现为头晕、头痛、心悸、烦躁、抽搐、恶心、呕吐、多汗，有的还见腹泻和皮肤出血。病程2～3d，发病率为70%～90%，死亡率为0.16%。

5. 肾上腺中毒

肾上腺中毒的潜伏期为15～30min，表现为头晕、恶心、呕吐、腹痛、腹泻，严重者瞳孔散大，颜面苍白。

6. 肝脏和胆中毒

某些动物的肝脏和胆也可引起食物中毒，肝中毒主要是某些动物肝脏中所含的大量维生素A引起，表现为头痛、皮肤潮红、恶心、呕吐、腹部不适、食欲不振等症状，之后有脱皮现象，一般可自愈。动物胆中毒是由胆汁毒素引起的，潜伏期为5～12h，最短为0.5h，初期表现为恶心、呕吐、腹痛、腹泻等，之后出现黄疸、少尿、蛋白尿等肝肾损害症状，中毒者出现循环系统和神经系统症状，因中毒性休克和昏迷而死亡。

食肉感染与食肉中毒的区别见表1-2。

表1-2 食肉感染与食肉中毒的区别

项目		病原	感染途径	症状	流行情况	潜伏期	病程
食肉感染		微生物、寄生虫、人兽互传染病原	接触食入	依疾病不同，症状各异	散发或陆续发生	潜伏期长短不一	较长
食肉中毒	急性	微生物及其毒素、化学毒物、生物毒素	食入	恶心、呕吐、腹痛、腹泻、消化道症状	集中暴发	短（数分钟至几小时）	短
	慢性	真菌毒素、化学残毒	食入	慢性中毒、致癌	散发	长（数日至数年）	长

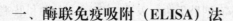

任务三 盐酸克仑特罗（瘦肉精）检验

一、酶联免疫吸附（ELISA）法

1. 技能目标

掌握酶联免疫吸附法检测盐酸克仑特罗残留浓度。

2. 工作原理

免疫酶标技术是将酶分子与抗体分子共价结合。酶标记抗体与存在于组织细胞或吸附于固相载体上的抗原（或抗体）发生特异性结合，如滴加底物溶液，底物便在酶的反复作用下，导致大量的催化过程，从而水解呈色；也可使底物溶液中的供氢体由无色还原型变成有色氧化型而呈色。因此，检验盐酸克仑特罗时，可借底物呈色反应来判断有无相应的免疫反应，其颜色深浅与样品中相应抗体（或抗原）含量呈正比关系，故用酶标仪在波长450～490nm检测盐酸克仑特罗的吸光度值。

3. 任务条件

（1）仪器

① 酶标仪 ELX-800uv型全自动酶标仪（美国）或DG3022A型酶标仪（国产）。

② β-Agonist ELISA试剂盒 配备有：A.酶标板，96孔微量反应板，并已用抗β-克仑

特罗的抗体包被，真空密封低温保存；B. 洗涤-稀释缓冲浓缩液（32mL/瓶），用时加968mL 蒸馏水稀释为应用液，于 2～8℃保存；C. 酶标抗原原液，使用时与酶标抗原稀释剂（1∶100，V/V）稀释；D. 底物（A、B）溶液，临用前 A、B 液（1∶1，V/V）混合；E. 盐酸克仑特罗标准冻干粉（6 支），用时分别加洗涤-稀释缓冲应用液，摇动使冻干粉溶解，其标准应用液（ng/mL）0.0、0.1、0.22、0.5、1.0、5.1；F. 1.0mol/L HCl 溶液，为酶促显色反应终止剂。

（2）试剂

① 1mol/L HCl。

② 异丁醇。

③ PBST 液（PBS-0.05％吐温 20）。

④ 1mol/L NaOH 液。

⑤ 无水 Na_2SO_4。

4. 任务实施

（1）样品提取　称取样品 10g 于锥形瓶中，加 1mol/L HCl 20mL，振荡提取 30min，过滤于烧杯中。提取液于烧杯中用 1mol/L NaOH 液调 pH 为 10，移入分液漏斗中加异丁醇 20mL×2，分两次提取，经无水 Na_2SO_4 脱水于 K-D 浓缩器中，经浓缩，用 N_2 吹干。残渣于浓缩器中，加 PBST 液 1mL 溶解，加洗涤-稀释缓冲应用液 9mL，稀释，混匀，待检。

（2）样品检测　于酶标板（96 孔）每孔加入洗涤-稀释缓冲应用液 50μL，分别定位加入盐酸克仑特罗标准应用液及样品待检液 50μL，各加稀释酶标抗原 25μL，轻轻振动酶标板，混匀，于 25℃水浴，1h。然后将酶标板（96 孔）于自动洗板机上，用洗涤-稀释缓冲应用液洗 6 次，3min/次，吸干。酶标板（96 孔）每孔加现配底物（A、B）混合液 25μL，置 22℃，暗室 20min，各加 1mol/L HCl 50μL，终止显色反应，于 10min 内在酶标仪上用波长 450nm 检测每孔吸光度值。

（3）标准曲线的绘制　以酶标板上盐酸克仑特罗标准工作液系列测定的吸光度值为纵坐标、标准液系列浓度的对数值（$\lg C$）为横坐标，绘制标准曲线。

5. 结果计算

根据样品在酶标板上测定的吸光度值，到标准曲线中查出相对应的对数值，再换算成样品的浓度，乘以 10，即为样品中克仑特罗残留浓度。

6. 注意事项

① ELISA 法的优点为简便、特异、灵敏、快速，并能一次检测数量较多的样品，故适用于大量样品初步"筛选"，有一定使用价值。

② 每个样品应在酶标板上做两个平行样检测，可以减少误差。

③ 每次检测时，均需同步制作标准曲线。

④ 肌肉和肝、肺、肾等组织样品也可采取葡萄糖苷酸酶-芳基磺酸酯酶水解处理。

⑤ 尿样可用洗涤-稀释缓冲应用液，按 1∶10（V/V）稀释后直接用 ELISA 检测。

二、高效液相色谱法

1. 技能目标

掌握高效液相色谱法测定盐酸克仑特罗含量。

2. 任务条件

（1）仪器　HPLC 仪（具二极管阵列检测器）。

（2）试剂

① 甲醇。

② 0.01mol/L NaH_2PO_4 液。

③ 0.1mol/L HCl。

④ 2mol/L NaOH 液。

⑤ 75％乙醇。

⑥ 盐酸克仑特罗标准品（99.5％）。

⑦ 盐酸克仑特罗标准品贮存液（1mg/mL）　准确称取盐酸克仑特罗标准品 0.1000g 于 100mL 容量瓶中，加 0.1mol/L HCl 10mL 溶解，用 75％乙醇定容至刻度。

⑧ 盐酸克仑特罗标准应用液系列（ng/μL）　0.0、5.0、10.0、20.0、40.0、60.0（用 75％乙醇稀释配成）。

（3）液相色谱条件

① 二极管阵列检测器（DAD）（波长 243nm）。

② 色谱柱 Supelco HPLC 柱（50mm×4.6mm），（粒径 5μm）。

③ 流动相 ［甲醇＋0.01mol/L NaH_2PO_4（35＋65）］。

④ 流速 1mL/min。

⑤ 柱温 28℃。

⑥ 进样量 10μL。

3. 任务实施

（1）样品提取　称取样品 10g 于具塞离心管中，加 0.1mol/L HCl 至 40mL，混匀，超声波振荡 20min，4000r/min 离心 10min，取上清液 20mL 于分液漏斗中，分别用 2mol/L NaOH 液调 pH 为 12，加乙醚 20mL×3，分 3 次提取，合并于蒸发器中，水浴 60℃蒸干。残留于蒸发皿中，分别加 75％乙醇 1mL 溶解，经 0.45μm 滤膜过滤，待检。

（2）样品检测　分别取 10μL 注入 HPLC 仪，记录峰面积。

（3）标准曲线制备　取盐酸克仑特罗标准应用液系列（ng/μL）0.0、5.0、10.0、20.0、40.0、60.0 分别取 10μL 注入 HPLC 仪，记录各自峰面积，绘制标准曲线。

（4）结果计算

$$肉中盐酸克仑特罗残留量(\mu g/kg)=\frac{Cs\times 1000}{m\times \dfrac{V_1}{V_2}\times 1000}$$

式中　Cs——为样液峰面积查标准曲线面积含量，ng；

V_1——为进样体积，mL；

V_2——为样液总体积，mL；

m——为样品质量，g。

（5）注意事项

① 本法适用于各种肉品与肝、肾、肺等组织及其汤中"瘦肉精"残留检测。

② 本法最低检测限 0.1mg/kg，最低检出量 2.5ng，标准曲线的线性范围 0～60ng，相关系数 $r=0.9999$。

③ 本法选用的色谱柱与其他色谱柱比较（如 Hypersil ODS，250mm×4mm，5μm 柱 Shim-pack 柱等），其结果以 Supelco HPLC 柱优于其他色谱柱。

④ 盐酸克仑特罗应避光保存，特别是标准应用液与样液中的盐酸克仑特罗易分解，故应尽快检测。

三、任务报告

采集样品进行测定，对结果进行分析。

相关知识

1997年上半年，香港17人因食猪肺汤，出现手指震颤、头晕、心悸、口干、失眠等症状，经调查，这是由于猪肺中残留的盐酸克仑特罗（Clenbuterol，以下简称CL）所致。此后，关于盐酸克仑特罗的残留问题，引起全社会高度重视。2011年，国内某著名品牌火腿肠选用"美体猪"的猪肉，在社会上又一次引起高度重视，现在所有屠宰企业必须进行"瘦肉精"检查，以确保食用安全。

一、盐酸克仑特罗

1. 名称和化学性质

盐酸克仑特罗为白色或类白色的结晶性粉末，无臭，味苦。本品化学性质稳定，一般的加热方法不能将其破坏，加热到172℃时才能分解。

2. 药理作用

盐酸克仑特罗是人工合成的 β-肾上腺素能受体兴奋剂之一，是一种强效激动剂，有强而持久的松弛支气管平滑肌的作用。常用其盐酸盐制成片剂或膜剂，用于治疗哮喘、慢性支气管炎、肺气肿等呼吸系统疾病，所以又称克喘素、氨哮素。加入金洋花制成的气雾剂称喘立平气雾剂。

盐酸克仑特罗能够和大多数组织细胞膜上 β-受体，特别是分布在血管平滑肌和细支气管平滑肌的 β-受体结合，激活细胞膜上的腺苷酸环化酶，cAMP又作为第二信使，引起细胞产生一系列变化：导致气管、支气管和血管的平滑肌松弛，骨骼肌收缩，过敏介质释放减少，并增加呼吸道纤毛运动，促使痰液排出。常用于防治哮喘性慢性支气管炎、肺气肿等呼吸系统疾病。

胃肠道吸收快，作用快，作用维持时间持久；人或动物服后15～20min即起作用。2～3h血浆浓度达峰值，作用维持5h以上。CL在血中含量很低，而在尿中含量很高，人口服治疗量20～40μg，在血中浓度低于0.15ng/mL，而尿中最高浓度达10～20ng/mL，48h后尿中浓度下降至1～2ng/mL。

大量（5～10倍治疗量）使用盐酸克仑特罗，可以重新分配脂肪与肌肉的比例，故又称营养重新调配剂。以盐酸克仑特罗作为动物生长促进剂，提高畜牧生产效益，因此也被称为"瘦肉精"。

3. 毒性作用

（1）小动物　小鼠、豚鼠静脉注射半数致死量分别是27.6mg和12.6mg。

（2）猪　CL作为营养重新调配剂常常采用混饲给药，以1～3mg/kg饲料饲养猪1～3个月，可造成药物蓄积，主要蓄积于内脏（肝脏和肺脏）、毛发、视网膜。在肝脏中去甲基后从尿中排出，肌肉中含量较肝脏低很多。体内留存时间较长，造成药物残留。用药以后1d内CL可出现在尿及身体各器官中，在肝脏中可保留数天，但在视网膜组织中至少可保留5个月。食用"瘦肉精"的猪，其肉在色、味上无特别之处，人们靠肉眼无法辨认。

二、猪的盐酸克仑特罗中毒症

根据国内有关部门报告，猪的"瘦肉精"中毒，可以出现如下病变。

1. 主要症状

主要症状为初期进食减少，腿脚无力；症状加重以后，严重减食，体重下降，肌肉颤抖，或肌肉萎缩，卧地不起；浅表血管扩张，前肢屈曲，后肢僵直，不能起立，瘫痪，直到死亡。

2. 肉眼病变

肉眼无特征病变。但是可以发现：病死猪因为卧地不起，着地部位损伤感染化脓，关节肿胀；心肌松弛，肺气肿，肝脏、脾脏、淋巴结充血，肾上腺体积缩小，卵巢囊肿，胃脏膨胀，髂动脉增粗。

3. 显微变化

神经系统的特征：大脑神经原变性、坏死，出现噬神经元现象，胶质细胞增生，血管淤血，有软化灶；小脑普金野氏细胞坏死消失；脊髓白质脱髓鞘，灰质神经元皱缩；心肌纤维变性、肌纤维溶解；骨骼肌肌纤维溶解，出现坏死灶；脾脏白髓减少，鞘动脉闭合；淋巴结淋巴组织萎缩，间质增生。

血管内出现血栓，血管平滑肌变性。肺脏气肿，肝脏细胞肿胀，细胞核浓缩。肾脏肾小管上皮细胞水肿，肾小球坏死，肾小管内出现蛋白尿。胃脏胃壁神经节细胞空泡化，坏死。

三、人的盐酸克仑特罗中毒症状

近几年来，人的中毒事件不断发生。较为突出的事件是广东省的瘦肉精中毒。

人食用含 CL 较高的动物组织后 15min～6h 内出现症状，症状持续 90min～6d，症状可逆。按中毒量 20μg 计算，食用猪肝 80～100g 即可中毒。

主要症状

主要症状为心率加速，心悸，特别是原有心律失常的病例更易发生心脏反应，可见心室早搏、ST 段与 T 波幅低；肌肉震颤，肌痛；头痛、头晕、目眩、恶心、呕吐；胸闷、面部潮红。瘦肉精中毒能让人产生特别的兴奋；代谢紊乱，能引起血乳酸、丙酮酸升高，并可出现酮体。糖尿病人应用这一药物应注意可能会引起酮中毒或酸中毒。

此外，还能引起血钾降低，过量应用或与糖皮质激素合用时，有可能引起低钾血症，从而导致心律失常。反复用药后发生低敏感现象也很常见，表现为支气管扩张作用明显减弱，作用持续时间缩短。

对高血压、心脏病、甲状腺功能亢进、前列腺肥大的人有生命危险。也有专家认为，瘦肉精有可能使人体致畸、致癌。

四、盐酸克仑特罗的管理

农业部 1997 年下令禁止使用盐酸克仑特罗喂猪。农业部和原国家药品监督管理局 2000 年 4 月发文，禁止生产、销售和使用盐酸克仑。原卫生部《关于加强肉及肉制品管理的紧急通知》要求，对无卫生许可证的非法生产经营者要坚决取缔，对私屠滥宰、不符合《肉类加工厂卫生规范》的生产经营企业要依法进行查处，有条件的地区应加强肉及肉制品中违禁兽药的残留量的监测。

 目标检测

1. 什么是内源性污染、外源性污染、食物传染、食物中毒、ADI、MRL、休药期、菌落总数、大肠菌群？

2. 动物性食品污染的来源和途径有哪些？

3. 食物中毒分为哪几类？引起食物中毒的常见微生物、化学物质、有毒生物组织各有哪些？

4. 对动物性食品进行菌落总数和大肠菌群测定的意义是什么？

5. 简述盐酸克仑特罗对人的危害及对其的控制。

项目二 畜禽肉制品加工与检验

【知识目标】

- 掌握畜禽的宰前管理方法。
- 掌握畜禽宰前、宰后的检验方法。
- 掌握畜禽肉的贮藏及品质检验方法。

【技能目标】

- 会进行畜禽的宰前管理。
- 能进行宰前、宰后检验。
- 能准确判断肉品质量，正确处理不同的畜禽肉及肉制品。

任务一　畜禽宰前准备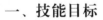

一、技能目标

通过实训掌握畜禽宰前的准备。

二、任务条件

选择一个定点屠宰场或肉类联合加工厂；相机，每组一部；长筒靴（屠宰场提供）、白色工作衣帽、口罩等，每个学生一套。

三、任务实施

1. 学习《生猪屠宰管理条例实施办法》以及《畜类屠宰加工通用技术条件》（GB/T 17237）屠宰厂（场）的选址要求。

2. 通过观察了解屠宰场周边的自然条件、社会条件，进行记录。

3. 参观屠宰场，重点记录厂区卫生设施、厂区各个分区的布局及卫生管理办法。

四、任务报告

1. 说出国家对于屠宰企业厂址及卫生的要求。

2. 报告本次参观屠宰场后，发现屠宰场存在的不足之处及改正意见。总结本次实训的体会与收获。

3. 绘制屠宰场布局平面图。

相关知识

屠宰加工企业是以畜禽为原料加工生产肉制品及其他副产品的场所。为了保障肉食的卫生安全，控制畜禽疫病的传播，必须加强对屠宰加工场所的兽医卫生监督。在屠宰加工场所的设置上应遵循"统一规划、合理布局、有利流通、方便群众、便于检疫和管理"的原则。

一、屠宰加工企业的选址和布局的卫生要求

合理选择屠宰加工厂（场）厂址，在兽医公共卫生上具有重要意义。如果厂址选择不当，屠宰加工厂（场）将成为散播畜禽疫病的疫源地，危及人民群众的健康。因此，建立屠宰加工厂（场）时，厂址的选择及建筑设计必须符合卫生要求，并应尊重民族习惯，将生猪屠宰场和牛羊屠宰场分开。

1. 屠宰加工企业选址的卫生要求

根据国务院颁布实施的《生猪屠宰管理条例》第六条和农业部《生猪屠宰管理条例实施办法》第十二条的规定，以及国家标准《畜类屠宰加工通用技术条件》（GB/T 17237）的要求，屠宰厂（场）的选址要求归纳起来主要有下列几点。

（1）根据城市（含县城）、乡镇建设发展规划，必须符合国家、省、自治区、直辖市和当地政府的环境保护、卫生和防疫等要求。

（2）应选择地势较高、干燥的地方，并位于城市（含县城）、乡镇所在地常年主导风向的下方；还应远离水源保护区和饮水取水口，远离居民住宅区、风景旅游点、公共场所以及畜禽饲养场。

（3）应是交通运输方便，电源供应稳定可靠，水源供给充足，水质符合国家规定的《生活饮用水卫生标准》（GB 5749），周围无有害气体、粉尘、污浊水和其他污染源，以及便于排放污水的地方。

（4）屠宰加工场所附近应有发酵处理粪便和胃肠内容物的场所，未经处理的粪便不得运出厂外作肥料。

2. 屠宰加工企业场址布局的卫生要求

屠宰加工企业总体设计要符合"科学管理、方便生产和清洁卫生"的原则，各车间和建筑物的配置要布局合理，既要相互连贯又要做到病健隔离，防止原料、产品、副产品和废弃物在转运时造成交叉污染甚至传播疫病（图2-1）。

（1）新建的屠宰厂生产区的布局　生产区与非生产区分开，且必须单独设置人员、活畜、产品、废弃物的出入口。产品与活畜禽在厂内不得共用一个通道。

（2）生产区各车间的布局　生产区各车间的布局必须满足生产工艺流程和卫生要求。健康畜舍和病畜舍必须严格分开。原料、半成品、成品等的加工应避免迂回运输，防止交叉污染。

（3）屠宰车间和分割车间的布局　屠宰车间与分割车间应考虑与其他建筑物的联系，并使厂内的非清洁区与清洁区明显分开，防止后者受到污染。

（4）急宰间、化制间、污水处理场的布局　急宰间、化制间、污水处理场与屠宰车间和分割车间之间可用围墙或绿化带隔开，也可以在隔离地带设置不污染屠宰车间与分割车间的建筑物。

（5）厂区的环境卫生要求

① 屠宰车间和分割车间所在厂区的路面、场地应平整无积水。

② 厂区内的建筑物周围、道路的两侧应绿化。

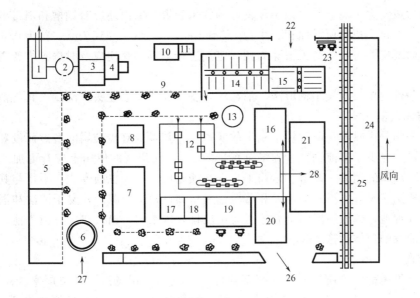

图 2-1 屠宰场建筑布局示意

1—沉淀池；2—生物池；3—曝气池；4—集污池；5—行政区；6—花坛；7—办公室；8—化
验室；9—无害处理区；10—化制间；11—急宰间；12—屠宰间；13—水塔；14—候宰圈；
15—验收圈；16—复制品间（二层）；17—皮张间；18—内脏整理间；19—发货场（冷
却装置）；20—分割肉间（二层）；21—机器房（多层）；22—活猪进厂门；23—车辆
洗消站；24—生活区；25—铁路专线；26—成品出厂门；27—厂大门；28—冷库

③ "三废"处理必须符合《中华人民共和国环境保护法》的规定要求。

④ 厂内应设有垃圾、畜粪、废弃物的集存场所。其地面与围墙应便于冲洗消毒。运送垃圾等废弃物的车辆必须是密封（不渗水）的，这些车辆还应配备清洗消毒设施及存放场所。

⑤ 活畜禽出入口必须设置消毒池。

⑥ 车间外的厕所应采用水冲式，且应有防蝇设施。

二、屠宰加工场所的卫生要求

屠宰加工场所主要包括宰前饲养管理场、病畜隔离圈、急宰车间、候宰圈、屠宰加工车间、供水系统和污水处理系统等。

1. 宰前饲养管理场

宰前饲养管理场或称"贮畜场"，是对屠畜禽实施宰前检疫、宰前休息管理和宰前停饲管理的场所。

宰前饲养管理场贮备畜禽的数量，应以日屠宰量和各种屠畜禽接受宰前检疫、宰前休息管理与宰前停饲管理所需要的时间来计算，约为日屠宰量的 1～3 倍。延长屠畜禽在宰前饲养管理场的饲养日期，既不利于疫病防治，也不经济。

为了做好屠畜禽宰前检查、宰前休息管理和宰前停饲管理工作，对宰前饲养管理场提出以下卫生要求。

（1）宰前饲养管理场应自成独立的系统，与生产区相隔离，并保持一定的距离。

（2）设畜禽卸装台、地秤、供宰前检查与检测体温用的分群圈（栏）和预检圈、病畜隔离圈和健畜圈、供宰前停饲管理的候宰圈，以及饲料加工与调制车间。

（3）宰前饲养管理场的圈舍应采用小而分立的形式，防止疫病传染；应具有足够的光线、良好的通风、完善的上下水系统及良好的饮水装置。圈内还应有饲槽和消毒清洁用具及圆底的排水沟。每头畜禽所需面积：牛为 $1.5\sim3m^2$，羊为 $0.5\sim0.7m^2$，猪为 $0.6\sim0.9m^2$。

（4）场内所有圈舍必须每天清除粪便，定期进行消毒。粪便应及时送到堆粪场进行无害化处理。

（5）有条件的单位应设车辆清洗、消毒场，备有高压喷水龙头、洗涮工具与消毒药品。

2. 病畜隔离圈

病畜隔离圈是供收养宰前检疫中剔出的病畜，尤其是疑有传染病的畜禽而设置的隔离饲养场，其容量不应少于宰前饲养管理场总畜量的 1%。在建筑的使用上应有更加严格的卫生要求。病畜隔离圈的用具、设备、运输工具等必须专用。工人也须专职，不得与其他车间随意来往。隔离圈应具有不渗水的地面和墙壁，墙角和柱角呈半圆形，易于清洗和消毒；应设专门的粪便处理池，粪尿须经消毒后才可运出或排入排水沟。出入口应设消毒池，并要有密闭的、便于消毒的尸体运输工具。

3. 候宰圈

候宰圈是供屠畜禽等候屠宰、施行宰前停饲管理的专用场所，应与屠宰加工车间相毗邻。候宰圈的大小应以能圈养 1d 屠宰加工所需的畜禽数量为准。候宰圈由若干小圈组成，所有地面应不渗水，墙壁光滑，易于冲洗、消毒。圈舍应通风良好，不设饲槽，提供充足的饮水。候宰圈邻近屠宰加工车间的一端应设淋浴室，用于畜禽的宰前淋浴净体。

4. 急宰间

急宰间是屠宰各种病畜的场所。它的位置一般在病畜隔离圈的近邻，设计上要适用于各种畜禽的急宰，并便于清洗消毒。

急宰间的卫生要求除与病畜隔离圈相同外，还应设有专用的更衣室、淋浴室、污池和粪便处理池。整个车间的污水必须经严格消毒才可排出。急宰间应设置动物性食品卫生检验室和无害化处理、化制等卫生处理设施。

急宰间应配备专职人员，必须具有良好的卫生条件与人身防护设施。各种器械、设备、用具应专用，经常消毒，防止疫病扩散。急宰间的污水和废弃物的处理必须符合卫生要求。

5. 屠宰加工车间

屠宰加工车间是屠宰场的主体车间，严格执行屠宰车间的兽医卫生监督是保证肉制品原料卫生的重要环节。屠宰加工车间的建筑、设施随规模的大小和机械化程度的不同相差悬殊，但卫生管理要求的基本原则是一致的。

（1）屠宰车间应包括赶畜道、致昏放血间、烫毛刮毛剥皮间、胴体加工间。大中型屠宰厂要设副产品加工间、胴体凉冷发货间及副产品暂存发货间。

屠宰车间内致昏放血、烫毛刮毛、剥皮，及副产品中的肠胃、剥皮畜的头蹄加工工序属于非清洁区，而胴体加工和心、肝、肺加工工序及暂存发货间属于清洁区。在设计车间建筑布局时，应使两区划分明显，不准交叉。

（2）屠宰车间以单层建筑为宜。中型屠宰车间的柱距不宜小于 6m，单层宜采用较大跨度，净高不得低于 5m。

（3）屠宰工艺流程　致昏→刺杀放血→脱毛或剥皮→开膛净膛→劈半→整修分级。按此顺序来排列设置，同时要求猪体与内脏做到同步检验或对号检验。

（4）屠宰车间内的地面应使用防水、防滑、不吸潮、可冲洗、无毒、耐腐蚀的材料，表面无裂缝、无积水，明地沟应呈弧形，排水口须设网罩，墙裙和柱应贴 2m 以上的白色瓷砖，墙角、地角、顶角应呈弧形，天花板表面要光滑，不易脱落。门窗装配应严密，并便于拆卸和清洗，内窗台须呈 45°坡度。

屠宰车间致昏的赶畜道坡度不应大于 10°坡度，赶畜道的宽度以仅能通过 1 头畜为宜，赶畜道墙的高度不应低于 1m。屠宰车间内与放血线路平行的墙裙，其高度不应低于放血轨道的高度。放血槽应采用不渗水材料制作，表面光滑平整，便于清洗消毒。放血槽的长度按工艺要求确定，其高度应能防止血液喷溅外溢。寄生虫检验室应设置在靠近生产线的采样处。室内要光线充足，通风良好，其面积要适合动物性食品卫生检验的需要，不宜小于 20m²。副产品加工间及副产品暂存发货间使用的台池如用非金属材料制作，应采用不渗水、表面光滑、便于清洗消毒的材料。大中型屠宰车间的胴体暂存发货间及副产品暂存发货间须通风良好，并宜采取冷却设施。屠宰车间内车辆的通道宽度单向应不小于 1.5m，双向应不小于 2.5m。

（5）屠宰车间至少应配备有电麻器、浸烫池、吊轨、挂钩、副产品整理操作台以及符合卫生标准的盛装屠畜产品专用器具，禁止使用竹木工具和容器。车间内照明设施要齐备，屠宰车间照度不少于 75lx，屠宰操作间照度不少于 150lx，检验操作间照度不少于 300lx。吊轨的高度是：放血线轨道离地面 3～3.5m，胴体加工线轨道离地面单滑轮 2.5～2.8m，双滑轮 2.8～3m。自动悬挂传送带的输送速度以每分钟通过 6～10 头为宜，挂猪间距应大于 0.8m。

（6）应设有洗手、清洗、消毒设施。屠宰车间内的放血、开膛、卫生检验操作台、剥皮、劈半等工序位置应设有洗手和刀具消毒器等设施，并应有充足的冷热水源。

应设有与职工人数相适应的更衣室、淋浴室和厕所。更衣室内须有个人衣物存放柜。车间内厕所应与车间走廊相连，门窗不得直接开向生产操作间，便池必须是水冲式，粪便排放管不得与车间内污水排放管混用。

6. 分割车间

分割车间是肉类加工企业的一个重要车间，包括暂存胴体的冷却间、分割肉加工车间、成品冷却间、包装间、用具准备间、包装材料暂存间，有时还有分割工人的专用淋浴间。分割车间和屠宰车间相连，后端连接冷库。

（1）建筑卫生 地面用不透水材料建造，有一定坡度。内墙用瓷砖大理石等容易清洗和消毒的材料建筑。墙壁贴面到顶。墙壁其他部分和顶棚喷涂白色无毒涂料或者无毒塑料。所有拐角处建成弧形。窗户高度以 2m 为好，窗台有 45°倾斜。门窗都有防蝇、防蚊、防虫设施。门有风幕或水幕。

（2）洗手装置 车间入口处设置靴子和洗手、干手设备。

（3）饮用水、非饮用水（红色）和消毒用的 82℃热水管道应标记为不同色彩。

（4）温度、湿度和风速控制 室温：设置空调，配置自动温度测定仪和自动记录仪。湿度：顶棚和风道都不能结露滴水。风速：操作区平均风速 0.1～0.2m/s。

（5）采光 以人工照明为主，要求达到 130～140lx。开关不设明拉线。

（6）噪声 为了减少噪声，将冷风机和分割间隔开，换风系统和吸风口要有空气过滤装置。

（7）机械、用具卫生 传送装置用不锈钢或无毒塑料制品。加工机械便于拆卸、清洗消毒。车辆、用具和容器以及操作台面采用不锈钢或者无毒塑料制造，不得使用竹子和木材器具。切割电锯有防噪声措施，达到国家标准，用 82℃热水定时消毒。

（8）清洁和消毒 分割车间备有冷水、热水、消毒液，以便于洗手、消毒。最好每个操作台设置一个刀具消毒器。消毒器可以使用 82℃以上的热水或化学消毒剂。每天工作结束时，用82℃以上热水消毒地面和工作台。

7. 冷库

冷库包括冷却间、包装间和包装材料间、冷冻间、冷藏间。

（1）冷却间（预冷室） 容量为每日工作8h屠宰头数的一倍，温度为−2～4℃或0～4℃。冷却终了时，肉的中心温度达到7℃左右。网架式冷却架用不锈钢制造。保持清洁卫生，无霉变。

（2）包装间和包装材料间 包装间温度控制在7～10℃，保持清洁、干燥、无霉。包装材料间和包装间紧密相连。包装材料清洁、干燥，符合卫生要求。包装箱上的品名、重量、生产日期、工厂名称、注册厂代号都必须清楚，印在正确的位置，符合买主的要求。

（3）冷冻间 最低容量要能容纳每日工作8h的屠宰头数。保持−35～−18℃，相对湿度90%。地面光滑，墙壁铺设瓷砖，有排水设备。

（4）冷藏间 最低容量为每日工作10h屠宰头数的2倍，维持−18℃，相对湿度90%～95%。卫生要求同上。

8. 无害化处理场所

无害化处理是利用专门的高温设备，杀灭废弃品中的病原微生物，以达到无害化处理的目的。从保护环境、防止污染的角度出发，要求每个屠宰加工企业和负责集贸市场肉品检疫工作的业务部门，都应建立化制间或化制站。其建筑设施必须符合下列卫生要求。

（1）场址的选择 化制间（站）应该是一座独立的建筑物，位于屠宰加工厂的边缘位置。城镇病尸化制站应建于远离居民区、学校、医院和其他公共场所的地段（最好是在郊区），位于城市的下游和下风处。

（2）建筑物的结构与工艺布局 化制间（站）建筑物的结构和卫生要求与屠宰加工车间基本相同。即车间的地面、墙壁、通道、装卸台等均应用不透水的材料建成，大门口和每个工作室门前应设有永久性消毒槽。

化制间（站）的工艺布局应严格地分为两个部分：第一部分为原料接收室、解剖室、化验室、消毒室等，房间建筑要求光线充足，有完善的供水（包括热水）和排水系统，防蝇、防鼠设备齐全。第二部分为化制室。两个部分一定要用死墙绝对分开。第一部分分割好的原料，只能通过一定的孔道，直接进入第二部分的化制锅内。

（3）污水处理 由化制间（站）排出的污水，不得直接通入下水道或河流、湖泊，必须经过一系列净化处理之后，测定其生化需氧量符合国家规定标准后，方可排入卫生防疫部门许可的排水沟内。

（4）工作人员 化制间（站）工作人员要保持相对稳定，非特殊情况不得任意调动。工作时要严格遵守卫生操作规程。

三、屠宰加工场所的消毒

屠宰加工企业是生产肉品的工厂。鉴于屠宰的动物来源广泛、健康情况复杂，不可避免地有带菌畜进入屠宰加工过程而引起一定的污染。为此，屠宰加工企业必须经常消毒。根据病原体传播的途径，消毒的范围应包括：病畜通过的道路，停留过的圈舍，与病畜接触过的工具、饲槽、车船，生产车间的地面、墙裙、设备、用具，病畜的排泄物、分泌物、血污，各种人员的刀具、工作服、手套、胶靴等。

1. 车间的消毒

屠宰加工企业各生产车间的消毒，按卫生条例规定有经常性消毒和临时性消毒两种。

（1）经常性消毒 经常性消毒是指在日常清洁扫除的基础上所进行的消毒，每日工作完毕，必须将全部生产地面、墙裙、通道、排水沟、台桌、设备、用具、工作服、手套、围裙、胶靴等彻底洗刷干净，并用82℃左右的热水进行消毒。按规定，每周进行一次大消毒。在彻底扫除、洗刷的基础上，对生产地面、墙裙和主要设备用1%～2%的氢氧化钠（烧碱）溶液或2%～4%的次氯酸钠溶液进行喷洒消毒，保持1～4h后，用水冲洗。据实验，1%氢氧化钠溶液能在很短时间内杀灭猪的主要病原体，如猪瘟病毒、猪丹毒杆菌、猪巴氏杆菌等，其中加入5%～10%食盐时，还可提高对炭疽菌的杀灭能力，此外还具有除去油腻的作用。刀和器械可用82℃左右的热水消毒或0.015%的碘溶液消毒。工作人员的手用75%的乙醇擦拭消毒或用0.0025%的碘溶液洗手消毒。该碘溶液无刺激、无气味、无染色性，具有较强的清洁效力。胶鞋、围裙等胶制品，用2%～5%的福尔马林溶液进行擦洗消毒。工作服、口罩、手套等应煮沸消毒。

（2）临时性消毒　临时性消毒是在生产车间发现炭疽等恶性传染病或其他必要情况下进行的以消灭特定传染病原为目的的消毒方法。它在控制疫情、防止肉品污染上有很大的作用。具体做法可根据传染病的性质分别采用有效的消毒药剂。对病毒性疾病的消毒，多采用3%的氢氧化钠喷洒消毒。对能形成芽孢的细菌（如炭疽、气肿疽等），应用10%的氢氧化钠热水溶液或10%～20%的漂白粉溶液进行消毒，国外多用2%的戊二醛溶液进行消毒。消毒的范围和对象，应根据污染的情况来决定。消毒时药品的浓度、剂量时间等必须准确。

2. 圈舍场地的消毒

需先进行清扫，将粪便、垫草、表土和垃圾集中后按规定进行处理。对地面、墙壁、门窗、饲槽，用1%～4%的氢氧化钠溶液或4%的碳酸钠（食用碱）喷洒消毒。消毒后打开门窗通风，并用水冲洗饲槽以除去药味。圈舍墙壁还可以定期用石灰乳粉刷，以达到美化环境和消毒的目的。

3. 车船和其他运输工具的消毒

凡载运过屠畜及其产品的车船和其他运输工具，按规定进行处理消毒。对装运过健康动物及其产品的车船，清扫后用60～70℃的热水冲洗消毒；装运过一般性传染病病畜及其产品的车船，清扫后用4%的氢氧化钠溶液或0.1%的碘溶液洗涤消毒，清除的粪污应进行生物热消毒；装运过由形成芽孢的病原菌感染引起的恶性传染病病畜及其产品的车船，先用4%福尔马林溶液喷洒，然后清扫，再用4%的福尔马林溶液喷洒消毒，1m²需消毒药液0.5kg。保持半小时后再用热水仔细冲洗，最后再用上述药液喷洒消毒。清除的粪便焚烧销毁。

四、屠宰污水的净化处理

屠宰加工企业的污水主要来自屠宰加工、内脏整理、肉品加工、炼油等车间和畜禽饲养场以及其他日常生活的用水，其中含有排弃的组织碎屑、脂肪、血液、毛污、胃肠内容物以及用于生产的各种配料，属于典型的高浓度有机污水。

屠宰加工用后的废水具有流量大、污物多、温度高和气味不良的特点。尽管屠宰加工企业排出的污水中基本上不存在汞、氰、酚、苯等毒物，但由于含有大量微生物和寄生虫卵，任其排放就会污染地上水资源和地下水，直接影响到工业用水和城市饮水的质量，并在公共卫生和畜禽流行病学方面具有一定的危险性。因此必须做好屠宰污水的净化处理。

1. 屠宰污水的处理方法

屠宰污水处理通常包括预处理、生物处理、消毒处理三部分。

（1）预处理　主要利用物理学的原理除去污水中的悬浮固体、胶体、油脂与泥沙。常用的方法是设置格栅、格网、沉沙池、除脂槽、沉淀池等，故又称"物理学处理"或"机械处理"。其意义主要在于减少生物处理时的负荷，提高排放水的质量，还可以防止管道阻塞，降低能源消耗，节约运转费用，便于综合利用。

① 格栅和格网　防止碎肉、碎骨及木屑等进入污水处理系统。

② 除脂槽　用于收集污水中的油脂。污水中的油脂，一部分为乳化状态，温度较低时能黏附在管道壁上，使流水受阻，而且还会严重妨碍污水的生物净化。因此，污水处理系统必须首先设置除脂槽。

③ 沉淀池　污水处理中，利用静置沉淀的原理沉淀污水中固体物质的澄清池，称为沉淀池。该池设于生物反应池之前，也称"初次沉淀池"。

（2）生物处理　是利用自然界的大量微生物氧化有机物的能力，除去污水中各种有机物，使之被微生物分解后形成低分子的水溶性物质、低分子的气体和无机盐。根据微生物嗜氧性能的不同，将污水生物处理分为好氧处理法和厌氧处理法两类。

① 好氧处理法　污水好氧处理法主要有土地灌溉法、生物过滤法、生物转盘法、接触氧化法、活性污泥法及生物氧化塘法等。

细菌通过自身的生命活动过程，把吸收的有机物氧化成简单的无机物，并放出能量。微生物利用分解获得的能量，把有机物同化，以增殖新的菌体。这些微生物如果附着在滤料（如土壤细粒）的表面，形成面膜，即所谓的"生物膜"。如果在污水中，这些细菌形成的菌胶团（即活性污泥绒粒）与污水中的某些原生动物（纤毛虫类等）及藻类结合，即形成"活性污泥"，悬浮在污水中。生物膜和活性污泥在污水生物学处理中起着主导作用。当污水中的有机物质与生物膜表面接触时，则较迅速地被生物膜吸附，而非溶解性污物转变为溶解性的污物，也被生物膜吸收，从而使污水中的有机物质被降解。与此同时，生物膜上的微生物也摄取污水中的这些有机物质来增加自己的营养，使生物膜具有再生能力。据此，污水生物处理装置才能够长期保持稳定的净化功能。

② 厌氧处理法（厌氧消化法）　污水厌氧处理法主要有普通厌氧消化法、高速厌氧消化法与厌氧稳定池塘法等。

所谓污水的厌氧处理，就是将可溶性或不溶性的有机废物在厌氧条件下进行生物降解。高浓度的有机污水和污泥适于用厌氧分解处理，一般称为消化或厌氧消化；低浓度的污水一般不适于用本法处理。

厌氧消化经历酸的形成（液化）和气的形成（汽化）两个阶段。在分解初期，不同的微生物群把蛋白质、糖类和类脂质转变为脂肪酸、甲酸、乙酸、丙酸、丁酸、戊酸和乳酸等有机酸，还有醇、酮、二氧化碳、氨、硫化氢等。此阶段，由于有机酸的大量积聚，故称酸性发酵阶段。在分解后期，由于生成氨的中和作用，pH 逐渐上升，另一群专性厌氧的甲烷细菌分解有机酸和醇，生成甲烷和二氧化碳，这一阶段称为碱性发酵阶段和甲烷发酵阶段。

用厌氧法处理的污水，由于产生硫化氢等有异臭的挥发性物质而放出臭气。硫化氢与铁形成硫化铁，故废水呈黑色。这种方法净化污水需要的时间较长（约需停留一个月），而且温度低时效果不显著，有机物含量仍较高。目前多在厌氧处理后，再用好氧法进一步处理。

（3）消毒处理　经过生物处理后的污水一般还含有大量的菌类，特别是屠宰污水含有大量的病原菌，需经药物消毒处理方可排出。常用的方法是氯化消毒，即将液态氯转变为气体通入消毒池，可杀死 99% 以上的有害细菌。

2. 常用屠宰污水生物处理系统

（1）活性污泥污水处理系统　活性污泥处理有机污水，效果较好，应用较广，一般生活污水与工业污水经活性污泥法二级处理，均能达到国家规定的排放标准。肉类加工中的污水净化处理，也已广泛采用此法（图 2-2）。

这种系统采用曝气的方法，使空气和含有大量微生物（细菌、原生动物、藻类等）的絮状活性污泥与污水密切接触，加速微生物的吸附、氧化、分解等作用，达到去除有机物、净化污水的目的。

① 初次沉淀池　污水在此池内一般停留 1～3h，目的在于除去污水中较多的悬浮物。

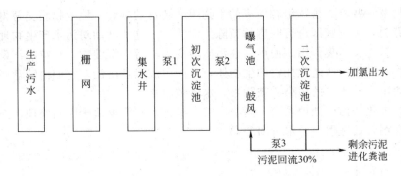

图 2-2　曝气活性污泥法流程示意

② 曝气池　污水在曝气池内借助搅拌装置（机械搅拌器或加压鼓风机）与回流来的活性污泥充分混合，并通过曝气提供生物氧化过程所需要的氧，从而加速活性污泥和微生物对污水中有机物的吸附、氧化、分解作用。

③ 二次沉淀池　经过曝气处理之后的污水，在此池内停留 1.5～2.5h，使被处理的污水与活性污泥分离。

④ 回流污泥　在二次沉淀池中的沉淀污泥需要回流一部分到再生池或曝气池内，为处理新的污水提供足够的活性污泥。这部分污泥称为回流污泥。二次沉淀池中除回流污泥以外的余留污泥称为剩余污泥。

活性污泥处理法主要优点是净化效率高、产生的臭气轻微、占地面积较小、所得污泥可作肥料。

（2）生物转盘法污水处理系统　是通过盘面转动，交替地与污水和空气相接触，使污水净化的处理方法。此方法运行简便，能根据不同目的调节接触时间，耗电量少，适用于小规模的污水处理。

生物转盘是由许多轻质、耐腐蚀材料做成的圆形盘片，间隔一定距离（1～4cm），中心固定于一根可转动的横轴上。每组转盘置于一个半圆形水槽中，约有 40% 的盘片部分浸于待处理的污水中。水槽两个横向面的上端各有一根多孔或纵向开口的水管，作为进出水管。污水一般按逆转盘转动的方向流入水槽，这样一组槽称为一级转盘。在实际应用中，可以由三级、四级甚至更多级串联起来使用（图 2-3）。

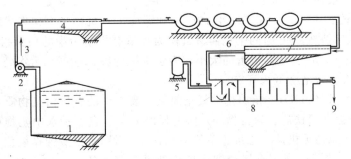

图 2-3　生物转盘法污水处理系统
1—厌氧消化池；2—泵；3—污水流向；4—沉淀池；5—氯罐；6—四级生物转盘；
7—二级沉淀池；8—消毒反应池；9—排放水

污水由生产车间排入厌气消化池，停留 3～10d 进行厌气发酵。经发酵的血污水，由于厌氧微生物的作用而变为淡灰色、黑灰色，此时已除去了相当一部分污水的耗氧。发酵污水进入沉淀池，排除沉淀物，然后进入生物转盘。经过一段时间后，转盘表面便滋生一层由细菌、原生动物及一些藻类植物组合而成的生物膜。转盘的旋转，使生物膜交替得到充分的氧气、水分和养料，生物膜即进行旺盛的新陈代谢活动。这些活动对污水产生物理的或生化的吸收、分解、转化、富集作用，使可溶性污质转变为不溶的沉淀物，小粒的污染物质聚合为大粒的沉淀物，加之一些老化死亡的生物体，共同生成黑色沉淀，它们由转盘底部及二级沉淀池底部分离出来。水中的污染质被除去，水体被净化。

（3）厌氧消化法污水处理系统　高浓度的有机污水和污泥适于厌氧处理，一般称为污水厌氧消化，常用来处理屠宰污水（图2-4）。

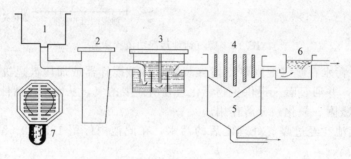

图 2-4　屠宰污水生物处理系统示意

1—出口处装有铁箅的排水沟；2—沉沙池（沉井）；3—除脂槽；4—双层
生物发酵池的上层——沉淀槽；5—双层生物发酵池的下层——消化池；
6—药物消毒池；7—排水沟出口铁箅平面图

铁箅、沉沙池与除脂槽等设置是屠宰污水的预处理装置，用于除去污水中的毛、骨、组织碎屑、污沙、油脂及其他有碍生物处理的物质。

双层生物发酵池分上下两层。上层是沉淀池，下层为厌氧发酵池，又称"消化池"。经脱脂后的污水进入上层的沉淀槽内，直径大于 0.0001cm 的悬浮物和胃肠道虫卵沉淀物通过槽底的斜缝，进入下层的消化池。此时，沉淀物被污水中的厌氧菌分解，一部分变为液体，一部分变为气体，最后只剩下大约 25%～30% 的胶状污泥。

3. 屠宰污水的测定指标

我国环保部门于 1992 年正式批准实施了《肉类加工工业水污染物排放标准》（GB 13457—92），对排放污水的理化、微生物的各项卫生标准做出了规定。

（1）生化需氧量（BOD）　指在一定的时间和温度下有机物受生物氧化时消耗的溶解氧量。以 5d 的水温保持在 20℃时的生化需氧量作为衡量有机物污染的一个指标，用 BOD_5 来表示，单位为 mg/L。用生化需氧量的大小，表示水被污染的程度。污水处理的效果，也常用生化需氧量能否有效地降低来评定。

（2）化学耗氧量（COD）　指用化学氧化剂氧化废水中的有机污染物质和一些还原物质（有机物、亚硝酸盐、亚铁盐、硫化物等）所消耗的氧。它表示水中生物可降解的和不可降解的有机物及还原性无机盐的总量，单位为 mg/L。当用重铬酸钾作氧化剂时，所测得的 COD 用 "COD_{Cr}" 表示；当用高锰酸钾作氧化剂时，测得的 COD 用 "COD_{Mn}" 表示；锰法常用 "OC" 来表示。因污水中化学物质的含量多、成分复杂，铬法氧化较安全，更能反映其污染的确切含量。

（3）溶解氧（DO）　溶解于水中的氧称为溶解氧。水中溶解氧的含量与空气在水中的分压、大气压、水位有关。当污水中含有还原性有机物质时，这些物质会和水中的溶解氧起反应，引起水中溶解氧不足。因此，测定水中溶解氧可以反映水的污染程度。

（4）pH　是衡量水是否被污染的重要指标之一。生活污水一般接近中性，pH 对水中生物及细菌的生长活动有影响。当 pH 升高到 8.5 左右时，水中微生物生长受到抑制，使水体自净能力受到阻碍。

（5）悬浮物 悬浮固体物质是水中含有的不溶性物质，包括淤泥黏土、有机物、微生物等细微的悬浮物。污水中的悬浮物能够影响污水的透明度，从而降低水生植物的光合作用。悬浮物还会阻塞土壤的空隙。

（6）混浊度 表示水中悬浮物对光线透过时发生阻碍的程度。以 1L 水中均匀含有 1mg 白陶土（二氧化硅）时为 1 个混浊度单位。

（7）硫化物 污水中的蛋白质分解时会产生硫化氢之类的硫化物。硫化物是耗氧物质，能降低水中的溶解氧，妨碍水生生物的生命活动。硫化氢的存在是水发出异臭的重要原因。

（8）细菌 生活污水和一些生产污水，尤其是肉类加工企业的生产污水中含有大量细菌，其中包括危害人体健康的病原菌、病毒、寄生虫卵。如用这些未处理的污水灌溉农田，易使这些病原扩散传播。

任务二 畜禽的宰前检疫

子任务 1 猪的宰前检疫

一、技能目标

掌握猪宰前群体检查及个体检查的方法、程序及操作要点，通过检疫发现病猪，并及时采取相应的处理措施，达到提高宰后检疫质量的目的。

二、任务条件

选择一个定点屠宰场或肉类联合加工厂；体温计、听诊器、叩诊器械、口罩、长筒靴（屠宰场提供）、白色工作衣帽等，每位学生一套。

三、任务实施

1. 群体检疫

（1）静态观察 当猪群安静状态时，检疫人员悄悄地接近猪群，站在能比较清楚地观察到猪外貌精神状态处，注意观察猪群的各种表现。健康猪精神活泼，被毛整齐有光泽，吻突湿润，鼻孔清洁，眼角无分泌物；睡姿多侧卧；四肢舒展，呼吸节奏均匀平稳自如；站立时平稳，蹄底直立，拱寻食物时经常发出"吭吭"声。患病猪表现精神沉郁，被毛粗乱无光，鼻镜干燥，流涕，眼发红且有眼屎；离群独处，吻部触地，全身颤抖；睡姿蜷缩或伏卧；喜欢钻进草堆；呼吸促迫、喘息，有的呈犬坐姿势。

（2）动态观察 一般检疫人员在装卸猪群，或由圈舍放出运动、喂饲时，或有意驱赶其运动时，站在车船或圈舍旁注意观察猪的运动状态。健康猪起立迅速敏捷，步态矫健，行走平稳，叫声洪亮，并摇头摆尾或尾巴上卷；排泄姿势正常，粪便粗圆，尿色澄清透明。患病猪行走迟缓，不愿起立或立不稳，步态跟跄，低头垂尾，曲背弓腰，走路靠边，跛行掉队；叫声尖细或嘶哑；排粪表现困难或失禁，粪便干硬或附有带血黏液或拉稀，尿量少、色黄、混浊，有时带血。

（3）饮食状态观察 在给猪群按时喂食饮水时，或有意饲喂少量水料，检疫人员在猪圈外侧观察猪的采食饮水情况。健康猪食欲旺盛，喂水、饲料时相互争抢，嘴直入槽底，大口吞食，"喳喳"作响，伴随着鬃毛震动，尾巴自由甩动，采食时间不长后即可腹满离去；如喂饲干料时，低头连续采食，有的边吃边喝，有的吃完后再饮水。患病猪立于槽外，食欲明显降低，表现不食或采食无力，或少食，或只吃稀食，也有的只吃少许青绿多汁饲料，即退槽。

2. 个体检疫

猪的个体检疫，主要是对群体检查时剔出的患病猪或疑似病猪进行系统的个体检查，特别要把猪瘟、猪丹毒、猪肺疫、口蹄疫、水疱病、传染性萎缩性鼻炎、副伤寒、猪霉形体肺炎、囊虫病、旋毛虫、猪密螺旋体痢疾等疾病作为重点检疫对象。

猪个体检疫的临床表现及可疑疫病范围见表 2-1。

表 2-1　猪个体检查的表现及可疑疫病范围

检查项目	临床表现	可疑疫病范围
精神状态与姿势	精神沉郁	猪瘟、猪肺疫、猪丹毒
	先兴奋后麻痹	狂犬病、伪狂犬病、李氏杆菌病
	站立时用吻部触地	水肿病
	强直	破伤风、猪丹毒
	跛行	猪口蹄疫、猪传染性水疱病、猪丹毒
	步态踉跄	猪肺疫、猪副伤寒、猪瘟
	回旋	伪狂犬病、猪瘟、李氏杆菌病
	卧地不起	猪瘟、猪丹毒、猪肺疫
	犬坐姿势	猪肺疫、猪丹毒、猪流行性感冒
呼吸状态	呼吸困难	猪瘟、猪气喘病、猪肺疫、水肿病、猪炭疽、猪萎缩性鼻炎、仔猪副伤寒
	喘气、腹式呼吸	猪气喘病
	咳嗽	猪气喘病、猪肺疫、伪狂犬病、猪蛔虫病、猪弓形虫病
体温	高温	大部分传染病及部分寄生虫病
可视黏膜	眼结膜发绀	猪气喘病
	眼结膜发炎，眼被分泌物封闭	猪肺疫、猪瘟
	眼流泪，眼下有半月形潮湿痕	猪萎缩性鼻炎
	鼻盘有水疱或烂斑	猪口蹄疫、猪传染性水疱病
	鼻盘干燥	猪丹毒、猪瘟、猪肺疫
	鼻黏膜充血	猪瘟、猪丹毒
	鼻孔流脓性或黏性分泌物或泡沫	猪瘟、猪气喘病、猪肺疫、猪流行性感冒
	口腔及舌黏膜出现水疱或烂斑	猪口蹄疫、猪流行性水疱病
皮肤及被毛	皮肤出血或充血	猪丹毒、猪瘟、猪肺疫
	皮肤青紫色	猪副伤寒、猪肺疫、猪弓形虫病
	皮肤坏死、关节肿胀	猪丹毒
	蹄部有水疱和烂斑，蹄壳脱落	猪口蹄疫、猪传染性水疱病
	被毛粗乱逆立	各种传染病及一些寄生虫病
	全身脱毛或局部脱毛	寄生虫病、慢性猪瘟、猪肺疫
口腔及饮食	口流血样泡沫	猪炭疽、猪肺疫
	咽炎、咽颈部肿胀、咽下困难	猪炭疽、猪瘟、猪肺疫
	呕吐	猪副伤寒、猪瘟、猪丹毒
	食欲减少	大部分传染病(初期猪喘气病除外)
	渴感	猪副伤寒、猪瘟
	不食	猪肺疫、猪副伤寒、猪瘟
排泄	下痢	猪弓形虫病、猪副伤寒、猪瘟、仔猪红痢、大肠杆菌病、仔猪黄痢
	便秘	猪肺疫、猪丹毒、猪瘟、猪弓形虫病
	血便	猪瘟、仔猪红痢
	尿少而浓	猪丹毒

四、任务报告

通过检疫，根据不同临床症状检出病禽，写出实训报告。

子任务 2 家禽的宰前检疫

一、技能目标

掌握家禽宰前群体检查及个体检查的方法、检疫程序及操作要点，通过检疫发现病禽，并及时采取相应的处理措施，达到提高宰后检疫质量的目的。

二、任务条件

选择一个定点肉鸡屠宰场或肉类联合加工厂；口罩、长筒靴（屠宰场提供）、白色工作衣帽等，每位学生一套。

三、任务实施

宰前检疫的组织

（1）入厂（场）验收 当家禽运到屠宰厂（场）后，检疫人员应先向押运人员索取家禽由产地动物防疫监督机构签发的检疫证明，了解产地有无疫情和途中家禽的情况，有无发病和死亡的现象，并细致观察禽群，同时核对家禽的种类和数量。如果遇到无检疫证明或检疫证明超过有效期，以及证物不符或发现有病死家禽时，检疫人员必须要认真查明疑点，找出原因后按有关规定处理。经入场验收，认为合格的家禽准予卸载，并进入宰前饲养管理。在饲养管理时，检疫人员还应经常观察家禽的状况，发现有病禽要及时处理。

（2）送宰检查 在送宰之前，为有效地防止病禽混入屠宰间，经宰前管理的家禽须再进行详细的临床检查，检查合格出具准宰证明，即送往屠宰间宰杀。

① 群体检查 群体检查应逐舍逐笼地进行，或者在喂饲时观察家禽的采食和运动，检查时依次由大群到小群对禽群进行静态、动态、饮食状态和生长发育状况的观察，以判定家禽的健康状况。

a. 静态检查 检疫人员在不惊扰禽群的前提下，观察家禽的自然安静状态，如精神状况、站立、栖息的姿态，呼吸状态，羽毛、天然孔、冠和肉髯等的状况，对外界的反应性，还应注意其叫声，是否发出"咯咯"声或"咕咕"声，有无喘息、咳嗽等。

健康家禽全身羽毛丰满清洁而有光泽，泄殖孔周围与腹下部绒毛干燥整洁，眼有神，冠、髯鲜红发亮，常常抖动羽毛、撩起两翅，对周围事物敏感，反应迅速。

检查时如发现有精神委顿、缩颈闭目、尾翅下垂、呼吸急迫或困难、反应迟钝、冠苍白或青紫色、天然孔流有黏液或泡沫液体、肛门周围沾有粪便、发出特殊叫声以及咳嗽等症状的可疑禽只，应剔出作进一步的个体检查。

b. 动态检查 将禽群人为哄起，观察禽的反应性和运动姿态。健禽活泼反应敏捷，行走呈探头缩尾、两翅紧收。病禽则精神委顿、翅尾下垂、步态踉跄僵硬、弯颈拱背、行动迟缓、离禽独处。发现病态的禽只应挑出作进一步检查。

c. 采食、饮水及粪便状态检查 发现采食、饮水或粪便异常的禽只应剔出作个体检查。

对大批的商品家禽筛选时可采用飞沟筛选法：驱赶鸡群，使其飞过事先用健禽反复测试而设定的飞沟，检查能轻易飞过沟者可认为是假定健康鸡，再经静态和采食饮水的群体检查；不能过沟者，可认为是疑似病鸡，应逐只作个体检查。

② 个体检查 在群体检查的基础上应用"看、听、摸、检"的方法对剔出的病禽和可疑病禽逐只进行认真细致的检查，得到初步诊断，确定疾病性质。根据疫病对整个禽群的影

响，采取相应的措施，进行及时处理。

检验人员左手握住家禽两翅根部，注意听叫声有无异常，挣扎时是否用力；再将家禽举起，观察头部变化，主要注意冠、肉髯和无毛处有无苍白、发绀或痘疹，眼、鼻和口腔有无异常分泌物等变化。用另一手的中指抵住禽喉部，并以拇指和食指夹压两颊，迫使禽口张开露出缝隙来观察口腔与喉头有无黏液、充血、出血、溃疡及伪膜或异物等其他病变。禽体高举检查呼吸道，使其颈部贴近检验者的耳部来听诊有无异常呼吸音，并触压喉头及气管，诱发咳嗽。手先触摸嗉囊，检查充实度和内容物的性质；再摸检胸腹部及腿部肌肉、关节，以确定有无关节肿大、骨折。注意禽整体羽毛的清洁度、紧密度与光泽，有无创伤及肿物等；尤其是肛门附近粪便污染程度与潮湿度等情况。

鹅体重较大可按压地上检查，按照头部、食管膨大部、皮肤、肛门的顺序依次检查，必要时测体温。对鸭进行个体检查时，常以右手抓住鸭的上颈部，提起后夹于左臂下，同时以左手托住锁骨部，然后进行个体检查。检查顺序与鹅相同。

家禽个体检疫的临床表现及可疑疫病范围见表 2-2。

表 2-2　家禽个体检查的表现及可疑疫病范围

检查项目	临床表现	可疑疫病范围
精神状态与姿势	瘫痪，一脚向前一脚向后	马立克病
	1 月龄内雏鸡瘫痪	传染性脑脊髓炎、鸡新城疫
	扭颈、抬头望天、前冲后退、转圈运动	鸡新城疫、维生素 E 和硒缺乏症、维生素 B_1 缺乏、肉毒梭菌毒素中毒
	颈麻痹、平铺地面上	维生素 B_2 缺乏
	颈麻痹、趾蜷曲	维生素 D 缺乏、钙磷缺乏、病毒性关节炎、滑膜霉形体病、葡萄球菌病、锰缺乏病、胆碱缺乏
	腿骨弯曲、运动障碍、关节肿大瘫痪	笼养鸡疲劳症、维生素 E 和硒缺乏症、鸡新城疫
	高度兴奋、不断奔走鸣叫	呋喃唑酮(痢特灵)中毒、其他中毒病初期
呼吸状态	呼吸困难、啰音	鸡新城疫、传染性支气管炎、传染性喉气管炎、慢性呼吸道疾病
	张口伸颈、有怪叫声	鸡新城疫、禽流感、传染性喉气管炎
可视黏膜	眼充血	中暑、传染性喉气管炎等
	虹膜褪色、瞳孔缩小	马立克病
	角膜晶状体混浊	传染性脑脊髓炎等
	眼结膜肿胀，眼睑下有干酪样物	大肠杆菌病、慢性呼吸道病、传染性喉气管炎、沙门杆菌病、曲霉菌病、维生素 A 缺乏症等
	流泪、有虫体	嗜眼吸虫病、眼线虫病
	冠、肉髯结痂、痘斑	禽痘
	冠蓝紫色	败血症、中毒病
	冠和肉垂发绀且头和颜面部水肿	禽流感
饮水	饮水量剧增	长期缺水、热应激、球虫病早期、饲料中食盐过多、其他热性病
	饮水量明显减少	温度太低、濒死期、药物异味
粪便	红色	球虫病
	白色黏性	白痢病、痛风、尿酸盐代谢障碍
	硫黄样	组织滴虫病
	黄绿色带黏液	鸡新城疫、鸭瘟、禽出败、卡氏白细胞病等
	排黄、白、绿色稀粪	禽流感
	水样粪便	饮水过多、饲料中镁离子过多、轮状病毒感染、传染性法氏囊病等

禽宰前检疫的主要疫病有高致病性禽流感、鸡新城疫、鸭瘟、白血病和鸡支原体病等。

四、任务报告

通过检疫，根据不同临床症状检出病禽，写出报告。

相关知识

一、猪的宰前检疫

宰前检疫指对待宰的猪活体实施的检疫，它是屠宰检疫的重要组成部分，也是猪生前的最后一次检疫，直接关系宰后检疫的质量。

通过宰前检疫，在屠宰前可及时发现病猪，实行病健分宰，并将剔出的病猪给予适当的处理，以减少肉品污染，降低经济损失，提高肉品卫生质量，防止疫病扩散和传播，保护人体健康。检疫能及时发现在宰后难以检出的疾病，如破伤风、狂犬病、李氏杆菌病、流行性乙型脑炎、脑包虫病、口蹄疫和某些中毒性疾病等。同时，通过宰前查验有关证明，也促进了动物产地检疫和畜禽标识管理工作，防止无证收购，无证屠宰。因此，宰前检疫是动物检疫工作的重要环节，应认真仔细地做好宰前检疫工作。

① 宰前必须检疫　凡屠宰加工动物的单位和个人必须按照《动物防疫法》的规定，对动物进行宰前检疫。

② 动物防疫监督机构监督　动物防疫监督机构应对屠宰厂（场）、肉类联合加工厂进行监督检查。若监督检查时发现问题，可向厂方或其上级主管部门提出建议或处理意见，及时制止不符合检疫要求的动物产品出厂（场）。有自检权的屠宰厂（场）、肉类联合加工厂，一般由厂方负责检疫工作，但应接受动物防疫监督机构的监督检查。而其他单位、个人屠宰的动物，必须由当地动物防疫监督机构或其委托的单位进行检疫，并出具检疫证明，胴体应加盖"验讫"印章。

③ 宰前检疫的组织　根据宰前检疫的任务，来组织检疫工作。宰前检疫的任务有两项：一是查验有关证明，对于来自本县（市）的动物应查验产地检疫证明，对来自外县（市）的动物查验运输检疫证明；二是临诊检查待屠畜的健康状况。因为要在很短的时间内，从待检畜禽群中迅速检出患病畜，这就要求检疫人员不仅要具备熟练的操作技术，而且必须做好宰前检疫的组织工作。

1. 宰前检疫的程序

宰前检疫的程序可分为三个步骤，即预检、住检和送检。

（1）预检　预检是防止疫病随病畜混入宰前管理圈舍的重要环节。

① 验讫证件，了解疫情　屠畜运到屠宰厂（场）时，检疫人员应首先向押运员索取"动物产地检疫合格证明"或"出县境动物检疫合格证明"和"动物及动物产品运载工具消毒证明"。首先了解产地有无疫情，接下来要求其亲临车、船，仔细观察畜群，核对屠畜的种类和数量，畜禽标识情况，并询问途中有无发病和死亡情况。如发现数目不符或有病死现象，产地有严重疫情流行或有可疑疫情时，应立即将该批屠畜转入隔离圈内与健畜分离，进行认真的临诊检查和必要的实验室诊断，查明原因，待确定疫病性质后，按有关规定做出妥善处理。

② 视检屠畜，病健分群　经过了解调查和初步视检，认为合格的屠畜，准予卸载并入预检圈，进一步观察。要求检疫人员认真观察每头屠畜的精神状况、外貌、运动姿势等。如发现异常，立即在该畜的体表涂刷一定的标记，将其赶入隔离圈，待验收后再进行详细检查和处理。赶入预检圈的屠畜，必须按种类、产地、批次，分圈饲养管理，不可混群。

③ 逐头检温，剔出病畜　进入预检圈的屠畜，给充足的饮水，待休息 4h 后再进行详细的临诊检查，逐头测温。通过检查确定健康的屠畜，可赶入饲养圈。病畜或疑似病畜分离赶入隔离圈。

④ 个别诊断，按章处理　隔离圈中的病畜或可疑病畜，经过适当休息后，进行仔细的临诊检查，必要时辅以实验室检查。确诊后，按有关规定处理。

（2）住检　经过预检，合格的屠畜允许进入饲养管理圈。在此期间，检疫人员应经常深入圈舍查圈查食，进行观察，发现病畜或可疑畜应及时挑出，分群隔离管理并处理。

（3）送检　在送宰前进行一次详细的外貌检查，并逐头测温，应最大限度地检出病畜。送检认为合格的健畜，签发宰前"检疫合格证"，送候宰圈等候屠宰。

2. 宰前检疫后的处理

宰前检疫后的屠畜，依据其健康状况和疫病的性质和程度，按有关兽医规程和检验标准做如下处理。

（1）准宰　经宰前检疫认定健康的、符合规格的屠畜，出具准宰通知书后，方可进入屠宰线准予屠宰。

（2）禁宰　宰前检疫后，凡属于危害性大的急性烈性传染病，或重要的人畜共患病和国外已有而现阶段国内尚无或国内已经消灭的疫病，其处理办法如下。

① 经宰前检疫，确诊炭疽、鼻疽、牛瘟、恶性水肿、气肿疽、狂犬病、羊快疫、羊肠毒血症、马流行性淋巴管炎、马传染性贫血等恶性传染病的屠畜，一律不准屠宰，采取不放血的方式扑杀处理，尸体销毁或化制。

a. 牛、羊、马、驴、骡畜群中发现炭疽时，除对患畜禁宰外，其同群家畜应立即逐头测温，体温正常者可作急宰，体温不正常者予以隔离，并注射有效药物观察 3d 结果。待无高温及临床症状出现的准予屠宰，如不注射有效药物者，则必须隔离观察 14d 后待无高温及临床症状时方可屠宰。

b. 猪群中发现炭疽时，同群猪立即进行紧急检测体温，正常者体温急宰；体温不正常者隔离观察，直到确诊为非炭疽时方可屠宰。

c. 凡经炭疽疫苗免疫的家畜，必须经 14d 后方可屠宰。对于应用制造炭疽血清的家畜不准屠宰食用。

d. 屠畜群中发现恶性水肿和气肿疽时，患畜禁宰，其同群屠畜应逐一测温，体温正常者急宰；体温不正常者应隔离观察，直到确诊排除是恶性水肿或气肿疽时方可屠宰。

e. 牛群中发现牛瘟时，除对患畜禁宰外，其同群的牛应予以隔离，经注射抗牛瘟血清观察 7d，而未经注射血清者需观察 14d，无高温及临床症状时方可屠宰。

f. 被狂犬病或疑似狂犬病患畜咬伤的家畜，应采取不放血的方法扑杀，病畜尸体作销毁或化制处理。

② 经检疫发现患有口蹄疫、疯牛病、猪传染性水疱病、猪瘟、牛传染性胸膜肺炎、痒病、蓝舌病、非洲猪瘟、非洲马瘟、小反刍兽疫、绵羊痘和山羊痘、羊猝疽、钩端螺旋体病、急性猪丹毒、李氏杆菌病、马鼻腔肺炎、马鼻气管炎、布鲁菌病、牛鼻气管炎、猪密螺旋体痢疾、牛肺疫、肉毒梭菌中毒等的屠畜，一律不准屠宰，采取不放血的方法扑杀，尸体销毁或化制，并彻底对用具、器械、场地进行消毒。

（3）急宰　经检疫确诊为无碍肉食卫生要求的普通病患畜和一般性传染病但有死亡危险时，可立即出具"急宰证明书"，运送至急宰间进行急宰，并完善现场消毒措施。

（4）缓宰　经宰前检疫，确认屠畜患一般性疫病或普通病，且有治愈希望者；或患有疑似疫病而未确诊的屠畜应予缓宰。注意必须考虑有无隔离饲养、治疗条件和消毒设置及经济价值等多方因素，并进行成本核算。

（5）死畜尸的处理（冷宰） 凡在运输途中或宰前管理中自行死亡或死因不明的家畜，一律销毁。如查明原因，确为因挤压、斗殴等纯物理性因素导致死亡的家畜尸体，经检验肉品品质良好，并能在死后 2h 内取出全部内脏器官者，胴体经无害化处理后方可供食用。

检疫人员对宰前检疫的检疫合格证明、家畜耳标和出具准宰通知书及处理情况要做完整的记录留档，并保存 12 个月备查。若发现危害严重的疫病，检疫员必须及时联系并向当地和产地的动物防疫监督机构报告疫情，以便及时采取相应的预防控制措施。

3. 宰前管理

做好屠畜的宰前管理可有效地获得优质、耐贮藏的肉品，宰前管理主要包括休息管理和停饲饮水管理。

（1）休息管理

① 休息管理的意义

a. 可降低宰后肉品的带菌率 屠畜经过长途运输，因过度疲劳或精神紧张，可使机体的抵抗力降低，一些细菌乘机入侵机体，肉中细菌含量就会明显增多，影响肉的品质和保存时间。如果做好宰前休息管理能恢复或增强机体的抵抗力，侵入机体的细菌不能发挥作用，从而极大降低了宰后肉品的带菌率。

b. 可排出体内过多的代谢物 在长途运输过程中，屠畜的生理代谢功能受到影响，发生代谢紊乱，使体内蓄积过多的代谢产物发生滞留，影响宰后肉的品质。若经适当休息，可使屠畜体内过多的代谢物有效排除，从而保证了肉的品质。

c. 有利于肉品的成熟 由于受运输途中的饲养管理条件影响，屠畜又伴随着重度紧张、应激恐惧等，肌肉中的糖原大量被消耗，从而影响宰后肉的成熟。屠畜宰前经适当休息能恢复肌肉中糖原的含量，有利于宰后肉的成熟。

② 休息管理的时间 经长途运输的屠畜到场后，一般宰前休息 24～48h 即可。

（2）停饲饮水管理

① 停饲饮水管理的意义

a. 有利于放血 宰前给予屠畜充足的饮水，可以适当冲淡血液浓度，降低血液黏稠度。

b. 节约饲料 屠畜摄入饲料到完全消化吸收的过程需要的时间：牛约 40h，猪约 24h。在待宰期内停饲能节约饲料，在保证给予充分饮水的条件下，对屠畜营养并无影响。

c. 有利于屠宰解体的操作 轻度饥饿可使屠畜胃肠内容物充分消化，有利于加工的剥皮操作和摘除胃肠、整理胃肠内容物，还可避免划破胃肠，以减少污染肉品的几率。

d. 有利于肉的成熟 停饲可使屠畜轻度饥饿，促进肝糖原分解，使肌肉中糖原含量恢复和增加，为宰后肉的成熟创造条件，因而可提高肉的品质，并延长肉的贮藏期。

② 停饲和饮水时间 宰前停饲时间：猪为 12h，牛、羊为 24h。但必须保证充足的饮水，直到宰前 3h 停止供水。

二、家禽的宰前检疫

1. 宰前检疫后的处理

（1）准宰 经宰前检疫确认健康合格的家禽，由动物检疫人员签发宰前检疫单（含送宰检疫单），送往屠宰车间屠宰。

（2）禁宰 经检查确认家禽患有危害严重的疫病时，应采取不放血的方法扑杀后尸体销毁，做好记录并按规定上报。如患有禽流感（高致病性禽流感）、鸡新城疫、马立克病、小鹅瘟、鸭瘟等疫病的家禽应禁宰。

（3）急宰 经检查确认为患有或疑似患有一般性疾病的家禽，应出具急宰证明，送往急宰间急宰。如患有鸡痘、鸡传染性喉气管炎、鸡传染性支气管炎、传染性法氏囊病、禽霍乱、禽伤寒、禽副伤寒、禽鹦鹉热、球虫病等疫病的家禽应急宰。同群的其他家禽也应迅速屠宰。

（4）死禽的处理　在运输工具和禽舍内发现的死禽，多数是因病而死，应一律销毁，不准食用，及时查明原因以确定同群禽的处理方法。如确诊因挤压等物理因素致死的禽只，且其肉质良好，并在死后 2h 内取出内脏者，其胴体经高温处理后可供食用。

与疫病患禽同群的家禽，根据疫病的性质与传染情况的不同，应迅速屠宰或做其他处理。被病禽污染的场地、设备、用具，应进行严格消毒。

2. 家禽的宰前管理

（1）休息管理　长途运输后，家禽受到疲劳、紧张、恐惧的影响，机体抵抗力降低，肠道内某些细菌侵入，使肉中细菌含量大量增加，影响肉的品质；同时肌肉中的大量糖原被消耗，影响宰后肉的成熟。宰前家禽经适当的休息，能减少肉的带菌率，利于肉的成熟，从而提高肉品的品质。一般经过长途运输的家禽，休息时间为 24～48h。

（2）停饲饮水管理　家禽在宰前休息的同时，还必须进行停饲和饮水管理。其目的是有利于尽快恢复往场禽群的体况，提高宰杀时放血的程度，减少肉品的带菌率，并利于提高肉品的卫生质量和耐藏性。停饲的时间取决于家禽的种类和加工方式，鸡、鸭一般停食 12～24h，鹅一般停饲 8～16h。如加工时采用全净膛和半净膛的光禽，一般停食 12h 左右；加工不净膛的光禽时，停食时间可适当延长，但也不宜过长，在饥饿情况下，禽吃进泥沙污物就影响了肉的品质。停食期间注意充分给予饮水，直至宰前 3h 为止，要求保持安静。饲料的种类与停食的效果有关，特别是那些饲喂过不易消化饲料的家禽，有时为了促进胃肠内容物的尽快排出，可在饮水中加入 2% 的硫酸钠。

 拓展内容

其他家畜的宰前检疫

一、牛的宰前检疫

1. 群体检疫

（1）静态观察　当牛群在车、船、牛栏、放牧场上休息时，检疫人员离牛群一定距离处进行观察，主要观察牛站立或睡卧的姿态、被毛皮肤状况、反刍情况，还要看其嘴角、肛门周围是否干净。健康牛神态自若，站立平稳，眼珠明亮有神，常用舌舔鼻孔；卧地时两前肢抱胸，常呈膝卧姿势，两眼半闭，有力地反刍咀嚼；被毛整洁光亮，皮肤柔软平坦，嘴角周围干净，肛门紧凑、周围无稀粪污染；呼吸平稳，鼻镜湿润，正常嗳气。患病牛站立不稳，头颈低伸，拱背弯腰；卧地时四肢伸开横卧姿势，或久卧不起；被毛粗乱无光，有时局部皮肤肿胀，嘴角周围湿污流涎，肛门周围和尾部沾有粪便；眼多流泪、眼睑肿胀，角膜混浊，鼻镜干燥或龟裂；呼吸急促，无嗳气。

（2）动态观察　当牛群在装车、赶运、放牧过程中，检疫人员注意观察牛的精神、步态等。健康牛有精神，走路平稳、四肢有力，腰背灵活，耳尾灵敏；在有蚊蝇的季节，频频摇尾，或抖动皮肤，或用头驱赶蚊蝇，耳壳不断转动；排粪姿势正常，粪便半干半稀，落地成堆，尿色澄清。患病牛精神沉郁，起立困难，走路摇晃甚至跛行，曲背弓腰，耳尾乏力不摇动，离群掉队；排粪困难或失禁，粪便干硬或拉稀，有时混有黏液、血液，尿液混浊、有时带血。

（3）饮食状态观察　健康牛争抢饲料，咀嚼有力，采食速度快、时间长，敢到大群中抢水喝，运动后饮水不咳嗽。患病牛食欲不振，停食或少食，咀嚼缓慢而无力，有的采食咀嚼、咽下表现困难，采食时间短，反刍减少甚至无，不愿到大群中饮水，运动后饮水常常发生咳嗽。

2. 个体检疫

牛的个体检疫主要以炭疽、口蹄疫、牛肺疫、结核病、布氏杆菌病、蓝舌病、地方性白血病、牛传染性鼻气管炎、黏膜病等为重点检疫对象。

牛个体检疫的临床表现及可疑疫病范围见表 2-3。

表 2-3　牛个体检疫的临床表现及可疑疫病范围

检查项目	临床表现	可疑疫病范围
精神状态与姿势	沉郁	炭疽、气肿疽、牛瘟、焦虫病
	兴奋有攻击性	狂犬病
	恶寒战栗	炭疽、牛瘟
	站立不稳	炭疽(疝痛时)、狂犬病
	跛行	口蹄疫、气肿疽
	长期卧地不起	口蹄疫、焦虫病
	转圈运动	李氏杆菌病
呼吸状态	呼吸困难，喘息	牛肺疫、牛传染性鼻气管炎、气肿疽
	呼吸频速与高温同时出现	大部分传染病
	咳嗽	结核病、牛肺疫、布氏杆菌病
体温	高温	炭疽、气肿疽、牛瘟、牛肺疫、焦虫病
可视黏膜	结膜苍白，黄染	焦虫病
	结膜发炎，有脓性分泌物	牛流感、牛瘟、传染性角膜炎
	鼻黏膜烂斑	口蹄疫、牛瘟
	鼻镜干燥	各种急性传染病
	唇及齿龈黏膜水疱、烂斑	口蹄疫、牛瘟
	鼻涕恶臭	牛肺疫、牛瘟
	口流线状液体	口蹄疫
皮肤与被毛	被毛粗乱无光	各种疫病
	头、颈、咽及腹部水肿	巴氏杆菌病
	阴唇水肿	恶性水肿、炭疽
	蹄部有水疱或烂斑	口蹄疫
	体表淋巴结肿大	体表淋巴结核、泰氏焦虫病
	各部肌肉肿胀	气肿疽
采食状态	食欲减退	牛肺疫、焦虫病等
	食欲废绝	气肿疽、牛瘟
	采食咀嚼困难	放线菌病、口蹄疫、牛瘟
	咽下困难	牛蓝舌病、巴氏杆菌病、放线菌病、咽部淋巴结核
	反刍停止	口蹄疫、牛瘟、巴氏杆菌病
排泄	水泻	牛瘟
	下痢	大肠杆菌病、球虫病
	血便恶臭	犊牛副伤寒、球虫病、炭疽、牛瘟
	便秘、下痢	焦虫病
	血尿	焦虫病

二、羊的宰前检疫

1. 群体检疫

（1）静态观察　当羊群在车船、舍内或放牧休息时，检疫人员注意观察羊群站立和卧下姿势等。羊的合群性好，健康羊常于饱食后合群卧地休息，同时缓慢反刍；呼吸平稳，被毛整洁，嘴角及肛门周围干净，当有人接近时立即机敏站起走开。病羊精神倦怠，独卧一隅；被毛粗乱、脱落，皮肤擦痒，显露骨骼；呼吸急促，鼻镜干燥，鼻流涕，口流涎；肛门周围污秽不洁；有人接近时反应性差，不起也不走。

（2）动态观察　当羊群在运输装卸、赶运及其他运动过程中，检疫人员注意检查羊群的运动等。健康羊精神活泼，走路平稳，合群不掉队；排粪姿势正常，粪便呈小球状。病羊精神或沉郁或兴奋不安，步态跟跄，后躯僵硬或跛行，离群掉队；排便稀，味恶臭。

（3）饮食状态观察　健康羊食欲旺盛，见青草就互相争食，食后肷部鼓起，见水时迅速抢水喝。病羊食欲不振或废绝，吃草时落在后面或不食呆立，反刍停止，食后肷部仍下凹；饮欲较差或不饮水。

2. 个体检疫

将群体检疫剔出的病羊或疑似病羊，逐只分系统进行检查，测量体温、呼吸和心跳基本生理指数后，再检查体表淋巴结、口腔黏膜、眼结膜、皮肤和被毛等，主要检疫对象是口蹄疫、炭疽、蓝舌病、羊痘、布氏杆菌病、羊疥癣等。

其余同猪。

任务三　畜禽屠宰加工

子任务 1　猪的屠宰加工

一、技能目标

掌握猪、牛及其他动物的屠宰加工流程，同时掌握屠宰加工场所的兽医卫生监督标准，了解家畜屠宰加工设备及器械的基本使用程序和方法。

二、任务条件

一个定点屠宰场的屠宰车间；防水围裙、袖套及长筒靴、白色工作衣帽、口罩、乳胶手套和线手套等；基本检验刀具。

三、任务实施

猪的屠宰加工流程见图 2-5。

四、任务报告

根据任务实施过程，写出任务报告。

 相关知识

屠宰加工的卫生状况不但与肉品的卫生质量及其耐存性密切相关，而且与消费者的健康及养殖业的发展也有着密切的关系。因此，对屠宰加工过程实施严格的卫生监督和卫生管理，是提高肉品卫生质量、保障消费者安全的重要保证，是屠宰加工企业兽医卫生检验人员履行其职责的重要内容。

一、猪的屠宰加工工艺

猪的屠宰加工过程一般包括淋浴、致昏、放血、烫毛或剥皮、开膛与净膛、去头蹄与劈半、胴体修整、内脏整理及皮张和鬃毛整理等工序（图2-5）。根据国家标准《生猪屠宰操作规程》（GB/T 17236—2008）规定，从致昏开始，猪的全部屠宰过程不得超过45min；从放血到摘取内脏，不得超过30min；从编号到复检、加盖"检验"印章，不得超过15min。

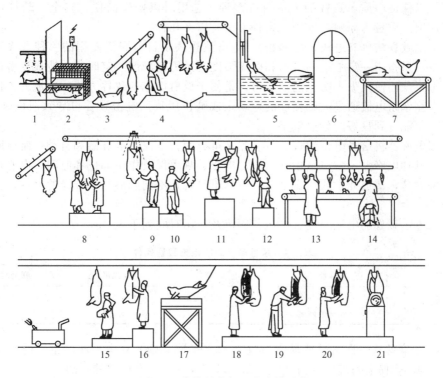

图2-5 猪的屠宰加工流水线示意

1—淋浴；2—电击致昏；3—上钩；4—放血；5—烫毛；6—脱毛；7—净毛；8—头部检验；
9—刷洗；10—修刮；11—皮肤检验；12—开膛；13—"白下水"检验；14—"红下水"检验；
15—去头蹄；16—膈肌采样；17—劈半；18—胴体检验；19—修割；20—复检；21—称重分级

1. 淋浴

在候宰间的一角装置淋浴设备，将猪只赶至淋浴室内，喷淋猪体，以清除体表的污物，保证屠宰时清洁卫生。

（1）淋浴的卫生意义

① 清洁皮毛，去掉污物，减少屠宰过程中的肉品污染。

② 可使猪趋于安静，促进血液循环，保证放血良好。

③ 浸湿猪体表，提高电击效果。

（2）淋浴净体注意事项

① 应在不同角度、不同方向设置喷头，以保证体表冲洗完全。

② 水温在夏季以20℃为宜，冬季以25℃为宜，温度过高或过低会影响肉的质量。

③ 喷水孔孔径以2mm为宜，使喷出的水流呈雾状，以如毛毛细雨为佳，使猪有舒适的感觉，促使外周毛细血管收缩，便于放血充分。水的压力不宜过大，以免引起畜禽惊恐，导致体内糖原过量消耗，降低肉品质量。

④ 淋浴时间以能使畜体表面污物浸软洗净为宜，一般 2~3min 即可。

⑤ 小的屠宰场没有淋浴设施时，可用胶皮管接上喷头进行人工喷洗。

2. 致昏

致昏是指应用物理的（如机械的、电击的）或化学的（吸入 CO_2）方法，使猪宰杀前短时间内处于昏迷状态。在放血前，一般先予以致昏。致昏的目的是使其失去知觉，减少痛苦，是动物福利提出"人道屠宰"的重要体现；另一方面可避免动物在宰杀时挣扎而消耗过多的糖原，以保证肉质。致昏的方法有许多种，选用时以操作简便、安全，既符合卫生要求，又保证肉品质量为原则。常用的致昏方法有以下几种。

（1）电击致昏法（麻电法、电麻法） 电击致昏法是目前广泛使用的一种致昏法，可用于各种屠畜，系指用一定强度的电压和电流强度通过屠畜脑部一定时间，造成屠畜进入实验性癫痫状态，从而使其失去防卫运动能力，是便于放血操作的致昏方法。电流首先作用于间脑区，肌肉痉挛系电流通过大脑皮层的运动区或脑桥所致。电击致昏可导致肌肉强烈收缩，心跳加剧，故能得到良好的放血效果。

常使用电麻器将屠畜电击致昏。电麻器又可分为人工控制电麻器和自动控制电麻器两种类型。不论哪种电麻器，均应掌握好电流、电压、频率以及作用部位和时间。电麻过深会引起屠畜心脏停搏，造成死亡或放血不全；电麻不足则达不到麻痹知觉神经的目的，会引起屠畜剧烈挣扎。

常用的电击致昏的电流强度、电压、频率及作用时间列于表 2-4。

表 2-4 家畜屠宰时的电击致昏条件

动物种类	电麻器	电压/V	电流强度/A	麻电时间/s
猪	人工控制电麻器	70~100	0.5~1.0	1~3
	自动控制电麻器	<90	<1.5	1~2

（2）CO_2 麻醉法 此法是使屠畜通过含 65%~85% CO_2（由干冰产生）的密闭室或隧道，经 15~45s，使屠畜麻醉维持 2~3min，以完成刺杀放血操作的目的。

本法的优点是操作安全，生产效率高；对屠畜无伤害，屠畜无紧张感、无噪声，不知不觉地进入昏迷，因此肌糖原消耗少，可使屠畜完全失去知觉，致昏程度深而可靠；肌肉处于放松状态，不会发生痉挛，呼吸维持较久、心跳不受影响，放血良好；肉品 pH 低而稳定，利于保存。缺点是工作人员不能进入麻醉室，成本较高，CO_2 浓度过高时能造成屠畜死亡。

3. 刺杀放血

将致昏后的猪后腿吊在滑轮的套脚或铁链上，经滑车吊至悬空轨道，运至放血处进行放血。放血系指用放血刀割断血管或刺破心脏，使血液流出体外，将屠畜致死的屠宰操作。在致昏后应立即放血，最好不超过 30s，以免肌肉出血。

（1）放血方式 根据放血时屠畜的体位不同，可将放血方式分为水平放血和倒挂垂直放血两种。从卫生角度看，倒挂垂直放血更佳，放血安全，效果良好，利于随后的加工，同时可减轻工人劳动强度。

（2）放血方法

① 切断颈部血管法 即切断颈动脉和颈静脉放血法，是目前广泛采用的、比较理想的一种放血方法，马、牛、羊、猪都可采用。在猪倒立悬挂时，应于颈部和躯干交界处的中线偏右约 1cm 处或第一肋骨水平线以下 3.5~4.5cm 处刺入，刺杀时刀尖向上，刀刃与猪体呈 15°~20°角，抽刀向外侧偏转切断血管，不得刺破心脏。刺杀放血刀口长度以 3~4cm 为宜，不得超过 5cm。沥血时间一般为 6~10min，不得少于 5min。

此法的优点是不伤及心脏，心脏保持收缩功能，有利于放血完全，且操作简便；缺点是刀口较小，血流时间较长，如果空血时间过短，易造成放血不全。因此，使用此法放血时，放血轨道和放血槽应有足够的长度，以保证放血充分。

②　空心刀放血法（真空刀放血法）　国外已经广泛采用，我国少数肉联厂曾试验应用，目前正在普及推广的放血方法。放血时，将一种具有抽气装置的特制"空心刀"插入事先在颈部沿器官做好的皮肤切口，经过第一肋骨中间的胸前口直接向右心刺入，血液即通过刀刃空隙、刀柄腔道沿橡皮管流入容器中。此法放血由于血液未受到污染，可供食用或医疗用，因而可提高其利用价值，且放血完全，胴体品质好。空心刀放血虽刺伤心脏，但因有真空抽气装置，故放血仍良好。

③　心脏穿刺法　为我国民间习惯采用的方法。刺杀部位是颈胸交界处凹陷内，沿胸前口刺至心脏。由于此法损伤心脏，影响心脏收缩功能，常造成放血不良，因而应用较少，常在农村应用。

（3）卫生要求　放血必须正确掌握放血部位、操作技术和放血时间，保证血流通畅，放血完全。否则，不是放不出血来，就是血流不畅，造成血液在组织中滞留和浸润，甚至发生呛血现象，给随后的头部检验和加工带来不利影响。因此，放血工作应由熟练的工人来操作，并保持相对的稳定。

放血程度是肉品质量的重要指标。放血良好的胴体，色泽鲜亮，肉质鲜嫩，而且因含水量少，能耐贮藏。反之，放血不良的胴体，色泽深暗，肉味不美，而且因含水量高，有利于微生物生长繁殖而易发生腐败变质，不耐贮藏。

4. 脱毛或剥皮

（1）脱鬃　猪鬃即猪的颈部和脊背部的刚毛。猪鬃刚韧而富于弹性，具有天然的鳞片状纤维，能吸附油漆，为工业和军需用刷的主要原料。猪鬃能制成各种用刷、化学灭火剂、化学药品（如胱氨酸、酪氨酸）等各种产品。我国所产猪鬃，在数量上和质量上都驰名中外，也是我国主要出口的畜产品之一。如果要获得猪鬃，可在烫毛前将鬃拔掉，即脱鬃。生拔的鬃弹性强、质量好。

（2）浸烫脱毛　猪的屠宰加工有煺毛和剥皮两种方法，我国大多数采用热水浸烫煺毛加工方法。

①　浸烫　放血后的猪体经沥血后，由悬空轨道上卸入烫毛池内进行浸烫，使毛根及周围毛囊的蛋白质受热变性，毛根和毛囊易于分离，同时表皮也出现分离达到脱毛的目的。猪体在烫毛池内借助于推挡机前后翻动和向前运送。浸烫水温和时间应根据猪的品种、个体大小、皮肤薄厚、年龄、季节等情况灵活掌握。经杂交改良的瘦肉型猪皮肤较薄，烫池水温应保持在58～60℃；农民散养的土种猪皮肤较厚，烫池水温应保持在61～62℃。在寒冷的冬季，烫池水温应酌情升高1℃。浸烫时间一般为5～7min。有的材料报道，水温超过63℃，浸烫8min，会引起猪的高温强直，肉质降低。同时，为使屠体各部分受热均匀，可借助于推挡机不断前后翻动和向前运送屠体，每挡一头，不可多夹。小型屠宰场若无推挡机时，可用带钩的长杆来翻动屠体向前拨送。烫毛水至少每班更换一次。如果采用连续进水、出水的方式烫毛，则更符合卫生要求。

②　煺毛　煺毛分机械煺毛和手工煺毛。大中型肉联厂普遍应用机械煺毛，多为滚筒式刮毛机。刮毛机与烫毛池相连，猪浸烫完毕即由捞耙或传送带自动送进刮毛机，每台机器每次可放入3～4头，每小时可煺毛200头左右。煺毛应力求干净。机械煺毛时，刮毛机内淋浴水温应掌握在30℃左右，要求以不断肋骨、不伤皮下脂肪为原则。煺下的毛及皮屑通过孔道运出车间。

小型肉联厂和屠宰场无刮毛机设备时，可进行人工煺毛，先用卷铁刮去耳部和尾部毛，再刮头和四肢的毛，然后刮背部和腹部的毛。各地刮法不尽一致，以方便、刮净为宜。

当前较先进的脱毛方法是吊挂烫毛脱毛。此法从刺杀放血到烫毛都吊挂进行，屠体不脱钩。目前采用的有竖式热水喷淋、蒸汽烫洗和蒸汽热水脱毛处理三种方式，烫毛时使吊挂状态的屠体进入隧道，以 62～63℃ 热水喷淋或蒸汽烫洗达到烫毛的目的。既保证屠体干净，又免除反复脱钩和挂钩操作的麻烦，从而提高了流水线的速度，减轻了劳动强度，提高了工效。在隧道的末端设有打毛机。

③ 净毛（清理残毛）　煺毛后的屠体放入清水池内清洗。为清除屠体上的残毛和绒毛，必须进行净毛处理。净毛的方法有手工修刮、燎毛等。难刮的残毛或断毛，最好不用刀剃或火燎，以免毛根留在皮内。严禁用松香拔毛。

一些中小型肉联厂主要采用酒精喷灯燎毛，再采用传统的卷铁刮和石头打的手工修刮方式将未刮净的部位如耳根、大腿内侧及其他未刮掉的残毛或茸毛连根除去，这样获得的肉质量很高。然后将后肢跟腱部位用刀穿口（6～8cm 宽）上挂钩，通过滑轮吊上悬空轨道。

而一些大型肉联厂，尤其国外（如丹麦、荷兰等国）肉联厂和屠宰场，上述处理是通过燎毛炉和刮黑机完成的。燎毛炉内的温度可达 1200℃，屠体在炉内停留约 10～15s，即可将体表残毛烧掉。与此同时，屠体表皮的角质层和透明层也被烧焦。然后进入刮黑机，刮去大部分烧焦的皮屑层，再通过擦净机械和干刮设备，将屠体修刮干净。最后将屠体送入干燥的清洁区作进一步的加工。这套设备效果很好，但工艺要求复杂，费用较高。不论采用何种工艺，都必须达到脱净毛且不损伤皮肤的要求。

猪得先挑腹皮，再剥臀皮、剥腹皮，最后剥脊背皮。剥皮时不得划破皮面，少带肥膘。猪的皮下脂肪层厚，剥皮较为困难，通常应由熟练工人进行手工剥。

5. 开膛与净膛

所谓开膛指剖开屠体胸腹腔的操作过程。在清理残毛后应立即进行开膛，屠体放血后至开膛不得超过 30min。延缓开膛不仅会造成内脏器官的自溶分解，并有利于胃肠道内微生物向其他脏器和肌肉转移，降低肉品的质量和耐贮存性，而且会影响脏器和内分泌腺体的利用价值，如肠管发黑、内分泌腺的激素降解等。

开膛宜采取机械倒挂垂直方式，这样既减轻劳动强度，又减少胴体被胃肠内容物污染的机会。猪的开膛沿腹部正中白线切开皮肤，接着划开腹膜，使胃肠等自动滑出体外，便于检验。然后沿肛门周围用刀将直肠与肛门连结部剥离开（俗称雕圈），再将直肠掏出打结或用橡皮箍套住直肠头，以免流出粪便污染胴体。开膛时应小心，切勿划破胃肠、膀胱和胆囊，若万一划破后被胃肠内容物、尿液和胆汁所污染，应立即冲洗干净，并根据污染的程度作不同处理。胃肠内容物污染往往是胴体带染沙门菌、粪链球菌及其他肠道致病菌的主要来源，应引起生产人员高度重视。开膛后，严禁用抹布擦洗胴体。

净膛又称为去内脏，操作时应从前向后直至肛门，先沿肋软骨与胸骨连结处切开胸腔并剥离喉头、气管、食道，再用刀划破横隔膜，将心、肝、肺和胆囊一起摘除，然后用刀将肠系丛膜处割断，随之取出胃肠、脾，最后摘除膀胱、肾脏和腹壁脂肪（板油）。去内脏要求做到摘除的内脏不落地。摘除的内脏又分为"红下水"（心、肝、肺、肾）和"白下水"（胃、肠、脾、胰），应分别挂在排钩上或放在传送盘上，接受检验。

取出内脏后，应及时用足够压力的净水冲洗胸腹腔，洗净腔内淤血、浮毛、污物。

6. 去头蹄与劈半

（1）去头蹄　屠宰猪时，一般在净膛后再去头、蹄。去头是指分别从枕寰关节处卸下头，大多数肉联厂用去头机将头卸下，中小型屠宰场用刀将头砍下；去蹄是指从腕关节去掉前蹄，从跗关节处去掉后蹄。操作时要求切口整齐，避免出现骨屑。

（2）劈半　劈半是指沿脊椎正中将胴体劈成对称的两半。劈半后，既便于检验和运输，又便于冷冻加工和冷藏堆垛。猪由于皮下脂肪较厚，在实行人工劈半时，事先需先沿脊柱切开皮肤和皮下软组织，俗称为"引脊"，再用砍刀将脊柱对称地劈为两半。但肉联厂和屠宰场目前广泛使用手提式电锯或桥式电锯进行劈半。用手持式电锯劈半时，应注意"描脊"，并将锯掌握好，使脊柱劈开，劈半均匀。采用桥式电锯劈半时，应使轨道、锯片、引进槽成直线，不得锯偏。劈半时要求劈面平整、正直，以劈开脊髓管暴露出脊髓为佳，避免左右弯曲或劈断、劈碎脊椎，以防藏污纳垢和降低商品价值。劈半后应及时用净水冲去锯肉末。

7. 胴体修整

胴体修整是指清除胴体表面的各种污物、修割掉胴体上的病变组织、损伤组织及游离组织，摘除有碍肉品卫生的组织器官，并对胴体进行修削整形，使胴体具有完好商品形象的操作过程。胴体修整分干修和湿修两种。

（1）干修 干修时，先除去胴体表面的残余水分和碎屑，再用修割刀修整颈部和腹壁的游离缘、割除伤痕、化脓灶、斑点、淤血部以及残留的膈肌、游离的脂肪，摘除甲状腺、肾上腺和病变的淋巴结。根据不同的加工规格，有时还需剥除肾周围的脂肪（即板油）和摘除肾脏。修整好的胴体应达到无血污、无粪污、无残毛、无污物，具有良好的商品外观。修割下来的组织和废弃物，应分开放置（于容器中），加以利用或处理。

（2）湿修 湿修时，用具一定温度和压力的热水冲洗，将附着在胴体表面的毛、血、粪等污物冲洗干净。特别应注意颈端部和已劈开的脊柱。但值得注意的是，因为牛、羊皮下脂肪少，肌肉易吸水而影响屠体表面"干膜"的形成，使肉品容易变质，不利于保藏，所以其湿修只能冲洗胸腹腔内表面，不宜冲洗外表面。

无论采用何种修整方式，修整过程中严禁用抹布擦洗胴体，因为它是许多胴体被同类污染物污染的来源，尤其是易被微生物污染而使胴体的卫生质量下降。

8. 内脏整理

摘除后的内脏经检验后应立即送内脏整理车间进行整理加工，不得积压。

内脏整理包括胃的割取、肠管的分离、翻肠和倒胃、摘除淋巴结和病变部位、分离心肺、除去肾包囊等工序。

① 割取胃时，食管和十二指肠应留有一定的长度，以免胃内容物流出；

② 分离肠管时，应小心摘除附着的脂肪和胰脏，除去肠系膜淋巴结、病变部位及寄生虫等，切忌将肠管撕裂、拉断；

③ 翻肠和倒胃应于固定的工作台上进行，翻出的胃肠内容物洗净后应集中于一定的容器，迅速冷却，不得长时间堆放，以免变质；

④ 分离心脏时应除去心包膜；

⑤ 除去肾包囊时不应破坏肾的完整性。

内脏整理车间应有充足的温水和冷水供应。

9. 皮张和鬃毛的整理

（1）皮张的整理 猪、牛、羊生皮是重要的副产品，经鞣制加工后，可以制成各种日用品和工业品。为了给制革工业提供优质的制革原料，除猪、牛、羊生前注意饲养管理，保护皮肤不受损伤外，对刚刚剥下的生皮需要进行初步整理。皮张整理时，应先抽取尾皮（牛），除去皮张上的泥土、粪污、残留的肉屑、脂肪、耳软骨、蹄、嘴唇等，然后采用干燥法、盐腌法或冷冻法进行防腐，再送皮革加工车间（厂）进一步加工，不得堆积和暴晒，以免变质或老化。

（2）毛类的整理 猪鬃毛整理时，按色分类，用铁质梳除去绒毛、皮屑、灰渣和杂质后，按其长度进行分级、扎捆成束。泡烫后刮下的湿鬃毛，为了除去毛根上的表皮组织，可将其堆 2～3d，通过发热分解促其表皮组织腐败脱落，然后加水梳洗，除去绒毛和碎皮屑，再摊开晒干后送往加工。也可采用弱苛性钠溶液蒸煮浸泡法，使表皮组织溶解，效果也较好。好的猪鬃一般是色泽光亮，毛根粗壮，无杂毛、绒毛、霉毛、表皮等。

从畜体上剪下的毛，应注意检疫和消毒，以免疫病的传染。同时也应注意毛的清洁和分级。在肉联厂所获得的毛，多是从宰后屠体烫下的毛。这种毛经过很好的加工、清洗和消毒，也可以作为良好的轻工业原料。

10. 检验、盖印、称重、出厂

屠宰后要进行宰后兽医检验。合格者盖以"兽医验讫"的印章，然后经过自动吊秤称重后，入库冷藏或出厂。

二、猪屠宰加工车间的卫生管理

屠宰加工车间的卫生管理是整个屠宰加工管理的核心部分，该车间的卫生状况直接影响到产品的质量，因此，屠宰加工车间的卫生管理必须做到制度化、规范化和经常化。具体要求如下。

① 车间门口应设与门等宽的消毒池，人员进出必须从池中经过，池内的消毒液应定期更换，以保持药效。

② 屠宰加工车间是兽医卫生检验人员履行职责、施行检验检疫的重要场所，因此，车间内应保持充足的光线，人工光源应达到要求的照度，光源发生故障后要及时修理，决不能让兽医卫生检验人员在暗光下进行检验操作。为增加车间的可见度，冬季应配备除雾、除湿设备。

③ 车间内设备和用具应坚固耐用、便于清洗消毒。车间内各岗位人员应尽职尽责，忠于职守。车间的地面、墙裙、设备、工具、用具等要经常保持清洁，每天生产完毕后用热水洗刷。除发现烈性传染病时紧急消毒外，每周应用2%的热碱液消毒1次，至下一班生产前再用流水洗刷干净。放血刀应经常更换和消毒。生产人员所用工具受污染后，应立即用82℃热水清洗和消毒。为此，在各加工检验点除设有冷热水龙头外，还应备有消毒液或热水消毒器。

④ 烫池的热水应每4～6h更换1次，清水池要有进有出保持流动，保持清洁卫生。

⑤ 血液应收集在专用容器或血池中，经消毒或加工后方准出厂，不得任意外流。供医疗或食用的血液应分别编号收集，经检验确认为来自健康畜时方可利用。

⑥ 在整个生产过程中，要防止任何产品落地，严禁在地上堆放产品。废弃品要妥善处理，严禁喂猫、喂犬或直接运出厂外作肥料。

⑦ 屠宰加工车间内不得翻洗胃肠。

⑧ 禁止闲杂人员进入车间。参观人员进入车间，必须由专人带领并穿戴专用衣、帽和靴，参观过程中不得触摸肉品、用具和废弃物。

⑨ 严禁在屠宰加工车间进行急宰。

三、急宰车间的卫生管理

急宰车间是对隔离圈和贮畜场送来的确诊为无碍肉品卫生的普通病或一般传染病患畜进行紧急宰杀的场所。因为这里屠宰的是病畜禽，所以对其建筑设施的卫生要求更严格。急宰车间除应遵守屠宰加工车间的卫生原则外，还应有一些特殊的卫生要求。

① 车间内的建筑和设备应适用于屠宰各种畜禽，并有更严密的防鼠、防蚊蝇设备。

② 急宰车间的工作人员应相对稳定。外人不得进入车间，本车间与其他车间的工作人员在工作期间不得串动。

③ 在急宰车间工作的人员，应注意个人防护。

④ 凡送往急宰间的屠畜禽，需持有兽医开具的急宰证明。凡确诊为恶性传染病者，一

律不得急宰；疑为炭疽的，须做血片检查。

⑤ 应设有专用的下水系统，其污水在排入公共下水道前，须经严格消毒。血液、废弃物和污物不许任意外流，未经彻底消毒，不得运出厂外。

⑥ 胴体、内脏、皮张均应妥善放置，未经检验不得移动。该车间生产的所有产品，均须经无害化处理后方可出厂。严禁将该车间的任何用具带出车间。

每次工作完毕后，应进行彻底消毒。对车间的地面及工作台板、用具等须用 5％热碱水或含 6％有效氯的漂白粉液消毒，下次开始工作之前再用清水冲洗。金属用具不宜用 5％的热碱水消毒，在消毒后及时清洗，以防腐蚀生锈。

 拓展知识

牛羊的屠宰加工与检验

牛的屠宰加工过程一般包括致昏、冲洗、放血、去头蹄、剥皮、开膛与净膛、劈半、胴体修整、内脏整理及皮张和鬃毛整理等工序（图 2-6）。根据国家标准《牛屠宰操作规程》（GB/T 19477—2004）规定，挂牛要迅速，从击昏到放血之间的时间间隔不超过 1.5min，放血完全，放血时间不少于 10min。

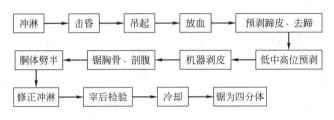

图 2-6 牛的屠宰加工流程示意

一、致昏

牛致昏的方法有许多种，选用时以操作简便、安全，既符合卫生要求，又保证肉品质量为原则。推荐使用电击致昏法、二氧化碳麻醉法、机械致昏法、刺昏法。

1. 电击致昏法（麻电法、电麻法）

常用的电击致昏的电流强度、电压、频率及作用时间列于表 2-5。

表 2-5 家畜屠宰时的电击致昏条件

动物种类	电麻器	电压/V	电流强度/A	麻电时间/s
牛	单接触杆式电麻器	<200	1.0～1.5	7～30
	双接触杆式电麻器	70	0.5～1.4	2～3
羊	提式电麻器	90	0.2	3～4

注：羊的性情温顺，对人不具有攻击性，因而一般不予以致昏。

2. 二氧化碳麻醉法

操作方法同猪的操作。

3. 机械致昏法

（1）刺昏法 此法主要用于屠牛，系指用匕首迅速、准确地刺入牛的枕骨与环椎之间，破坏延脑和脊髓的联系，使屠牛瘫痪。既防止屠畜挣扎难于刺杀放血，又减轻刺杀放血时屠畜的痛感。本法的优点是操作简便，易于掌握。缺点是要求技术熟练，对性情暴烈和健壮的屠牛不宜使用此法，刺得过深会伤及呼吸中枢和血管运动中枢，造成呼吸骤停和血压下降，影响放血效果，有时出现早死。

（2）击昏枪或木槌击昏法　此法也主要用于屠牛，用击昏枪对准牛的双角与双眼对角线交叉点，启动击昏枪使牛昏迷。木槌击昏是指用重约 2～2.5kg 的木槌猛击屠牛的前额部，使其昏倒的方法。此时，虽然屠畜知觉中枢麻痹，而运动中枢依然完整，所以肌肉仍能收缩，放血时促使血液从体内流出。此法的主要优点是不破坏屠牛的运动中枢，因而放血较为完全；其缺点是劳动强度较大，且安全性较差，力度掌握也要求较高，力度过轻或打击部位不准时，易造成屠牛惊恐狂逃，甚至发生伤人毁物事故，打击力度过大则易出现头骨破裂或死亡，造成放血不良。因此，应准确掌握打击力度，以不打破头骨和致死，仅使屠牛失去知觉为度。此法目前已很少使用。

二、挂牛冲淋

在候宰间装置淋浴设备，将牛只用扣脚链扣紧牛的后小腿，匀速提升，使牛后腿部接近输送机轨道，然后挂至轨道链钩上，用高压水冲洗牛腹部，后腿部及肛门周围，喷淋牛体，以清除体表的污物，保证屠宰时清洁卫生。挂牛要迅速，从击昏到放血之间的时间间隔不超过 3min。

（1）应在不同角度、不同方向设置喷头，以保证体表冲洗完全。

（2）水温在夏季以 20℃为宜，冬季以 25℃为宜，温度过高或过低会影响肉的质量。

（3）清洁皮毛，去掉污物，减少屠宰过程中的肉品污染。淋浴时间以能使畜体表面污物浸软洗净为宜，一般 2～3min 即可。

三、刺杀放血

将致昏后的牛后腿吊在滑轮的套脚或铁链上，经滑车吊至悬空轨道，运至放血处进行放血。在致昏后应立即放血，最好不超过 30s，以免肌肉出血。

1. 放血方式

根据放血时屠畜的体位不同，可将放血方式分为水平放血和倒挂垂直放血两种。从卫生角度看，倒挂垂直放血更佳，放血安全，放血效果良好，利于随后的加工，同时可减轻工人劳动强度。

2. 放血方法

（1）切断颈部血管法　即切断颈动脉和颈静脉放血法，是目前广泛采用的比较理想的一种放血方法，马、牛、羊、猪都可采用。牛一般于颈中线距胸骨 16～20cm 处下刀，刀尖斜向背后方刺入 30～35cm，随即抽刀向外侧偏转，切断血管；沥血时间 8～10min，不得少于8min。羊可用窄的放血刀于下颌角稍后处横向刺穿颈部，切断颈动脉和颈静脉，而不伤及气管和食管；沥血时间 5～6min，不得少于 5min。此法的优点是不伤及心脏，心脏保持收缩功能，有利于放血完全，且操作简便；缺点是杀口较小，血流时间较长，如果空血时间过短，易造成放血不全。因此，使用此法放血时，放血轨道和放血槽应有足够的长度，以保证放血充分。

（2）空心刀放血法（真空刀放血法）　属国外已经广泛采用，我国少数肉联厂曾试验应用，目前正在普及推广的放血方法。放血时，将一种具有抽气装置的特制"空心刀"插入事先在颈部沿器官做好的皮肤切口，经过第一肋骨中间的胸前口直接向右心刺入，血液即通过刀刃空隙、刀柄腔道沿橡皮管流入容器中。此法放血由于血液未受到污染，可供食用或医疗用，因而可提高其利用价值，且放血完全，胴体品质好。空心刀放血虽刺伤心脏，但因有真空抽气装置，故放血仍良好。

（3）切颈法　即伊斯兰教屠宰法，多用于屠宰牛、羊，其放血操作由阿訇执行。方法是在屠畜头颈交界处的侧面作横向切开，割断颈动脉、颈静脉、气管、食管和部分软组织，使血液从切面流出。此法的优点是放血快，屠畜死亡快，减少了挣扎时间；但从卫生角度看此法是不合理的，因为在切断颈动脉、颈静脉同时，也切断了气管、食道和部分肌肉，易造成胃内容物经食道流出，污染切口，甚至被吸入肺内。但在信仰伊斯兰教的少数民族地区，应尊重其民族习俗。

3. 卫生要求

放血必须正确掌握放血部位、操作技术和放血时间，保证血流通畅、放血完全。否则，不是放不出血来，就是血流不畅，造成血液在组织中滞留和浸润，甚至发生呛血现象，给随后的头部检验和加工带来不利影响。因此，放血工作应由熟练的工人来操作，并保持相对的稳定。

放血程度是肉品质量的重要指标。放血良好的胴体，色泽鲜亮，肉质鲜嫩，而且因含水量少，能耐贮藏。反之，放血不良的胴体，色泽深暗，肉味不美，而且因含水量高，有利于微生物生长繁殖而易发生腐败变质，不耐贮藏。

四、结扎肛门

冲洗肛门周围。用刀将肛门沿四周割开并剥离，随割随提升，提高至10cm左右，用塑料袋翻转套住肛门，且橡皮筋扎住塑料袋，将结扎好的肛门送回深处。

五、去头蹄

从跗关节下刀，刀刃沿后腿内侧中线向上挑开牛皮；沿后腿内侧线向左右两侧剥离，从跗关节上方至尾根部牛皮，去后蹄从跗关节下刀，割断连接关节的结缔组织、韧带及皮肉，割下后蹄，放入指定的容器中，同时割除生殖器；割掉尾尖，放入指定器皿中。

去前蹄从腕关节下刀，割断连接关节的结缔组织、韧带及皮肉，割下前蹄放入指定的容器内。

割牛头用刀在牛脖一侧割开一个手掌宽的孔，将左手伸进孔中抓住牛头。沿放血刀口处割下牛头，挂到同步检验轨道。

六、剥皮

为了充分利用牛皮资源，将牛皮剥下来供皮革厂加工成皮革及其皮革制品。因此，剥皮就成了牛屠宰加工的重要环节。牛、羊放血后一般先进行去头、蹄工序，然后剥皮。有时也在刺杀放血后尽快剥皮，以免尸体冷后不易剥下，并在剥皮的过程中分别将蹄、头卸下。

剥皮方法分为手工剥皮和机械剥皮两种。

1. 机械剥皮

机械剥皮可以减少污染和损伤皮张，提高工效，减轻劳动强度，有条件的企业应尽量采用。先用刀将牛胸腹部皮沿胸腹中线从胸部挑到裆部，沿腹中线向左右两侧剥开胸腹部牛皮至腋窝止；从腕关节下刀，沿前腿内侧中线挑开牛皮至胸中线；沿颈中线自下而上挑开牛皮；从胸颈中线向两侧进刀，剥开胸颈部皮及前腿皮至两肩止。再用锁链锁紧牛后腿皮，启动扯皮机由上到下运动，将牛皮卷撕。要求皮上不带膘，不带肉，皮张不破。扯到尾部时，减慢速度，用刀将牛尾的根部剥开。扯皮机均匀向下运动，边扯边用刀轻剁皮与脂肪、皮与肉的连接处。扯到腰部时适当增加速度。扯到头部时，把不易扯开的地方用刀剥开，进行一系列的剥皮操作。扯完皮后将扯皮机复位。

2. 手工剥皮

一般的小型肉联厂或小规模的屠宰厂均采用手工剥皮。

牛的手工剥皮是先剥四肢皮、头皮和腹皮，最后剥背皮。如果是卧式剥皮时，先剥一侧，然后翻转再剥另一侧。如为半吊式剥皮，先仰卧剥四肢、腹皮，再剥后背部皮，然后吊起剥前背皮。

羊的手工剥皮方法与牛相似，且各地有不同的剥皮习惯，但要注意不将羊皮剥破，不能沾污胴体。

羊的屠宰有时根据用户要求，采用脱毛剂进行脱毛或用喷灯进行燎毛的加工方法而不进行剥皮。进行燎毛时要掌握好燎毛时间，以将毛燎净、皮肤微黄而又不烧焦为宜。

不管采用何种方式剥皮，剥皮时都应力求仔细；遇到难剥的部分，应小心剥离，不可猛扯硬拉，避免损伤皮张和胴体；也应防止污物、皮毛、脏手污染肉品。据报道，剥皮操作工人经过 6h 对 1000 头猪剥皮后，工作服上的细菌数高达 3×10^7 个/cm^2。

七、开膛与净膛

在清理残毛或剥皮后应立即进行开膛，屠体放血后至开膛不得超过 30min。

开膛宜采取机械倒挂垂直方式，这样既减轻劳动强度，又减少胴体被胃肠内容物污染的机会。

首先开胸、结扎食管，从胸软骨处下刀，沿胸中线向下贴着气管和食管边缘，锯开胸腔及颈部，剥离气管和食管，将气管与食管分离至食道和胃结合部。将食管顶部结扎牢固，使内容物不流出。

从牛的裆部下刀向两侧进刀，割开肉至骨连接处。刀尖向外，刀刃向下，由上向下推刀割开肚皮至胸软骨处。用左手扯出直肠，右手持刀伸入腹腔，从左到右割离腹腔内结缔组织。用力按下牛肚，取出胃肠送入同步检验盘，然后扒净腰油。取出牛脾挂到同步检验轨道。

左手抓住腹肌一边，右手持刀沿体腔壁从左到右割离横膈肌，割断连接的结缔组织，取出心、肝、肺，挂到同步检验轨道。割开牛肾的外膜，取出肾并挂到同步检验轨道。取出内脏后，应及时用足够压力的净水冲洗胸腹腔，洗净腔内淤血、浮毛、污物。

八、劈半

目前广泛使用手提式电锯或桥式电锯进行劈半。用手持式电锯劈半时，应注意"描脊"，并将锯掌握好，使脊柱劈开，劈半均匀。采用桥式电锯劈半时，应使轨道、锯片、引进槽成直线，不得锯偏。

劈半时要求劈面平整、正直，以劈开脊髓管暴露出脊髓为佳，避免左右弯曲或劈断、劈碎脊椎，以防藏有污染物和降低商品价值。劈半后应及时用净水冲去锯肉末。

在牛沿牛尾根关节处割下牛尾，放入指定容器内。将劈半锯插入牛的两腿之间，从耻骨连结处下锯，从上到下匀速地沿牛的脊柱中线将胴体劈成二分体。要求不得劈斜、断骨，应露出骨髓。

九、胴体修整

取出骨髓、腰油放入指定容器内。一手拿镊子，一手持刀，用镊子夹住所要修割的部位，修去胴体表面的淤血、淋巴、污物和浮毛等不洁物，注意保持肌膜和胴体的完整。用 32℃ 左右温水，由上到下冲洗整个胴体内侧及锯口、刀口等处。

十、内脏和皮张的整理

下货检验和胴体检验分别按《肉品卫生检验试行规程》进行。

内脏和皮张的整理方法同猪内脏的整理。

十一、检验、盖印、称重、出厂

屠宰后要进行宰后兽医检验。合格者，盖以"兽医验讫"的印章，然后经过自动吊秤称重后，入库冷藏或出厂。

子任务 2　家禽的屠宰加工

一、技能目标

掌握禽的屠宰加工流程，同时掌握屠宰加工场所的兽医卫生监督标准，了解家禽屠宰加工设备及器械的基本使用程序和方法。

二、任务条件

一个定点屠宰场的屠宰车间；防水围裙、袖套及长筒靴、白色工作衣帽、口罩、乳胶手套和线手套等；基本检验刀具。

三、任务实施

1. 致昏

家禽个体虽小，但好挣扎，会造成肌糖原的大量消耗，影响宰后肉的成熟。此外，挣扎时头颈的扭曲、两翅的扇动，极易造成车间的污染。所以，在放血前应予以致昏。致昏的方法很多，但目前多采用电麻致昏法。

研究结果和实践证明，若采用直流电，以 90V 电压、放血 90s 的效果好；若采用脉冲直流电，则以 100V 的电压、480Hz 的频率，放血效果最好；若采用交流电，以 50V 的电压、60Hz 的频率，放血效果好。3 种方法中以直流电的致昏效果最佳。

国内用于家禽的电麻器，常见的有两种。一种是呈"Y"形的电麻钳，在叉的两边各有一电极。当电麻器接触家禽头部时，电流即通过大脑而达到致昏的目的。另一种为电麻板，是在悬空轨道的一段（该轨道与前后轨道断离）接有一电板，而在该段轨道的下方，设有一瓦棱状导电板。当家禽倒挂在轨道上传送，其喙或头部触及导电板时，即可形成通路，从而达到致昏目的。致昏时，多采用单相交流电，在 0.65～1.0A、60～80V 的条件下，电麻时间为 2～4s。

为克服电麻所导致的淤血、出血现象，国外正在试验采用高压、低频率的致昏方法，以减少电击时间。但应用于生产还有待于进一步完善。

2. 刺杀与放血

家禽的刺杀，要求保证放血充分，尽可能保持胴体完整，减少放血的污染，以利于保藏。常用的刺杀放血方法有以下三种。

（1）颈动脉颅面分支放血法（动脉放血法）　该方法是在家禽左耳后方切断颈动脉颅面分支，其切口在鸡约为 1.5cm，鸭、鹅约 2.5cm，沥血时间应在 2min 以上。本法操作简便，放血充分，也便于机械化操作，而且开口较小，能保证胴体较好的完整性，污染面也不大，故目前大多采用这种放血方法。

（2）口腔放血法　用一手打开口腔，另一手持一细长尖刀，在上腭裂后约第二颈椎处，切断任意一侧颈总静脉与桥静脉连接处。抽刀时，顺势将刀刺入上腭裂至延脑，以促使家禽死亡，并可使竖毛肌松弛而有利于脱毛。用本法给鸭放血时，应将鸭舌扭转拉出口腔，夹于口角，以利于放血流畅，避免呛血。沥血时间应在 3min 以上。本法放血效果良好，能保证胴体外表的完整，但是操作较复杂，不易掌握，稍有不慎，容易造成放血不良，有时也容易造成口腔及颅腔的污染，不利于禽肉的保藏。

（3）三管切断法（断颈法）　为我国民间习惯采用的方法。在禽的喉部，横切一刀。在切断动脉、静脉的同时，也切断了气管和食管，即所谓的三管切断法。本法操作简便，放血较快，但因切口过大，不但有碍商品外观，而且容易造成污染，影响产品的耐藏性。所以，此法不适用于大规模屠宰加工厂。

无论采用哪种放血法，都应有足够的放血时间，以保证放血充分，并使屠禽彻底死亡后，再进入浸烫与煺毛工序。

3. 煺毛

屠宰时为了防止羽毛被血污染应采用口腔放血法。家禽的煺毛方法有干拔和湿拔两种。拔毛时要注意把禽体上的片毛和绒毛都拔下来，尤其是鸭、鹅的绒毛，更具有经济价值。干拔法可最大限度地保持光禽和羽毛的质量，羽绒业收集羽毛多采用此法，但不易掌握，工效低，不便于机械化大批量加工，所以应用很少。屠宰加工时则多采用湿拔法。湿拔法又可分为烫毛、煺毛、清理残毛三步。

目前机械化屠宰加工时，浸烫水温和时间主要根据家禽的品种、年龄和季节而定。肉鸡浸烫水温为 58～61℃，而农民散养的土种鸡月龄较大，浸烫水温为 61～63℃，淘汰蛋鸡的浸烫水温为 60～62℃，鸭、鹅的浸烫水温为 62～65℃。浸烫时间一般控制在 1～2min。水温过高、时间过长会烫破皮肤，使脂肪熔化；水温过低、时间过短则羽毛不易脱离。在实际操作中，应注意下列事项：未死或放血不全的禽尸不能进行烫毛，否则会降低产品价值；浸烫水温和时间必须严格控制；浸烫热水应保持清洁，最好为流水，若为池水浸烫，则应注意换水（一般为 2h 换一次），以免浸烫水污浊而污染禽体。

浸烫后一般采用机械煺毛。机械煺毛主要利用橡胶指束的拍打与摩擦作用煺除羽毛。因此必须调整好橡胶指束与屠体之间的距离。距离过小，会因过度拍打屠体而导致骨折、禽皮破裂或翅尖出血；距离过大，则可能导致煺毛不全，影响速度。另外应掌握好处理时间。

浸烫、煺毛后，未煺净的残毛（尤其是绒毛）尚需用钳毛或火焰喷射机烧毛的方法去除干净。

4. 净膛

（1）净膛形式　按去除内脏的程度不同，有三种净膛形式。

① 全净膛　从胸骨至肛门中线切开腹壁或从右胸下肋骨开口，除肺和肾保留外，将其余脏器全部取出，同时去除嗉囊。

② 半净膛　由肛门周围分离泄殖腔，并于扩大的开口处将全部肠管拉出，其他脏器仍留于体腔内。

③ 不净膛　即煺毛后的光禽不作任何净膛处理，全部脏器都保留在体腔内。

（2）卫生要求

① 在净膛和半净膛加工时，拉肠管前应先挤出肛门内粪便，不得拉断肠管和扯破胆囊，以免粪便和胆汁污染胴体。体腔内不能残留断肠和应除去的脏器、血块、粪污及其他异物等。

② 净膛和半净膛加工时，内脏取出后应与胴体一起进行同步检验。

③ 加工不净膛光禽时，宰前必须做好停食管理，延长停食时间，尽量减少胃肠内容物，以利于保存。

5. 检验、包装、入库贮藏

6. 家禽屠宰加工车间的卫生管理

家禽屠宰加工车间的卫生管理与家畜相似。企业要明确清洁卫生人员的职责和操作程序，明确清洁卫生的频率，实施有效的监控和相应的纠正预防措施。班前班后要对车间、设施设备进行彻底清洗消毒；在生产过程中，要定时对工器具、操作台和产品接触到的传送带表面等进行清洗消毒；加强对员工手的清洗消毒，防止肉类交叉污染；对接触肉类的手套、工作服（围裙）和内外包装材料也要进行必要的消毒，确实保持良好的卫生安全状态；在清洗消毒时，要采取科学合理的措施，防止对产品造成再次污染。

四、任务报告

根据任务实施过程，写出任务报告。

任务四　畜禽宰后检验　▶▶

子任务1　屠猪的宰后检验

一、技能目标

掌握屠猪宰后检验的要点和常见疫病的鉴别检验要点，发现和检出不适合人类食用或已染疫病有害的胴体及组织器官；同时初步掌握屠猪宰后检验的基本操作方法。

二、任务条件

一个定点屠宰场或肉联厂；检验刀具，每生一套；防水围裙、袖套及长筒靴、白色工作衣帽、口罩、乳胶手套和线手套等，每个学生一套。

三、任务实施

1. 编号

实施宰后检验之前，首先将分割开的胴体、内脏、头蹄和皮张统一编上相同的号码，以便于各检疫点发现异常及疫病备查。编号的方法多采用有色铅笔书写标号，或贴号牌放置在该胴体的前面，方便对照检查。大型的屠宰场（厂）或肉联厂多采用同步检验方法，进行头、蹄、内脏和胴体的现场检验。

2. 头部检验

（1）剖检颌下淋巴结　颌下淋巴结位于下颌间隙的后部、颌下腺的前端（如倒挂时，在颌下腺下方），其表面被耳下腺口侧所覆盖。剖检术式：一般由两人操作，助者右手握屠猪的右前蹄，左手持长柄钩固定颈部切口右壁的中部，向右牵拉做一扩张切口。检验者左手持钩，钩住切口右壁的中间部位，向左方牵开切口，右手握刀起于切口向其深部纵向切到喉头软骨处，接着以喉头为中心，朝下颌骨的内侧，分别左右各做一个弧形切口，就在下颌骨内侧左右方处，找到两个卵圆形的颌下淋巴结进行剖检（图2-7），主要观察其是否肿大，切

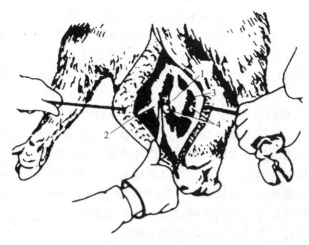

图2-7　猪颌下淋巴结检验

1—咽喉隆起；2—下颌骨；3—颌下腺；4—下颌淋巴结

面色泽是否为砖红色、有无坏死灶及周边有无水肿或胶样浸润的异常变化。

(2) 剖检咬肌 检查猪囊虫时,若头部连在肉尸上,可用检验钩钩着颈部断面咽喉部的提头,在左右侧咬肌处分别与下颌骨平行切口,切开两侧咬肌,检查有无囊尾蚴寄生。如果已割头,则在检验台上剖检两侧咬肌(图 2-8)。

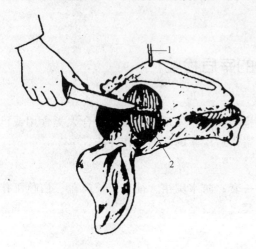

图 2-8 猪咬肌检验
1—提起猪头的铁钩;2—被切开的咬肌

头部检验注意检查口蹄疫、猪传染性水疱病等疫病。必要时可增加剖检扁桃体和颈部淋巴结,观察其局部有无出血性炎、溃疡、坏死,切面有无楔形的灰红色或砖红色的小病灶,尤其注意有无针尖大的坏死点。

3. 皮肤检验

一般带皮猪应在烫毛后编号时进行;而剥皮猪是在头检后清洁猪体时初检,然后待剥离皮张复检时,结合皮下脂肪等的病变进行综合诊断。主要检查皮肤的完整性和色泽,尤其是耳根、胸腹部、背部和四肢的内外侧有无充血、出血、疹块、痘疮和黄染等病变。如疾病原因发生的特征性变化:全身皮肤广泛性地出现不均匀红色或紫红色的、针尖大小的出血点,且指压不褪色的主要见于猪瘟;出现凸于皮肤表面的、呈圆形或方形、(紫)红色的疹块且指压褪色的为猪丹毒;仅在耳颈部、胸部及四肢内侧有界限不明显的红斑,结合其他症状,可判断为猪肺疫(俗称大红脖);颈背、腰、躯体下部多处有紫斑,耳壳发乌且耳尖干坏死,常见于猪弓形虫病;腹下、四肢下端和耳尖等末梢部位出现紫红色出血点,则为猪性败血型链球菌病;慢性仔猪副伤寒皮肤还会出现痂样湿疹。检验员将上述皮肤的病变与其他病因进行鉴别诊断,要及时剔出疑似病猪,保留猪肉尸和组织脏器,便于复检时再作最后整体判断并同步处理。

4. 内脏检验

(1) 白下水检验 即胃、肠和脾的检验,分为非离体检查和离体检查两种方式。重点注意有无猪瘟、猪丹毒、败血型炭疽和副伤寒等疫病。

非离体检查法多在开膛之后、脏器未摘离肉尸之前进行检查。按照内脏器官原活体时自然位置,由后向前检查。开膛后,先在胃左侧找到脾脏,视检其大小、形态、颜色,并触检质地弹性,必要时切开脾脏检查。接着提起空肠,观察肠系膜淋巴结,主要检查肠炭疽。肠系膜淋巴结检查主要剖检前肠系膜淋巴结。在回盲瓣处一手抓住肠管,暴露链状的前肠系膜淋巴结,持刀做"八"字形切口,观察其大小、色泽、质地,检查有无充血、出血、坏死及增生性炎症和胶冻样渗出物等变化(图 2-9)。最后视检胃肠浆膜面整体情况,有无出血、坏死、溃疡、梗死、结节和寄生虫性变化。注意猪蛔虫、猪棘头虫、结节虫、鞭虫等,如在胃肠道大量寄生、猪蛔虫数量较多时,可从肠管外直接发现虫体。

离体检查在胃、肠、脾摘除后,放置在内脏检验台上进行白下水检验。首先编号,接着视检脾、胃肠浆膜面(视检的内容同上),必要时切开脾脏;然后检查肠系膜淋巴结。一般要求胃放置在检查者的左前方,把大肠圆盘摆在检查者面前,再用手将此两者间肠管较细、弯曲较多的空肠部分提起。肠系膜在大肠圆盘上铺开,可见一长串珠状隆起的肠系膜淋巴结群。剖检肠系膜淋巴结进行检查(图 2-10)。

(2) 红下水检验 即肺、心和肝的检验,亦是包括非离体和离体检查两种方式。

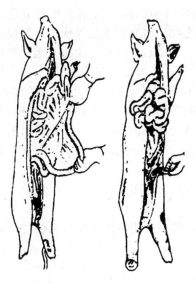

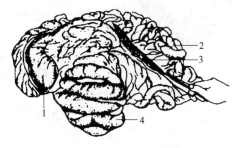

图 2-9　猪的脾脏和肠　　　　　图 2-10　胃肠放置法示意
系膜淋巴结检验　　　　1—胃；2—小肠；3—肠系膜淋巴结；4—大肠圆盘

① 非离体检查　当屠宰加工摘除白下水后，割开胸腔，把肺、心、肝一并拉出胸腹腔，使其自然悬垂于肉体下面，从肺到心、肝依次检查。

② 离体检查　离体检查的方式分为悬挂式和平案式两种。首先要求编号；悬挂式是把脏器挂钩在同步运行的检验轨道上受检，此方式基本上同于非离体检查；平案式是将脏器置于检验台受检，脏器的纵隔面（两肺的内侧）向上，检验者立在左肺叶的右侧，近脏器的后端（隔叶端）处检查。

红下水检验按肺、心、肝的顺序采用视检、触检和剖检的方法，全面检查各脏器，进行综合性判断，尤其注意观察咽喉黏膜与心耳、胆囊等器官的状况，避免出现漏检现象。

a. 肺脏的检验　主要查看肺表面的色泽、形状，有无充血、气肿、水肿、出血、化脓、淤血、坏死、肺寄生虫等病变，并触摸其弹性。注意与物理性刺激的肺出血和呛血相区别。必要时可剖检支气管淋巴结（图 2-11）和肺实质，进一步观察有无局灶性炭疽、肿瘤或小叶性及纤维素性肺炎等变化。

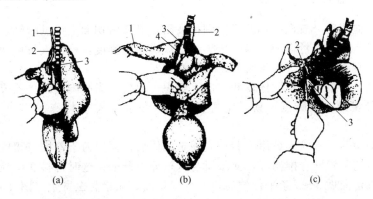

(a)　　　　　　　(b)　　　　　　　(c)

图 2-11　肺支气管淋巴结检验
（a）肺左支气管淋巴结剖检法　1—食管；2—主动脉；3—左支气管淋巴结
（b）肺右支气管淋巴结剖检法　1—肺尖叶；2—食管；3—气管；4—右支气管淋巴结
（c）肺尖叶支气管淋巴结和右支气管淋巴结剖检法　1—尖叶支气管淋巴结；2—右支气管淋巴结

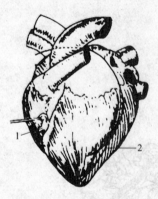

图 2-12 猪心脏切开术式
1—左纵沟；2—纵剖心脏切开线

b. 心脏的检验   在检验肺的同时视察心脏外表色泽、大小、硬度，有无炎症、变性、出血、囊虫等病变，触摸心肌僵硬度有无异常。必要时剖切左心，注意二尖瓣有无花菜样疣状物（慢性猪丹毒）。猪心脏切开术式见图 2-12。

c. 肝脏的检验   先观察肝的形状、大小、色泽有无异常，触检其弹性；最后剖检肝门淋巴结（图 2-13）及左外叶肝胆管和肝实质，观察有无脂肪变性或颗粒变性、淤血、出血、纤维素性炎、肝硬变或肿瘤等，注意有无肝片吸虫、华支睾吸虫等寄生虫。

猪心、肝、肺平案检验法见图 2-14。

5. 胴体检查

屠宰加工过程中，胴体多采用在架空轨道上倒挂，依次编号检查的方法。

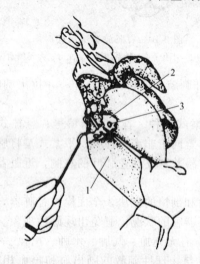

图 2-13 肝门淋巴结剖检
1—肝的膈面；2—肝门淋巴结周围的结缔
组织；3—被切开的肝门淋巴结

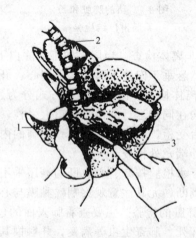

图 2-14 猪心、肝、肺平案检验
1—右肺尖叶；2—气管；3—右肺膈叶

（1）判定放血程度   放血不良的肌肉颜色发暗，剖检时切面上可见暗红色区域，皮下静脉血液滞留，挤压可有少量血滴流出。依据肉尸放血不良程度，检疫人员可初诊该肉尸是来自疫病还是宰前衰弱或疲劳等因素引起，再综合判断。

（2）胴体检查   整体视检胴体皮肤、皮下组织、肌肉、脂肪胸腹膜、关节及筋腱等处有无异常。若感染猪瘟、猪肺疫、猪丹毒等疫病时，皮肤上常有特殊的出血点或出血斑等病变。

（3）腰肌的检验   检验人员用检验钩先固定胴体后，再用刀于荐椎与腰椎结合部做一深切口，沿此切口向下紧贴脊椎切开，使腰肌与脊柱分离开来；这时再移动检验钩，拉伸腰肌展开，顺肌纤维走向做 3～5 条平行的切口，视检切面有无猪囊虫寄生（图 2-15）。

（4）剖检淋巴结   胴体检验中必检的淋巴结有腹股沟浅淋巴结、腹股沟深淋巴结、股前淋巴结、颈浅背侧淋巴结，必要时再剖检颈深后侧淋巴结和腘淋巴结。剖检时应沿其长轴切开。

胴体倒挂时，腹股沟浅淋巴结（即乳房淋巴结）位于最后一个乳头平位或稍后上方皮下

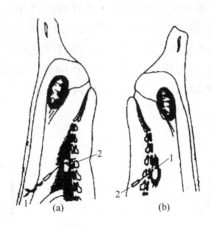

图 2-15　腰肌和肾脏的检验

（a）左侧肾脏剥离肾包膜术式

1—肉钩牵引及转动的方式；2—刀尖挑拨肾包膜切口的方向

（b）右侧肾脏剥离肾包膜术式

1—刀尖挑拨肾包膜切口方向；2—钩子着钩部位和剥离时牵引方向

脂肪内。剖检时，检验员用钩钩住最后乳头稍上方的皮下组织向外牵拉，检验刀从脂肪层正中部位切开，即可发现被切开的腹股沟浅淋巴结（图 2-16）。

　　腹股沟深淋巴结剖检时，先沿腰椎假设一垂线 AB（图 2-17），再从第 5、第 6 腰椎结合处斜向上方虚引一直线 CD，使其与线 AB 相交为 35°～45°角。然后沿 CD 线切开脂肪层，可见到髂外动脉，沿此动脉在旋髂深动脉分叉上方处可找到腹股沟深淋巴结。同时在髂外动脉和腹主动脉分叉附近可找到髂内淋巴结。注意腹股沟深淋巴结分布靠近在髂外动脉分出旋髂深动脉旁，甚至有时与髂内淋巴结连在一起。

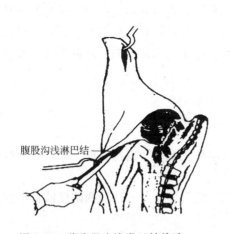

腹股沟浅淋巴结

图 2-16　猪腹股沟浅淋巴结检验

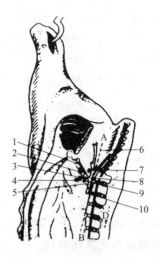

图 2-17　猪腹股沟深淋巴结检验

1—髂外动脉；2—腹股沟深淋巴结；3—旋髂深动脉；

4—髂外淋巴结；5—检查腹股沟淋巴结的切口线；

6—沿腰椎假设 AB 线；7—腹下淋巴结；

8—髂内动脉；9—髂内淋巴结；10—腹主动脉

　　股前淋巴结（图 2-18）、颈浅背侧淋巴结（即肩前淋巴结）位于肩关节的前上方，肩胛横突肌和斜方肌的下面。可采用切开皮肤的剖检法，检查时在被检胴体的颈基部虚设一横线 AB，再虚设纵线 CD 垂直且平分 AB 线，然后在两线交点处向背脊方向移动 2～4cm 处以刀垂直刺入颈部组织，并向下垂直切开约 2～3cm 长的肌肉组织，检验钩牵拉开切口，即可找到被少量脂肪包围的该淋巴结（图 2-19）。剖检该淋巴结，观察其变化。

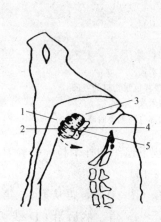

图 2-18　猪股前淋巴结检验
1—腰；2—切口线；3—剖检下刀处；
4—耻骨断面；5—半圆形红色肌肉处

图 2-19　猪肩前淋巴结检验
（AB 为颈基底宽度　CD 为 AB 线的等分线）
1—肩前淋巴结；2—术式示意

　　（5）肾脏的检验　一般肾脏附在胴体上检验不剖开检查。先用刀剥离肾包膜，用钩钩住肾盂，并用刀沿肾脏中间纵向轻轻划下，然后刀外倾用刀背将肾包膜挑起，用钩拉开暴露肾脏，观察肾的形状、大小、弹性、色泽，及有无出血、化脓、坏死灶病变。必要时再沿肾脏边缘纵切开肾实质，对皮质、髓质、肾盂进行观察，注意区别猪瘟的"麻肾卵肾"变和猪丹毒的"大红肾"变。摘除肾上腺。

6. 旋毛虫检验

见项目三。

7. 复检

检疫人员认定是健康无染疫的合格胴体，应在胴体上加盖"肉检验讫"印章，内脏加封"检疫"标志，同时出具动物产品检疫合格证明。

对不合格的胴体，在胴体上加盖"无害化处理验讫"印章，并在动物防疫监督机构监督下，进行相应的无害化处理。

四、任务报告

1. 说出猪的颌下淋巴结、肩前背侧淋巴结、腹股沟浅淋巴结、腹股沟深淋巴结的剖检术式。

2. 总结屠猪宰后检验的程序和操作方法；记录观察到的病理变化并分析，以及任务的体会与收获等。

相关知识

宰后检验是宰前检疫的继续和补充，是兽医卫生检验最重要的环节。屠畜经过宰前检疫，仅能检出那些有体温反应或临床症状较明显的病畜，而处于潜伏期或发病初期症状不明显的病畜就难以发现，结果导致其与健康屠畜一同进入了屠宰加工车间。而这些是只有在宰后解体的状态下，通过观察胴体、脏器等所呈现的病变和异常现象，进行综合分析判断才能检出的疫病，如猪咽炭疽、囊虫病和旋毛虫病等。通过宰后检验，动物检验人员依据肉尸、内脏所呈现的病理变化和异常情况，经综合判断才能发现不适合人类食用的胴体、脏器和组织，得出准确检验结论，从而最终确定肉类产品的食用价值。

宰后检验还包括对传染病和寄生虫病以外的疾病的检查，检查有害腺体摘除的情况，屠宰加工质量的监督，对肉品、脏器注水或注入其他物质的检查，检查有害物质残留的程度以及检查是否屠宰了种公、母畜或晚阉畜。因此，宰后检疫对于检出和控制动物疫病，保证肉品卫生质量和消费者的食肉安全，防止传染等具有十分重要的意义。

一、宰后检验的方法和要求

1. 宰后检验的方法

常用的宰后检验方法是以感官检验为主，即检验人员运用感觉器官进行"视检""触检""嗅检"和"剖检"等方法对胴体和脏器进行病理学诊断与处理，必要时才辅以病理组织学检查和实验室的其他检查方法。

（1）感官检验

① 视检　运用视觉观察胴体的皮肤、肌肉、胸腹膜、脂肪、骨骼、关节、天然孔及各脏器的外部色泽、形态大小、组织状态等是否正常。根据观察可为进一步检验（包括剖检）提供线索。如牛、羊上下颌骨膨大时，应注意检查是否感染放线菌病；喉颈部肿胀，应注意检查炭疽和巴氏杆菌病。若屠畜的结膜、皮肤和脂肪发黄，可怀疑黄疸，应注意检查肝脏或造血器官是否正常，有必要可剖检关节的滑液囊及韧带等组织，观察其色泽的变化。

② 剖检　借助检验器械切开并观察胴体和脏器的深层组织部分的变化，检查其病变的性质或应检部位有无异常病变。这对淋巴结、肌肉、脂肪、脏器深部位病变的确诊是非常重要的检查方法，如按规定检查咬肌、腰肌处有无囊尾蚴寄生。

③ 触检　用手直接触摸或借助检验刀具，通过触压来判断组织器官的弹性和硬度的变化。这对于深部组织或器官内的硬结性病变的发现具有重要意义，如在肺叶内的病灶只有通过触摸才能发现。

④ 嗅检　对于那些无明显病变的疾病或肉品开始腐败变质，必须依靠嗅闻气味来判断。如屠宰动物发生药物中毒时，则肉品往往带有特殊的药味；或者已经腐败了的肉品，会散发出令人不愉快的腐臭味。

（2）实验室检验　通过感官检验，对某些疫病发生怀疑或已判定为腐败变质的肉品，不能准确判断利用价值，必须用实验室检验的方法确定性检验，以作出综合性判断。

① 病原检验　采取有病变的血液、器官或组织直接涂片进行镜检，必要时再进行细菌分离、培养、生化反应及动物接种来加以判定病原菌的类别。

② 理化检验　肉的腐败程度完全依靠细菌学方法检验是不准确的，还须进行理化性检验。应用总挥发性盐基氮的测定、pH的测定、硫化氢试验和球蛋白沉淀试验等综合判定其新鲜度。

③ 血清学检验　针对某种疫病的特殊检验要求，采取沉淀反应、补体结合反应、凝集

试验、免疫扩散和血液检查等方法鉴定该疫病病原体的性质。

2. 宰后检验的要求

由于宰后检验是在屠宰加工过程中进行并完成的，要求检验人员除了正确运用上述检验方法外，尚须注意以下几项要求。

（1）检验环节的要求　检验环节要与屠宰加工工艺流程密切配合，不能与生产的流水作业相冲突，所以宰后检验常被分作若干个检验点安插在屠宰加工过程中完成。

（2）检验内容的要求　按规定宰后检验的应检内容必须检查，并严格按国家标准规定的检疫内容、部位实施，不能人为地减少项目或漏检。检验之前先要对每一头动物的胴体、内脏、头、皮张统一编号，方便查对。

（3）剖检的要求　为保证肉品的卫生质量和商品价值，剖检只能在规定的部位，按一定的方向剖检，要求下刀准而快，切口小而齐、深浅适度。肌肉检查顺肌纤维走向切开，不准横切。剖开受检组织器官时，不能乱切或拉锯式地切割，避免造成切口过大或切面模糊不清的人为因素的干扰，给检验工作造成不便。

（4）保护环境的要求　为了防止肉品污染和环境污染，切开病变的脏器或组织应及时采取措施，并做到不污染周围胴体、不落地污染地面。尤其发现恶性传染病和一类动物检疫对象时，应立即停宰，封锁现场，采取严格的防疫消毒措施。

（5）检验人员的要求　检疫人员每人应备有两套检验工具（检验刀和检验钩），以便在受到污染时能及时更换。被污染的工具立即置于消毒液中彻底消毒。同时，检疫人员上岗工作要做好个人防护。

二、宰后检验被检淋巴结的选择

1. 选择被检淋巴结的原则

屠畜体内淋巴结数目众多，如猪约 300 个，且分布很广，淋巴结收集所辖组织的淋巴液的情况又复杂多样，所以宰后剖检时，必须对淋巴结有所选择才能完成检验工作。选择被检淋巴结的基本原则：第一，选择收集淋巴液范围较广的淋巴结；第二，选择分布部位浅表，易于剖检的淋巴结；第三，选择能反映特定病理过程的淋巴结。

2. 猪的被检淋巴结的选择

（1）头部及颈部被检淋巴结的选择　猪头部淋巴结主要有颌下淋巴结、腮淋巴结、咽后外侧淋巴结和咽后内侧淋巴结（图 2-20）。

① 颌下淋巴结　位于下颌间隙皮下，左右下颌角下缘内侧，颌下腺的前方（如倒挂，在颌下腺下方），被腮腺口侧端覆盖，呈卵圆形或扁的椭圆形，大小为（2～3）cm×（1.5～2.5）cm，一般由 1～7 个小淋巴结构成。主要汇集来自头的前下半部皮肤、肌肉、舌、喉、扁桃体、唾液腺以及唇等部位的淋巴液；输出管主要走向咽后外侧淋巴结，另一部分经由颈浅腹侧淋巴结汇入颈浅背侧淋巴结，是头部检验第一步常规必检的淋巴结。

② 腮淋巴结　位于下颌关节后下方，被耳下腺前缘覆盖。收集除下唇以外的大部分皮肤、肌肉、上唇、颊部、腮腺、颌下腺、耳内侧、眼睑等部位的淋巴液；输出管走向咽后外侧淋巴结。

③ 咽后外侧淋巴结　位于腮腺背侧后缘、腮淋巴结的后方，部分或完全被腮腺背侧端覆盖，呈长条状，长 1～2.5cm。收集颌下淋巴结、腮淋巴结和头部多数部位的淋巴液；输出管主要走向颈浅背侧淋巴结，少数走向咽后内侧淋巴结。

④ 咽后内侧淋巴结　位于咽的背外侧与舌骨之间，大小为（2～3）cm×1.5cm。主要收集舌根及整个舌的深部、咬肌、头颈深部肌肉及腭部、咽部、扁桃体等部位的淋巴液；输出管直接走向气管淋巴导管。

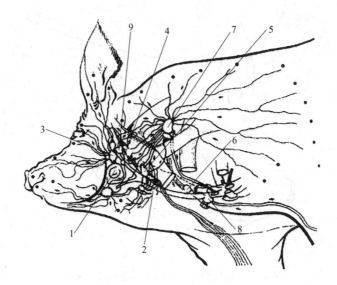

图 2-20　猪头部及颈部淋巴结的分布

1—颌下淋巴结；2—颌下副淋巴结；3—腮淋巴结；4—咽后外侧淋巴结；5—颈浅腹侧淋巴结；
6—颈浅中侧淋巴结；7—颈浅背侧淋巴结；8—颈后淋巴结；9—咽后内侧淋巴结

以上各淋巴结中，咽后外侧淋巴结是较为理想的一组可选淋巴结，但在屠体解体时常被割破或留在胴体上，且该部位易受污染而不易检查，另外该淋巴结的输出管走向颈浅背侧淋巴结，当其受到侵害时，后者也会有一定的变化；由于猪炭疽、结核和猪肺疫的病变常局限在颌下淋巴结，因此，颌下淋巴结是猪头部检验的必检淋巴结，必要时可剖检咽后外侧淋巴结作为辅助检查。

（2）胴体被检淋巴结的选择　猪胴体的淋巴结主要有颈浅淋巴结群、颈深淋巴结群、髂下淋巴结、腹股沟浅淋巴结、腹股沟深淋巴结、髂淋巴结和腘淋巴结。

① 颈浅淋巴结群　颈浅淋巴结群分为背侧、中间和腹侧组。主要汇集头颈部、胴体前半部的淋巴液（图 2-21）。

背侧组即颈浅背侧淋巴结，又名肩前淋巴结。位于肩关节的前上方、肩胛横突肌和斜方肌的下面，长 3～4cm。主要汇集整个头部、颈上部、前肢上部、肩胛与肩背部的皮肤、肌肉和骨骼、肋胸壁上部与腹壁前部上 1/3 处的淋巴液。输出管走向进入气管淋巴导管或直接入颈静脉。

中间组和腹侧组，前者位于锁枕肌下方，后者于颈静脉背侧与肩关节至腮腺间的颈静脉沟内，沿着锁枕肌前缘分布，其上、下方分别与咽后外侧淋巴结、颌下副淋巴结相邻近。主要汇集颈的中部和下部、前躯体部、前肢、胸廓及腹壁前下部 1/3 部分的淋巴液。

颈浅淋巴结汇集的淋巴液，都经由颈浅背侧淋巴结输入气管淋巴导管。颈浅淋巴结收集的淋巴液，都经由颈浅背侧淋巴结输入气管淋巴导管。由此可见，颈浅背侧淋巴结直接或间接地汇集了来自咽后外侧淋巴结、颈浅腹侧与中侧淋巴结、前肢部分和猪体前半部绝大部分组织的淋巴液。其他的淋巴液经颈深淋巴结补充收集。

② 颈深淋巴结群　颈深淋巴结群分为颈前、颈中、颈后组。各组均沿气管分布在喉头至胸腔入口（图 2-21），收集头颈深处部分组织和前肢大部分组织的淋巴液，其输出管走向气管淋巴导管。其中以颈后组（又称颈深后淋巴结）较为重要，主要直接汇集前肢绝大部分的淋巴液，并接受颈前和颈中组输出的淋巴液。

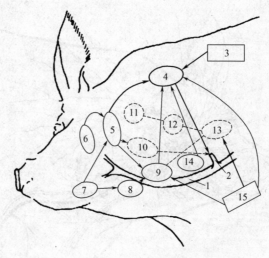

图 2-21　猪体前半部淋巴结及淋巴循环示意

1—左颈静脉；2—左气管淋巴导管；3—来自体前半部的淋巴液；4—颈浅背侧淋巴结；

5—咽后外侧淋巴结；6—腮淋巴结；7—颌下淋巴结；8—颌下副淋巴结；9—颈浅腹侧

淋巴结；10—咽后内侧淋巴结；11—颈前淋巴结；12—颈中淋巴结；13—颈后淋巴结；

14—颈浅中侧淋巴结；15—来自前肢的淋巴液

注：实线表示浅层淋巴结及淋巴流向；虚线表示深层淋巴结及淋巴流向

③ 髂下淋巴结　又称股前淋巴结或膝上淋巴结，位于膝前的皱褶内，股阔筋膜张肌前缘皮下（图 2-22，图 2-23），呈扁椭圆形，大小为 2cm×（4～5）cm，在脂肪内包埋。收集来自第 11 肋骨后、膝关节以上部位的皮肤和表层肌肉的淋巴液；输出管主要走向腹股沟深淋巴结，有的经髂内淋巴结。

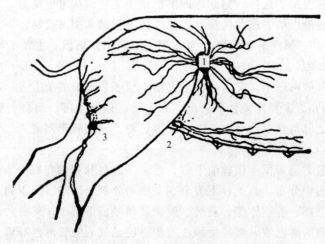

图 2-22　猪体后半部体表淋巴结分布及淋巴流向

1—髂下淋巴结；2—腹股沟浅淋巴结；3—腘淋巴结

④ 腹股沟浅淋巴结　母猪又称乳房上淋巴结或乳房淋巴结，公猪又称阴囊淋巴结，位于最后乳头的稍后上方 2cm 左右或平位的腹壁皮下脂肪里（图 2-22，图 2-23），大小为（1～2）cm×（3～8）cm。收集躯体后半部下方和侧方浅层组织及乳房和各生殖器官的淋巴液；输出管走向腹股沟深淋巴结以及髂内、髂外淋巴结。

⑤ 腘淋巴结　包括腘浅和腘深组淋巴结。宰后检验主要检查腘浅淋巴结，位于股二头

肌和半腱肌间跟腱后的皮下组织中，外包脂肪（图 2-22，图 2-23）。主要汇集膝关节以下与蹄部以上的整个后肢组织的淋巴液；输出管走向髂内淋巴结或腹股沟深淋巴结。

⑥ 腹股沟深淋巴结　一般分布在髂外动脉分出旋髂深动脉后、进入股管前的血管侧旁，有时邻近旋髂深动脉的起始处，或与髂内淋巴结紧连在一起（图 2-23）。主要汇集猪躯体后半部的淋巴液；其输出管走向髂内淋巴结。猪的此淋巴结有的缺乏，有的或并入髂内淋巴结。

⑦ 髂淋巴结　分为髂内、髂外淋巴结。髂内淋巴结位于腹主动脉分出髂外动脉的起始部，旋髂深动脉起始部位的前方（图 2-23），大小为（4～5）cm×1.5cm；髂外淋巴结位于旋髂深动脉前后两支的分叉处。除汇集来自腹股沟深淋巴结的淋巴液外，还直接收集腰下部骨骼、肌肉、骨盆部肌肉及器官淋巴液；输出的淋巴液，大部分经髂内淋巴结输入乳糜池，少部分由髂外淋巴结直接输入乳糜池。髂内淋巴结是胴体后半部最重要的淋巴结，尤其在腹股沟深淋巴结缺失时，更需要剖检此淋巴结。因此，这组淋巴结在宰后检验中具有重要意义。

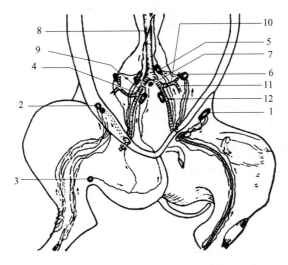

图 2-23　猪体后半部淋巴结分布及淋巴流向

1—髂下淋巴结；2—腹股沟浅淋巴结；3—腘淋巴结；4—腹股沟深淋巴结；5—髂内
淋巴结；6—髂外淋巴结；7—腱淋巴结；8—腹主动脉；9，12—髂外动脉；
10—旋髂深动脉；11—旋髂深动脉分支
注：左右两侧淋巴结对称分布，本图为求简明，仅标明一侧。

由此可见，屠猪宰后检验时选择必检的头部和胴体淋巴结是颌下淋巴结、颈浅背侧淋巴结（即肩前淋巴结）、腹股沟浅淋巴结、髂内淋巴结。必要时，可增加检查颈深后淋巴结、腹股沟深淋巴结、髂下淋巴结和腘淋巴结。

（3）内脏被检淋巴结的选择　猪的内脏检查时，主要检查的淋巴结有支气管淋巴结、肝淋巴结、胃淋巴结和肠系膜淋巴结。

① 肠系膜淋巴结　主要位于小肠系膜上，沿肠管分布呈串珠状或条索状。主要收集小肠淋巴液。剖检此组淋巴结可检查肠型炭疽，并进一步了解小肠区段感染情况。另外，结肠淋巴结和盲肠淋巴结，分别位于结肠旋襻里、回肠末端与盲肠之间（图 2-24）。

② 支气管淋巴结　位于气管分出支气管的交叉处，分为左叶、右叶、中叶和尖叶四组（图 2-25）。通常只检左右支气管两组淋巴，以了解肺部感染的状况。输出管走向纵隔前淋巴结，后入胸导管。

③ 肝淋巴结 位于肝门附近，紧靠胰脏，被包脂肪层，常在摘除肝脏时被割掉。肝淋巴结呈卵圆形，通常为 2～7 个单个淋巴结（图 2-24）。主要收集肝脏的淋巴液。

④ 胃淋巴结 位于胃门处（图2-24），主要汇集胃壁黏膜层、肌层及浆膜层的淋巴液。

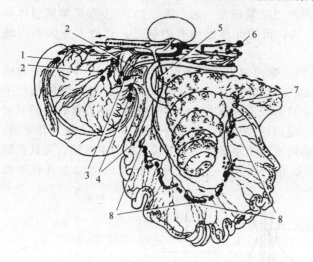

图 2-24 猪腹腔脏器淋巴结分布

1—脾淋巴结；2—胃淋巴结；3—肝淋巴结；
4—胰淋巴结；5—盲肠淋巴结；6—髂内淋巴结；
7—回肠、结肠淋巴结；8—肠系膜淋巴结

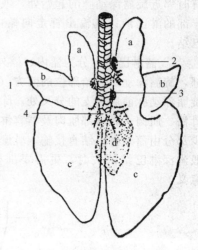

图 2-25 猪支气管淋巴结分布

1—左支气管淋巴结；2—尖叶淋巴结；
3—右支气管淋巴结；4—中支气管淋巴结；
a—尖叶；b—心叶；c—隔叶；d—复叶

3. 牛、羊的被检淋巴结的选择

虽然牛、羊两动物畜种不同，且淋巴结大小也有区别，这里以牛的主要被检淋巴结来代表。具体介绍如下。

（1）头部被检淋巴结的选择（图 2-26）

① 颌下淋巴结 位于下颌间隙后部、下颌血管切迹的后方、颌下腺外侧。主要收集头下部各组织的淋巴液；输出管走向咽后外侧淋巴结。

② 腮淋巴结 位于颈部与下颌交界处、下颌关节后方，前半部暴露于皮下，后半部被腮腺所覆着。汇集头部上位各组织的淋巴液；输出管咽后外侧淋巴结。

③ 咽后内侧淋巴结 位于咽部后方、两舌骨支末梢间。收集咽、舌根、鼻腔后方、扁桃体、舌下腺与颌下腺等处的淋巴液；输出管走向咽后外侧淋巴结。

④ 咽后外侧淋巴结 位于寰椎的侧前方、颈和下颌支的交界处，被腮腺所覆盖。汇集的淋巴液，除来自上面三组淋巴结的液体外，还可直接收集头部大部分区域及颈部上 1/3 部分的淋巴液；输出管直接走向气管淋巴导管。

为了保留汇集淋巴液范围广泛的咽后外侧淋巴结（是牛、羊头部检验最为理想的淋巴结），故在卸头时沿第 3、第 4 气管环之间割下。如生产中解体割破此淋巴结或保留在胴体上，可检验咽后内侧淋巴结和颌下淋巴结。

（2）胴体被检淋巴结的选择（见图 2-26）

① 颈浅淋巴结 又名肩前淋巴结。位于肩关节前方的稍上部，表面被臂头肌和肩胛横突肌所覆盖。主要收集胴体前半部大多数组织的淋巴液；输出管走向胸导管。检查此组淋巴结，可基本清楚前躯的健康状况。

② 髂下淋巴结 位于膝褶内、股阔筋膜张肌的前缘。主要汇集来自第 8 肋间至臀部的皮肤和部分表层肌肉的淋巴结；输出管走向腹股沟深淋巴结和髂内淋巴结。检查该淋巴结以了解胴体后躯部两侧体壁、腰部至臀部的皮肤和部分浅层肌肉被疾病感染的状况。

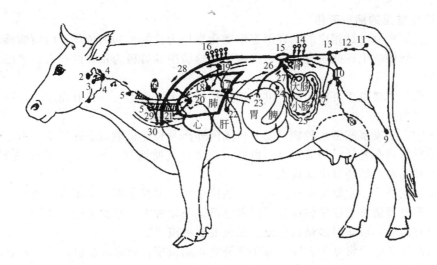

图 2-26　牛全身主要淋巴结分布及淋巴循环示意

1—颌下淋巴结；2—腮淋巴结；3—咽后内侧淋巴结；4—咽后外侧淋巴结；5—颈深淋巴结；6—颈浅淋巴结；
7—髂下淋巴结；8—腹股沟浅淋巴结；9—腘淋巴结；10—腹股沟深淋巴结；11—坐骨淋巴结；12—荐骨淋巴结；
13—髂内淋巴结；14—腰淋巴结；15—乳糜池；16—肋间淋巴结；17—纵隔后淋巴结；18—纵隔中淋巴结；
19—纵隔背淋巴结；20—支气管淋巴结；21—纵隔前淋巴结；22—肝淋巴结；23—胃淋巴结；24—脾淋巴结；
25—肠系膜淋巴结；26—腹腔淋巴干（收集部分肝、胃的淋巴）；27—肠淋巴干（由大肠、小肠
淋巴结的输出管汇集而成）；28—胸导管；29—气管淋巴导管；30—颈静脉

③ 腹股沟浅淋巴结　此淋巴结在公畜称为阴囊淋巴结，于阴囊上方、阴茎的两侧各一个；母畜称之乳房上淋巴结，位于乳房基部的后上方。主要收集外生殖器和母畜乳房部及股、小腿皮肤的淋巴液；输出管走向腹股沟深淋巴结。剖检目的在于检查胴体外生殖器、母牛乳房及后躯下腹壁等处被感染的情况。

④ 腘淋巴结　位于股二头肌和半腱肌间的内部，腓肠肌外侧头的浅层。主要收集后肢上部各组织、飞节下方至蹄部肌肉的淋巴液；输出管也主要走向腹股沟深淋巴结。

⑤ 髂内淋巴结　位于最后腰椎下方髂外动脉起始部。主要汇集来自腰下部、臀部和股部部分肌肉、生殖器官与泌尿器官的淋巴液，且收集来自髂下淋巴结、髂外淋巴结、腹股沟深淋巴结等的淋巴液；输出管直接输入乳糜池。剖检该淋巴结，能了解腰下部、臀部、股部部分肌肉及生殖器官、泌尿器官被疾病感染的情况。

⑥ 腹股沟深淋巴结　位于髂外动脉分出股深动脉的起始部的上方。在倒挂的胴体上，其位于骨盆腔横径线稍下方，距骨盆边缘侧方 2～3cm。汇集来自髂下淋巴结、腘淋巴结、腹股沟浅淋巴结输送的淋巴液以外，还直接收集从第 8 肋间起体后半部多数的淋巴液；其输出管一部分由髂内淋巴结输入乳糜池，其余的直接输入乳糜池。该淋巴结外形较大，剖检时易找到，是牛、羊胴体检验的首选淋巴结。剖检该淋巴结，可了解胴体整个后半部组织器官的健康情况。

综上所述，宰后检验牛、羊胴体时（包括头部），依次检查咽后外侧淋巴结、颌下淋巴结、颈浅淋巴结、腹股沟深淋巴结和髂下淋巴结。必要时酌情增检咽后外侧淋巴结、髂内淋巴结和腘淋巴结。

（3）内脏被检淋巴结的选择　检查牛羊内脏常选择到的淋巴结有纵隔淋巴结、支气管淋巴结、肝淋巴结和肠系膜淋巴结。这些淋巴结收集相应脏器组织的淋巴液，其输出管的走向与猪的基本相同。其中纵隔淋巴结是胸腔中最重要的淋巴结，肝淋巴结和肠系膜淋巴结均对疾病反应较为敏感，是重要的内脏淋巴结。

4. 淋巴结常见的病理变化

检验人员可将淋巴结相应的病理形态学变化来作为诊断疾病的依据，因而能够较准确并迅速地反映出屠体的生理或病理状况，这在宰后检验中具有极为重要的意义。淋巴结的常见病理变化如下。

（1）充血　主要见于炎症初期。淋巴结体积稍肿大，表面发红或有血丝，切面潮红，按压时有血液流出。

（2）水肿　由家畜感染水肿病、恶液质或因外伤及长途运输后立即屠宰等引起。淋巴结肿大，包膜紧张且有光泽，切面外翻，色苍白，多汁且质地软，可见流出多量透明的液体，有时发生水肿的淋巴结还有出血现象。

（3）浆液性炎症　主要发生在急性败血型传染病，尤其是能产生毒素的病原体的感染创时，如急性败血型猪丹毒和猪肺疫等。眼观淋巴结明显肿大，被膜紧张，质地柔软，切面红润、湿润或有出血，按压时多量黄色或淡红色混浊液流出。

（4）出血性炎症　常见于急性败血型传染病，如炭疽、猪瘟和猪肺疫等。外观淋巴结肿大，深红或黑红色，切面稍隆起多汁，呈深红色至灰白相间的大理石样花纹，有时呈暗红色斑点散在其中，有时也为不同程度的弥漫性红染。

（5）化脓性炎症　淋巴结肿大、柔软。严重的淋巴结周围结缔组织呈黄色胶样浸润或水肿，切面外翻、湿润、隆起，且表面散在大小不一的灰白色或黄白色的坏死灶，按压时脓汁流出，有时整个淋巴结形成一个大脓肿，触压时有波动感，多见于化脓性细菌感染和化脓创及脓毒败血症等。

（6）急性变质性炎症　多发生在局部严重化脓性炎症汇集淋巴液的局部淋巴结。淋巴结体积肿大、松软，切面红褐色，实质如粥状，易于刮下。有时可见坏死灶区域。若组织发生广泛坏死，可转化成化脓性炎症，最终在淋巴结内形成脓肿。

（7）急性增生性炎症　主要见于猪气喘病和其他某些急性传染病。淋巴结肿大、松软，切面隆起且多汁，见灰白色混浊颗粒，外观似脑髓，称为"髓样变"。有时伴发乳白色或橙黄色坏死灶。

（8）慢性增生性炎症　主要是结缔组织增生形成肉芽组织的一种结局性病变。常见于慢性经过的传染病，如结核病、鼻疽和猪慢性气喘病等。表现淋巴结体积增大、结构致密、质地坚实，切面呈灰白色、湿润而有光泽。病程较长，易与周围组织发生粘连。

（9）特异性增生性炎症　由某些特异性病原微生物所致的肉芽肿性炎或者传染性肉芽肿所致，多见于一些特殊的传染病病变，如结核病形成的结核结节、鼻疽形成的鼻疽结节和放线菌病形成的放线菌肿等。肉眼见淋巴结肿大或肿大不明显，质地坚硬，切面呈灰白色，有粟米大至蚕豆大的结节形成，其中心呈干酪化坏死，并常常伴有钙盐颗粒沉积，严重时整个淋巴结发生钙化。

（10）寄生虫性淋巴结炎　在动物患锥虫病或梨形虫病时，表现淋巴结肿大，网状内皮细胞与浆细胞增生。而患弓形虫病后网状内皮细胞大量增生。感染马原虫、肠结节虫时，淋巴结出现化脓、干酪化、甚至钙化等病变。

（11）肿瘤　淋巴结肿大，质地坚实，切面灰白色，富有油感。正常组织结构被肿瘤所代替，其形态也随之改变，不同的肿瘤其外观表现也各异，最多发的是黑色素瘤和癌。

（12）色素沉着　有色动物中如老龄的青马常常发生色素沉着，外观呈灰黑色或者黑色。在牛、羊感染肝片形吸虫时，肝淋巴结具黑色素沉着感。

三、宰后检验的处理

1. 宰后检验结果登记

宰后检验必须准确统计被检屠畜的数量，并将检验中发现的各种传染病、寄生虫病和病变由专人进行详细登记。登记的项目包括：屠宰日期、胴体编号、屠畜种类、性别、产地名称、畜主姓名、屠畜标识、疾病或病变名称、病变组织器官及病理变化、检验人员结论及处理意见等。当发现某种严重的畜禽疫病时，及时进行疫情通报制度并采取有效措施，并凭标识编码追溯疫源。屠宰加工企业要坚持经常性做好登记工作，各项检疫记录应填写完整，可以积累大量资料，方便查阅，以供综合性研究需要，同时可提高动物性食品卫生检验技能和公共卫生管理机制，对畜禽、畜禽产品追溯制度都具有重要意义。

2. 宰后检验结果处理

胴体和内脏器官经宰后检验后，检疫人员可做到综合性判定结果，并提出处理意见。由我国现行肉品检验规定，决定了的检验后常用处理方法有以下几种。

（1）适于食用　健康无病、品质良好的肉品及内脏符合国家卫生标准，盖以"兽医验讫"印章，可不受限制新鲜出厂（场）。经检疫合格的，检疫员在其胴体上加盖统一的"检疫验讫"印章，签发"动物产品检疫合格证明"。

（2）有条件食用　对于肉质良好，患有一般传染病或轻度感染寄生虫病及普通疾病的胴体和内脏，可根据病变性质和危害程度，经高温处理，有效地达到无害处理的目的，同时病原因素消失，消费者可以有条件地食用。高温处理即应用高压蒸煮法和一般煮沸法将胴体等进行无害处理。主要根据国家标准《病害动物和病害动物产品生物安全处理规程》（GB 16548—2006）中规定。

（3）不可食用　凡是患严重的传染病、寄生虫病或中毒性疾病及有害化学物质残留的病猪及其产品应对全部或严重病变部分和其他有碍肉品卫生部分，作化制或销毁处理。

3. 检验后的盖印

宰后检验的肉品按照国家有关规定需加盖检验印章和肉品品质检验印章。检疫员对作无害处理的胴体及产品上加盖统一专用的处理印章，并监督屠宰厂（场）方做好处理工作，同时认真填写处理记录存档。

宰后检验的盖检印，一般分为几类（图 2-27）。

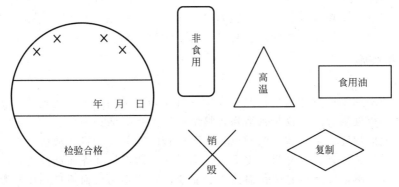

图 2-27　宰后检验处理章印模（GB/T 17996—1999）

第一类，认为肉品质良好、适于食用的胴体和脏器，应盖以"兽医验讫"的印戳；
第二类，认为经无害化处理后可供食用的胴体和内脏，盖以"高温"的印戳；
第三类，病变比较严重，已不适于食用的胴体及脏器，盖以"非食用"的印戳；
第四类，鉴定评价为应销毁的胴体和脏器，应盖以"销毁"的印戳。

加施盖印的部位，国有肉联厂屠宰检验后，第一类一般在胴体左右臀部各盖以一"检验合格"印戳，第二、三、四类应在胴体多处盖以相应戳；而定点屠宰场宰后检验的盖印要求，第一类为沿胴体中线两侧的皮肤 10cm 处加盖动物防疫监督机构统一使用的滚动长条形的"兽医验讫"印戳，第二类盖以"高温"印，第三、四类应盖以"销毁"印戳，且应在胴体多处加盖以印戳。

4. 宰后检验合格的动物产品书面证明

我国规定对于经屠宰检疫合格的产品，除应在胴体加盖"验讫"印章标志外，运输或销售前，尚需由动物检疫机构出具动物产品检疫合格证明，包括县境内销售和出县境销售证明。前者要求一畜一证，后者要求一般以运输工具为单位可出具一份证明。

5. 疫情报告

在屠宰检疫中，检疫人员发现动物疫情时，按有关规定向畜牧兽医行政管理部门及时报告。

① 宰后发现炭疽等恶性严重传染病或其疑似的病猪，应立即停止屠宰工作，严格封锁现场，采取相应的防疫措施，将可能被污染的场地、工具以及用品等进行彻底的消毒。在保证消灭一切疾病的传染源后，方可恢复屠宰。对患猪的污物等经消毒后方可移出场外。

② 若宰后发现各种恶性传染病时，其同群的屠猪处理办法同宰前。

③ 发现疑似炭疽等严重恶性传染病屠体和组织器官时，应密封病变部分，立即送至化验室进行实验检查。

④ 若宰后发现人畜共患传染病时，立即采取防范措施隔离观察与病猪接触过的人员，并做出相应的处理。

⑤ 检验人员详细记录宰后检验结果及处理情况，填写完整存档保存 5 年以上，以备统计和查阅。

子任务 2　家禽的宰后检验

一、技能目标

掌握家禽宰后检验的要点和常见疫病的鉴别检验要点，发现和检出不适合人类食用或已染疫病有害的胴体及组织器官；同时初步掌握家禽宰后检验的基本操作方法。

二、任务条件

选择一个定点屠宰场或肉联厂；检验刀具，每个学生一套；防水围裙、袖套及长筒靴、白色工作衣帽、口罩、乳胶手套和线手套等，每个学生一套。

三、任务实施

1. 胴体检验

（1）检查屠宰加工质量和卫生状况　先检查有无未拔尽的细毛、毛栓及皮肤破损，然后观察头、放血口等处附着的污物是否清除，整个体表是否清洁、完整。

（2）判定放血程度　观察体表的颜色和皮下血管的充盈度，判定放血是否良好。家禽的正常皮肤淡黄略呈红色，具有光泽，皮下血管不暴露，肌肉切面无血滴渗出。若皮下血管充盈，皮肤色暗红，胴体宰杀口有残留血迹或凝血块，则判定为放血不良；皮肤紫红色，皮下血管为充盈状态，是濒死期屠宰的病禽；禽的尾、翅尖部呈鲜红色，常常是未死透的活禽被浸烫致死所致。

（3）检查禽的头部　仔细观察头、冠、髯及各天然孔有无异常变化，如有无出血、水肿、结节、溃疡、嗉囊积食或积液的变化，眼、口腔、鼻腔有无过多分泌物，口腔内有无夹膜等病变。必要时，可切开检查。

（4）检查体表、体腔　观察体表的完整性和清洁度，有无异常变化外伤、水肿、淤血斑、坏死、化脓及关节肿大等。检查肛门有无充血、出血、下痢、是否紧缩和清洁情况。检查有无充血、出血、化脓、结节、纤维素性炎等病变。半净膛家禽体腔可用开张器撑开泄殖腔，用电筒的光线进行检查。必要时剪开体腔；全净膛家禽体腔需检查内部有无赘生物、寄生虫及传染病病变，注意是否有粪便和胆汁的污染。

2. 内脏检验

（1）全净膛家禽内脏的检验　加工的家禽，取出内脏后依次进行检验。

① 肝脏　检查外表、色泽、大小、形态及硬度、胆囊有无变化、充盈度、出血点。如发生肿大且有黄白色斑纹和结节的肝脏可疑为鸡马立克病、鸡白痢或禽结核，肝脏外表有坏死斑点则可疑为禽霍乱感染。

② 心脏　心包膜是否粗糙，有无炎症变化；心包腔是否积液，心脏是否有出血，心冠脂肪、心外膜有无出血点、心脏的肥厚程度及有无形态变化及结节、赘生物等。

③ 脾脏　是否有充血、淤血、肿大、变色，有无灰白色和灰黄色结节等。

④ 胃　腺胃和肌胃有无异常，必要时应剖检。剥去肌胃角质层（俗称"鸡内金"）后，观察有无出血、溃疡，剪开腺胃，除去内容物，注意腺胃乳头是否肿大，腺胃与肌胃交界处有无充血、出血点或溃疡的变化。

⑤ 肠道　视检整个肠管浆膜及肠系膜有无充血、出血、结节，特别注意小肠和盲肠，以及盲肠扁桃体的变化，必要时剪开肠管检查肠黏膜，有无出血、淤血、肿胀、坏死、溃疡和内容物异常变化。

⑥ 卵巢　母禽应注意检查卵巢是否完整，有无变形、变色、变硬等，如发生卵黄性腹膜炎。

⑦ 肺、肾　必要时可检查肺、肾有无变化。检查肺有无炎症、淤血、结节等变化。检查肾有无肿大、充血、出血、尿酸盐沉积等。

（2）半净膛家禽内脏的检验　采取半净膛加工的家禽，肠管拉出后，按全净膛的方法仔细检验。

（3）不净膛家禽内脏的检验　不净膛的光禽一般不检查内脏，但在体表检查怀疑为病禽时，可单独放置，最后剖开胸腹腔，仔细检查体腔和内脏。

3. 复检

对在生产线上检出的可疑光禽，一律连同脏器送复检台逐步复核检查并综合判断。对于检验后判定为劣质的光禽不可食用，一般作工业用或销毁。为查明病变性质，可做必要的实验室检查。登记被检家禽种类、数量、检验时间、检验后结果及处理的详细情况等，要保证检验记录保存 2 年以上。

四、任务报告

总结家禽宰后检验的程序和操作方法，写出报告。

 拓展内容

畜禽肉的分割

肉的分割是按不同国家、不同地区的分割标准将胴体进行分割，以便进一步加工或直接供给消费者。分割肉是指宰后经兽医卫生检验合格的胴体，按分割标准及不同部位肉的组织结构分割成不同规格的肉块，经冷却、包装后的加工肉。

一、猪肉的分割

我国猪肉分割通常将半胴体分为肩、背、腹、臀、腿几大部分，见图 2-28。

1. 肩颈肉

肩颈肉俗称前槽、夹心。前端从第 1 颈椎，后端从第 4～5 胸椎或第 5～6 根肋骨间，与

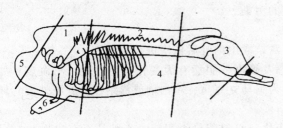

图 2-28 我国猪胴体部位分割

1—肩颈肉；2—背腰肉；3—臀腿肉；

4—肋腹肉；5—前颈肉；6—肘子肉

背线成直角切断。下端如作火腿则从肘关节切断，并剔除椎骨、肩胛骨、臂骨、胸骨和肋骨。

2. 背腰肉

背腰肉俗称外脊、大排、硬肋、横排。前面去掉肩颈部，后面去掉臀腿部，余下的中段肉体从脊椎骨下 4～6cm 处平行切开，上部即为背腰部。

3. 臀腿肉

臀腿肉俗称后腿、后丘。从最后腰椎与荐椎结合部和背线成直线垂直切断，下端则根据不同用途进行分割：如作分割肉、鲜肉出售，从膝关节切断，剔除腰椎、荐椎骨、股骨、去尾；如作火腿则保留小腿后蹄。

4. 肋腹肉

肋腹肉俗称软肋、五花。与背腰部分离，切去奶脯即是。

5. 前颈肉

前颈肉俗称脖子、血脖。从第 1～2 颈椎处，或第 3～4 颈椎处切断。

6. 前臂和小腿肉

前臂和小腿肉俗称肘子、蹄膀。前臂上由肘关节下从腕关节切断，小腿上由膝关节下从跗关节切断。

二、牛肉、羊肉的分割

1. 我国牛肉分割方法（试行）

将标准的牛胴二分体首先分割成臀腿肉、腹部肉、腰部肉、胸部肉、肋部肉、肩颈肉、前腿肉、后腿肉共八个部分（图 2-29）。在此基础上再进一步分割成牛柳、西冷、眼肉、上脑、胸肉、腱子肉、腰肉、臀肉、膝圆、大米龙、小米龙、腹肉、嫩肩肉共 13 块不同的肉块。

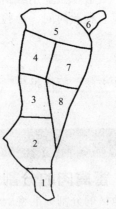

图 2-29 我国牛胴体部位分割

1—后腿肉；2—臀腿肉；3—腰部肉；4—肋部肉；5—肩颈肉；6—前腿肉；

7—胸部肉；8—腹部肉

（1）牛柳 牛柳又称里脊，即腰大肌。分割时先剥去肾脂肪，沿耻骨前下方将里脊剔出，然后由里脊头向里脊尾逐个剥离腰横突，取下完整的里脊。

（2）西冷 西冷又称外脊，主要是背最长肌。分割时首先沿最后腰椎切下，然后沿眼肌腹壁侧（离眼肌 5～8cm）切下。再在第 12～13 胸肋处切断胸椎，逐个剥离胸、腰椎。

（3）眼肉　眼肉主要包括背阔肌、肋最长肌、肋间肌等。其一端与外脊相连，另一端在第 5～6 胸椎处，分割时先剥离胸椎，抽出筋腱，在眼肌腹侧距离为 8～10cm 处切下。

（4）上脑　上脑主要包括背最长肌、斜方肌等。其一端与眼肉相连，另一端在最后颈椎处。分割时剥离胸椎，去除筋腱，在眼肌腹侧距离为 6～8cm 处切下。

（5）嫩肩肉　主要是三角肌。分割时循眼肉横切面的前端继续向前分割，可得一圆锥形的肉块，便是嫩肩肉。

（6）胸肉　胸肉主要包括胸升肌和胸横肌等。在剑状软骨处，随胸肉的自然走向剥离，修去部分脂肪即成一块完整的胸肉。

（7）腱子肉　腱子肉分为前、后两部分，主要是前肢肉和后肢肉。前牛腱从尺骨端下刀，剥离骨头，后牛腱从胫骨上端下切，剥离骨头取下。

（8）腰肉　腰肉主要包括臀中肌、臀深肌、股阔筋膜张肌。在臀肉、大米龙、小米龙、膝圆取出后，剩下的一块肉便是腰肉。

（9）臀肉　臀肉主要包括半膜肌、内收肌、股薄肌等。分割时把大米龙、小米龙剥离后便可见到一块肉，沿其边缘分割即可得到臀肉。也可沿着被切的盆骨外缘，再沿本肉块边缘分割。

（10）膝圆　膝圆主要是臀股四头肌。当大米龙、小米龙、臀肉取下后，能见到一块长圆形肉块，沿此肉块周边（自然走向）分割，很容易得到一块完整的膝圆肉。

（11）大米龙　大米龙主要是臀股二头肌。与小米龙紧接相连，故剥离小米龙后大米龙就完全暴露，顺该肉块自然走向剥离，便可得到一块完整的四方形肉块即为大米龙。

（12）小米龙　小米龙主要是半腱肌，位于臀部。当牛后腱子取下后，小米龙肉块处于最明显的位置。分割时可按小米龙肉块的自然走向剥离。

（13）腹肉　腹肉主要包括肋间内肌、肋间外肌等，也即肋排，分无骨肋排和带骨肋排。一般包括 4～7 根肋骨。

2. 羊肉的分割

以美国羊胴体的分割为例，羊胴体可被分割成腿部肉、腰部肉、腹部肉、胸部肉、肋部肉、前腿肉、颈部肉、肩部肉。在部位肉的基础上再进一步分割成零售肉块。羊胴体部位分割见图 2-30。

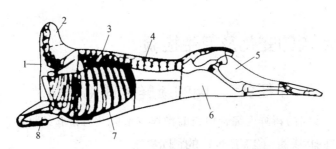

图 2-30　美国羊胴体部位分割

1—肩部肉；2—颈部肉；3—肋部肉；4—腰部肉；

5—腿部肉；6—腹部肉；7—胸部肉；8—前腿肉

三、禽肉分割

禽胴体分割的方法有三种：平台分割、悬挂分割、按片分割。前两种适于鸡，后一种适于鹅、鸭。通常鹅分割为头、颈、爪、胸、腿等 8 件；躯干部分成 4 块（1 号胸肉、2 号胸肉、1号腿肉和2号腿肉）。鸭肉分割为6件；躯干部分为2块（1号鸭肉、2号鸭肉）。日本对肉鸡分割很细，分为主品种、副品种及二次品种3大类共30种。我国大体上分为腿部、胸部、翅爪及脏器类。

四、分割肉的包装

肉在常温下的货架期只有半天，冷藏鲜肉约2～3d，充气包装生鲜肉14d，真空包装生鲜肉约30d，真空包装加工肉约40d，冷冻肉则在4个月以上。目前，分割肉越来越受到消费者的喜爱，因此分割肉的包装也日益引起加工者的重视。

1. 分割鲜肉的包装

分割鲜肉的包装材料透明度要高，便于消费者看清生肉的本色。其透氧率较高，以保持氧合肌红蛋白的鲜红颜色；透水率（水蒸气透过率）要低，防止生肉表面的水分散失，造成色素浓缩，肉色发暗，肌肉发干收缩；薄膜的抗湿强度高，柔韧性好，无毒性，并具有足够的耐寒性。但为控制微生物的繁殖，也可用阻隔性高（透氧率低）的包装材料。

为了维护肉色鲜红，薄膜的透氧率至少要大于5000mL/（m² · 24h · atm · 23℃）。如此高的透氧率，使得鲜肉货架期只有2～3d。真空包装材料的透氧率应小于40mL/（m² · 24h · atm · 23℃），这虽然可使货架期延长到30d，但肉的颜色呈还原状态的暗紫色。一般真空包装复合材料为EVA/PVDC（聚偏二氯乙烯）/EVA、PP（聚丙烯）/PVDC/PP、尼龙/LDPE（低密度聚乙烯）、尼龙/Surlgn（离子型树脂）。

2. 充气包装

充气包装是以混合气体充入透气率低的包装材料中，以达到维持肉颜色鲜红、控制微生物生长的目的。另一种充气包装是将鲜肉用透气性好但透水率低的HDPE（高密度聚乙烯）/EVA包装后，放在密闭的箱子里，再充入混合气体，以达到延长鲜肉货架期、保持鲜肉良好颜色的目的。

3. 冷冻分割肉的包装

冷冻分割肉的包装采用可封性复合材料（至少含有一层以上的铝箔基材）。代表性的复合材料有：PET（聚酯薄膜）/PE（聚乙烯）/AL（铝箔）/PE、MT（玻璃纸）/PE/AL/PE。冷冻的肉类坚硬，包装材料中间夹层使用聚乙烯能够改善复合材料的耐破强度。目前，国内大多数厂家因考虑经济问题，更多地采用塑料薄膜。

任务五　宰后肉的变化及卫生检验　

子任务1　肉的新鲜度理化检验

【技能目标】掌握肉的新鲜度综合检验的操作技术以及对检验结果进行综合判定的技能。

一、总挥发性盐基氮（TVB-N）的测定

1. 半微量定氮法

（1）工作原理　蛋白质分解产生的氨、胺类等碱性含氮物质，在碱性环境中具有挥发性，游离并被蒸馏出来，经硼酸溶液吸收，用盐酸（硫酸）标准溶液滴定，计算求得含量。

（2）任务条件

① 仪器　半微量定氮器、微量滴定管（最小分度0.01mL）、绞肉机、烧杯、吸管、量

筒、漏斗、100mL 锥形瓶等。

② 试剂

a. 1%氧化镁混悬液　称取 1.0g 氧化镁，加 100mL 水，振摇成混悬液。

b. 吸收液　2%硼酸溶液。

c. 甲基红-次甲基蓝混合指示液　0.2%甲基红乙醇溶液与 0.1%次甲基蓝溶液，临用时将两液等量混合，即为混合指示液。

d. 盐酸 $[c(HCl)=0.01mol/L]$ 或硫酸 $[c(1/2H_2SO_4)=0.01mol/L]$ 的标准滴定溶液。

e. 无氨蒸馏水。

(3) 任务实施

① 样品处理　将样品除去脂肪、骨及腱后，切碎搅匀，称取约 10.00g，置于锥形瓶中，加 100mL 水，不时振摇，浸渍 30min 后过滤，滤液置冰箱中备用。

② 蒸馏滴定　将盛有 10mL 吸收液及 5～6 滴混合指示液的锥形瓶置于冷凝管下端，并使其下端插入吸收液的液面下，准确吸取 5.0mL 上述样品滤液于蒸馏器反应室内，加 5mL 氧化镁混悬液（1%），迅速盖塞，并加水以防漏气，通入蒸汽，进行蒸馏，蒸馏 5min 即停止，吸收液用盐酸标准滴定溶液（0.01mol/L）或硫酸标准滴定溶液滴定，终点至蓝紫色。同时做试剂空白试验。

(4) 结果计算

$$X_1 = \frac{(V_1 - V_2) \times c_1 \times 14}{m_1 \times 5/100} \times 100$$

式中　X_1——样品中挥发性盐基氮的含量，mg/100g；

　　　　V_1——测定用样液消耗盐酸或硫酸标准溶液体积，mL；

　　　　V_2——试剂空白消耗盐酸或硫酸标准溶液体积，mL；

　　　　c_1——盐酸或硫酸标准溶液的实际浓度，mol/L；

　　　　14——与 1.00mL 盐酸标准滴定溶液 $[c(HCl)=1.000mol/L]$ 或硫酸标准滴定溶液 $[c(1/2H_2SO_4)=1.000mol/L]$ 相当的氮的质量，mg/mmol；

　　　　m_1——样品质量，g。

结果的表述：报告算术平均值的三位有效数。

允许差：相对误差≤10%。

2. 微量扩散法

(1) 工作原理　挥发性盐基氮物质可在碱性溶液中释放出来，利用饱和碳酸钾溶液，使样品中含氮物质在 37℃恒温条件下游离并扩散至康维皿密闭空间中，并被硼酸溶液吸收。然后用标准酸溶液滴定，计算求得含量。

(2) 任务条件

① 仪器

a. 扩散皿（标准型）　玻璃质，内外室总直径 61mm，内室直径 35mm；外室深度 10mm，内室深度 5mm；外室壁厚 3mm，内室壁厚 2.5mm，加磨砂厚玻璃盖。

b. 微量滴定管　最小分度 0.01mL。

c. 恒温培养箱、绞肉机、研钵。

② 试剂

a. 水溶性胶　取 10g 阿拉伯胶，加 10mL 水、5mL 甘油、5g 无水碳酸钾（或无水碳酸钠），摇匀。

b. 饱和碳酸钾溶液　称取 50g 碳酸钾，加 50mL 无氨蒸馏水，微加热助溶。使用时取上清液。

c. 吸收液　2%硼酸溶液。

d. 甲基红-次甲基蓝混合指示液　0.2%甲基红乙醇溶液与0.1%次甲基蓝溶液，临用时将两液等量混合，即为混合指示液。

e. 盐酸 $[c(HCl)=0.01mol/L]$ 或硫酸 $[c(1/2H_2SO_4)=0.01mol/L]$ 的标准滴定溶液。

f. 无氨蒸馏水。

(3) 任务实施

① 样品处理　同半微量定氮法。

② 样品测定　将水溶性胶涂于扩散皿的边缘，在皿中央内室加入2%硼酸溶液1mL及1滴混合指示液。在皿外室一侧加入1.00mL样液，另一侧加入1mL饱和碳酸钾溶液，注意勿使两液接触，立即盖好；密封后将皿于桌面上轻轻转动，使样液与碱液混合，然后于37℃培养箱内放置2h，揭去盖，用盐酸或硫酸标准溶液（0.100mol/L）滴定，终点呈蓝紫色。同时做试剂空白试验。

(4) 结果计算

$$X_1 = \frac{(V_1 - V_2) \times c_1 \times 14}{m_1 \times 1/100} \times 100$$

式中，X_1、V_1、V_2、c_1、14、m_1 同半微量定氮法。

3. 判定标准

(1) 鲜（冻）畜肉的挥发性盐基氮国家标准（GB 2707—2005），和鲜、冻禽产品（GB 16869—2005）均为：挥发性盐基氮（mg/100g）≤15。

(2) GB 2707—2005 标准规定，鲜（冻）畜肉挥发性盐基氮国家标准，见表2-6。

表2-6　各类新鲜肉的挥发性盐基氮国家标准

挥发性盐基氮/(mg/100g)	猪肉（GB 2707—2005）	牛肉、羊肉、兔肉（GB 2708—2005）
	≤20	≤20

二、pH 的测定

1. 电位法（酸度计法）

(1) 工作原理　利用电极在不同溶液中所产生电位变化来检测溶液 pH，并符合能斯特方程式。当将一个指示电极（玻璃电极）和一个参比电极（甘汞电极）同浸于一个溶液中组成一个电池时，玻璃电极所显示的电位可因溶液中氢离子浓度不同而变。这样两电极间便产生电位差（即电池的电动势）。电动势的大小与溶液的氢离子浓度有关。此电位差经直流放大器放大后，在仪器上直接显示溶液的 pH。

(2) 任务条件

① 仪器

a. 酸度计　25 型酸度计、PHS-2A 型酸度计、29A 型酸度计等。

b. 玻璃电极、甘汞电极或复合 pH 玻璃电极。

c. 绞肉机。

② 试剂

a. 0.05mol/L 邻苯二甲酸氢钾缓冲液。

b. 0.025mol/L 磷酸盐缓冲液。

c. 0.01mol/饱和硼砂溶液。

（3）任务实施

① 肉浸液制备　除去肉样中脂肪、筋腱，绞碎，称取 10g，置 250mL 锥形瓶中，加 100mL 中性蒸馏水，不时振摇，浸渍 15min 后过滤，滤液待测。

② 样品测定

a. 接通电源，打开电源开关，预热 5min。

b. 调节温度补偿开关，使之与溶液温度一致。

c. 调节"零点"，将量程开关指向 pH 处。

d. 安装电极。

e. 定位，按仪器说明进行。

f. 将电极插入被检溶液中，按下"读数"键，记录所得 pH。

g. 检毕，水洗电极，将电极卸下保存。

h. 关闭电源。

（4）注意事项

① 所用的水均为中性去离子水，煮沸 20min，冷却备用。

② 新玻璃电极在使用前必须用去离子水浸泡 24h，以稳定其不对称电位。这个过程称作玻璃电极的活化。

③ 玻璃电极不得沾有油污，玻璃膜易破损，使用时应小心。

④ 甘汞电极中应加入饱和氯化钾溶液，管内不应有气泡，否则将使溶液断层。

据报道，笔尖形锑电极、美国生产的 BEC-DMAN61 型 pH 计在各种组织的新鲜切面上，可以直接测出 pH。

2. 比色法

（1）工作原理　比色法是利用不同的酸碱指示剂来显示 pH。由于酸碱指示剂在溶液中随着溶液 pH 的改变而显示不同的颜色，而且溶液 pH 在一定范围内，某种指示剂的色度与 pH 成比例，因此，可以利用不同指示剂的混合物显示的各种颜色来指示溶液的 pH。根据这一原理，制成一种由浅至深的标准试纸或标准比色管，测定时以检样加指示剂后呈现的颜色与标准比较，即可得出被检样品的 pH。

（2）任务条件

① 仪器　精密 pH 比色计、pH 精密试纸。

② 试剂　甲基红（pH4.6～6.0）指示剂、溴麝香草酚蓝（pH6.0～7.6）指示剂、酚红（pH 6.8～8.4）指示剂。

（3）任务实施

① pH 试纸法　将选定的 pH 精密试纸条的一端浸入被检溶液中，数秒钟后取出与标准色板比较，直接读取 pH 的近似数值。本法简便，测定 pH 精确度在 ±0.2 之间（不能检冻肉）。

② 溶液比色法　首先从 pH 比色计中选定适当指示剂，一般选用甲基红（pH4.6～6.0）或溴麝香草酚蓝（pH6.0～7.6），必要时可选用酚红（pH6.8～8.4）。然后取 5mL 被检样液加入与标准管质量相同的小试管内，根据预测的 pH 范围，加入适当的指示剂 0.25mL，与标准比色管对光观察比较，当样品管与标准管色度一致时，标准管的 pH 即是样品的 pH。如色度介于两个比色管之间，则取其平均值。

（4）判定标准

① 新鲜肉　pH5.8～6.2。

② 次鲜肉　pH6.3～6.6。

③ 变质肉　pH6.7 以上。

三、粗氨测定（纳氏试剂法）

1. 工作原理

肉中的蛋白质分解产生的氨及胺盐等能与纳斯勒（Nesslers）试剂作用生成黄棕色的碘化二亚汞胺沉淀，其颜色的深浅和沉淀物的多少能反映肉中氨的含量。

2. 任务条件

纳氏试剂：称取碘化钾 10g 于 10mL 蒸馏水中，再加入热的升汞饱和溶液至出现红色沉淀。过滤，向溶液中加入碱溶液（30gKOH 溶于 80mL 水中），并加入 1.5mL 上述升汞饱和溶液。待溶液冷却后，加蒸馏水至 200mL，贮存于棕色玻璃瓶内，置暗处密闭保存。使用时取上清液部分。

3. 任务实施

取试管 2 支，1 支加入 1mL 肉浸液，另一支加入 1mL 无氨蒸馏水作对照。向两支试管中各加纳斯勒试剂 1～10 滴，每加 1 滴后振荡试管，并观察溶液颜色的变化，有无混浊或沉淀等。

4. 判定标准

判定标准见表 2-7。

表 2-7　纳氏试剂反应结果判定表

试剂滴数	颜色和沉淀	反应	氨含量/(mg/100g)	肉的鲜度
10	淡黄色、透明	－	≤16	新鲜
10	黄色、透明	±	16～20	新鲜
10	黄色、轻度混浊	±		次鲜
10	稍有沉淀	±	21～30	次鲜
6～9	明显的黄色、有沉淀	＋	31～45	变质
1～5	明显的黄色或橘黄色、有沉淀	＋＋	45 以上	变质

四、硫化氢检测（乙酸铅试纸法）

1. 工作原理

肉在腐败过程中，含硫氨基酸进一步分解，释放出硫化氢。硫化氢在碱性条件下与可溶性铅盐反应，生成黑色的硫化铅，据此判断肉的新鲜度。反应式为：

$$H_2S + Pb(CH_3COO)_2 \longrightarrow PbS\downarrow + 2CH_3COOH$$

2. 任务条件

（1）碱性乙酸铅溶液　于 10% 乙酸铅溶液中加入 10% 氢氧化钠溶液至白色沉淀溶解，溶液透明。

（2）乙酸铅试纸　将滤纸条（8cm×1.2cm）浸入碱性乙酸铅溶液中，数分钟后取出阴干，保存备用。

3. 任务实施

将待检肉样剪成米粒大小，置于 100mL 锥形瓶内，使之达容积的 1/3。取一乙酸铅试纸条，或取一剪好的定性滤纸条，用碱性乙酸铅溶液浸湿，稍干后插入锥形瓶中，使其下端接近但不触及肉粒表面，一般在肉样上方 1～2cm 处悬挂，立即将滤纸条的另一端以瓶塞固定于瓶口，室温下静置 15min 后观察滤纸条的颜色变化。

4. 判定标准

（1）滤纸条无变化　新鲜肉。

（2）滤纸条边缘呈淡褐色　次鲜肉。

（3）滤纸条下部呈褐色或黑褐色　变质肉。

五、球蛋白沉淀试验（硫酸铜沉淀法）

1. 工作原理

利用蛋白质在碱性溶液中能和重金属离子结合，形成不溶性盐类沉淀的性质。以10％硫酸铜作试剂，使Cu^{2+}与样液中呈溶解状态的球蛋白结合形成稳定的蛋白质盐。

2. 任务条件

10％硫酸铜溶液。

3. 任务实施

取试管2支，编号后，向一支管中加2mL被检肉浸液，另一支加2mL水作对照。向上述试管中分别滴加10％硫酸铜溶液3～5滴，充分振摇后观察。

4. 判定标准

（1）溶液呈淡蓝色，完全透明　新鲜肉，以"－"表示。

（2）溶液轻度混浊，有时有少量絮状物　次鲜肉，以"＋"表示。

（3）溶液混浊并有白色沉淀　变质肉，以"＋＋"表示。

六、过氧化物酶反应

1. 工作原理

新鲜健康的畜禽肉中，含有过氧化物酶。不新鲜肉、严重病理状态的肉或濒死期急宰的畜禽肉，过氧化物酶显著减少，甚至完全缺乏。利用过氧化氢在过氧化物酶的作用下，分解释放出新生态氧，使联苯胺指示剂氧化为二酰亚胺代对苯醌。后者与尚未氧化的联苯胺形成淡蓝色或青绿色化合物，经过一定时间后变为褐色。

2. 任务条件

（1）1％过氧化氢溶液　取1份30％过氧化氢溶液与2份水混合即成（临用时配制）。

（2）0.2％联苯胺乙醇溶液　称取0.2g联苯胺溶于95％乙醇100mL中，置棕色瓶内保存，有效期不超过1个月。

3. 任务实施

取2mL肉浸液（1∶10）于试管中，滴加4～5滴0.2％联苯胺乙醇溶液，充分振荡后加新配制的1％过氧化氢溶液3滴，稍振荡，观察结果。同时做空白对照试验。

4. 判定标准

（1）健康动物的新鲜肉　肉浸液立即或在数秒内呈蓝色或蓝绿色。

（2）次鲜肉、过度疲劳、衰弱、患病、濒死期或病死动物肉　肉浸液无颜色变化，或在稍长时间后呈淡青色并迅速转变为褐色。

（3）变质肉　肉浸液无变化，或呈浅蓝色、褐色。

七、任务报告

采取肉样，进行肉的新鲜度检验，对检验结果结合感官检验进行综合评价。

子任务2　肉的新鲜度感官检验

一、技能目标

了解宰后肉的变化，掌握肉的感官检验方法及处理方法。

二、工作原理

肉新鲜度的感官检验，主要借助人的嗅觉、视觉、触觉、味觉，通过检验肉的色泽、组织状态、黏度、气味、眼球（禽类）、煮沸后的肉汤等来鉴定肉的卫生质量。肉在腐败变质过程中，由于组织成分的分解，使肉的感官性状发生改变，如强烈的酸味、臭味、异常的色泽、黏液的形成、组织结构的崩解等，这些变化通过人的感觉器官进行鉴定，在理论上是有依据的，而且简便易行，具有一定的实用意义。

三、任务实施

我国食品卫生标准中已规定了各种畜禽肉的感官指标。

（1）根据 GB 2707—2005 标准规定，鲜（冻）畜肉感官指标为：无异味、无酸败味。

（2）鲜禽、冻禽产品感官指标，见表 2-8。

表 2-8　鲜禽、冻禽产品感官指标（GB 16869—2005）

项目	鲜禽产品	冻禽产品（解冻后）
组织状态	肌肉富有弹性，指压后凹陷部位立即恢复原状	肌肉指压后凹陷部位恢复较慢，不易完全恢复原状
色泽	表皮和肌肉切面有光泽，具有禽类品种应有的色泽	
气味	具有禽类品种应有的气味，无异味	
加热后肉汤	澄清透明，脂肪团聚于液面，具有禽类品种应有的滋味	
淤血[以淤血面积(S)计]/cm²　　　S＞1　　0.5＜S≤1　　S≤0.5	不得检出片数不得超过抽样量的 2%忽略不计	
硬杆毛（长度超过 12mm 的羽毛，或直径超过 2mm 的羽毛的根）/（根/10kg）	≤1	
异物	不得检出	

注：淤血面积指单一整禽，或单一分割禽的 1 片淤血面积。

（3）GB 2707—2005 标准规定，鲜（冻）畜肉感官指标，见表 2-9、表 2-10，仅供参考。

表 2-9　猪肉感官指标

项目	鲜猪肉	冻猪肉
色泽	肌肉有光泽，红色均匀，脂乳白色	肌肉有光泽，红色或稍暗，脂肪白色
组织状态	纤维清晰，有坚韧性，指压后凹陷立即恢复	肉质紧密，有坚韧性，解冻后指压凹陷立即恢复
黏度	外表湿润，不黏手	外表湿润，有渗出液
气味	具有鲜猪肉固有的气味，无异味	解冻后具有鲜猪肉固有的气味，无异味
煮沸后肉汤	澄清透明，脂肪团聚于表面	澄清透明或稍有混浊，脂肪团聚于表面

表 2-10　牛肉、羊肉、兔肉感官指标

项目	鲜牛肉、羊肉、兔肉	冻牛肉、羊肉、兔肉
色泽	肌肉有光泽，红色均匀，脂肪洁白或淡黄色	肌肉有光泽，红色或稍暗，脂肪洁白或微黄色
组织状态	纤维清晰，有坚韧性	肉质紧密，坚实
黏度	外表微干或湿润，不黏手，切面湿润	解冻后指压凹陷恢复较慢
气味	具有鲜牛肉、羊肉、兔肉固有的气味，无异味	解冻后具有牛肉、羊肉、兔肉固有的气味，无臭味
煮沸后肉汤	澄清透明，脂肪团聚于表面，具特有香味	澄清透明或稍有混浊，脂肪团聚于表面，具特有香味

四、任务报告

根据任务内容，完成任务报告。

相关知识

肉一般是指动物体的肌肉及与其相连的各种软组织。从广义上说，凡是适合作为人类食用的动物机体的所有构成部分都可称为肉。在肉品工业和商品学中，所说的肉即专指去毛或皮、头、蹄、尾和内脏的家畜胴体或白条肉，包括肌肉组织、脂肪组织、结缔组织、骨组织、神经脉管以及淋巴结等；而把头、尾、蹄爪和内脏统称为副产品或下水。

一、肉的形态结构

肉由肌肉组织、脂肪组织、骨骼组织和结缔组织组成，其比例依家畜的种类、品种、年龄、性别、营养状况、育肥程度而有所差异，其中肌肉组织占 50％～60％，脂肪组织占 20％～30％，结缔组织占 9％～14％，骨骼组织占 15％～22％。肉的形态结构决定了肉的食用价值、营养价值以及商品价值。

1. 肌肉组织

该组织是指在生物学中称为横纹肌或骨骼肌的部分，是肉最重要的组成部分，比例大、食用价值高。各种畜禽的肌肉平均占活体重的 27％～44％，或胴体重的 50％～60％。通常家畜的臀部、颈部和腰部的肌肉组织比胸部、肋部和四肢下部丰满，但禽类则以胸肌和腿肌最发达。肌肉的组成单位是肌细胞即肌纤维，许多平行纵向排列的肌纤维由结缔组织包裹成束，称为初级肌束；许多初级肌束再由结缔组织包被成为次级肌束。包被初级肌束和次级肌束的结缔组织膜称为肌束膜，肌束有大有小。许多肌束由肌外膜包围，形成肌块。许多肌块与血管、淋巴管、神经组织以及脂肪组织共同组成肌肉。肉眼能够看到肌肉横断面上的大理石样外观，就是由肌束和位于肌束间的结缔组织与脂肪组织构成的。

2. 脂肪组织

该组织由大量的脂肪细胞和疏松结缔组织组成。一定数量的脂肪细胞聚集在一起，被疏松结缔组织分隔成小叶。不同动物的脂肪具有不同颜色和气味，脂肪的颜色不仅取决于动物的种类，还与动物的品种、年龄、饲料有关。气味主要取决于脂肪中所含脂肪酸及其他脂溶性成分。不同动物脂肪的硬度、熔点也不相同，通常反刍动物脂肪的硬度和熔点较高。

脂肪组织在不同动物体内的含量差异极大，少的仅占胴体的 2％，多的可达 40％，主要分布在皮下、肠系膜、网膜、肾周围和肌束间。肌间脂肪的储积，使肉的断面呈大理石样外观，并能改善肉的滋味和品质。

3. 结缔组织

该组织构成肌腱、筋鞘、韧带及肌肉内外膜，主要起支持和连接作用，并赋予肉以韧性和伸缩性。结缔组织除了细胞成分和基质外，主要是胶原纤维、弹性纤维和网状纤维。胶原纤维在肌腱、软骨和皮肤等组织中分布较多，弹性纤维在血管、韧带等组织中较多，网状纤维主要分布于内脏的结缔组织中。基质主要是黏多糖、黏蛋白、无机盐和水。胶原纤维有较强的韧性，不能溶解和消化，在特定温度下，便发生收缩，70～100℃湿热处理能被水解，形成明胶。弹性纤维不受煮沸、稀酸和碱的破坏，通常水煮不能产生明胶。富含结缔组织的肉，不仅适口性差，营养价值也不高。使役、老龄和瘦弱的动物肉中结缔组织含量较多，在同一个体中，运动和负重的部位含量也较多。一般动物的前躯多于后躯，肢体下部多于肢体上部。

4. 骨组织

该组织包括骨和软骨，也是肉的组成部分。动物体内骨与净肉的重量比可决定肉的食用价值，而该价值与骨重量成反比。随着动物年龄增长和脂肪增加，骨组织所占比例相对减少。典型的动物胴体中骨骼所占百分比：牛肉为 15%～20%，犊牛肉为 25%～50%，猪肉为 12%～20%，羊羔肉为 17%～35%，鸡肉为 8%～17%，兔肉为 12%～15%。

骨骼中一般含 5%～27%的脂肪和 10%～32%的骨胶原，其他成分为矿物质和水。故熬煮骨骼时能产生大量的骨油和骨胶，可增加汤的滋味，并使之有凝固性。

骨骼是由骨密质和骨松质构成。骨组织中有较大食用价值的是骨髓，骨髓中含有脂肪、骨胶原和矿物质等。骨骼内腔和松质骨充满骨髓，松质骨越多，食用价值越高。

二、肉的化学组成

肉的化学组成包括水分、蛋白质、脂类、矿物质含氮浸出物和无氮浸出物以及少量的糖类等。这些物质的含量因动物的种类、品种、性别、年龄、个体、机体部位以及营养状况而异。

1. 蛋白质

肌肉的蛋白质含量在 18%左右。根据存在的位置和在盐溶液中的溶解程度不同，蛋白质分为三种。

（1）肌浆蛋白质　肌浆是指肌纤维细胞中环绕并渗透到肌原纤维的液体，其中悬浮各种有机物、无机物以及亚细胞结构的细胞器、肌粒体、微粒体等。通常把由新鲜肌肉磨碎压榨出的含有可溶性蛋白质的液体称为肌浆。其中蛋白主要包括肌红蛋白、肌浆酶和肌精蛋白，约占肌肉中蛋白质总量的 20%～30%。肌浆类似血浆，能凝固析出的液体部分称肌清。

肌浆蛋白中的肌红蛋白与血红蛋白相似，是由珠蛋白及辅基血红素所组成的一种含铁的结合蛋白质，它是肌肉呈红色的主要成分。肌肉中的肌红蛋白量因动物种类而异，且公畜比母畜含量高，成年动物比幼年动物含量高，经常运动的肌肉比不经常运动的肌肉含量高。肌红蛋白在加热时遭破坏，导致肉制品变成灰色。

（2）肌原纤维蛋白质　肌原纤维是肌肉收缩的单位，是一些平行排列的肌纤维丝，参与肌肉的收缩过程，负责将化学能转变成机械能。肌原纤维蛋白质主要包括肌球蛋白、肌动蛋白、肌动球蛋白、原肌球蛋白、肌钙蛋白以及 α-辅基肌动蛋白、β-辅基肌动蛋白和 M-蛋白等。

（3）基质蛋白质　也称间质蛋白质，在肌肉中约占 2%。将新鲜的肌肉加以压榨，挤出汁液后残余的少量固形物质即为肉基质，由肌膜、结缔组织、血管壁等组成。肌细胞中基质内的蛋白质是一种不溶性蛋白质，其主要成分为胶原蛋白、弹性蛋白和网状蛋白。

① 胶原蛋白　胶原蛋白在结缔组织中含量特别多，它不溶于一般的蛋白质溶剂，在碱或盐的作用下，即吸水膨胀。与水共煮（70～100℃）可变成明胶。胶原可被胃蛋白酶水解。

② 弹性蛋白　与水共煮时不能变为明胶，不易被胃蛋白酶或胰蛋白酶水解，只能在加热至 160℃时才开始水解。

③ 网状蛋白　在湿热时也不能变为明胶。

2. 脂类

脂类是脂肪与类脂的总称。脂肪是各种脂肪酸的甘油三酯（如硬脂、软脂等）、少量磷脂、胆固醇、游离脂肪酸及脂溶性色素组成的混合物。广义的脂肪包括中性脂肪和类脂，狭义的脂肪仅指中性脂肪。日常食用的动植物的油脂都为中性脂肪。类脂包括磷脂、糖脂、固醇（动物为胆固醇）、游离脂肪酸、脂溶性维生素和脂蛋白等。食物中的脂类 95%是甘油三酯，5%是其他脂类。中性脂肪是脂类的主要成分。肌肉组织中的脂肪含量和品质因动物的种类、肥度、性别、年龄、使役和饲养的不同而有所不同，阉割的动物和幼小动物脂肪均匀地分布在各个肌群之间，使肉柔软而有香味。磷脂则对神经细胞的发育起重要作用，糖脂、脂蛋白等则起着特定的生理学功能。游离脂肪酸的生理功能很多，如鱼脑髓中就含有丰富的、对大脑有营养的、被称为"脑黄金"的 DHA（二十二碳六烯酸）和 EPA（二十碳五烯酸）。

脂肪的性质主要受各种脂肪酸含量的影响。动物脂肪的熔点接近体温，但经常接触寒冷部位的脂肪熔点较低。脂肪熔点越接近人体温，其消化率越高，熔点在 50℃ 以上者则不易被人体消化。动物脂肪以饱和脂肪酸为主。当脂肪中含有大量高级饱和脂肪酸（如硬脂酸）时，脂肪熔点较高，常温时多呈凝固挺硬状态（如牛脂、羊脂）；当脂肪中含有大量的油酸（不饱和脂肪酸）或低级脂肪酸时，脂肪则呈软膏状（如禽类脂肪）或流动状态（如乳脂）。动物脂肪组织中，中性脂肪占 90% 左右，水分占 7%～8%，蛋白质占 3%～4%。肌肉组织内的脂肪含量取决于动物种类、品种、解剖部位和肥度等因素，一般在 1%～20%。

3. 糖类

肌肉组织中的糖类是以糖原形式存在的。动物肉中糖原一般不足 1%，只有马肉可达 2% 以上。同种动物的肌肉组织中糖含量与其肥瘦及疲劳程度有关。动物宰前休息越充分，肌肉中糖原含量就越多，就越有利于宰后肉的成熟。正常的畜肉也含有少量的葡萄糖及麦芽糖，两者在马肉和兔肉中含量较多。

4. 矿物质

畜禽肉品种的矿物质含量恒定，约占鲜肉重的 1%，主要有钾、钠、钙、镁、硫、磷、氯、铁、锌、铜、锰等，肉中这些常量或微量矿物质的存在，与肌肉宰前功能和宰后品质的变化都有关系。

5. 含氮浸出物和无氮浸出物

肌肉的组成成分中，除上述蛋白质等成分外，还有一些能用沸水从磨碎肌肉中提取的物质，包括很多种有机物和无机物，这些统称为浸出物。其中游离氨基酸、肌酸、磷酸肌酸、核苷酸类物质、肌肽、鹅肌肽、组胺等在肌肉中约占 1.5%。这些含氮的物质不是蛋白质，而是含氮物组成的复合物，故称为含氮浸出物，又称非蛋白含氮物。肉中含氮浸出物越多，味道越浓。

在浸出物中，除含氮浸出物外，尚有动物淀粉、糊精、麦芽糖、葡萄糖、琥珀酸、乳酸等不含氮的浸出物，称为无氮浸出物。无氮浸出物约占 0.5%。

6. 水分

水分是肌肉中含量最多的组成成分，约占 70%。水在肌肉中以结合水和自由水的形式存在，结合水不能被微生物利用。结合水越多，肌肉的保水性越大。肉品中的水分含量及其持水性能直接关系到肉及肉制品的组织状态、品质和风味。

肉类含人体所需要的蛋白质、脂肪、糖类、各种无机盐和维生素等全部营养物质。肉类，尤其是瘦肉，对各种年龄的人都有很高的食用价值。

三、肉在保藏时的变化

动物被屠宰后，随着血液和氧气供应停止，肌肉组织已不能维持正常代谢，在体内酶系或污染的微生物作用下，会发生一系列化学变化，从而使其感官性状和食用价值也发生相应的改变。它包括：在正常情况下宰后肉的僵直和成熟的自然变化。随着时间推移与传染日益加重，发生自溶、酸性发酵和腐败的不良变化。其中僵直和成熟两个阶段是必然发生的，而自溶、酸性发酵和腐败并非肉品在保藏中的必然变化，如能加强卫生管理和监督，防止污染，完全可以人为地控制避免其发生。

1. 肉的僵直

动物死后，体内经过一系列的复杂变化使肌动蛋白和肌球蛋白结合成肌动球蛋白，致使肌肉产生永久性收缩，肌肉的伸展性消失并发生硬化，这一现象称为肉的僵直。可见肌肉僵直现象是由肌纤维的永久性收缩造成的。刚屠宰的动物肌肉，肌动蛋白与 Mg^{2+} 及三磷酸腺苷（ATP）以复合体形式存在，从而阻断了肌动蛋白与肌球蛋白的结合，形成收缩状态的肌动球蛋白，故肌肉具有弹性。

（1）肉僵直的机制　动物屠宰后的肌肉由于供氧作用的消失，使肌肉中糖原发生无氧酵解，产生乳酸，使肉中的 pH 下降，同时肌肉中 ATP 的合成和其他能源供应也就停止。随着肌肉中糖原的减少，肌肉中的 ATP 含量也急剧降低，肌肉在无能源的情况下，使肌动蛋白-Mg-ATP 复合体解离或不能形成，逐渐导致肌球蛋白与肌动蛋白结合，形成收缩状态没有伸展性的肌动球蛋白，最终使肌纤维收缩变短。

（2）影响肌肉僵直的因素　一般肉类在 pH 为 5.4～6.7 时逐渐失去原有的弹性及较好的保水性而变僵直。肌肉僵直出现的早晚和持续时间的长短与动物种类、年龄、环境温度、生前状态和屠宰方法有关。不同种类的动物从死后到开始僵直的速度也不同，一般来说，鱼类最快，其次依禽类、马、猪、牛的顺序减慢。一般动物于死后 1～6h 开始僵直，到 10～20h 达最高峰，死后 24～48h 僵直过程结束，肉开始缓解变软进入成熟阶段。

僵直时间的长短与环境温度有关，环境温度高，肉中酶的活性强，僵直出现得早且持续的时间短；反之，环境温度越低，出现僵直的时间越晚而且持续的时间也越长。因此，要延长肉的保存期，最好是推迟和延长僵直期，如生产上将屠宰的肉和捕捞的水产品迅速冷却和冷冻，就可以较长时间保持其新鲜度。

（3）僵直肉的感官特征　肉在僵直期的主要特征是肉质坚硬、干燥、缺乏弹性；加热炖煮时，不易转化为明胶，使肉保持较高的硬度，食之粗糙硬实、不易咀嚼，尤以牛肉更明显。肉汤较混浊，缺乏肉的香味和滋味。

2. 肉的成熟

肉继僵直之后，肌肉组织内发生的一系列生物化学变化，使其食用性质变得柔嫩、多汁而味美，肉汤澄清透明而清香，这种食用性质改善的肉称为成熟肉。而其质量改善的过程，称为肉的成熟。

（1）肉的成熟的机制　肉的成熟是伴随着肉的解僵过程而逐渐发生的。多数人认为肉的成熟主要是自体组织中的酶对组织的糖原、蛋白质等成分自体分解的结果。糖原在糖原酵解酶的作用下发生无氧酵解，产生乳酸；肌酸磷酸在肌酸磷酸酶作用下分解为磷酸和肌酸；ATP 被 ATP 酶分解为磷酸和肌苷。这样，以乳酸为主的酸性物质逐渐蓄积增多，使得肉的内环境变酸，pH 达 5.6～6.0。在酸性物质的影响下使结缔组织松散，肌纤维解离，肌肉软化，嫩度得到改善；同时，酸性环境增强了组织蛋白酶的释出和活性，使肌肉蛋白质分解产生游离的氨基酸和钠盐，某些游离氨基酸及肌苷水解生成的次黄嘌呤等挥发性物质使肉具有特殊的香味和鲜味。此外，释出的 Ca^{2+} 使肌凝蛋白凝结成不溶于水的状态，肌浆的液体成分（肉汁）部分析出，因此，成熟肉的断面湿润多汁，肉汤透明。

（2）成熟肉的感官特征　成熟肉特征有以下几点：①肉表面形成一层很薄的"干膜"，这层干膜具有减少干耗和防止微生物侵入的作用；②肉质柔软、嫩化，且富有弹性；③肌肉断面湿润多汁；④烹饪时容易煮烂，肉的风味佳良，肉汤澄清透明，具有浓郁的肉香味，脂肪油珠团聚于表面；⑤肉的内环境呈酸性。

（3）肉成熟与温度的关系　肉中糖原含量与肉成熟过程有密切关系。肉的成熟速度和状态也受环境因素的影响，温度对肉成熟影响最大。一般来讲，肉成熟过程在一定温度范围内随温度的升高而加快。在120℃时需要 5d 达到成熟的最佳状态；在180℃时需要 2d；在290℃时只需要几个小时就可以完成成熟过程。但是，用提高温度的方法促进肉的成熟是危险的。因为温度也能促进肉的自溶和加快微生物的繁殖，容易引起肉的腐败。故一般采用低温成熟的方法，温度 $0\sim20℃$，相对湿度 $86\%\sim92\%$，空气流速 $0.1\sim0.5m/s$，完成时间约 3 周。在生产中进行肉的"冷却"，就是使肉在 $0\sim40℃$ 条件下，经过一定时间，使其适当地成熟且不过早结束成熟的过程，使肉在流通过程中保持一定的鲜度。如果在肉的成熟过程中，储存的胴体相互堆叠又无散热条件，使肉长时间保持较高温度，此时即使组织深部没有细菌存在，也会引起组织发生自体分解而自溶。

综上所述，肉在成熟过程中所发生的各种变化都是在肉呈酸性反应的基础上进行的。而肉的变酸主要取决于肉中糖原的酵解作用。可见屠宰动物在临宰前机体内糖原的储量将直接影响到肉的成熟过程。在冷却的条件下，使其进入适当成熟过程，既提高了肉的质量，也能延长肉的保鲜时间。

3. 肉的自溶

肉的自溶是肌肉组织中某些蛋白酶在酸性环境及较高温度的条件下活性增强，引起蛋白质发生自家分解的过程。这一过程中微生物未参与作用。

（1）肉自溶的发生 热鲜肉或屠宰后未经充分冷却的肉保藏在通风不良且室温过高的环境中，或因胴体悬挂过密或重叠堆放，使肉体温散放不良，肉长时间保持高温，致使肉中组织蛋白酶的活性增强而导致蛋白质发生强烈的自家分解过程。

在自溶过程中，肌肉中的 ATP 也发生分解。ATP 经 ADP 分解成 AMP，AMP 继续分解，放出磷酸而生成肌苷，再由肌苷水解为次黄嘌呤。其中 IMP（肌苷）是最典型的呈鲜味物质，这一变化过程增加了肉的风味。另外，部分蛋白质分解产生的肽和游离氨基酸也大大改善了肉的风味。自溶可以改善肉的风味和滋味，但其分解产物也为微生物的侵入、生长繁殖创造了良好的条件。

由于肉的自溶除产生多种氨基酸外，还有硫化氢与硫醇等有不良气味的挥发性物质，但一般没有氨或含量极微。当放出的硫化氢等含硫物与血红蛋白或肌红蛋白结合，形成硫化血红蛋白或硫化肌红蛋白时，能使肌肉和肥膘出现不同程度的暗绿色、灰绿色或灰红色，故肉的自溶亦称变黑。动物脏器尤其是肝脏比肌肉更易自溶，这是因为脏器含酶更丰富。

（2）自溶肉的特征 肌肉松软、弹性减退或缺乏；肉或脏器表面暗淡无光泽，呈不同程度的灰红色或灰绿色，禽肉常显红铜色；用手指触摸轻度黏滑粘手；带有不同程度的酸味。化学检查呈酸性反应，硫化氢反应阳性，氨反应阴性。

（3）自溶的卫生处理

① 自溶现象严重，肉质软化，有明显的异味，并显著变色者，不易消除，不宜食用。

② 自溶现象轻微，可将肉切成小块，置于通风处，使不良气味消失，修割变色部分后可供食用。必要时经高温处理。

自溶和腐败不同，自溶过程只将蛋白质分解成可溶性氮及氨基酸为止，即分解至某种程度，达到平衡状态就不再分解了。但自溶和腐败之间也无绝对界限。自溶过程的分解产物氨基酸等为腐败微生物的生长繁殖提供了良好的营养物质，因此，自溶过程的后期便逐渐开始了肉的腐败过程。可以说，肉的腐败是肉的自溶深化的结果。

4. 肉的腐败

肉的腐败是指肉在致腐微生物的作用下，引起蛋白质和其他含氮物质的分解，并形成有毒和不良气味等多种分解产物的化学变化过程，其实引起腐败的还有组织酶等其他因素，同时伴随分解的也还有脂肪和糖类以及肉的其他成分。肉的腐败是紧随着自溶而发生的变化，与自溶过程没有明显的界限。

（1）腐败变质的基本条件 肉的腐败变质与肉的自身性质、污染的微生物种类和当时所处的环境因素等有着密切关系，致腐微生物包括细菌、真菌和酵母，其中主要是腐生细菌。这类细菌广泛存在于自然界，且大多数是非致病菌。分解蛋白质的细菌主要有需氧芽孢杆菌、假单胞菌属细菌、变形杆菌属细菌、微球菌属细菌、厌氧梭菌属细菌等；分解脂肪的微生物主要有霉菌和分解蛋白质能力强的需氧性细菌中的大多数菌种；分解淀粉的微生物主要有芽孢杆菌属的细菌和大多数霉菌。在肉的腐败早期，主要是微球菌属、需氧芽孢杆菌属和假单胞杆菌属，但以球菌为主；在腐败中期，杆菌逐渐增多；腐败后期主要是杆菌，如变形杆菌属等增多，在肉深部出现的是厌氧的腐败梭状芽孢杆菌。

致腐微生物可以通过内源性和外源性两种途径污染肉类。内源性污染主要来自患病，特别是败血症的病畜肉和极度疲劳的畜禽肉，在其生前已有各种微生物（包括腐生菌），通过肠道侵入动物机体。外源性污染主要来自屠畜皮、毛、蹄上污染的土壤、粪便，以及卫生条件不良的屠宰、加工、流通等环节，腐败微生物先在肉的表面生长繁殖，进而侵入内部沿结缔组织间隙、血管周围的疏松组织到达骨膜，再沿结构疏松的骨膜扩散到周围肌肉组织，引起蛋白质及其他成分的分解。

（2）肉腐败变质的化学变化　蛋白质在致腐菌产生的蛋白分解酶等作用下，首先分解为胨、多肽，进一步分解形成氨基酸。氨基酸经过脱氨基、脱羧基、氧化还原等作用，形成含氮的各种有机胺类，如甲胺、尸胺、酪胺、组胺、腐胺等；有机酸类，如酮酸、羧酸等；无机物质，如氨、CO_2、H_2S 等；其他有机分解产物，如甲烷、吲哚、粪臭素、硫醇等。此时肉即表现腐败特征。

（3）肉腐败的原因　肉腐败主要是微生物作用造成的。只有被微生物污染，并且有微生物繁殖的条件，腐败过程才能发展。微生物污染一般有两种形式：即外源性污染和内源性污染。

① 外源性污染　健康动物屠宰后，胴体本应是无菌的，尤其是深部组织。但从解体到销售，要经过很多环节，接触相当广泛，即使设备非常完善，卫生制度相当严格的屠宰场也不能保证胴体表面绝对无菌。而加工、运输、保藏以至供销的卫生条件越差，细菌污染就越严重，耐藏性就越差。肉被微生物污染后，由于蛋白质是微生物极好的营养物质，如果温度和湿度适宜，微生物会大量的生长、繁殖，并沿着结缔组织、血管周围或骨膜与肌肉间隙等疏松部位向深部扩散，生长繁殖，导致腐败现象更加严重。由于条件不同，分解仅限于表面，而深层不被污染的情形也是有的，这与宰前健康状况、充分休息与否，以及宰后冷却、成熟过程有一定的关系。

② 内源性污染　动物宰前就已经患病，病原微生物可能在生前即已蔓延至肌肉和内脏，或抵抗力十分低下，肠道寄生菌乘虚而入；或者由于疲劳过度使肉成熟过程进行得很慢，肉中的 pH 没有能达到抑制微生物生长的程度，所以腐败进行得很快。

引起肉腐败的细菌主要是假单胞菌属、小球菌属、梭菌属、变形菌属、芽孢杆菌属等，也可能伴随沙门菌和条件致病菌的大量繁殖。

（4）腐败肉的特征

① 胴体表面非常干燥或腻滑发黏。

② 表面呈灰绿色、污灰色甚至黑色，新切面发黏、发湿，呈暗红色、暗绿色或灰色。

③ 肉质松弛或软糜，指压后凹陷不能恢复。

④ 肉的表面和深层都有显著的腐败气味。

⑤ 呈碱性反应。

⑥ 氨反应呈阳性。

（5）腐败肉的卫生评价　肉在任何腐败阶段对人体都是有害的。不论是参与腐败的某些细菌及其毒素，还是腐败形成的有毒分解产物，都能危害消费者的健康。因此，腐败肉一律禁止食用，应化制或销毁。

四、食用油脂的卫生检验

生脂肪是指屠宰畜禽体内所有脂肪组织。根据脂肪组织蓄积的部位不同而分别称为板油（肾周围脂肪）、花油（网膜、肠系膜脂肪）、肥膘（皮下脂肪）和杂碎油（其他内脏脂肪的总称）。生脂肪通过炼制除去结缔组织及水分后所得的纯甘油酯叫油脂。在动物油脂贮存或加工过程中，脂肪可同时或单独发生水解与氧化。炼制的油脂因脂肪酶被破坏，一般不易发生水解，如果存在空气、日光、水分等条件，水解与氧化通常能同时进行。

1. 生脂肪的理化特性

动物脂肪具有各种不同的性质，这不仅取决于动物的种类，而且也取决于动物的年龄、性别、饲料、生活条件、育肥程度以及脂肪在体内蓄积的部位。

按化学成分讲，动物脂肪可视为各种饱和脂肪酸和不饱和脂肪酸甘油酯混合物。在饱和脂肪酸甘油酯中，以硬脂酸和软脂酸甘油酯为最多。在不饱和脂肪酸甘油酯中，以油酸和十八碳二烯酸甘油酯为最多。牛、羊脂肪中一般含有较多的饱和脂肪酸甘油酯，而猪、马脂肪中则含有较多的不饱和脂肪酸甘油酯。

脂肪的性质主要决定于所含脂肪酸的性质。饱和脂肪酸具有较高的熔点：硬脂酸为71.5℃，软脂酸为63℃，豆蔻酸为53.8℃。不饱和脂肪酸具有较低的熔点：油酸为14℃，十八碳二烯酸为8℃。由于羊脂肪中只含30％～40％的油酸，故其熔点较高（44～50℃）；猪脂肪中含50％的油酸，故其熔点较低（36～46℃）。此外，动物脂肪在体内的分布不同，其熔点也不同：一般肾周围脂肪的熔点较高，皮下脂肪的熔点较低，掌骨、腕跗前骨、系骨和蹄骨骨髓脂肪的熔点则更低。

脂肪中除甘油酯外，尚有胆固醇、卵磷脂、脂色素及维生素A、维生素D、维生素E（不固定）等。生脂肪中由于含有水分，因而能在高温、光线、无机催化剂（铁、铜、镍、锌）、脂肪酶、霉菌、细菌等的作用下发生水解。水解时形成甘油和脂肪酸，从而增加了脂肪的滴定酸度。除水解外，脂肪还可以被空气氧化，尤以不饱和脂肪酸甘油酯最为明显。所以猪、马脂肪一般比牛、羊脂肪容易氧化变质。

2. 食用油脂的变质

动物性油脂在生产加工与保存中，由于受到光、热、氧气、水、金属、塑料以及微生物等因素的影响，会发生一系列的化学变化。这些变化的速度又取决于油脂原料的特性、加工和保藏条件，以及炼制油脂的保存和运输条件等。

（1）脂肪水解 水解是生脂肪在保存加工中较易发生的一种变化。因其本身含有大量的水分、脂肪酶和其他含氮物质，如果屠宰后动物生脂肪不及时熔炼，其中的不饱和脂肪酸的甘油酯最易发生水解，产生游离脂肪酸及甘油。游离脂肪酸可使油脂的酸值和熔点增高，气味和滋味不良，甘油溶于水中而流失，使脂肪的重量减轻。

（2）油脂氧化 油脂的自动氧化以炼制后的油脂较易发生。一般多发生于不饱和脂肪酸的甘油酯，尤其是油脂酸。油脂氧化产生对人体有害的各种酮类、醛类等化合物。

① 生成过氧化物 过氧化物是油脂中不饱和脂肪酸的双键被氧化生成的中间产物，其性质不稳定，进一步可生成各种醛类、酮类和羟酸等化合物。油脂中过氧化物的含量表示油脂的新鲜程度，对监测油脂的早期酸败有实际意义。

② 生成醛酸 此种现象是不饱和脂肪酸所生成的过氧化物进一步分解的结果。

③ 生成酮和酮酸 可发生于油脂中的饱和与不饱和脂肪酸，而以饱和脂肪酸易被氧化。

油脂氧化生成的醛、酮类物质和某些低级脂肪酸，能使酸败的油脂带有特殊刺鼻的油哈喇气味和酸涩味，这些都是油脂酸败鉴定中较为敏感和实用的指标。

④ 生成羟酸（称为酯化、硬脂化） 油脂在光的催化作用下，发生氧化形成羟酸，并引

起油脂熔点和凝固点增高，颜色发白、质地硬实，有陈腐气味和滋味。

综上所述，油脂在加工和保存过程中，受各种不利因素的作用，发生水解和氧化，产生游离脂肪酸、过氧化物、醛类、酮类、低级脂肪酸以及羟酸等现象总称为油脂酸败。油脂酸败的化学过程主要是水解和自动氧化的连锁反应过程。在油脂酸败过程中，将脂肪的分解称为水解；生脂肪、油脂氧化产生醛类、酮类及低级酸等物质，称为氧化酸败；而油脂氧化的另一种形式生成羟酸，则称为酯化或硬酯化。要防止油脂变质，关键是提高油脂的纯度。为此，在原料选择、加工和保存中，应做卫生监督工作。

3. 食用动物油脂的卫生检验

（1）样品的采取

① 液体油脂　将油脂搅拌均匀，用干燥的特制金属取样器（或玻璃管）斜角插入容器底部取样。

② 固体油脂　用干净刀削去表层，将采样器插入，从不同的油层采样后混合放入干净容器中送检。

（2）感官检验

① 检验方法　按 GB/T 5009.44 规定的方法检验。

② 感官指标（GB 10146—2015）　无异味、无酸败味。

本标准适用于经兽医卫生检验认可的生猪、牛、羊的板油、肉膘、网膜或附着于内脏器官的纯脂肪组织，单一或多种混合炼制成的食用猪油、牛油、羊油。

（3）理化检验

① 酸价的测定　酸价是指中和 1g 油脂中游离脂肪酸所需氢氧化钾的毫克数，是表示油脂分解和发生酸败的重要指标。按 GB/T 5009.37 中规定的方法测定。

评定标准（GB 10146—2015）猪油，KOH/（mg/g）≤1.5；牛油、羊油，KOH/（mg/g）≤2.5。

② 过氧化值测定　过氧化值是指 100g 油脂中所含过氧化物从氢碘酸中析出碘的克数。按 GB/T 5009.37 中规定的方法测定。

评定标准（GB 10146—2015）过氧化值（g/100g）≤0.20。

③ 丙二醛测定　丙二醛是油脂氧化酸败的重要指标，用比色法测定。由于油脂中不饱和脂肪酸氧化分解产生丙二醛（CHO—CH$_2$—CHO），在水溶液中以烯醇型（CHOH＝CHCHO）存在，在酸性实验条件下，随水蒸气蒸发、冷凝收集后与 TBA 试剂反应生成红色化合物，在波长 538nm 处有吸收高峰，利用此性质即能测出丙二醛含量，从而推导出油脂酸败的程度。按 GB/T 5009.181 中规定的方法测定。

评定标准（GB 10146—2015）丙二醛（mg/100g）≤0.25。

任务六　不同肉制品的加工与检验

子任务1　原料肉品质的评定

一、技能目标

掌握并熟练操作原料肉的品质评定。

二、任务条件

（1）原料　猪半胴体。

（2）用具 肉色评分标准图、大理石纹评分图、定性中速滤纸、酸碱度计、钢环允许膨胀压力、取样品、LM-嫩度计、书写用硬质塑料板、分析天平。

三、任务实施

1. 肉色

猪宰后 2～3h 内取最后胸椎处背最长肌的新鲜切面，在室内正常光线下用目测评分法评定，评分标准见表 2-11。应避免在阳光直射或室内阴暗处评定。

表 2-11 肉色评分标准

肉色	灰白	微红	正常鲜红	微暗红	暗红
评分	1	2	3	4	5
结果	劣质肉	不正常肉	正常肉	正常肉	正常肉*

注：* 为美国《肉色评分标准图》，因我国的猪肉较深，故评分 3～4 者为正常。

2. 肉的酸碱度

宰杀后在 45min 内直接用酸碱度计测定背最长肌的酸碱度。测定时先用金属棒在肌肉上刺一个孔，按国际惯例，用最后胸椎部背最长肌中心处的 pH 表示。正常肉的 pH 为 6.1～6.4，灰白水样肉（PSE）的 pH 一般为 5.1～5.5。

3. 肉的保水性

测定保水性使用最普遍的方法是压力法，即施加一定的重量或压力，测定被压出的水量与肉重之比或按压出水所湿面积之比。我国现行的测定方法是用 35kg 重量压力法度量肉样的失水率，失水率愈高，系水力愈低，保水性愈差。

（1）取样 在第 1～2 腰椎背最长肌处切取 1.0mm 厚的薄片，平置于干净橡皮片上，再用直径 2.523cm 的圆形取样器（圆面积为 5cm）切取中心部肉样。

（2）测定 切取的肉样用感量为 0.001g 的天平称重后，将肉样置于两层纱布间，上下各垫 18 层定性中速滤纸，滤纸外各垫一块书写用硬质塑料板，然后放置于改装钢环允许膨胀压缩仪上，用匀速摇动把加压至 35kg，保持 5min，解除压力后立即称量肉样重。

（3）计算 失水率＝加压后肉样重÷加压前肉样重×100%

计算系水率时，需在同一部位另采肉样 50g，按常规方法测定含水量后按下列公式计算：

$$系水率＝(肌肉总质量－肉样失水量)/肌肉总水分量×100\%$$

4. 肉的嫩度

嫩度评定分为主观评定和客观评定两种方法。

（1）主观评定 主观评定是依靠咀嚼和舌与颊对肌肉的软硬与咀嚼的难易程度等方法进行综合评定。感官评定的优点是比较接近正常食用条件下对嫩度的评定。但评定人员须经专门训练。感官评定可从以下三个方面进行：①咬断肌纤维的难易程度；②咬碎肌纤维的难易程度或达到正常吞咽程度时的咀嚼次数；③剩余残渣量。

（2）客观评定 用肌肉嫩度计（LM-嫩度计）测定剪切力的大小来客观表示肌肉的嫩度。实验表明，剪切力与主观评定之间的相关系数达 0.60～0.85，平均为 0.75。测定时在一定温度下将肉样煮熟，用直径为 1.27cm 的取样器切取肉样，在室温条件下置于剪切仪上测量剪切肉样所需的力，用 kg 表示，其数值越小，肉愈嫩。重复三次计算其平均值。

5. 大理石纹

大理石纹反映了一块肌肉可见脂肪的分布状况，通常以最后一个胸椎处的背最长肌为代表，用目测评分法评定：脂肪只有痕迹评 1 分，微量脂肪评 2 分，少量脂肪评 3 分，适量脂肪评 4 分，过量脂肪评 5 分。目前暂用大理石纹评分标准图测定，如果评定鲜肉时脂肪不清楚，可将肉样置于冰箱内，在 4℃下保持 24h 后再评定。

6. 熟肉率

将完整腰大肌用感量为 0.1g 的天平称重后，置于蒸锅屉上蒸煮 45min，取出后冷却 30～40min 或吊挂于室内无风阴凉处，30min 后称重，用下列公式计算：

$$熟肉率＝蒸煮后肉样重/蒸煮前肉样重×100\%$$

四、任务报告

根据结果，对原料肉品质做出综合评定，写出任务报告。

子任务 2　五香牛肉的加工

一、技能目标

掌握酱卤制品的调味与煮制方法，初步掌握五香牛肉的加工技术。

二、任务条件

（1）原料　鲜牛肉。
（2）用具　刀、煮锅、盆、盘、秤、天平等。

三、任务实施

1. 原料整理

去除较粗的筋腱或结缔组织，用 25℃左右的温水洗除肉表面血液和杂物，按纤维纹路切成 0.5kg 左右的肉块。

2. 腌制

将食盐洒在肉坯上，反复推擦，放入盆内腌制 8～24h（夏季时间短）。腌制过程需翻动多次，使肉变硬。

3. 预煮

将腌制好的肉坯用清水冲洗干净，放入水锅中，用旺火烧沸，注意撇除浮沫和杂物，约煮 20min，捞出牛肉块，放入清水中漂洗干净。

4. 烧煮

五香牛肉 1kg 用量：食盐 20g、酱油 25g、白糖 13g、白酒 6g、味精 2g、八角 5g、桂皮 4g、砂仁 2g、丁香 1g、花椒 1.5g。红曲粉、花生油适量。

把腌制好并清洗过的牛肉块放入锅内，加入清水 0.75kg，同时放入全部辅料及红曲粉，用旺火煮沸，再改用小火焖煮 2～3h 出锅。煮制过程需翻锅 3～4 次。

5. 烹炸

将花生油温升高到 180℃左右，把烧煮好的牛肉块放入锅内烹炸 2～3min 即成成品。烹炸后的五香牛肉有光泽，味更香。

6. 成品

成品表面色泽酱红，油润发亮，筋腱呈透明或黄色；切片不散，咸中带甜，美味可口，出品率 42%左右。

四、任务报告

按实际操作过程写任务报告（产品加工要点、步骤、结果分析等）。

子任务 3　烧鸡的加工

一、技能目标

掌握酱卤制品的调味与煮制方法，初步掌握烧鸡的加工技术。

二、任务条件

（1）原料　健康活鸡 1 只，体重 1.5～2kg。

（2）用具　煤气炉灶、煮锅、盆、刀、盘、秤、天平等。

三、任务实施

1. 屠宰煺毛

采用颈下"切断三管"宰杀，充分放血后，用 70～75℃热水浸烫 2～3min 后即行煺毛。煺毛顺序是：头颈→两翅→背部→腹部→两腿。

2. 去内脏

在离肛门前开 3～4cm 长的横切口，用两手指伸入剥离鸡油，取出鸡的全部内脏，用冷水清洗鸡体内部及全身。

3. 造型

将鸡两脚爪交叉插入腹腔内，把头别在左翅下。

4. 烫皮、上色

将造型后的鸡放入 90℃左右的热水中浸烫 1～2min 捞出，待鸡身水分晾干后上糖色。糖液的配制是 1 份麦芽糖或蜜糖加 60℃的热水 3 份调配成上色液。用刷子将糖液均匀擦于造型后的鸡体外表，晾干表面水分。

5. 油炸

将上好糖液的鸡放入加热至 170～180℃的植物油中翻炸 5～8min，待鸡体表面呈柿黄色时即可捞出，炸鸡时动作要轻，不要把鸡皮弄破。

6. 煮制

烧鸡（1 只鸡用量）：食盐 7g、白酒 3g、酱油 40g、味精 3g、砂仁 0.5g、豆蔻 0.5g、丁香 0.5g、草果 1.5g、桂皮 2g、陈皮 1g、白芷 1g、植物油适量。

将香辛料加适量的水煮沸 5～10min，然后放入炸好的鸡体，并同时加入食盐、白酒、酱油等辅料，用大火烧开，后改用小火焖煮 2～4h，待熟烂后，捞鸡出锅。

7. 成品

外形完整、造型美观、色泽酱黄带红，味香肉烂，出品率 64％左右。

四、任务报告

按实际操作过程写出任务报告（实训内容、产品加工方法、步骤、结果分析等）。

子任务 4　灌肠的加工

一、技能目标

了解肠类加工设备的使用方法，掌握灌肠加工的基本方法。

二、任务条件

（1）原料　猪瘦肉、猪肥肉（7：3）。

（2）仪器　剔骨刀、切肉刀、案板、搪瓷盆、绞肉机、斩拌机、灌肠机、台秤、天平、烘房、煮锅、熏烟室等。

三、任务实施

1. 原料的整理

将原料剔去大小骨头以及结缔组织等，最后将瘦肉切成 100～150g 的肉块，肥膘切成 1cm^3 见方的膘丁，以备腌制。

2. 腌制

将肥、瘦肉分别按以上配比进行腌制，置于 10℃ 以下的冷库中腌制约 3d，肉块切面变成鲜红色，且较坚实有弹性，无黑心时腌制结束，脂肪坚硬，切面色泽一致即可。

3. 制馅

（1）配料　按原料肉 50kg 用量：精盐 1.75kg、味精 50g、蒜 0.9kg、干淀粉 3kg、硝酸钠 12.5g、胡椒粉 36g。

（2）绞碎　腌制后的肉块，需要用绞肉机绞碎，一般用 2～3mm 孔径粗眼的绞肉机绞碎。在绞肉时由于与机器摩擦而肉温升高，须加入冰屑进行冷却。

（3）斩拌　将原料斩拌至肉浆状，使成品具有鲜嫩细腻的特点。斩拌时，通常先将瘦肉和部分的肥肉剁碎至糜糊状。同时，根据原料的干湿度和肉馅的黏性添加适量的水，一般每 100kg 原料加水 30～40kg，根据配料，加入香料，淀粉须以清水调和，最后将肥膘丁加入。斩拌时间一般为 5min，为了避免肉温升高，斩拌时需要向肉中加 7%～10% 的冰屑，冰屑量包括在加水总量内。斩拌结束时的温度最好能保持在 8～10℃ 以下。

4. 灌制

将肠衣套在灌肠机的灌嘴上，使肉馅均匀地灌入肠衣中。要掌握松紧度，不能过紧或过松。每隔 15～20cm 打结。

5. 烘烤

烘烤温度为 65～70℃，40min。表面干燥透明、肠馅显露淡红色即为烤好。

6. 煮制

锅内水温达到 90～95℃，放入色素搅和均匀，随即将肠体放入，保持水温 80～83℃，肠体中心部温度达到 72℃，约恒温 35～40min 出锅，煮熟的标志是用手掐肠体感到挺硬有弹性。

7. 烟熏

无熏烟室可用熏箱或大铁锅，放入红糖和锯末进行熏制。烟熏温度为 120～150℃，时间为 3～5min。

四、任务报告

总结灌肠加工操作要点，并计算其成品率，写出任务报告。

子任务 5　肉制品中亚硝酸盐测定

一、技能目标

1. 明确亚硝酸盐的测定与控制成品质量的关系。

2. 明确与掌握盐酸萘乙二胺法的基本原理与操作方法。

二、工作原理

样品经沉淀蛋白质，除去脂肪，在弱酸条件下硝酸盐与对氨基苯磺酸重氮化后，生成的重氮化合物，再与萘基盐酸二氨乙烯偶联成紫红色的重氮染料，产生的颜色深浅与亚硝酸根含量成正比，可以比色测定。

三、任务条件

1. 试剂

（1）亚铁氰化钾溶液　称取 106g 亚铁氰化钾 $[K_4Fe_9(CN)_5 \cdot 3H_2O]$，溶于水后，稀释至 1000mL。

（2）乙酸锌溶液　称取 220g 乙酸锌 $[Zn(CH_2COO)_2 \cdot 2H_2O]$，加 30mL 冰醋酸溶于水，并稀释至 1000mL。

（3）饱和硼砂溶液　称取 5g 硼酸钠 $(Na_2BO_7 \cdot 10H_2O)$，溶于 100mL 热水中，冷却后备用。

（4）0.4% 对氨基苯磺酸溶液　称取 0.4g 对氨基苯磺酸，溶于 100mL 20% 的盐酸中，避光保存。

（5）0.2% 盐酸萘乙二胺溶液　称取 0.2g 盐酸萘乙二胺，溶于 100mL 水中，避光保存。

（6）亚硝酸钠标准溶液　精密称取 0.1000g 于硅胶干燥器中干燥 24h 的亚硝酸钠，加水溶解移入 500mL 容量瓶中，并稀释至刻度。此溶液每毫升相当于 $200\mu g$ 亚硝酸钠。

（7）亚硝酸钠标准使用液　临用前，吸取亚硝酸钠标准溶液 5.00mL，置于 200mL 容量瓶中，加水稀释至刻度，此溶液每毫升相当于 $5\mu g$ 亚硝酸钠。

2. 仪器

小型绞肉机、分光光度计。

四、任务实施

1. 样品处理

称取 5.0g 经绞碎混匀的样品，置于 50mL 烧杯中，加入 2.5mL 饱和硼砂溶液，搅拌均匀，以 70℃左右的水约 30mL 将样品全部洗入 500mL 容量瓶中，置沸水浴中加热 15min，取出后冷至室温，然后一边转动一边加入 5mL 亚铁氰化钾溶液，摇匀，再加入 5mL 乙酸锌溶液以沉淀蛋白质，加水至刻度，混匀，放置 0.5h，除去上层脂肪，清液用滤纸过滤弃去初滤液 30mL，滤液备用。

2. 样品测定

吸取 40mL 上述滤液于 50mL 比色管中，另吸取 0.00mL、0.20mL、0.40mL、0.60mL、0.80mL、1.00mL、1.50mL、2.00mL、2.50mL 亚硝酸钠标准使用液（相当于 $0\mu g$、$1\mu g$、$2\mu g$、$3\mu g$、$4\mu g$、$5\mu g$、$7.5\mu g$、$10\mu g$、$12.5\mu g$ 亚硝酸钠），分别置于 50mL 比色管中，于标准与样品管中分别加入 2mL 0.4% 对氨基苯磺酸溶液，混匀，静置 3～5min 后各加入 1mL 0.2% 盐酸萘乙二胺溶液，加水至刻度，混匀，静置 15min，用 2cm 比色杯，以零管调节零点，于波长 538nm 处测吸光度，绘制标准曲线比较。计算：

$$X = (A \times 1000)/(m \times 40/500 \times 1000 \times 1000)$$

式中　X——样品中亚硝酸盐的含量，$\mu g/kg$；

　　　m——样品质量，g；

　　　A——测定用样液中亚硝酸盐的含量，μg。

五、任务报告

采集肉样进行测定，对结果进行分析，写出任务报告。

 相关知识

肉类的生产有着自己的地区性和季节性，及时而全部的直接消费是不现实的，需要有较长时间的转运。同时肉类本身有易腐特点及其他自身的缺点，所以应通过贮藏和加工使之发生物理变化和化学变化，提高其价值。较好的卫生措施对于防止肉类的腐败、延长其保存期及货架期具有特别的重要性。在技术手段上可采用热杀菌、低温保藏、辐射处理及化学药剂处理等方法，给微生物的存活与生长造成不利的影响。

一、冷冻肉的卫生检验

畜禽肉变质的原因主要为微生物在肉上生长繁殖的结果，微生物的生长繁殖需要有一定的温度、水分和营养物质。肉品的冷冻能切断水分的供应，造成不适于微生物的生长温度，从而阻止微生物在肉上繁殖。低温保藏方法不仅能长时间地保持肉制品的新鲜度，而且不会引起肉的组织结构和性质发生明显的变化，能够基本保持肉品原有的风味及组织结构。因而肉的低温保存被世界各国广泛采用，是较完善的方法之一。

1. 肉冷冻的卫生要求

（1）肉的冷却　冷却是指对严格执行检疫制度屠宰后的畜胴体迅速进行降温处理，使胴体温度（以后腿内部为测量点）在24h内降为0~4℃的过程。降温处理后的肉称为冷却肉。冷却肉达到的具体温度，因种类和冷藏目的的不同而有变化，冷却处理的其他条件也有差异。但为了延长保存期，产品深层温度降至−1℃左右。冷却肉可在短期内有效地保持新鲜度，香味、外观和营养价值都很少变化，同时也是肉的成熟过程。所以，冷却常作为短期贮存畜禽肉的有效方法，同时也是采用两步冷冻的第一步。由于空气冷却时环境与肉表面温差较大，肉表面水分蒸汽压高而蒸发的水分又仅限于表层，结果冷却肉表面常形成干膜，既阻止了外表微生物的生长与侵入，又减少了肉内水分的干耗。

① 肉冷却的卫生要求　肉的冷却是在冷却库内进行的。其卫生要求是：冷却库应保持清洁并定期进行消毒；胴体和胴体之间应保持3~5cm的间距；不同肥度、不同种类的肉要分别冷却，以确保在相近的时间内冷却完毕。同一等级而体重差异十分显著的肉，应将大的吊挂在靠近风口处，以加速冷却；在整个冷却过程中，应减少库门的开关与人员的出入，以维持稳定的冷却条件和减少微生物污染；在冷却室内安装紫外线灯，每昼夜开5h左右，以减少库内微生物的数量；根据不同的产品及冷却方法，选择适宜的温度、空气流速和湿度。

② 畜肉冷却的方法　目前国内外对冷却肉的加工方法主要采用一段冷却法、两段冷却法、超高速冷却法和液体冷却方法。

a. 一段冷却法　在冷却过程中，空气温度在0℃或略低。国内的冷却方法是：先将肉温度降到−3~1℃再入冷却库，肉进库后开动冷风机，使库温保持在0~3℃，10h后稳定在0℃左右，开始时相对湿度为95%~98%，随着肉温下降和肉中水分蒸发强度的减弱，相对湿度降至90%~92%，空气流速为5~15m/s。猪胴体和四分体牛胴体约经20h，羊胴体约12h，大腿最厚部中心温度即可达到0~4℃。

b. 两段冷却法　第一阶段，冷却库的温度多在−15~−10℃，空气流速为1.5~3m/s，经 2~4h 后，肉表面温度降至 −2~0℃。第二阶段库温为 −2~0℃，空气流速为 0.5m/s。10~16h 后，胴体内外温度达到平衡，约 2~4℃。两段冷却法的优点是干耗小、周转快、质量好，切割时肉流汁少。缺点是易引起冷缩，影响肉的嫩度，但猪肉脂肪较多，冷缩现象不如牛羊肉严重。

c. 超高速冷却法　库温 −30℃，空气流速为 1m/s；或库温 −25~−20℃，空气流速 5~8m/s，大约 4h 即可完成冷却。此法能缩短冷却时间，减少干耗，缩减吊轨的长度和冷却库的面积。

d. 液体冷却方法　多用于禽类产品的冷却。以冷水或冷盐水（氯化钠、氯化钙溶液）为介质采用浸泡或喷洒的方法进行冷却。该法冷却速度快，要求对产品进行包装，否则会造成肉中可溶性营养物质的流失，因而应用受到限制。

③ 冷却肉的保存期　冷却肉不能及时销售时，应移入冷藏间进行冷藏。根据国际制冷学会推荐；冷却肉和肉制品的保藏温度和贮存期限见表 2-12。

表 2-12　冷却肉的保存时间

品种	温度/℃	相对湿度/%	预计贮藏期/d
牛肉	−1.5~0	90	28~35
羊肉	−1~0	85~90	7~14
猪肉	−1.5~0	85~90	7~14
腊肉	−3~−1	80~90	30
腌猪肉	−1~0	80~90	120~180
去内脏鸡	0	85~90	7~11

（2）肉的冻结　肉中所含的水分部分或全部变成冰，肉深层温度降至 −15℃ 以下的过程，称为冻结，冻结后的肉称为冷冻肉。冷冻作用是减少了肉中的游离水，并形成不利于微生物生长的温度，因而该法可有效抑止微生物的生长繁殖。冻结后的肉，虽然其色泽、香味都不如鲜肉或冷却肉，但能较长期贮藏，也能做较远距离的运输，因而仍被世界各国广泛采用。

肉的冻结方法有一次冻结法、两步冻结法和超低温一次冻结法。

① 一次冻结法　肉在冻结时先经过 4h 风冷，使肉内热量略有散发，沥去肉表面的水分，即可直接将肉放进冻结间，保持在 −23℃ 下，冻结 24h 即成。这种方法可以减少水分的蒸发和升华，减少干耗 1.45%，冻结时间缩短 40%，但牛肉和羊肉会产生冷收缩现象。该法所需制冷量比两步冻结法约高 25%。

② 两步冻结法　鲜肉先行冷却，而后冻结。冻结时，肉吊挂在库温保持 −23℃ 的冷冻库，如果按照规定容量装肉，24h 内便可能使肉深部的温度降到 −15℃。这种方法能保证肉的冷冻质量，但所需冷库空间较大，冻结时间较长。

③ 超低温一次冻结法　将肉放在 −40℃ 冻结间中，只需数小时至 10h，肉的中心温度达到 −18℃ 即成。冻结后的肉色泽好、冰晶小，解冻后的肉与鲜肉相似。

（3）冻肉的冷藏

① 冻肉冷藏的卫生要求　冻结好的冻肉应及时转移至冻藏间冷藏。冻藏时，一般采用"品"字形的堆垛方式，以节省冷库容积，要求垛与垛、垛与墙、垛与顶排管均应留有一定距离。冻藏间的温度应保持在 −18℃，相对湿度为 95%~100%，空气流动速度应以自然循环为宜。在冻藏过程中，冻藏间的温度不得有较大的波动。在正常情况下，一昼夜内温度升降的幅度不要超过 1℃；在大批进货、出货过程中，一昼夜不得超过 4℃，因大的温度波动会引起重结晶等现象，不利于冻肉的长期冷藏。外地调运来的冻结肉，肉温偏高，如经测定

肉的中心温度低于−8℃，可以直接入冻藏库；当高于−8℃时，需经过复冻结后，再入冻藏库。经过复冻的肉，在色泽和质量方面都有变化，不宜久存，应尽快销售。

② 冷冻肉的保存期　冻肉的保存期取决于保藏温度、入库前的质量、种类、肥度等因素，其中主要取决于温度。在同一条件下，各类肉保存期的长短，依次为牛肉、羊肉、猪肉、禽肉。

国际制冷学会规定的冻结肉类的保藏期见表2-13。

表 2-13　冻结肉类的保藏期

品种	保藏温度/℃	保藏期/月	品种	保藏温度/℃	保藏期/月
牛肉	−12	5～8	猪肉	−23	8～10
牛肉	−15	8～12	猪肉	−29	12～14
牛肉	−24	18	猪肉片(烤肉片)	−18	6～8
包装肉片	−18	12	碎猪肉	−18	3～4
小牛肉	−18	8～10	猪大腿肉(生)	−23～−18	4～6
羊肉	−12	3～6	内脏(包装)	−18	3～4
羊肉	−12～−18	6～10	猪腹肉(生)	−23～−18	4～6
羊肉	−23～−18	8～10	猪油	−18	4～12
羊肉片	−18	12	兔肉	−23～−20	<6
猪肉	−12	2	禽肉(去内脏)	−12	3
猪肉	−18	5～6	禽肉(去内脏)	−18	3～8

③ 冻结肉冷藏中的变化

a. 干缩　肉类在冻结过程中也会因水分蒸发或升华而使肉重量减轻，这是冻藏中的主要变化。

b. 变色　冻肉的颜色在保藏过程中逐渐变暗，主要是由于血红素的氧化以及表面水分的蒸发而使色素物质浓度增加所致。冻结冷藏的温度愈低，则颜色的变化愈小。在大约−80～−50℃，变色几乎不再发生。

c. 脂肪的变化　在低温下，虽然氧分子的活化能力已大大削弱，但仍然存在。因此，脂肪也依然受到氧化，特别是含不饱和脂肪酸较多的脂肪。在各种肉类中，以畜肉脂肪最稳定，禽肉脂肪次之，鱼肉脂肪最差。猪脂膘在−8℃下贮藏6个月以后，脂肪变黄而有油腻气味；经过12个月，这些变化扩散到深25～40mm处；但在−18℃下贮藏12个月后，肥膘中未发现任何不良现象。

d. 微生物和酶的变化　在很低的冷藏温度下，微生物不易生长和繁殖。但是如果冻结肉在冷藏前已被细菌或霉菌污染，或者在冷藏条件不好的情况下冷藏时，冻结肉的表面也会出现细菌和霉菌的菌落，特别是溶化的地方易发现。关于组织蛋白酶经冻结后的活性，有报告认为经冻结后增大，若反复冻结和解冻时，其活性更大。

2. 冻肉的卫生检验

为了保证冻肉的卫生质量，无论在冷却、冻结、冻藏过程中，还是解冻及解冻后，都应该进行卫生监督与管理，因此，不论是生产性冷库或周转性冷库，都必须有相应的卫生检验人员。健全检验制度，做好各种检验记录，并对冷库进行卫生管理。

(1) 生产性冷库肉的接收与检验　生产性冷库是肉联厂的一个组成部分，畜禽经屠宰加工后，除了当日上市鲜销外，其余部分都要经过生产性冷库进行冷冻加工。由于鲜肉的质量直接关系到冷冻加工后冻肉的质量，故生产性冷库肉类的卫生检验是非常重要的环节。

① 鲜肉入库前对冷库的卫生要求　鲜肉入库前，卫生检验人员要检查冷却间、冻结间

的温度和湿度，查看库内挂钩、冷藏盘、吊轨滑轮和库内小车等工具的卫生情况，防止有尘污、铁锈和油滴等现象，并清理库壁和管道上的结霜，冷却间内不能有霉菌生长。

② 鲜肉入库时的卫生要求　入库的鲜肉必须盖有清晰的检验印章。只有适于食用的鲜肉，才能作为冷冻加工的原料，否则不能进入冷库。胴体在冷却间和冻结间要吊挂，并保持一定的距离，不能相互接触。加工不良和需要修整的胴体和分割肉，要退回屠宰加工和分割肉车间返工，符合卫生和质量要求后才能进行冷冻加工。要禁止有气味的商品和肉混在一起冷冻和冷藏，以防冻肉吸附上异味。冷库内的温度要保持相对的恒定，冷加工的时间也应根据不同的肉类按规定进行。

（2）冻肉调出和接收时的卫生监督与检验

① 冻肉出库时的卫生监督和检验　从冷库调出冻肉时，卫生检验人员要进行监督、检查冻肉的冷冻质量和卫生状况，检查运输车辆的清洁卫生情况等。将冻肉装上车辆后，要关好车门，加以铅封，而后开具检验证明书后放行。

② 接收冻肉时的卫生监督和检验　周转性冷库的卫生检验人员在冻肉到达时，要检查运肉车辆的铅封和兽医检验证明书，并对运输来的冻肉进行质量检验。在敲击试验中发音清脆，肉温低于−8℃的为冷冻良好；发音低哑钝浊，肉温高于−8℃的为冷冻不良。卫生检验人员要检查印章是否清晰，冻肉中有无干枯、氧化、异物、异味污染、加工不良、腐败变质和病肉漏检等情况，并按检验结果填写入库检验原始记录表和商品处理通知单。入库原始记录表应记明车船号、到埠时间、发货单位、品名、级别、数量、吨位、肉温、质量情况及存放冷库的库号和货位号。冻肉堆码完毕后应填写货位卡，注明品名、等级、数量、产地、生产日期等，挂在货位上。对于冷冻不良的冻肉要立即进行复冻，并填写进库商品供冷通知单，通知机房供冷。复冻后的肉品要尽快出库销售或使用，不得久存。对于卫生不符合要求的冻肉要提出处理意见，并做好记录，发出处理通知单，不准进入冷库。

（3）冻肉在冻藏期间的卫生监督与检验　冻肉在冻藏期间，卫生检验人员要定期检查库内温度、湿度、卫生情况和冻肉质量情况。发现库内温度和湿度有变化时，要记录好库号和温度、湿度，同时抽检肉温，查看有无软化、变形等现象。已经存有冻肉的冻藏间，不应加装软化肉或鲜肉，以免原有冻肉发生软化或结霜，同时也会对冷库建筑结构产生不良影响。冻藏间要严格执行先进先出的制度，以免贮藏过久而发生干枯和氧化。实践证明，靠近库门的冻肉易氧化变质，要注意经常更换。卫生检验人员要注意冻肉的安全期，对于临近安全期的冻肉要采样化验，做好产品质量分析和预报工作，防止冻肉干枯、氧化及腐败变质。根据我国商业系统的冷库管理办法，各种肉的冷藏安全期见表2-14。

表 2-14　各种产品的冷藏安全期

品名	库房温度/℃	安全期/月	品名	库房温度/℃	安全期/月
冻猪肉	−18～−15	7～10	冻禽、冻兔肉	−18～−15	6～8
冻牛、羊肉	−18～−15	8～11	冻鱼肉	−18～−15	6～9

卫生检验人员在检查后，要按月填报冻肉质量情况月报表，反映冻肉质量情况。表内应包括库号、货位号、品名、生产日期、入库日期、数量、吨数、产地、质量情况等项内容。

（4）冷冻肉的解冻和检验　肉的解冻方法根据解冻媒介不同可分为空气解冻、流水解冻、真空解冻、微波解冻等。

① 空气解冻　是利用空气和水蒸气的流动使冻肉解冻。合理的解冻方法是缓慢解冻。开始时，解冻间空气的温度为0℃左右，相对湿度为90%～92%，随后逐渐升温；18h后，空气温度升至6～8℃，并降低其相对湿度，使肉表面很快干燥。肉的内部温度达到2～3℃，

约需 3～5 个昼夜，解冻即完成。解冻后的肉，再吸收水分，能基本恢复鲜肉的性状，但需要较多的场地、设备和较长的时间。通常情况下，空气解冻在室温下进行，如在 20℃ 下采用风机送风使空气循环，一般一昼夜即可完成解冻。过快的解冻，会使冰晶融化形成的水分不能完全再吸收而流失，影响解冻肉的品质。

② 流水解冻　是利用流水浸泡的方法使冻肉解冻。这种方法会造成肉中可溶性营养物的流失及微生物的污染，使肉的色泽和质量都受到影响。这种方法有许多弊病，但由于条件所限，仍有许多单位采用。

③ 真空解冻　是利用低温蒸汽的冷凝潜热进行解冻的方法，将冻肉挂在密封的钢板箱中，用真空泵抽气，当箱内真空度达到 705mmHg 时，密封箱内 40℃ 的温水，就产生大量低温水蒸气，使冻肉解冻。一般 −7℃ 的冻肉在 2h 内即可完成解冻，而且营养成分流失少，解冻肉色泽鲜艳，没有过热部位，是一种较好的解冻方法，但需要大量的设备和能量，用于大批量解冻还有一定难度。

④ 微波解冻　利用微波射向被解冻的肉品，造成肉分子震动或转动，而产生热量使肉解冻。一般频率 915MHz 的微波穿透力较理想，解冻速度也快。但微波解冻耗电量大，费用高，并且易出现局部过热现象。

解冻肉的检验可分为感官检查、微生物检验和理化检验三个方面，其检验方法、感官指标和理化标准均同的新鲜度检验。

(5) 冻肉常见的异常现象及其处理

① 发黏　发黏多见于冷却肉。原因是在冷却过程中胴体相互接触，降温较慢，通风不好，导致明串珠菌、微球菌、无色杆菌及假单胞菌等在接触处繁殖，并在肉表面形成黏液样物质，手触之有黏滑感，甚至起黏丝，同时还发出一种陈腐气味。这主要是入库时肉表面污染细菌数量较大，若该种肉发现较早，尚无腐败现象时，在洗净、风吹散味后，或者修割后可供食用。

② 干枯　冻肉存放过久，特别是反复冻融，肉中水分丧失，则发生干枯。轻者应尽快食用；严重者味同嚼蜡，形如木渣，营养价值低，不得食用。

③ 脂肪氧化　冻肉存放过久或受日光照射影响，脂肪变为淡黄色，有哈喇味者称为脂肪氧化。轻者氧化仅限于表层，可将表层削去作工业用；深层经煮沸试验无酸败味者，可供加工后食用，否则做工业用。

④ 发光　在冷库中常见冷藏的肉上有磷光，这是由一些发光杆菌引起的。肉上有发光现象（一般是假单胞杆菌、产碱杆菌、黄色杆菌等产生的混合荧光）时，一般没有腐败菌生长。若有腐败菌生长时，磷光便消失。发光的冻肉应尽快经卫生处理后供食用。

⑤ 变色　冻肉色泽的变化，除自身由于氧化作用外，常常是某些细菌（如假单胞杆菌、产碱杆菌、明串珠菌、微球菌、变形杆菌等）所分泌的水溶性或脂溶性的黄、红、紫、绿、蓝、褐、黑等色素的结果。变色的肉如无腐败现象，可进行卫生清除和修割后加工食用，否则禁止食用。

⑥ 发霉　霉菌在肉的表面生长时，常形成白点或黑点。小白点是由肉色分枝孢霉所引起，直径 2～6mm，很像石灰水点。这种白点多在肉表面，抹去后不留痕迹，肉可供食用。小黑点是由蜡叶芽枝霉引起，直径 6～13mm。一般不易抹去，有时侵入深部。如黑点不多，可修去黑点部分后供食用。其他如青霉、曲霉等霉菌也可在肉表面形成不同色泽的霉斑。

3. 冷库的卫生管理

冻肉的卫生检验与冷库的卫生管理是相辅相成、缺一不可的两部分工作，而冷库卫生管理具有更为广泛的意义。冷库卫生管理好，不仅能保证冷冻肉品的卫生质量、降低干耗、减少霉变和鼠害，同时能延长冷库的使用期。冷库的卫生管理包括冷库建筑设备的卫生、冷冻加工和冷藏的卫生、冷库的消毒、除霉和灭鼠等工作。至于冷库工作人员的卫生和环境卫生，可参照屠宰加工厂的一般卫生要求进行卫生管理。

（1）冷库建筑设备的卫生　冷库是进行冷冻肉品加工和冻肉贮存的场所，其建筑设备的卫生状况与肉品卫生质量关系较为密切。冷库选择的地址应远离污染源。防霉、防鼠、设备卫生及安全是修建冷库者首先考虑的问题。建筑冷库时地基要打深，用石头和混凝土铸成，库内墙里应有1m高的护墙铁丝网，每个冷冻间的门口设置挡板防鼠。冷却肉冷藏库的内墙最好用防霉涂料涂布。库内照明应加保护罩。吊轨要防止生锈落屑，滑轮加油要适量，以免油污滴在肉上。冷库内的架子、钩子、冷冻盘、小车等用具和设备应用不锈钢制成或镀锌防锈。库内垫板要清洁，定期更换洗刷，晾晒灭菌。冷库的安全措施要齐全，应有防走电、防火、防跑氨和报警等设施。

（2）冷藏的卫生管理　除鲜肉冷冻加工和冷藏时的卫生要求外，还应注意冷库生产管理人员必须做好个人防护。在操作过程中要防止胴体落地，如果落地要进行卫生处理。堆码与进出库搬动时不得用鞋踩踏冻肉，要坚持先进先出，以防肉品变质。冷库每次出完肉后要彻底打扫卫生，清除冰霜，工具、车辆用热碱水清洗消毒，冷库每年应消毒1～2次，走道要经常清扫。冷库内有霉菌生长或有鼠害时，应立即采取措施，除霉、灭鼠。不符合卫生要求的肉，一律禁止入库或出库。

二、熟肉制品的卫生检验

熟肉制品是指以猪、牛、羊、鸡、兔等畜禽肉为主要原料，经酱、卤、熏、烤、腌、蒸、煮等任何一种或多种加工方法而制成的直接可食的肉类加工制品。熟肉制品在我国各地都有生产，形成了一些具有独特风味的产品，如苏州酱汁肉、北京酱牛肉、北京烤鸭、道口烧鸡、德州扒鸡、灌肠等。熟肉制既是一种加工方法，又是一种用加热处理来防止肉品腐败变质以延长保存期的手段。熟肉制品具有直接进食的特点，能使无法保存而又不适宜鲜销的原料肉作合理的应用，所以对其加工的卫生监督和卫生管理要求更为严格，否则，将成为食物中毒的原因。

1. 熟肉制品的加工卫生

（1）原料的卫生要求　加工熟肉制品的原料肉必须来自健康的畜禽，并经兽医卫生检验合格。加工熟肉制品的作料，必须符合我国《食品添加剂使用标准》（GB 2760—2014）。凡有霉变或质量达不到卫生要求的辅料，都不能用来生产熟肉制品。熟肉制品加工厂或肉联厂中的熟制品加工车间的生产用水，必须符合我国生活饮用水卫生标准。

（2）加工过程的卫生要求　熟肉制品加工车间的地面和墙壁，都应以不渗水的材料建成，并且要有良好的防鼠、防蝇、防虫措施。原料整理与熟制过程的设备和用具必须严格分开，并有专用冷藏间。原料肉整理间应有热水消毒池，水温保持在82℃以上，并有冷热水洗手装置。一切生产用具均应用不生锈的合金制成，台板用不生锈的合金板包面。所有生产用具要求清洁卫生。生产过程中原料肉和作料要求用清洁的容器盛放，不得堆放在地板上。加工过程中落地的原料肉须经彻底清洗后才能继续加工。在整理原料肉时如发现不适合加工的肉，应及时报告卫生检验人员，以便按规定处理。在熟制过程中，应严格遵守操作规程，按产品规格要求，必须做到烧熟煮透。

（3）工作人员的卫生要求　所有加工熟制品的操作人员，按卫生制度保持个人卫生，定期进行健康检查，凡肠道传染病患者及带菌者都不得参加熟肉制品的生产与销售工作。

（4）产品保存、发送和接收时的卫生要求　熟肉制品在发送或提取时，要求有专人对车辆、容器及包装用具等进行检查，运输过程中要防止污染。熟肉制品的运输工具必须是专用。较长距离的运输应采用带有制冷设备的专用车辆。销售单位接收时应严格检验，对不符合卫生质量的熟肉制品应拒绝接收。销售时注意用具及销售人员的卫生，避免熟肉制品受到污染。除肉干等脱水熟肉制品外，要"以销定产、随产随销"，做到当天生产当天销售。除真空包装的产品、胶熏制品外，其他熟制品隔夜回锅加热，夏季存放不超过 12h。若生产量大必须贮藏，应在 0℃左右存放，销售前应进行卫生指标检验。

2. 熟肉制品的卫生检验

熟肉制品是直接进食的肉制品，其卫生质量直接关系到广大消费者的身体健康。因此这类产品必须进行严格的卫生检查。其卫生检验主要以感官为主，并定期或必要时进行化学检验和细菌学检验。

（1）感官检验　主要检查肉制品外表和切面的色泽、组织状态、气味、有无黏液、霉斑等，以判定有无变质、发霉等。夏秋季节，还应注意有无苍蝇停留的痕迹及蝇蛆，这对于整只鸡、鸭非常重要，因为苍蝇常产卵于它们的肛门、口、腿、耳等部位，蝇卵孵化后进入体腔，此时气味和色泽往往正常，但内部已污染，故要特别注意检查。

（2）实验室检查　应定期进行理化检验和微生物检验。理化检验主要检测亚硝酸盐的残留量和水分含量。微生物检验的项目则主要包括细菌菌落总数的测定、大肠菌群的测定和致病菌的检验。

（3）熟肉制品国家卫生标准（GB 2726）

① 感官指标　无异味、无酸败味、无异物，熟肉干制品无焦斑和霉斑。

② 理化指标见表 2-15。

表 2-15　熟肉制品理化指标

项　目	指　标
水分/(g/100g)	
肉干、肉松、其他熟肉干制品	≤20.0
肉脯、肉糜脯	≤16.0
油酥肉松、肉粉松	≤4.0
复合磷酸盐[①]（以 PO_4^{3-} 计）/(g/kg)	
熏煮火腿	≤8.0
其他熟肉制品	≤5.0
铅(Pb)/(mg/kg)	≤0.5
无机砷/(mg/kg)	≤0.05
镉(Cd)/(mg/kg)	≤0.1
总汞(以 Hg 计)/(mg/kg)	≤0.05
苯并(a)芘[②]/(μg/kg)	≤5.0
亚硝酸盐/(g/kg)，按 GB 2760 执行	
肉制品	≤0.03
肉类罐头	≤0.05

① 复合磷酸盐残留量包括肉类本身所含磷及加入的磷酸盐，不包括干制品。

② 限于烧烤和烟熏肉制品。

③ 微生物指标见表 2-16。

三、肠类制品加工工艺

肠类制品现泛指以鲜（冻）畜禽、鱼肉为原料，经腌制或未经腌制，切碎成丁或绞碎成颗粒，或斩拌乳化成肉糜，再混合添加各种调味料、香辛料、黏着剂，充填入天然肠衣或人造肠衣中，经烘烤、烟熏、蒸煮、冷却或发酵等工序制成的肉制品。

表 2-16　熟肉制品微生物指标

项　目	指　标
菌落总数/(CFU/g)	
烧烤肉、肴肉、肉灌肠	≤50000
酱卤肉	≤80000
熏煮火腿、其他熟肉制品	≤30000
肉松、油酥肉松、肉粉松	≤30000
肉干、肉脯、肉糜脯、其他熟肉干制品	≤10000
大肠菌群/(MPN/100g)	
肉灌肠	≤30
烧烤肉、熏煮火腿、其他熟肉制品	≤90
肴肉、酱卤肉	≤150
肉松、油酥肉松、肉粉松	≤40
肉干、肉脯、肉糜脯、其他熟肉干制品	≤30
致病菌(沙门菌、金黄色葡萄球菌、志贺菌)	不得检出

注：进行微生物学检查时熟肉制品样品的采取和送检。

家禽：用灭菌棉拭采胸腹部各 10cm²，背部 20cm²，头肛各 5cm²，共 50cm²。

烧烤肉制品：用灭菌棉拭采正面（表面）20cm²，里面（背面）10cm²，四边各 5cm²，共 50cm²。

棉拭采样方法：用板孔 5cm² 的金属制规板压在检样上，将灭菌棉拭稍蘸湿，在板孔 5cm² 的范围内揩抹 10 次，然后另换一个揩抹点，每个规格板揩 1 个点，每支棉拭揩抹 2 个点（即 10cm²），一个检样用 5 支棉拭，每支揩后立即剪断（或烧断），均投入盛有 50mL 灭菌水的三角瓶或大试管中立即送检。

其他熟肉制品（酱卤肉、肴肉）、灌肠、香肚及肉松等：一般可采取 200g，做质量法检验（整根灌肠可根据检验需要，采取一定数量的剪样）。

1. 选料

供肠类制品用的原料肉，应来自健康牲畜，经兽医检验合格的、质量良好、新鲜的肉。凡热鲜肉、冷却肉或解冻肉都可用来生产。

猪肉用瘦肉作肉糜、肉块或肉丁，而肥膘则切成肥膘丁或肥膘颗粒，按照不同配方标准加入瘦肉中，组成肉馅。而牛肉则使用瘦肉，不用脂肪。因此，肠类制品中加入一定数量的牛肉，可以提高肉馅的黏着力和保水性，使肉馅色泽美观，增加弹性。某些肠类制品还应用各种屠宰产品，如肉屑、肉头、食道、肝、脑、舌、心和胃等。

2. 腌制

一般认为，在原料中加入 2.5% 的食盐和 25g 硝酸钠，基本能适合人们的口味，并且具有一定的保水性和贮藏性。

将细切后的小块瘦肉和脂肪块或膘丁摊在案板上，撒上食盐用手搅拌，务求均匀。然后，装入高边的不锈钢盘或无毒、无色的食用塑料盘内，送入 0℃ 左右的冷库内进行干腌。腌制时间一般为 2～3d。

3. 绞肉

用绞肉机将肉或脂肪切碎称为绞肉。在进行绞肉操作之前，检查金属筛板和刀刃部是否吻合。检查结束后，要清洗绞肉机。在用绞肉机绞肉时，肉温应不高于 10℃。通过绞肉工序，原料肉被绞成细肉馅。

4. 斩拌

将绞碎的原料肉置于斩拌机的料盘内，剁至糊浆状称为斩拌。绞碎的原料肉通过斩拌机的斩拌，目的是为了使肉馅均匀混合或提高肉的结着性，增加肉馅的保水性和出品率，减少油腻感，提高嫩度；改善肉的结构状况，使瘦肉和肥肉充分拌匀，结合得更牢固。提高制品的弹性，烘烤时不易"起油"。在斩拌机和刀具检查清洗之后，即可进入斩拌操作。首先将瘦肉放入斩拌机中，注意肉不要集中于一处，宜全面铺开，然后启动搅拌机。斩拌时加水量，一般为每50kg原料加水1.5～2kg，夏季用冰屑水，斩拌3min后把调制好的辅料徐徐加入肉馅中，再继续斩拌1～2min，便可出馅。最后添加脂肪。肉和脂肪混合均匀后，应迅速取出，斩拌总时间约5～6min。

5. 搅拌

搅拌的目的是使原料和辅料充分结合，使斩拌后的肉馅继续通过机械搅动达到最佳乳化效果。操作前要认真清洗搅拌机叶片和搅拌槽。搅拌操作程序是先投入瘦肉，接着添加调味料和香辛料。添加时，要洒到叶片的中央部位，靠叶片从内侧向外侧的旋转作用，使其在肉中分布均匀。一般搅拌5～10min。

6. 充填

充填主要是将制好的肉馅装入肠衣或容器内，成为定型的肠类制品。这项工作包括肠衣选择、肠类制品机械的操作、结轧串竿等。充填操作时注意肉馅装入灌筒要紧要实；手握肠衣要轻松，灵活掌握，捆绑灌制品要结紧结牢，不使松散。防止产生气泡。

7. 烘烤

烘烤的作用是使肉馅的水分再蒸发掉一部分，使肠衣干燥，紧贴肉馅，并和肉馅黏合在一起，防止或减少蒸煮时肠衣的破裂。另外，烘干的肠衣容易着色，且色调均匀。烘烤温度为65～70℃，一般烘烤40min即可。目前采用的有木柴明火、煤气、蒸汽、远红外线等烘烤方法。

8. 煮制

肠类制品煮制一般用方锅，锅内铺设蒸汽管，锅的大小根据产量而定。煮制时先在锅内加水至锅容量的80%左右，随即加热至90～95℃。如放入红曲，加以拌和后，关闭气阀，保持水温80℃左右，将肠制品一竿一竿地放入锅内，排列整齐。煮制的时间因品种而异。如小红肠，一般需10～20min。其中心温度72℃时，证明已煮熟。熟后的肠制品出锅后，用自来水喷淋掉制品上的杂物，待其冷却后再烟熏。

9. 熏制

熏制主要是赋予肠类制品以烟熏的特殊风味，增强制品的色泽，并通过脱水作用和熏烟成分的杀菌作用增强制品的保藏性。传统的烟熏方法是燃烧木头或锯木屑，烟熏时间依产品规格、质量要求而定。目前，许多国家采用烟熏液处理来代替烟熏工艺。

 拓展内容一

不同肠类制品的加工

一、香肠加工

香肠是指以肉类为主要原料，经切、绞成丁，配以辅料，灌入动物肠衣再晾晒或烘烤而成的肉制品。

1. 工艺流程

原料肉选择与修整→切丁→拌馅、腌制→灌制→漂洗→晾晒或烘烤→成品

2. 原料辅料

瘦肉80kg、肥肉20kg、猪小肠衣300m、精盐2.2kg、白糖7.6kg、白酒（50°）2.5kg、白酱油5kg、硝酸钠0.05kg。

3. 加工工艺

（1）原料选择与修整　原料以猪肉为主，要求新鲜。瘦肉以腿臂肉为最好，肥膘以背部

硬膘为好。加工其他肉制品切割下来的碎肉亦可作原料。原料肉经过修整，去掉筋膜、骨头和皮。瘦肉用装有筛孔为 $0.4\sim1.0cm$ 的筛板的绞肉机绞碎，肥肉切成 $0.6\sim1.0cm^3$ 大小。肥肉丁切好后用温水清洗一次，以除去浮油及杂质，捞起沥干水分待用，肥瘦肉要分别存放。

（2）拌馅与腌制 按选择的配料标准，将肉和辅料混合均匀。搅拌时可逐渐加入 20% 左右的温水，以调节黏度和硬度，使肉馅更滑润、致密。在清洁室内放置 $1\sim2h$。当瘦肉变为内外一致的鲜红色，用手触摸有坚实感，不绵软，肉馅中汁液渗出，手摸有滑腻感时，即完成腌制，此时加入白酒拌匀，即可灌制。

（3）灌制 将肠衣套在灌嘴上，使肉馅均匀地灌入肠衣中。要掌握松紧程度，不能过紧或过松。

（4）排气 用排气针扎刺湿肠，排出内部空气。

（5）结扎 按品种、规格要求每隔 $10\sim20cm$ 用细线结扎一道。

（6）漂洗 将湿肠用 $35℃$ 左右的清水漂洗一次，除去表面污物，然后依次分别挂在竹竿上，以便晾晒、烘烤。

（7）晾晒和烘烤 将悬挂好的香肠放在日光下暴晒 $2\sim3d$。在日晒过程中，有胀气处应针刺排气。晚间送入烘烤房内烘烤，温度保持在 $40\sim60℃$。一般经过 3 个昼夜的烘晒即完成，然后再晾挂到通风良好的场所风干 $10\sim15d$ 即为成品。

4. 质量标准

香肠质量标准系引用中华人民共和国商业行业标准中式香肠 SB/T 10278—1997（表2-17、表2-18）。

表 2-17 中式香肠感官指标

项目	指标
色泽	瘦肉呈红色、枣红色,脂肪呈乳白色,色泽分明,外表有光泽
香气	腊香味纯正浓郁,具有中式香肠(腊肠)固有的风味
滋味	滋味鲜美,咸甜适中
形态	外形完整,长短、粗细均匀,表面干爽呈现收缩后的自然皱纹

表 2-18 中式香肠理化指标

项目	指标
水分/%	≤25
氯化物(以 NaCl 计)/%	≤8
蛋白质/%	≤16
脂肪/%	≤45
总糖(以葡萄糖计)/%	≤22
酸价(以脂肪计)	≤4
亚硝酸钠/(mg/kg)	≤20

二、灌肠加工

灌肠制品是以畜禽肉为原料，经腌制（或不腌制）、斩拌或绞碎而使肉成为块状、丁状或肉糜状态，再配上其他辅料，经搅拌或滚揉后而灌入天然肠衣或人造肠衣内经烘烤、熟制和烟熏等工艺而制成的熟制灌肠制品，或不经腌制和熟制而加工的需冷藏的生鲜肠。

1. 工艺流程

原料肉选择和修整（低温腌制）→绞肉或斩拌→配料、制馅→灌制或填充→烘烤→蒸煮→烟熏→质量检查→贮藏

2. 原料辅料

以哈尔滨红肠为例，猪瘦肉 76kg，肥肉丁 24kg，淀粉 6kg，精盐 5～6kg，味精 0.09kg，大蒜末 0.3kg，胡椒粉 0.09kg，硝酸钠 0.05kg。肠衣为直径 3～4cm 猪肠衣，长 20cm。

3. 加工工艺

(1) 原料肉的选择与修整　选择兽医卫生检验合格的可食动物瘦肉作原料，肥肉只能用猪的脂肪。瘦肉要除去骨、筋腱、肌膜、淋巴、血管、病变及损伤部位。

(2) 腌制　将选好的肉切成一定大小的肉块，按比例添加配好的混合盐进行腌制。混合盐中通常盐占原料肉重的 2%～3%，亚硝酸钠占 0.025%～0.05%，抗坏血酸约占0.03%～0.05%。腌制温度一般在 10℃ 以下，最好是 4℃ 左右，腌制 1～3d。

(3) 绞肉或斩拌　腌制好的肉可用绞肉机绞碎或用斩拌机斩拌。斩拌时肉吸水膨润，形成富有弹性的肉糜，因此斩拌时需加冰水，加入量为原料肉的 30%～40%。斩拌时投料的顺序是：猪肉（先瘦后肥）→冰水→辅料等。斩拌时间不宜过长，一般以 10～20min 为宜。斩拌温度最高不宜超过 10℃。

(4) 制馅　在斩拌后，通常把所有辅料加入斩拌机内进行搅拌，直至均匀。

(5) 灌制与填充　将斩拌好的肉馅，移入灌肠机内进行灌制和填充。灌制时必须掌握松紧均匀。过松易使空气渗入而变质；过紧则在煮制时可能发生破损。如不是真空连续灌肠机灌制，应及时针刺放气。

灌好的湿肠按要求打结后，悬挂在烘烤架上，用清水冲去表面的油污，然后送入烘烤房进行烘烤。

(6) 烘烤　烘烤温度 65～80℃，维持 1h 左右，使肠的中心温度达 55～65℃。烘好的灌肠表面干燥光滑，无流油，肠衣半透明，肉色红润。

(7) 蒸煮　水煮优于汽蒸。水煮时，先将水加热到 90～95℃，把烘烤后的肠下锅，保持水温 78～80℃。到肉馅中心温度达到 70～72℃ 时为止。感官鉴定方法是用手轻捏肠体，挺直有弹性，肉馅切面平滑有光泽者表示煮熟。反之则未熟。

汽蒸煮时，肠中心温度达到 72～75℃ 时即可。例如，肠直径 70mm 时，则需要蒸煮 70min。

(8) 烟熏　烟熏可促进肠表面干燥有光泽；形成特殊的烟熏色泽（茶褐色）；增强肠的韧性；使产品具有特殊的烟熏芳香味；提高防腐能力和耐贮藏性。一般用三用炉烟熏，温度控制在 50～70℃，时间 2～6h。

(9) 贮藏　未包装的灌肠吊挂存放，贮存时间依种类和条件而定。湿肠含水量高，如在 8℃ 条件下，相对湿度 75%～78% 时可悬挂 3d；在 20℃ 条件下只能悬挂 1d。水分含量不超过 30% 的灌肠，当温度在 12℃、相对湿度为 72% 时，可悬挂存放 25～30d。

4. 质量标准

灌肠质量标准系引用中华人民共和国肉灌肠卫生标准 GB 2726。

(1) 感官指标　肠衣（肠皮）干燥完整，并与内容物密切结合，坚实而有弹力，无黏液及霉斑，切面坚实而湿润，肉呈均匀的蔷薇红色，脂肪为白色，无腐臭，无酸败味。

(2) 理化指标　肉灌肠理化指标见表 2-19。

表 2-19　肉灌肠理化指标

项　目	指　标
亚硝酸盐(以 $NaNO_2$ 计)/(mg/kg)	≤30
食品添加剂	按 GB 2760 规定

（3）细菌指标 肉灌肠细菌指标见表2-20。

表 2-20 肉灌肠细菌指标

项　　目	指　　标	
	出厂	销售
菌落总数/(个/g)	≤20000	≤50000
大肠菌群/(个/100g)	≤30	≤30
致病菌(系指肠道致病菌及致病性球菌)	不得检出	不得检出

三、香肚加工

香肚是用猪肚皮作外衣，灌入调制好的肉馅，经过晾晒而制成的一种肠类制品。

1. 工艺流程

选料→拌馅→灌制→晾晒→贮藏

2. 原料辅料

猪瘦肉80kg，肥肉20kg，250g的肚皮400只，白糖5.5kg，精盐4～4.5kg，香料粉25g（香料粉用花椒100份、大茴香5份、桂皮5份，焙炒成黄色，粉碎过筛而成）。

3. 加工工艺

（1）浸泡肚皮 不论干制肚皮还是盐渍肚皮都要进行浸泡。一般要浸泡3h乃至几天不等。每万只膀胱用明矾末0.375kg。先干搓，再放入清水中搓洗2～3次，里外层要翻洗，洗净后沥干备用。

（2）选料 选用新鲜猪肉，取其前后腿瘦肉，切成筷子粗细、长约3.5cm的细肉条，肥肉切成丁块。

（3）拌馅 先按比例将香料加入盐中拌匀，加入肉条和肥丁，混合后加糖，充分拌和，放置15min左右，待盐、糖充分溶解后即行灌制。

（4）灌制 根据膀胱大小，将肉馅称量灌入，大膀胱灌馅250g，小膀胱灌馅175g。灌完后针刺放气，然后用手握住膀胱上部，在案板上边揉边转，直至香肚肉料呈苹果状，再用麻绳扎紧。

（5）晾晒 将灌好的香肚，吊挂在阳光下晾晒，冬季晒3～4d，春季晒2～3d，晒至表皮干燥为止。然后转移到通风干燥室内晾挂，1个月左右即为成品。

（6）贮藏 晾好的香肚，每4只为1扎，每5扎套1串，层层叠放在缸内，缸的中央留一钵口大小的圆洞，按百只香肚用麻油0.5kg，从顶层香肚浇洒下去。以后每隔2d一次，用长柄勺子把底层香油舀起，复浇至顶层香肚上，使每只香肚的表面经常涂满香油，防止霉变和氧化，以保持浓香色艳。用这种方法可将香肚贮存半年之久。

4. 质量标准

香肚质量标准系引用中华人民共和国国家标准腌腊肉制品 GB 2730—2015（表2-21、表2-22）。

表 2-21 香肚感官指标

项目	一级鲜度	二级鲜度
外观	肚皮干燥完整且紧贴肉馅，无黏液及霉点，坚实或有弹性	肚皮干燥完整且紧贴肉馅，无黏液及霉点，坚实或有弹性
组织状态	切面坚实	切开齐，有裂隙，周缘部分有软化现象
色泽	切面肉馅有光泽，肌肉灰红至玫瑰红色，脂肪白色或稍带红色	部分肉馅有光泽，肌肉深灰或咖啡色，脂肪发黄
气味	具有香肚固有的风味	脂肪有轻微酸败味，有时肉馅带有酸味

表 2-22　香肠理化指标

项目	指标
水分/%	≤25
食盐/%（以 NaCl 计）	≤9
酸价/（mg/g 脂肪，以 KOH 计）	≤4
亚硝酸盐/（mg/kg，以 NaNO$_2$ 计）	≤20

 拓展内容二

肉类罐头的卫生检验

罐藏是指各种符合标准要求的原料经预处理、分选、加热、装罐、密封、杀菌、冷却而制成具有一定真空度的食品。它是一种特殊形式的肉品加工方法和保藏方法。由于罐头食品具有耐长期保存、容易运输、便于携带、食用方便、能够调节食品供应的季节性和地区性余缺等优点，而备受消费者喜欢。随着我国人民生活水平的不断提高，罐头食品已逐渐成为日常生活中餐桌上的菜肴，极大地丰富了广大群众的膳食。

一、肉类罐头的加工卫生

肉类罐头有不同的种类和规格，不同厂家的加工方法亦不完全相同，但基本加工程序是：原料验收→原料预处理（冻肉解冻）→装罐（加调味料）→排气→密封→杀菌→冷却→保温→检验→包装→入库。

1. 原料的验收与处理的卫生要求

（1）原料的验收　原料肉必须来自非疫区的健康畜禽，并经卫生人员检验合格后才能用于生产罐头。凡是病畜禽肉、急宰畜禽肉、放血不良畜禽肉及复冻的畜禽肉，都不能用来生产罐头。

生产肉类罐头的所有辅料，都必须符合国家卫生标准。任何发霉、生虫及腐败变质的辅料，都不能用来制作罐头食品。

生产用水必须符合国家生活饮用水卫生标准的要求。

（2）原料的预处理　原料肉应保持清洁卫生，不得随意乱放及接触地面，不同的原料肉应分别处理，如刚屠宰的热鲜肉应及时进行充分的冷却，以免在加工前已自溶或腐败变质。用于生产罐头的冷冻肉最好是采用缓慢解冻法解冻。急用时，亦可用室温或蒸汽解冻法。原料加工前必须用流水彻底清洗干净。经处理后的禽肉不得带有小毛、外伤、淤血、奶脯、淋巴结等。原料肉经预煮漂烫处理后，须迅速冷却至要求温度，并快速投入下一道工序，防止堆积，以免造成微生物的生长繁殖。

2. 防止交叉污染

（1）在加工过程中，原料、半成品、成品等处理工序必须分开，防止互相污染。

（2）工作人员调换工作岗位有污染食品可能性时，必须更换工作服，洗手与消毒。

3. 罐头容器的检查、处理及装罐、密封

（1）罐头容器　按材料的性质可分为金属罐、玻璃罐和软质材料三大类。其质量的好坏直接影响罐头产品的质量和耐藏性。因此，罐头容器要求有良好的机械强度、良好的抗腐蚀性和密封性，同时安全无害。

① 金属罐　最常用的为马口铁罐，其次为铝罐和镀铬钢板罐。对马口铁罐的要求是凡有砂眼、密封不严、折损或锈蚀等缺陷的罐盒，均不能用于生产罐头食品；马口铁罐中的铅

含量不得超过 0.04%；罐盒内壁涂料膜必须完整，有损伤者需补涂后方可选用，否则会和肉类食品发生反应，在内壁产生硫化斑，从而影响产品外观。

② 玻璃罐　玻璃的化学性质稳定，能较好地保持产品的原有风味，便于观察内容物，可以多次重复使用，比较经济，被广泛使用。但缺点是机械性差，不能长期保持密封性。

③ 软罐头复合膜　由 3 层或 4 层薄膜复合而成。外层为聚酯薄膜，中层为不透气、不透湿、不透光的铝箔，内层是一层酸性聚乙烯或聚丙烯。也有在铝箔与聚乙烯层之间再加一层聚酯薄膜的。检查时注意复合膜有无缺陷和破损。

（2）罐头容器的处理　金属罐和玻璃罐可采用热水消毒或蒸汽消毒，倒置沥干后备用。软罐头复合膜须经紫外线杀菌处理。

（3）装罐　装罐是一个重要环节，必须严格遵守罐头加工卫生制度和有关规定，按要求将混入的杂物和不合格的肉块剔除，并严格控制干物质的重量和顶隙。在装罐过程中应注意避免原料受到微生物的污染。装罐包括装料（肉料及作料、汤汁）、称量和压紧三个步骤。

（4）密封　罐头食品之所以能够长期保存，主要是罐头经过杀菌后，靠罐头容器的密封性使内容物与外界隔绝，不再受到外界空气的作用及微生物的污染，从而不致引起罐头食品的腐败变质。罐头容器一般用真空封罐机进行密封，密封后必须进行密封度检验，要求罐内真空度一般在 3.3～4.0kPa。

4. 杀菌

杀菌是罐头食品生产中最重要的环节，其目的在于杀灭罐内存在的致病菌和腐败菌，破坏食物中的酶，在罐内形成一定的真空度或酸碱性等条件下，抑制残留的细菌和芽孢的繁殖，从而使罐头制品在保质期内不变质。肉类罐头采用高温杀菌法。一般肉类罐头的灭菌公式是：

$$\frac{15-60-20}{120}=时间(min)/温度(℃)$$

即由常温逐渐升温，在 15min 后达到 120℃，保持该温度 60min，然后在 20min 内降至常温。为了保证灭菌公式的正确性，灭菌锅应装置自动记录压力、温度和时间的仪表，并定期检查其性能。

5. 保温试验

罐头在杀菌、冷却后要进行外观检查，剔除密封不严和变形严重的罐头。密封不严的罐头是根据直接标志（裂口、裂隙）和间接标志（流痕、减重等）来判断的。若出现上述标志的罐头一定要剔除。

罐头在经第一次检选后，需进行保温试验，以排除由于微生物生长繁殖而造成内容物腐败变质的可能性，保证罐头食品在保质期内保持其卫生质量。保温试验就是将罐头放置在适合于大多数微生物生长的温度（37±2）℃条件下保温 5～7d，然后进行观察和逐个敲击，以剔除膨听、漏汁及有鼓音的罐头。

所谓的膨听是罐头的体积变大，致使容器外形改变的一种现象。膨听一般是由微生物繁殖或是金属罐受到酸性食品的腐蚀，产生了大量的氨、二氧化碳、硫化氢、氮及其他物质所引起。密封度不好的罐头虽不发生膨听现象，但可在罐盒表面出现流痕。膨听并不一定都是微生物生长繁殖的结果。内容物装量过多或罐内真空度不够也会产生膨听，这种膨听称为假膨听或物理性膨听。因此，保温试验时需区别不同性质的膨听罐。

保温试验的不足之处是不能把所有因微生物生长繁殖而造成变质的罐头都检验出来。这是因为：①不是罐头中所有的微生物生长繁殖时都会产生能使罐头膨胀的气体；②不同微生物生长繁殖的最适温度是不相同的；③经杀菌处理其活力减弱的芽孢在成品保温试验所规定的时间内虽然不能增殖，但在保存期间更长的时间内，有可能增殖到引起罐头变质的程度。

在肉罐头生产过程中，还应该加强生产车间的卫生管理，经常保持清洁卫生。车间内不得堆积残屑，不得有蚊、蝇或其他昆虫进入。车间内所有用具在加工前和下班后必须清洗。生产人员必须遵守各种卫生制度，注意个人卫生，定期进行健康检查。食品卫生检验人员必须按要求从每天的产品中抽样检验，并随时注意检查工人操作卫生情况，并要求做日常消毒工作。

二、肉类罐头的卫生检验

肉类罐头的检验项目主要有感官检验、理化检验和微生物检验。

1. 感官检验

（1）外观检验　首先仔细检查商标纸和罐盖硬印是否符合规定，商标应该与内容物相一致。确认罐头的生产日期，以判断该罐头是否在保质期内。罐盖硬印为生产日期直接打印，便于检验者和消费者迅速判断该罐头在保质期内或已过期。检查接缝和卷边是否正常，焊锡是否完整均匀；卷边处是否有漏水透气、汤汁流出以及罐体有无锈斑及凹陷变形等。如有锈斑，应先刮去锈层，仔细观察有无穿孔；必要时可借助放大镜查看，并用控针探测。然后将罐头放置于桌面上，用木槌敲打盖面，良好的罐头，盖面凹陷，发出清脆的实音，不良罐头表面膨胀且发音不清脆，有鼓音或浊音，则可能为膨听。膨听的形成原因不同，可分为生物性膨听、化学性膨听和物理性膨听。其发生原因与鉴别处理方法见表2-23。

表 2-23　罐头几种膨听的鉴别处理

膨听类别	膨听的原因	鉴别方法					处理
		敲打检查	按压试验	膨胀试验	真空度检查	穿孔检查	
化学性膨听	由于罐内的细菌滋生，产生气体而引起	有内容物空虚的感觉，发出鼓音	用手指强压罐盖不能压下或除压力后立即恢复	置37℃温箱内经5~7个昼夜，膨胀更显著	真空度为1~3个大气压	逸出气体，并有腐败气味	工业用或销毁
生物性膨听	由于罐头酸性内容物与金属容器作用产生氢气而引起	同上	同上	置37℃温箱内经5~7个昼夜，无显著变化	同上	有气体逸出，无腐败气味，但常有酸味或不快的金属气味	工业用或销毁
物理性膨听	1. 由于食品在装罐时温度过低，装入食品过多而引起	有内容物充实的感觉，发实音	用手指强压往往形成不能恢复原状的凹陷	置37℃温箱内经5~7个昼夜，无显著变化	真空度不到1个大气压	无气体逸出	如内容物无变化，允许食用，但宜在食用前煮沸30min
	2. 由于内容物冻结时罐内水分膨胀而引起	同上	同上	同上	同上	同上	同上
	3. 在高气压地区制造，到低气压地区，由于罐内压力的相对升高而引起	有空虚的感觉，发鼓音	用手指强压罐盖，一般能被压下去，但去压力后，又见恢复膨胀状态	同上	同上	无气体逸出	如果罐头出产地与检验地区的地势高低有很大差异，且确证无其他原因者准于食用，这种膨胀往往是成批出现

（2）密闭性检查　主要检查卷合槽及接缝处有无漏气的孔眼。一般肉眼看不见，应将商

标除去，洗净擦干，然后将罐头浸没入水中，水量应是罐头体积的 2 倍，水面高于罐头 5cm。放置 5～7min，在此期间，若有一连串气泡在罐体上出现，则证明该罐头密封性不良；若仅有 2～3 个气泡出现在卷边或接缝处，则可能是卷边处或折缝处原来含有空气，而不是漏气。

（3）真空度测定　罐头内的真空度是指罐内气压与罐外气压的差数。罐头在贮藏销售过程中，若内部食品被细菌分解产生气体或罐内铁被酸腐蚀产生气体，则真空度降低，有时甚至出现膨听现象。因此，真空度的测定能够鉴定罐头的优劣，同时也能判断排气和密封工序的技术操作是否符合规定的要求。

真空度常用真空表测定。方法是右手拇指和食指夹持真空表，使其下端对罐盖中央，用力下压空心针刺穿罐盖，按表盘指针读取真空度。注意针尖周围的橡胶垫一定紧贴罐盖，以杜绝空气进入罐内。正常情况下罐在室温下的真空度应为 24～50.66kPa。

（4）内容物检查

① 组织形态和色泽检查　先把罐头放在 80～90℃的热水中，加热至汤汁融化后打开罐盖，将内容物倒入清洁的搪瓷盘中，观察其形态结构，并用玻璃棒轻轻拨动，检查其组织是否完整、块形大小和数量。同时鉴定内容物中固形物的色泽是否合乎标准要求。收集刚做完组织形态鉴定的罐头汤汁，注入 500mL 量筒中，静置 3min 后，观察其色泽和澄清程度，并称其重量。

② 风味检查　用勺盛取罐内容物，先闻其气味，然后品尝滋味，鉴定其是否具有应有的风味。

③ 杂质检查　仔细观察罐内容物中有无小毛、碎骨、血管、血块、淋巴结、草木、沙石及其他杂质的存在。

（5）罐头常规卫生检验结果的评价与处理　良质罐头的标签应完整，硬印正确、清楚；检验时在保质期内，罐形正常，结构良好，无锈蚀，密闭性良好，真空度应符合规定标准；顶隙不得超过罐高的 1/10，否则认为是"假罐"；罐头滋味及气味应正常，且有该品种应有的良好风味，不得有其他异味；罐头在加温状态下，汤汁应透明，黄色或琥珀色或深褐色，不混浊；罐头肉块应完整，不得含有明显的筋腱、血管及组织膜；罐内不得有夹杂物，如毛发、木屑、草秆、沙石、金属及其他异物；上述现象有一项不符合要求者按次品处理。

罐头内容物净重应符合商标规定质量，允许个别罐头有 ±5％ 的净重公差，但平均净重不符合商标规定者，应作不合格处理；罐头的固体物重（肉和油）与净重的比例要符合规定的要求；上述现象一项不符合要求者作不合格处理。

有膨听现象的罐头，一般不准食用，如能确证膨听原因为物理性因素时，可允许食用。否则一律作工业用或销毁。

2. 理化检验

罐头食品加工过程中，通过与各种金属加工机械、管道、容器和工具的接触，可能会被锡、铜、铅等金属污染。肉类罐头在生产过程中会添加各种食品添加剂，但在卫生方面需要控制其含量的主要有亚硝酸盐和复合磷酸盐类。因而肉类罐头可能的各类物质的残留也不相同，所以理化检验项目也不尽相同，一般包括净重、氯化钠含量、重金属含量、亚硝酸钠等检测项目。

3. 微生物检验

罐头食品的微生物检验按 GB 4789.26—2013《食品安全国家标准　食品微生物学检验　无菌检验》进行操作，主要检验沙门菌属、志贺菌属、葡萄球菌及链球菌属、肉毒梭菌、魏氏梭菌等能引起食物中毒的病原菌。

4. 罐头的食品卫生标准

（1）肉类罐头国家卫生标准（GB 7098—2015）

① 感官指标　容器密封完好，无泄漏、膨听现象存在。容器内外表面无锈蚀，内壁涂料完整，无杂质。

② 理化指标　理化指标见表 2-24。

表 2-24　理化指标

项目	指标	项目	指标
无机砷/(mg/kg)	≤0.05	锌(Zn)/(mg/kg)	≤100
铅(Pb)/(mg/kg)	≤0.5	亚硝酸盐(以 NaNO$_2$ 计)/(mg/kg)	
锡(Sn)/(mg/kg)		西式火腿罐头	≤70
镀锡罐头	≤250	其他腌制类罐头	≤50
总汞(以 Hg 计)/(mg/kg)	≤0.05	苯并(α)芘/(μg/kg)	≤5
镉(Cd)/(mg/kg)	≤0.1		

③ 微生物指标　微生物指标符合罐头商业无菌要求。

（2）鱼罐头国家卫生标准（GB 7098—2015）

① 感官指标

a. 外观容器密封完好、无泄漏、膨听现象存在，容器外表无锈蚀，内壁涂料无脱落。

b. 内容物感官指标应符合表 2-25 的规定。

表 2-25　鱼罐头内容物感官指标

分类	指标及规定
红烧类	色泽:肉色正常,具有红烧鱼罐头之酱红褐色略带黄褐色,或呈该品种鱼的自然色泽 滋味及气味:具有各种鲜鱼经处理、烹调装罐加调味液制成的红烧鱼罐头应有的滋味及气味,无异味 组织及形态:组织紧密适度,鱼体小心从罐内倒出时,不碎散,整条或段装,大小大致均匀 杂质:不允许存在
番茄汁类	色泽:肉色正常,茄汁为橙红色,鱼皮为该品种鱼的自然色泽 滋味及气味:具有各种鲜鱼经处理、装罐、加入经调味后的番茄酱制成的鱼罐头应有的滋味及气味,无异味 组织及形态:组织紧密适度,鱼体小心从罐内倒出时,不碎散,鱼块应竖装(按鱼段)排列整齐,块形大小均匀 杂质:不允许存在
鲜炸类	色泽:肉色正常,呈该品种之酱红褐色或棕黄褐色 滋味及气味:具有各种鲜鱼经处理、油炸调味装罐制成的鲜炸鱼罐头应有的滋味及气味,无异味 组织及形态:组织紧密适度,鱼体小心从罐内倒出时,不碎散,整条或段装,大小大致均匀 杂质:不允许存在
清蒸类	色泽:具有新鲜鱼的光泽,略显淡黄色 滋味及气味:具有新鲜鱼经处理、装罐、加盐及糖制成的清蒸鱼罐头应有的滋味及气味,无异味 组织及形态:组织柔嫩,鱼体小心从罐内倒出时,不碎散,鱼块竖装,块形大小均匀 杂质:不允许存在
烟熏类	色泽:肉色正常,呈该品种应有的酱红褐色 滋味及气味:具有鲜鱼经处理、油炸、调味制成的熏鱼罐头应有滋味及气味,无异味 组织及形态:组织紧密,软硬适度,鱼块骨肉连接,块形大小均匀 杂质:不允许存在
油浸类	色泽:具有新鲜鱼的光泽,油应清亮,汤汁允许有轻微混浊及沉淀 滋味及气味:具有油浸鱼罐头应有的滋味及气味,无异味 组织及形态:组织紧密适度,鱼块小心从罐内倒出时,不碎散,无严重黏罐现象,鱼块应竖装(按鱼段)排列整齐,块形大小均匀 杂质:不允许存在

② 理化指标　理化指标见表 2-26。

表 2-26　理化指标

项目	指标
苯并(α)芘[a]/(μg/kg)	≤5
组胺[b]/(mg/kg)	≤100
无机砷/(mg/kg)	≤0.1
铅(Pb)/(mg/kg)	≤1.0
甲基汞/(mg/kg) 　食肉鱼(鲨鱼、旗鱼、金枪鱼、梭子鱼及其他) 　非食肉鱼	 ≤1.0 ≤0.5
锡(Sn)/(mg/kg) 　镀锡罐头	 ≤250
锌(Zn)/(mg/kg)	≤100
镉(Cd)/(mg/kg)	≤0.1
多氯联苯[c]/(mg/kg)	≤2.0
PCB138/(mg/kg)	≤0.5
PCB153/(mg/kg)	≤0.5

a. 仅适用于烟熏鱼罐头。

b. 仅适用鲐鱼罐头。

c. 仅适用于海水鱼罐头、且以 PCB28、PCB52、PCB101、PCB118、PCB138、PCB153 和 PCB180 总和计。

③ 微生物指标　微生物指标符合罐头商业无菌要求。

任务七　组织器官病变的鉴定与卫生处理

子任务　红膘肉的检验与处理

一、技能目标

掌握红膘肉检验及鉴定方法；能够对不同原因引起的红膘肉进行卫生处理。

二、工作原理

皮肤急性充血或淤血：常见在全身皮肤表面大面积淤血，发红、发紫，俗称"大红袍"。而皮下脂肪因淤血变红色或微红，俗称"红膘"。

三、任务实施

1. 确定原因

(1) 病理因素　多见于急性猪丹毒、猪链球菌病、猪附红细胞体病、嗜血放线杆菌胸膜肺炎、猪霍乱沙门菌败血症等多种疾病。

(2) 物理因素　如长途运输后未休息管理、放血不全、放血时间不够即浸烫脱毛，皮肤均显现红色。还有在烈日下暴晒或骤寒环境受冷，也可引起皮肤的充血性红斑。

2. 处理方法

(1) 物理因素　胴体不受限制出厂(场)。

(2) 病理因素　出血、水肿广泛变化，且淋巴结有炎症时，胴体、器官必须进行细菌学检查。结果为阴性的，切除病变部分后尽快出厂（场）利用；阳性者，作高温处理后方可出厂（场）。

四、任务报告

根据任务过程，完成任务报告。

 相关知识

在屠宰畜禽的宰后检验中，除了根据屠体病变所提示的疾病性质按有关规定进行卫生处理，还应对畜禽的一般性病变进行相应处理。

一、局限性和全身性组织病变的鉴定与处理

1. 出血性病变的鉴定与处理

（1）出血性病变

① 病原性出血　为传染病或中毒因素所致，多见于皮肤、浆膜、黏膜、淋巴结和肝、胃肠等的表面，表现为渗出性出血。因其发生原因和部位不同而有差异，可分为点状、斑状和出血浸润性。一般出血的同时，伴有全身性出血和组织器官的各种病理变化。

② 机械性出血　因机械外力作用所致，多发生在体腔、肌间和皮下，多表现为破裂性出血。这种出血在屠畜被驱打、撞击、外伤或骨折时最容易发生。

③ 电麻出血　见于电麻不当的屠畜。这种出血的部位多在肺脏，以两侧肺的背缘肺膜下病变为明显，呈散在的或严重密集成片的出血；或是头颈部淋巴结、肾和心外膜等处的出血。淋巴结多表现为边缘性出血但不肿大。

④ 窒息性出血　缺氧条件所致，往往发生在颈部皮下及支气管黏膜，表现为静脉努张，血液黑红色，并伴有不等量的暗红色淤点和淤斑。

⑤ 呛血　由屠畜死前经深呼吸将血液顺气管吸入肺部造成。多局限于肺隔叶背缘，呛血区外观鲜红色，由无数弥漫性的小红点组成，触摸有弹性，若入水呈"半舟状"；剖检呛血区，支气管和细支气管内有条状的血凝块。

（2）卫生评价与处理

① 因外伤、骨折等引起的新鲜出血，其淋巴结没有炎症变化者，应切除全部出血组织，胴体不受限制出厂（场）。

② 电麻所致的出血，轻微变化，胴体和器官不受限制出厂（场）；严重者出血部分和呛血肺化制处理，其余不受限制出厂（场）。

③ 出血、水肿广泛变化，且淋巴结有炎症时，胴体、器官必须进行细菌学检查。结果为阴性的，切除病变部分后尽快出厂（场）利用；阳性者，作高温处理后方可出厂（场）。

2. 组织水肿的鉴定与处理

（1）组织水肿性病变　屠体发现水肿，应先排除炭疽的可能，然后判定水肿的性质，属于炎性的还是非炎性的。

当皮下发生水肿时，可见到皮肤变厚、肿胀，触摸呈面团状，指压波动，常留痕迹；切开时，水肿部位皮下疏松，结缔组织为黄白色胶冻状，并流出大量淡黄色透明液体。病变黏膜水肿，属于局限性和弥漫性肿胀。一般器官水肿主要见于肺脏，体积增大，因伴发淤血而颜色呈暗红色。

（2）卫生评价与处理

① 创伤性水肿仅销毁病变组织即可。

② 皮下水肿和肾脂肪囊、网膜、心外膜及肠系膜的脂肪组织呈脂肪胶样浸润时，要检查肌肉有无病变。细菌学检查的基础上，阴性者切除病变部分，可迅速出厂（场）利用；阳性者须高温处理出厂（场）；若同时伴有放血不良、淋巴结肿大、水肿等，恶液质的整个胴体化制处理。

③ 后肢和腹部水肿，细致检查心、肝、肾等实质器官，如有病变，需要作沙门菌实验检查。阴性的，切除病变器官，胴体可迅速利用；阳性的，经高温处理后出厂（场）。

3. 败血症的鉴定与处理

（1）败血症的病变　败血症是在畜禽机体抵抗力降低时，病原微生物通过创伤或感染灶入侵机体血液内并生长繁殖，产生毒素，引起全身中毒和损伤的病理过程。通常情况下，败血症无特异的病原，多种病原微生物均可引起发病，如链球菌、铜绿假单胞菌、葡萄球菌和沙门菌等。病变多表现为：实质器官的变性、坏死和炎症变化，皮肤、黏膜、浆膜和脏器的充血、出血、水肿。脾脏及全身淋巴结表现充血，且网状内皮细胞增生，从而导致其体积增大，但无典型的病变。若当化脓性细菌侵入，可在器官组织内引起发病，发现多性脓肿时，即机体形成了脓毒败血症。

（2）卫生评价与处理

① 病变轻微的，肌肉无变化，高温处理出厂（场）。

② 病变严重或肌肉有明显变化者，作化制处理。

③ 患有脓毒败血症的胴体作销毁处理。

4. 蜂窝织炎的鉴定与处理

（1）蜂窝织炎的病变　蜂窝织炎是发生在皮下和肌肉间等疏松结缔组织的一种弥漫性化脓性炎症的过程，主要根据机体淋巴结、心、肝、肾等器官的病理变化，以及胴体放血不良、肌肉变化等进行判定。

（2）卫生评价与处理

① 病变已全身性的，整个胴体作化制处理。

② 若全身肌肉正常，应进行细菌学检查，为阴性的，切除病变部分，其余肉快速发出利用；阳性的，经高温处理后出厂（场）。

5. 脓肿的鉴定与处理

（1）脓肿的病变　为屠畜宰后检验中常见的一种病变。发现脓肿时，应首先考虑是否为脓毒败血症，对无包囊且周围炎性反应明显的新生的脓肿，一旦查明为转移性的即肯定是脓毒败血症。如肺、脾、肾内的脓肿多为转移性脓肿，原发灶可能存在于面部、四肢、乳房或子宫等处，需要作细菌学检查判定。

（2）卫生评价与处理

① 脓肿形成有包囊的，切除脓肿区域作销毁，其余部分则不受限制出厂（场）。

② 脓肿为多发性新生的脓肿或具有不良气味的脓肿，整个器官作化制处理。

③ 已被脓液污染附有难闻气味的胴体部分割除化制处理。

6. 脂肪组织坏死的鉴定与处理

（1）脂肪组织坏死的病变　根据发病的原因，脂肪组织坏死可以分为三种类型。

① 胰性脂肪坏死　多见于猪。因胰腺发炎，破坏胰腺间质及其附近肠系膜脂肪组织。病变外观呈致密的无光泽的浊白色小颗粒状，质地坚硬，弹性降低，油腻感差。

② 外伤性脂肪坏死　为皮下脂肪组织的一种最普通的病变，多见于猪的背部。由机械损伤所致。坏死脂肪坚实无光，为白垩质样团块状，有时表现油灰状。

③ 营养性脂肪坏死　牛和绵羊多发，偶见于猪。病变可波及全身各部位脂肪，尤以肠系膜、网膜和肾周围的脂肪常见。病变脂肪暗淡无光，呈白垩色，明显变硬，脂肪内初期可

见有大量弥漫性淡黄白色坏死点，坏死灶逐渐扩大、融合成白色坚实的坏死团块或结节。

（2）卫生评价与处理

① 脂肪坏死轻微无碍商品外观者不受限制出厂（场）。

② 病变坏死明显的，将病变部切除化制，胴体不受限制出厂（场）。

③ 查明原因，如为传染病所致，应结合具体病进行处理。

二、皮肤及器官病变的鉴定与处理

1. 皮肤病变的鉴定与处理

宰后检验中，皮肤所呈现出的病理变化，反映了畜禽的机体状态。皮肤病变的致病因素有机械性、物理性、化学性和生物性等多种，因而皮肤病变比较复杂。

（1）皮肤的病变

① 皮肤急性充血或淤血　常见在全身皮肤表面大面积淤血，发红、发紫，俗称"大红袍"。而皮下脂肪因淤血变红色或微红，俗称"红膘"。多见于急性猪丹毒、猪链球菌病、猪附红细胞体病、嗜血放线杆菌胸膜肺炎、猪霍乱沙门菌败血症等多种疾病。其他皮肤淤血非病原因素所致的有：长途运输后未休息管理、放血不全、放血时间不够即浸烫脱毛，皮肤均显现红色。还有在烈日下暴晒或骤寒环境受冷，也可引起皮肤的充血性红斑。

② 皮肤出血　主要见于传染病、外伤和电麻等情况。伤痕指常见被打击的或应激敏感的个体猪在运输和仓储环节时因打斗留下的牙痕。

③ 荨麻疹　为皮肤出现直径在 12mm 以下的淡红圆形疹块，发病与饲料有关，如喂马铃薯和荞麦等，属于过敏反应。多见于胸下部和胸部两侧或全身分布破溃后，体表留下的红色小圆形区病变，注意与猪丹毒的方形疹块相区别。

④ 运输性红斑　在运输或待宰期间，皮肤受到车厢或地面上的消毒剂和尿液的刺激，而接触刺激物部位的皮肤出现多个浅红色或深红色区。

⑤ 猪应激综合征　多指白皮猪因外周血管扩张，皮肤出现充血、出血，产生弥漫性点状、斑块状的应激斑，有时全身皮肤发红。

⑥ 猪皮肤的葡萄球菌病　皮肤外伤由金黄色葡萄球菌引起毛囊炎，形成大小不一甚至黄豆大的坚硬脓性结节。多发于腹部或皮肤、皮下或浅层肌肉内。

⑦ 猪皮肤真菌病（癣）　是由毛癣菌和小孢子菌等寄生所引起，多发于耳、颈、胸、肌腹等部位。初期为大小不等的圆形斑点，后逐渐扩散至环状，严重可覆盖猪体某一部位或一侧，病变表面似覆盖一层细小鳞屑或浅褐色痂片，且病部皮肤多粗糙，少毛或无毛。

⑧ 玫瑰糠疹（银屑样脓疱性皮疹）　病因尚不清，但具有遗传性。常常在腹部和股内侧可见红斑小丘疹，呈火山口状，随后病灶迅速扩为项圈状，外周隆起状呈玫瑰红色或红色，项圈内布满鳞屑。最终以红色项圈扩展，病灶中央恢复正常为结局。通常病变不掉毛，很少见痛痒症状。

本病如无继发细菌感染，经数周后可自行减退，创面愈合至正常，一般不做其他卫生处理。

⑨ 蠕形螨病　本病由蠕形螨（毛囊虫、脂螨）寄生于毛囊或皮脂腺引发的结节或脓疮状的皮肤疾病，常伴发葡萄球菌病感染。一般见病变部位表面密布丘状突起的，首先于眼周和耳根发生，逐渐扩展到其他部位。病变有鳞屑型和脓疮型两种。挤取皮肤上的，取内容涂片镜检，可找到大量不同发育时期的虫体。

⑩ 黑痣　为黑色小米粒至扁豆大小的疣状增生物，皮肤表面突出或不突出，由黑色素细胞的疣状增生引起。

（2）卫生评价与处理

① 凡由物理性因素或加工不当引起皮肤轻微病变，胴体不受限可利用；病变严重者割除病变化制处理，其余部位经高温处理。

② 因传染病引起的皮肤病变，其胴体及脏器按传染病的性质分别处理。

③ 蠕形螨所致病变轻微者，将病变局部销毁。若为严重感染，且皮下组织发生病变，销毁病变，其余部分高温处理。

④ 如为黑痣，将局部病变销毁；而皮肤恶性肿瘤，应将胴体和脏器化制或销毁。

2. 器官病变的鉴定与处理

（1）心脏病变的鉴定与处理

① 心脏的病变

a. 心肌炎　心肌表面呈灰黄色如煮熟状，质地松弛，心脏扩张。局灶性变化的，在心内、外膜下可见灰白色或灰黄色斑块与条纹。若感染化脓性菌后，有大小不等的化脓灶散于心肌内。

b. 心内膜炎　最常见的即疣状心内膜炎，主要特征变化为心瓣膜发生疣状血栓；溃疡性心内膜炎及心瓣膜溃疡。注意与心内膜纤维瘤的区别，纤维瘤发生在心肌肌束上，且光滑不易脱落。

c. 心包炎　以牛的创伤性心包炎为最常见。表现为心包极度扩张，其中沉积有淡黄色纤维蛋白或脓性渗出物，有恶臭气味。慢性病例可见心包极度变厚，与周边器官发生粘连，覆盖有灰白色绒毛样的纤维素形成"绒毛心"。而非创伤性心包炎，常常为单一发生或与其他病症并发感染。

② 卫生评价及处理

a. 心肌肥大、脂肪浸润或慢性心肌炎而不伴有其他内脏器官变化的，不受限制出厂（场）。

b. 严重的非创伤性心包炎、心内膜炎、急性心肌炎及心肌松弛和色泽病变的，心脏作化制处理。

c. 创伤性心包炎，将心脏化制处理。对胴体的处理须作沙门菌检查，结果为阴性的，胴体不受限制出厂（场）；阳性者胴体作高温处理。

（2）肝脏病变的鉴定与处理

① 肝脏的病变

a. 肝脂肪变性　常由传染、中毒等所致。肝脏呈不同程度的浅黄色或土黄色，肿大，边缘钝圆，质地易碎，切面油腻，称为"脂肪肝"。脂变肝脏又发生淤血，眼观肝切面形成黄色的实质组织变性和暗红色的淤血间质相交织的花纹，如槟榔切面的花纹，称为"槟榔肝"。

b. 饥饿肝　因饥饿、长途运输、应激惊恐或挣扎、拥挤及疼痛（骨折、挫伤）等因素引起的仅肝色泽改变，而胴体和其他脏器无异常。其特征是肝呈黄褐色或黄色，体积不增大，且结构质地也无变化。

c. 肝硬变　由病原微生物、寄生虫感染，或者真菌毒素及有毒植物中毒引起。肝脏结缔组织增生，且收缩变形，质地变硬。萎缩性变化时肝体积缩小，包膜增厚，肝表面呈结节的颗粒状，色泽灰红或暗黄，称为"石板肝"。猪肝硬变有时伴发黄疸。当肥大性肝硬变时，肝体积明显增大至3～4倍，表面光滑且肝小叶结构模糊，称之"大肝"。

d. 肝中毒性营养不良　是全身性中毒感染的结果，各种家畜均可能发生，以猪为多见。随病程不同而表现各异。病初肝脏体积增大，黄色质脆，似脂肪肝样；随后肝脏出现红色斑纹，体积也缩小，质柔软。若病继续，肝结缔组织增生及其实质再生，可引起肝硬变。

e. 肝淤血　轻度淤血，肝脏肿大不明显，实质正常；淤血严重者肿胀，呈紫红色，包膜紧张、外观隆起光滑，切开肝实质，流出黑紫色血液，见中央静脉明显扩张，为鲜红色或暗紫色。

f. 肝坏死　由坏死杆菌等感染所造成的损害。多发于牛，肝表面和实质内散在有灰白色、灰黄色大如榛实或更大的凝固性坏死灶，质地脆弱，切面结构不清，周边常伴有红晕。

g. 寄生虫性病肝　以牛、羊、猪多发。如棘球蚴和细颈囊尾蚴寄生在肝表面，可见散发的绿豆大至黄豆大的黄白色结节，或散在的单一的鸡蛋大小圆形半透明的虫体囊泡嵌入组织内。当蛔虫幼虫经移行损伤肝组织，形成灰白色斑块，似牛乳滴，称为乳斑肝。

② 卫生评价与处理

a. "脂肪肝"、"饥饿肝"和轻度的淤血以及肝硬变，不受限制出厂（场）。

b. "槟榔肝"、"大肝"、"石板肝"、中毒性营养不良肝以及脓肿、坏死肝，一律作化制或销毁处理。

c. 寄生虫性肝损害，轻微者修割病变部后鲜销利用；严重者整个肝作化制或销毁。

（3）肺脏病变的鉴定与处理

① 肺脏的病变

a. 肺电麻出血　电麻不当所致的出血以肺脏最为显著。多见于隔叶背缘的肺胸膜下出现散在的或密集成片的出血，严重时呈鲜红色喷血状。

b. 肺呛血　主要是由齐断法屠宰，血液和胃内容物逆向吸入肺脏引起。呛血肺多局限于肺隔叶背缘，呛血区肺小叶外观鲜红色，触摸有弹性，若放入水呈"半舟状"；剖开支气管内有鲜红色或暗红色的条状血凝块，且肺支气管淋巴结不肿大，仅切面周边轻度出血。

c. 肺呛水　屠宰加工时将未死透的猪放入烫池，水被吸入猪肺内所致。呛水区多见于尖叶和心叶，有时在隔叶。主要眼观肺极度膨大，触摸肺组织发软且有波动感，呈浅灰色或淡黄褐色外观，肺胸膜紧张而富有弹性。切面流出多量温热混浊的液体。

d. 纤维素性肺炎　以肺内有肝变病灶，肺胸膜与肋胸膜表面均附有纤维素且形成粘连为病变特征。

e. 肺坏疽　由异物进入肺所致。肉眼见肺组织肿大，触摸硬实。切开病变，可见有污灰色或黑色的膏状和粥状坏疽物，有恶臭味；有时因发生腐败、液化病变部位形成空洞，流出污灰色恶臭液。

② 卫生评价与处理

a. 电麻出血肺，不受限制出厂（场）；肺呛水和肺呛血部位修割进行化制处理，其他均可利用。

b. 其他肺的病变，一律作化制或销毁处理。

（4）脾脏病变的鉴定与处理

① 脾脏的病变

a. 急性脾炎　常见于一些败血性传染病所致。脾肿大为正常的 3～4 倍，有时可达 5～15 倍，质变软，切开后红髓、白髓结构不清，脾髓为黑红色，煤焦油状。

b. 脾脏梗死　常见于猪瘟感染时，在脾边缘出血的梗死病灶，约扁豆大小。

c. 脾脏脓肿　多见于马腺疫、犊牛脐炎和牛创伤性网胃炎等发生。猪脾脏变化，仅见表面弥散黄色小结节，质地较硬。

d. 肉芽肿结节　多见于结核、鼻疽、布鲁菌病等病。脾体积稍大或较正常小，质地较坚硬，切面平整或稍隆起，在深红色的背景下可见白色或灰黄色增大的脾小体，呈颗粒状向外突出。此称细胞增生性脾炎。

e. 坏死性脾炎　主要发生在出血性败血症病例，如鸡新城疫、禽霍乱等。脾脏肿大轻微或不明显，在脾小体和红髓内均散在有小的坏死灶及嗜中性粒细胞浸润。

② 卫生评价与处理　凡以上各种病变的脾脏，一律作化制或销毁处理。

（5）肾脏病变的鉴定与处理

① 肾脏的病变　除了特定传染病和寄生虫病引起的病变外，肾脏的病理变化还有肾脓肿、肾囊肿、肾结石、肾盂积水、各种肾炎和肾梗死等。

② 卫生评价与处理　轻度肾结石、肾囊肿、肾梗死可修割病变后供食用；因加工不当引起轻度肾淤血的，实质正常的肾脏，可不受限制利用；其他各种病变的肾，一律作化制或销毁处理。

（6）胃肠病变的鉴定与处理

① 胃肠的病变　在宰后检验中，胃肠可发生各种类型的病理变化，如出血、水肿、炎症、糜烂、溃疡、坏疽、寄生虫结节、结核和肿瘤等。检验猪时，在肠管壁上和局部淋巴结含有气泡，称为"肠气肿"。有的呈丛状或葡萄串状，压之有捻发音。

② 卫生评价与处理　肠气肿的肠管放气后可供食用；其他病变的胃肠一律作化制处理。

三、肿瘤的鉴定与处理

1. 畜禽肿瘤的鉴定

近年来，因畜禽肿瘤的种类繁多，生长部位不同，外观形态和大小差异很大，诊断必须经病理组织学检查，判断肿瘤种类和良恶性质。然而宰后检验要求与屠宰加工同步进行，不可能对发现的病变都做组织切片病原检查，只能用眼观作出判断并提出相应的处理意见。因此，要求检验人员具有扎实的专业知识和丰富的现场经验，从而做出正确的判断。

多数肿瘤为大小不一的结节状，生长于组织表面或深层，一个或多发，且与周边正常组织有明显的界限。

现将在屠宰检验中已发现的畜禽肿瘤列表如下（表 2-27）。

表 2-27　屠宰畜禽的肿瘤

畜别	常见肿瘤	已发现的肿瘤
猪	淋巴肉瘤、肝癌、纤维瘤、肾母细胞瘤、平滑肌瘤	腺癌、腺瘤、平滑肌肉瘤、网状细胞瘤、鳞状细胞癌、鼻咽癌、毛细血管瘤、黑色素瘤、神经纤维瘤、脂肪瘤、黏液瘤、卵巢颗粒细胞瘤、肾上腺嗜铬细胞瘤等
牛	淋巴肉瘤、肝癌、纤维肉瘤、腺癌、纤维瘤	网状细胞肉瘤、血管外皮瘤、鼻咽癌、骨癌、脂肪瘤、肾母细胞瘤、白血病、膀胱瘤、移行上皮癌、平滑肌瘤、肾上腺皮质癌、神经纤维瘤、卵巢颗粒细胞癌、间皮细胞瘤、嗜铬细胞瘤、嗜银细胞瘤、皮肤乳头状瘤、巨滤泡性淋巴瘤、血管内皮瘤等
羊	肺腺瘤样病	皮肤乳头状瘤、胸腺瘤、鳞状上皮细胞瘤、黑色素瘤、肝癌、软骨瘤、淋巴细胞肉瘤等
兔	肾母细胞瘤、间皮瘤	腺癌、未分化癌、睾丸胚胎性瘤、畸胎瘤、黏液囊肿
鸡	马立克病、白血病、肾母细胞瘤、肝癌、卵巢腺癌	腺癌、平滑肌瘤、纤维瘤、淋巴瘤、脂肪瘤、黏液瘤、腺瘤、网状细胞肉瘤、睾丸间皮细胞瘤、卵巢颗粒细胞癌、中肾癌、神经纤维瘤、间皮细胞瘤、横纹肌瘤等
鸭	腺癌、肝癌	肾母细胞瘤、腺瘤、肝母细胞瘤、恶性间皮细胞瘤等
鹅	淋巴肉瘤	纤维瘤

畜禽常见肿瘤的眼观变化如下。

（1）乳头状瘤　为各种动物的常见良性肿瘤，因其外形呈乳头状而得名，尤以反刍畜更易发，多发生在皮肤、黏膜等组织器官的上皮组织。肉眼观察其大小不一，突起于皮肤表面，呈菜花状，表面多粗糙，有蒂柄或宽广的基部与皮肤相连。软性乳头状瘤质软易受损伤，常引起出血和继发感染。

（2）腺瘤　为腺上皮发生的良性肿瘤，多发生部位于猪、牛、马及鸡的卵巢、肾、肝、甲状腺和肺脏等器官。外观呈结节状，有的于黏膜面可呈息肉状或乳头状。

（3）纤维瘤　为各种家畜常发的良性肿瘤，多发生在结缔组织，由结缔组织纤维和成纤维细胞构成，常发生部位为皮肤、皮下、肌膜、腱、骨膜及母畜的子宫、阴道等处。眼观结节或团块状，完整的包膜，切面白色，质地坚实。在黏膜上的软性纤维瘤多由较细的带与基底相连，称为息肉。

（4）纤维肉瘤　是发生于结缔组织的恶性肿瘤。各种动物均可发生，最常发生于皮下结缔组织、骨膜、肌腱；其次是口腔黏膜、心内膜、肾、肝、淋巴结和脾脏等处。外观呈不规则的结节状，质地柔软，切面灰白，似鱼肉样，常见出血和坏死。

（5）原发性肝癌　各种畜禽均有发生。猪的原发性肝癌呈地区性高发，多见于五年以上的种公母猪。病因黄曲霉毒素慢性中毒引起。外形上可分为巨块型、结节型和弥漫型。按组织学分类可以分为肝细胞型、胆管细胞型和混合型。以在肝脏中形成巨大癌块，或大小不一的类圆形结节，或不规则斑点（块）状病灶，其中结节型最常见。

（6）猪鼻咽癌　主要多发生在我国华南地区，患猪宰前长期流浓稠鼻涕，机体渐瘦，有的伴有衄血、鼻塞或面颊肿胀。宰后剖检可见鼻咽上部黏膜明显变厚粗糙，呈结节或微小突起肿块，苍白、质脆、无光，有时见散布的小坏死灶，破溃后结疤，在结节表面或切面有新疤痕。

（7）鸡卵巢腺癌　成年母鸡最常见的一种生殖系统肿瘤，2 岁以上的鸡发病率尤高。患鸡呈渐进性消瘦，贫血，食欲降低，产蛋量减退至不产，腹部严重下垂、膨大。打开腹腔，可见大量混有血液的淡黄色腹水，卵巢中有灰白色坚硬的乳头状结节，或蔓延至整个腹腔。有时为大小不等的透明囊泡状，也可见残存的变性卵泡坏死灶。有的在腹腔其他器官的浆膜面，如肝脏上形成转移癌瘤。

（8）肾母细胞瘤　又称肾胚胎瘤，是各种幼畜常见的一种肿瘤，多见于兔、猪和鸡，牛和羊也发。其中兔和猪以一侧肾脏发病为多，少见两侧发生，并常在肾脏的一端形成肿瘤，大小不等，多呈圆形或分叶状，白色或黄白色，具有一完整的薄层包膜，瘤块压迫肾实质，使肾脏萎缩变形。瘤的切面结构均匀，灰白色，肉瘤样，有时发生出血和坏死，或偶见转移到肺和肝脏处形成瘤。

注意肾母细胞瘤的外观形态出入很大，有淡红灰色的小结节（可能包埋在肾实质组织里面）、浅黄灰色分叶状肿块和巨大的肾肿块。大的肿块与肾脏相连仅有一细纤维性蒂柄，可占据大部分肾组织。肿块切面淡灰红色，散在灰黄色的坏死斑点或极少量的钙化灶。有的大肿瘤形成囊状肿，切开后可见大量含澄清液体的囊肿，似蜂窝状，大小不等。

（9）禽白血病复合体　包括疱疹病毒引起的马立克病和由禽反转录病毒属病毒引起多种良性和恶性肿瘤（白血病、固态肿瘤、网状内皮增生病和其他淋巴瘤等）两类疾病。病毒可侵害全身的任何组织器官，产生肿瘤病灶，有的使器官的体积显著增大，并严重影响病鸡的发育和抑制机体免疫。

（10）黑色素瘤　动物多发的黑色素瘤多数为恶性瘤，是由黑色素细胞形成的肿瘤，即恶性循环性黑色素瘤。各种动物都可引起，以老龄的淡毛色马属动物更易发，其次是牛、羊、猪和犬。一般原发部位是肛门和尾根部的皮下组织，为圆的肿块，外形大小不等。切开肿块见分叶状分布，灰白色的结缔组织将深黑色的肿瘤团块划分成大大小小的圆形小结节。此瘤体生长速度极快，瘤细胞可经淋巴或血液转移至盆腔淋巴结、肺、心、肝、肾等全身各处组织器官形成转移瘤。

2. 患肿瘤畜禽肉的卫生处理

根据胴体的营养状况（即肥瘦）、肿瘤的性质、是否扩散转移和在同一组织器官内发现一个还是多个肿瘤来确定宰后肿瘤病畜禽的处理。

（1）一个脏器上发现肿瘤病变且胴体不瘠瘦，且无其他明显病变的，患病脏器作化制或销毁处理，其他脏器和胴体经高温处理后利用；胴体瘠瘦或肌肉有变化的，则胴体和脏器作化制或销毁处理。

（2）屠体有两个或两个以上的脏器确定已有肿瘤病变的，胴体和脏器作销毁处理。

（3）经确诊为淋巴肉瘤或白血病的屠畜禽，整个胴体和脏器一律销毁。

任务八　屠畜常见传染病及寄生虫病鉴定与卫生处理

子任务　旋毛虫的检验

一、技能目标

通过实训使学生掌握肌肉压片检查和消化法检验旋毛虫的方法，认识旋毛虫的形态特征。

二、任务条件

显微镜或投影仪；组织捣碎机；磁力加热搅拌器或培养箱；贝尔曼氏幼虫分离装置；0.3～0.4mm铜筛；分液漏斗；弯刃剪刀、镊子、旋毛虫压片器或两块同样大小玻璃板（约20cm×5cm）及固定绳线、烧杯、600mL三角烧瓶、大平皿；被检肉样（膈肌脚）等。

5%和10%盐酸溶液；50%甘油溶液；1～4g/L胃蛋白酶水溶液；胃蛋白酶（每克含酶30000U）等。

三、任务实施

旋毛虫病为重要的人畜共患病，在屠宰检验中，旋毛虫检验是非常必要的。旋毛虫的实验检查有肌肉压片法和消化检查法两种方法。

1. 肌肉压片检查法

（1）采样　旋毛虫的检验以横膈肌脚的检出率最高，其中以横膈肌脚近肝部高于近肋部的检出率。在开膛取内脏后，要求从胴体左右横膈肌脚采取质量不少于30g的肉样一块，编上与胴体相同号码后送旋毛虫检验室检查。

（2）视检　检查时按标号取下肉样，先撕去肌膜，在良好的自然光线下，将肌肉拉平后，检验员斜方向或左右摆动肉样，仔细观察肌肉纤维的表面，检出虫体。稍凸出肌纤维表面的针头大小发亮的卵圆形点，颜色呈结缔组织薄膜所具有的灰白色，折光性良好，为虫体；或者可见肌纤维上有一种灰白色、浅白色的小白点，应为可疑。另外，刚形成包囊的呈露点状，稍凸于肌肉表面，应将病灶剪下进行压片镜检。这是提高旋毛虫检出率的关键，因为在可检面上挑取可疑点进行镜检，要比盲目剪取24个肉粒压片镜检的检出率高。

（3）压片标本制作　手指握住肉样，使肌纤维绷紧，用弯刃剪刀，从两块肉样的视检可疑部位或其他不同部位顺肌纤维方向随机剪取麦粒大小的24个肉粒（一块肉剪12个），以每排12粒均匀地排列在夹压器的玻板上。盖上另一块玻板，拧紧螺旋，使肉粒压成薄片（能透过肉片看清书报上的小字为宜）。若无旋毛虫夹压器时，用普通载玻片代替。每块载玻片排6个肉粒，需4块。载玻片压紧，载玻片的两端用透明胶带缠绕固定，才能压成薄片。

（4）镜检　将压片置于显微镜50～70倍的低倍视野下检查，由第一肉粒压片开始观察，依次检查，不能遗漏每一个视野。镜检时，应注意光线的强弱及检查的速度，如光线过强、速度过快，均易发生漏检。视野中的肌纤维呈黄蔷薇色。

（5）判定

① 没有形成包囊的旋毛虫幼虫，寄生在肌纤维之间，虫体呈直杆状或蜷曲状，但有时由于压片用力过大把虫体挤在被压出的肌浆中。

② 形成包囊后的旋毛虫幼虫，在肌纤维的黄蔷薇色的背景中，可看到发亮透明的圆形或椭圆形包囊，囊中央为蜷曲的旋毛虫幼虫，通常含有1条幼虫，偶有2条以上。一般猪旋毛虫的包囊呈椭圆形，而犬旋毛虫包囊为圆形。

③ 钙化的旋毛虫幼虫，镜下在包囊内可见数量不等、颜色浓淡不均的黑色团块状。滴加数滴10%的盐酸溶液，静置15～30min脱钙后，可见到完整的幼虫虫体，即此包囊发生钙化；或可见断裂段、模糊不清的虫体，即此幼虫本身发生钙化。

④ 发生机化的旋毛虫幼虫，眼观为一个较大白点，称为"大包囊"或"云雾包"，镜下因机化透明度较差，故滴加2～3滴50%盐酸溶液，数分钟透明处理后，即可见虫体或虫体死亡的残骸。

⑤ 虫体鉴别　镜检时应注意旋毛虫与猪住肉孢子虫的区别。猪住肉孢子虫寄生在膈肌等肌肉中，一般情况感染率高于旋毛虫，故在检查旋毛虫时易发现猪住肉孢子虫体。注意鉴别的方法是已发生钙化的包囊，滴加10%盐酸溶液脱钙溶解后，如可见到虫体或其痕迹者是旋毛虫包囊；而猪住肉孢子虫不见虫体（图2-31）；囊虫则能见到角质小钩和崩解的虫体团块。

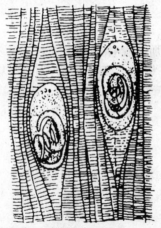

(a) 猪住肉孢子虫包囊　　(b) 旋毛虫幼虫包囊

图2-31　旋毛虫与猪住肉孢子虫的区别

2. 消化检查法

（1）取肉样　检查时按胴体的编号顺序，以5～10头猪设为一组，每头猪胴体采取膈肌样5～8g，分别放在相应顺序标号的塑料袋内送检。

（2）磨碎肉样　将标号送检的肉样，各取2g，每一组共10～20g，放入组织捣碎机的容器内，加入100～200mL胃蛋白酶溶液，捣碎0.5min，肉样变为絮状且混悬在溶液中。

（3）消化　将捣碎的肉样液倒入锥形瓶中，以用等量胃蛋白酶溶液分数次冲洗容器，冲洗液也移入锥形瓶中，再以每200mL消化液加入5%盐酸溶液7mL的比例，调整pH为1.6～1.8，置磁力加热搅拌器上（38～41℃）中速搅拌，消化2～5min；当无磁力加热搅拌器，可在43.3℃培养箱中，消化4～8min，要求不断搅拌。

（4）过滤和沉淀　先用40～50目铜筛过滤消化的肉样液，可以少量胃蛋白酶溶液冲洗附在瓶壁上的残渣，经粗筛后，将滤液和冲洗液都置于一个大烧杯中，过折成漏斗形的80目尼龙筛，再用适量的水冲，把细筛后的滤液和冲洗液集于另一个大烧杯中，让其自然沉降（加入适量碎冰块降温至20℃，可加速沉降）。然后弃去烧杯中1/2～2/3的上清液，余下的滤液用玻璃棒引流于250mL的分液漏斗内，经10～15min沉淀，待分液漏斗底层析出沉淀物后，迅速把底层沉淀物放在底部已事先划分了若干个方格的大平皿内，待检。

（5）镜检　将平皿置显微镜下，在50～70倍低倍视野检查，以平皿底划分的方格，逐个检查每一方格内有无旋毛虫幼虫或包囊。

（6）判定　若镜检发现虫体或包囊，则判定该组为旋毛虫检查阳性，还必须对该组的5～10头猪的肉样，逐头进行肌肉压片复检，已确定旋毛虫病猪作无害处理。

四、任务报告

采肉样（猪肉或狗肉）进行检验，对结果进行分析并提出处理意见。

 相关知识

一、屠畜常见传染病的鉴定与卫生处理

1. 主要人畜共患传染病的鉴定与处理

（1）炭疽　炭疽是由炭疽杆菌引起的人畜共患的一种急性、热性、败血性传染病。临床特征是突发高热，可视黏膜发绀及天然孔出血。剖检以尸僵不全、血凝不良、皮下和浆膜下结缔组织出血性胶样浸润及脾肿大等败血症变化为特征。人感染本病均可导致败血症死亡。

① 宰前鉴定

a. 最急性型与急性型　见于牛、羊。最急性型多发生于羊，其特征为：突然站立不稳，全身痉挛，迅速倒地，高热，呼吸困难，天然孔出血，血凝不全，常在数小时内死亡。

b. 亚急性型（痈型炭疽）　症状与急性型相似，但表现缓和。牛、马的痈型炭疽可见颈、胸、腹、咽喉、外阴等部皮肤出现明显的局灶性炎性肿胀或炭疽痈，开始热，不久则变冷无痛，甚至软化龟裂，发生坏死，形成溃疡。

c. 咽峡型　猪多见。典型症状为咽喉部和附近淋巴结肿胀，体温升高，严重时，黏膜发绀，呼吸困难，最后窒息而死。但很多病例，临诊症状不明显，屠宰后才发现有病变。

d. 肠型　常伴有便秘或腹泻，轻者可恢复，重者死亡。猪炭疽的败血型极少见。

② 宰后鉴定

a. 痈型　牛宰后多见。主要病变是痈肿部位的皮下有明显的出血性胶样浸润，病区淋巴结肿大，周围水肿，淋巴结切面呈暗红色或砖红色，并有点状、条状或巢状出血。

b. 咽峡型　猪最为常见。咽峡部一侧或双侧的颌下淋巴结肿大、充血，周围组织有明显的水肿和胶样浸润，淋巴结的切面呈淡粉红色、樱桃红色或砖红色，并有数量不等的紫黑或黑红色小坏死灶。此外，扁桃体也常发生充血、水肿、出血及溃疡，表面常被覆一层灰黄色痂膜，横切时痂膜下有暗红色楔形或犬齿的病灶，涂片镜检，可找到炭疽杆菌。

c. 肠型　肠型炭疽主要见十二指肠和空肠前半段的少数或全部肠系膜淋巴结肿大、出血、坏死。肠型炭疽痈邻近的肠系膜呈出血性胶样浸润，散布纤维素凝块，肠系膜淋巴结肿大、出血，切面呈暗红色、樱桃红色或砖红色，质地硬脆。与病变肠管、肠系膜淋巴结相连的淋巴管，也有出血性红线样或虚线状。

d. 肺型　较少见。隔叶上有大小不等的暗红色实质肿块，切面呈樱桃红色或山楂糕样，质地硬脆，致密，有灰黑坏死灶。支气管淋巴结和纵隔淋巴结肿大，周围胶样浸润。

③ 卫生处理

a. 宰前在畜群中发现炭疽病畜采取不放血方法扑杀、销毁。可疑病畜必须进行检查。未经检查，不得先行屠宰放血。

b. 炭疽患畜的胴体、内脏、皮毛及血（包括被污染的血），应于当天用不漏水的工具运送到指定地点全部作工业用或者销毁。

c. 被炭疽污染或可疑被污染的胴体、内脏应在6h内高温处理后出厂（场），不能在6h

内进行者作工业用或销毁。血、骨、毛等只要有被污染的可能，均应作工业用或销毁。

d. 发现炭疽后，对确认未被污染的胴体、内脏及其副产品，不受限制出厂（场）。

（2）结核病 结核病是由结核分枝杆菌引起的人畜共患的一种慢性传染病。在屠畜中常见于牛，其次是猪和鸡。人多由饮用含有牛型结核分枝杆菌的生牛乳而感染。

① 宰前鉴定 结核病患畜生前的共同症状为渐进性消瘦和贫血，患牛最为明显。

a. 肺结核 咳嗽，呼吸困难，呼吸音粗并伴有啰音或摩擦音。

b. 乳房结核 有的表现为单纯的乳房肿胀，肿胀界限不清，无痛；表现为表面有凹凸不平的坚硬肿块或乳房实质有多个不痛不热的坚硬结节。泌乳期可见乳汁薄如水，颜色微绿，内含大量白色絮片和碎屑。

c. 肠结核 表现为便秘和下痢交替出现，或持续下痢。

d. 淋巴结结核 结核猪较多见，常见有颌下淋巴结、咽淋巴结等。特征是淋巴结肿大发硬，无热痛。

宰前检验确诊该病时，要进行结核菌素点眼或皮内注射。

② 宰后鉴定 胴体消瘦，器官或组织形成结核结节或干酪样坏死是结核病的特征。

a. 特异性结核结节 结核结节可分为增生性和渗出性两种基本类型。

• 增生性结核结节 是最多的一种病变，结节的特点是大小不一，呈针头大、粟粒大至鸡蛋大，多为灰色或淡黄色，坚实；新鲜的结节周围有红晕，陈旧的结节常发生钙化。

• 渗出性结核结节 其病变坚实，切面呈黄白干酪样坏死，病灶周围炎性水肿。表现为渗出性炎症过程。组织内出现纤维蛋白性或脓性渗出物，伴以淋巴细胞的弥漫性浸润。渗出物常不被吸收，也不形成结节，而是与组织一起发生干酪样坏死。

b. 发病部位 结核病变可发生在体内任何器官和淋巴结。肉检中，牛以肺、胸膜支气管淋巴结的结核病变最为多见，消化器官的淋巴结、腹膜和肝也常发生。猪的结核病变最常见于头部和肠系膜淋巴结。羊的结核病变常见于胸壁、肺和淋巴结。

c. 发病程度 宰后检验时要明确是局部性结核还是全身性结核。局部性结核病是指个别脏器或小循环的一部分脏器发病，如肺、胸膜及胸腹腔的个别淋巴结核等；全身性结核是指结核分枝杆菌经由大循环进入脾、肾、乳房、骨和胴体的淋巴结，而使不同部位组织器官同时出现结核病变。

③ 卫生处理

a. 患全身性结核病，且胴体瘠瘦者，其胴体及内脏作工业用或销毁。

b. 患全身性结核病而胴体不瘠瘦者，病变部作工业用或销毁，其余高温处理后出厂（场）。

c. 胴体部分淋巴结有结核病变时，将病变淋巴结割下作工业用或销毁，淋巴结周围部分肌肉高温处理后出厂（场），其余部分不受限制出厂（场）。

d. 肋膜或腹膜局部有病变时，病变处割下作工业用或销毁，其余部分不受限制出厂（场）。

e. 内脏或内脏淋巴结发现结核病变时，整个内脏作工业用或销毁，胴体不受限制出厂（场）。

f. 患骨结核的家畜，有病变的骨剔出作工业用或销毁，胴体和内脏高温处理后出厂（场）。

（3）布鲁菌病 布鲁菌病是由布鲁菌引起的人畜共患传染病。家畜中牛、羊和猪最为易感。其特征是生殖器官和胎膜发炎，引起流产、不育和各种组织的局部病灶。人可通过与病畜或带菌动物及其产品的接触或食用未经消毒的病畜肉、乳而感染。

① 宰前鉴定 牛、羊感染此病时，常见妊娠母畜流产、胎衣滞留、产出死胎。公畜主

要表现为睾丸炎或附睾炎，有些病例呈现关节炎、黏液囊炎，常侵害膝关节。

② 宰后鉴定　如发现屠畜有下列病变之一时，应考虑有布鲁菌病的可能。

a. 猪有阴道炎、睾丸炎及附睾炎、化脓性关节炎、骨髓炎，子宫黏膜有较多的高粱米粒大的黄白色结节，颈部及四肢肌肉变性；牛、羊患阴道炎、子宫炎、睾丸炎及附睾炎。

b. 肾皮质部出现荞麦粒大小的灰白色结节。

c. 管状骨或椎骨中积脓或形成外生性骨疣，使骨外膜表面呈现高低不平的现象。

③ 卫生处理

a. 屠畜宰前有症状，并在宰后发现病变，确认为布鲁菌病者，其胴体、内脏须作工业用或销毁。毛皮盐渍 60d 后出场，胎儿毛皮盐渍 3 个月后出场。

b. 宰前诊断为阳性而无症状、宰后检验无病变的家畜，其生殖器及乳房作工业用或销毁。胴体和内脏高温处理后出厂（场）。

（4）口蹄疫　口蹄疫是由口蹄疫病毒引起的一种急性、热性、高度接触性传染病。人易感染，小儿易感性较高，常发生胃肠炎。

① 宰前鉴定　口蹄疫主要症状是口腔黏膜和蹄部的皮肤形成水疱和溃疡，患畜体温升高，精神委顿、食欲减退、口腔黏膜、鼻盘、乳头和蹄部有水泡或烂斑、流涎、行走困难、跛行，重者蹄壳脱落。

② 宰后鉴定　口腔、蹄部出现水疱和烂斑，咽喉、气管和前胃黏膜见有圆形糜烂，胃肠有时出现出血性炎症。心脏因心肌变性而扩张，左心室壁和室中隔往往发生明显的脂肪变性和坏死，继而可见不整齐的斑点和灰白色的条纹，形似虎皮斑纹，特称"虎斑心"。肺有气肿和水肿，腹部、胸部、肩胛部肌肉中有淡黄色麦粒大小的坏死灶。

③ 卫生处理

a. 宰前确诊或疑似口蹄疫病畜时，将所有屠畜全部扑杀，病畜停留场所严格消毒。

b. 患畜整个胴体、内脏及其他副产品作工业用或销毁。

c. 同群动物及疑似被污染的胴体、内脏等高温处理后出厂（场）。毛皮消毒后出厂（场）。

（5）猪传染性水疱病　猪传染性水疱病又称猪水疱病，是由猪传染性水疱病病毒引起的急性传染病。特征为蹄部、口腔、鼻端和腹部皮肤发生水泡，与口蹄疫相似，但牛、羊等家畜不发病。人有感染性。

① 鉴定　本病可分为典型、温和型和亚临床型（隐性型），特征在蹄冠、蹄叉、蹄底等部形成水疱，融合破溃，行走艰难，严重者卧地不起，蹄壳脱落。有时在鼻端、舌面、乳房上也形成水疱或烂斑。全身症状为精神沉郁，食欲减退或停食，肥育猪显著掉膘。

② 鉴别诊断　水疱疹只感染猪，口蹄疫和水疱性口炎不仅感染猪，而且牛、羊、马均可感染。鉴别这种疾病，必须依靠中和试验、动物接种试验和病原特性检验。

③ 卫生处理　同口蹄疫。

（6）猪丹毒　猪丹毒是由丹毒丝菌引起的一种人畜共患的急性、热性传染病，主要表现为急性败血型和亚急性疹块型，也有的为慢性关节炎或心内膜炎。本病主要发生于猪。

人主要是丹毒丝菌从损伤的皮肤或黏膜侵入，也可通过食肉感染，称为"类丹毒病"。

① 宰前鉴定

a. 急性败血型　体温升高达 42℃，呈稽留热，喜卧阴湿地方，食欲废绝，间有呕吐，离群独卧。发病 1～2d 后，皮肤上出现红斑，耳、腹及腿内侧较多见，指压时褪色。

b. 亚急性疹块型　在颈、肩、胸、腹、背及四肢等处皮肤上出现圆形、方形、菱形或不规则形的红色疹块，疹块稍高出皮肤表面，边缘部分呈灰紫色，有的表面中心产生小水疱，或变成痂块。有的痂块自然脱落，留下缺毛的疤痕。

c. 慢性型　四肢关节，特别是腕关节、跗关节常发生关节炎，发生无能力障碍。有的病猪皮肤成片坏死脱落，也有耳壳或尾巴甚至蹄壳全部脱落的。

② 宰后鉴定

a. 急性败血型　胴体的耳根、颈部、胸前、腹壁和四肢内侧等处皮肤上，见有不规则的鲜红色斑块，指压褪色。红斑可相互融合成片，微隆起于皮肤表面。全身淋巴结充血肿胀，呈红色或紫红色。脾肿大明显，质地柔软，呈樱桃红色，切面外翻。肾脏肿大淤血，皮质部可见大小、多少不等的小点状出血。肺充血、水肿。心包积液，心冠脂肪充血发红，心内外膜点状出血，胃肠黏膜呈急性卡他性炎症变化。

b. 亚急性疹块型　皮肤上有特征性疹块，内脏病变同败血症。

c. 慢性型　主要病变是在二尖瓣上有菜花样赘生物，此外有关节炎和坏死等变化。

③ 卫生处理

a. 急性猪丹毒的胴体、内脏和血液作工业用或销毁。

b. 其他类型且病变轻微的，胴体及内脏高温处理后出厂（场），血液作工业用或销毁，皮张消毒后利用，脂肪炼制后食用。

c. 皮肤上仅见灰黑色痕迹而皮下无病变的病愈丹毒猪，将患部割除后出厂（场）。

（7）痘病　痘病是由痘病病毒引起的急性、热性传染病，临床上以皮肤和黏膜上发生特殊的丘疹和疱疹为特征。在典型病例中，由丘疹变为水疱以至脓疱，干涸结痂，脱落后痊愈。

① 宰前鉴定　病初体温升高到41～42℃，黏膜、结膜充血，眼、鼻流出黏性或脓性液体，无毛或少毛的部位出现丘疹、红斑。可表现为水疱、脓疱甚至结痂等不同形式。黏膜糜烂，有的形成脓疱，之后形成溃疡或坏疽。

牛痘、山羊痘多发生于乳房。猪痘主要发生于躯干的下腹部和肢内侧以及背部或体侧等处。

② 宰后鉴定　除皮肤有病变外，猪的口、咽、气管及支气管黏膜也有痘疹病变，绵羊呼吸道黏膜有出血性炎症，咽及第一胃有痘疹或溃疡。肺有圆形灰白色结节。

③ 卫生处理

a. 绵羊和猪的胴体有全身性出血或坏疽并确认为痘病者，作工业用或销毁。患良性痘疮而全身营养良好者，将痘疮割去后出厂（场）。头蹄有病变者，割除病变部分后出厂（场）。

b. 牛胴体割去病变部分后，不受限制出厂（场）。

c. 皮张干燥后出厂（场），或以不漏水工具直接运至制革厂加工。

（8）沙门菌病　沙门菌病是由沙门菌属细菌引起的人畜多种疾病的总称。本病对幼畜有较大危害性，常表现为败血症或胃肠炎，是引起人类食物中毒的主要因素之一，所以本病在公共卫生上很受人们的关注。

① 宰前鉴定

a. 猪沙门菌病　又称猪副伤寒。急性病例多为败血症型表现，发热、呆钝和虚弱，耳朵、腹部和股内侧皮肤先呈朱红色，后为蓝红色。慢性病例多为肠炎型表现，瘦弱贫血，长期顽固性腹泻，粪便呈糊状，具有恶臭味。

b. 牛沙门菌病　犊牛主要表现为胃肠炎、关节炎或肺炎，又称犊牛副伤寒。成年牛多为慢性或隐性感染，表现腹泻，可有关节炎的症状。

c. 羊沙门菌病　表现与猪、牛沙门菌病相似，母羊可发生流产。

② 宰后鉴定

a. 猪沙门菌病　急性病例多为败血症表现，耳根、胸前和腹下皮肤呈青紫色或有紫红色斑点，全身浆膜有点状出血，胃肠道卡他性炎症。慢性病例胴体表现为脱水，消瘦，被毛粗乱。肠道病变多集中在回肠和大肠部，肠系膜淋巴结肿大、灰红色，呈髓样肿胀。脾脏肿大。

b. 牛沙门菌病　慢性型的主要病变是肺脏呈卡他性、化脓性肺炎。肝脏有副伤寒结节散布。有时跗关节及肘关节也有炎症变化。急性型主要是出血性胃肠炎变化，成年牛胃肠黏膜潮红，常杂有出血或盖有假膜，脾脏高度肿大而柔软、肠系膜淋巴结肿大，切面点状出血。

c. 羊沙门菌病　主要呈出血性卡他性胃肠炎变化。

③ 卫生处理　血液及内脏作工业用或销毁，胴体有效高温处理后出厂（场）。

（9）猪链球菌病　猪链球菌病是由多种链球菌引起的一些疾病的总称，该病以颌下、咽部、颈部淋巴结出现化脓性炎症为特征。

① 宰前鉴定　败血型病猪出现体温升高，达41~42℃，食欲减退，眼结膜充血，流泪，有浆液性鼻液，便秘，皮肤有出血斑点。慢性病例主要表现为关节炎，跛行或站立不稳。脑膜炎型病例出现共济失调、盲目运动、全身痉挛等症，最后衰竭死亡。淋巴结脓肿型呈颌下淋巴结化脓性炎症，表现为局部隆起，触诊硬固，有热痛。

② 宰后鉴定　病猪皮肤出现紫斑，黏膜出血。浆膜腔积液，含有纤维素。全身淋巴结不同程度的肿大、充血和出血。肺充血肿胀。心包积液，淡黄色，心内膜有出血斑点。脾肿大，暗红色，易脆。肠系膜水肿。脑膜充血、出血，脑脊髓液混浊，增量，有多量白细胞。慢性病例表现心内膜炎和关节炎。

③ 卫生处理　患猪胴体及内脏经高温处理后出厂（场）。

（10）巴氏杆菌病　巴氏杆菌病是由多杀性巴氏杆菌引起的各种家畜和野生动物的一种传染病，以败血症和出血性炎症为主要特征。人感染多由动物咬伤和抓伤所致。

① 宰前鉴定

a. 猪巴氏杆菌病　又称"猪肺疫"，最急性型者，通常不见症状，突然死亡。急性者，体温升高，咳嗽，呼吸极度困难，呈犬坐姿式；皮肤发绀，耳根、四肢内侧有红斑，颈部、咽喉部炎性肿胀，伴有脓性结膜炎。慢性者表现持续性咳嗽，呼吸困难，腹泻，消瘦。

b. 牛巴氏杆菌病　患败血型的病牛，体温升高至41~42℃，精神沉郁，食欲减退或废绝，反刍停止，结膜潮红，呼吸、脉搏加快。水肿型者在头颈、咽、胸、肛门和四肢出现水肿，吞咽、呼吸困难。肺炎型者主要表现纤维素性胸膜肺炎症状。此时病牛出现呼吸困难，痛苦干咳，流鼻汁，后呈脓性或带有血色。胸部叩诊有疼感。肺部听诊有支气管呼吸音及水泡性杂音。

c. 羊巴氏杆菌病　病羊表现体温升高，呼吸加快，咳嗽，食欲减退或废绝，结膜潮红且有分泌物，颈、胸部水肿，腹泻，消瘦。

② 宰后鉴定

a. 猪巴氏杆菌病　多呈现纤维素性胸膜肺炎变化，肺明显实变，尖叶、心叶和隔叶有不同程度坏死区，周围水肿气肿，切面呈大理石样花纹。胸膜粗糙，有纤维素附着，并且与肺粘连。心外膜出血，心包、胸腔积液。脾和淋巴结出血，肺水肿。

b. 牛巴氏杆菌病　剖检可见颌下、咽后和纵隔淋巴结水肿、出血。全身浆膜与黏膜散布点状出血。咽喉部、下颌间、颈部与胸前皮下组织发生水肿，切开后流出微混浊的淡黄色液体。肺组织发生实质变性，颜色从暗红到灰白，切面呈大理石样花纹，并有黄色坏死灶。胸腔积有淡黄色絮状纤维素浆液。胃肠呈急性卡他性或出血性炎症。

c. 羊巴氏杆菌病　常见颈部和胸部水肿，胸腔积有纤维素渗出液，肺水肿、实质变性，胃肠黏膜出血，肝有坏死灶。

③ 卫生处理

a. 肌肉无病变或病变轻微时，将病变割除，胴体及内脏经高温处理后出厂（场）。

b. 肌肉有病变时，胴体、内脏与血液作工业用或销毁。

c. 皮张经消毒后出厂（场）。

（11）狂犬病　狂犬病是由狂犬病病毒引起的一种人和所有温血动物共患的急性接触性传染病，俗称"疯狗病"，又称"恐水症"。临床特征是神经兴奋和意识障碍，继之局部或全身麻痹而死。

① 宰前鉴定　可根据被犬咬的病史以及特征的症状建立诊断。主要表现是吞咽困难，唾液增多，精神兴奋，异常狂暴如摇尾、嘶鸣或哞叫、攻击其他动物或人。有的则表现精神沉郁，常躲在暗处，最后麻痹而死。

② 宰后鉴定　无特殊病变。尸体消瘦，有咬伤、裂伤，常见口腔和咽喉黏膜充血或糜烂，胃内空虚或有多种异物，如木片、石块儿、破布、鬃毛等，中枢神经实质和脑膜肿胀、充血或出血。病理组织学检查，于大脑海马角或小脑神经细胞内发现内基氏小体。

③ 卫生处理

a. 屠畜被狂犬咬伤后 8d 内未显现狂犬病症状的，胴体、内脏经高温处理后利用。超过 8d 者不准屠宰，采取不放血的方法扑杀后销毁。

b. 不能证明其确实咬伤日期的，一般不作食用。

c. 对狂犬病畜采取不放血的方法扑杀并销毁。

（12）钩端螺旋体病　钩端螺旋体病是由钩端螺旋体引起的一种人畜共患的自然疫源性传染病。家畜中主要发生于猪、牛、犬，马、羊次之。通常经浸泡在水中的皮肤、黏膜或被污染的食物感染人。

① 宰前鉴定　患畜体温升高，贫血，水肿，出现黄疸和血红蛋白尿。鼻镜干燥，唇和齿龈呈现坏死性溃疡，耳、颈、背、腹下、外生殖器官等处皮肤坏死脱落。有些病例可发生溶血，眼结膜潮红或黄染，皮肤黄染或坏死。

② 宰后鉴定　比较特殊的病变是皮下组织、全身黏膜、肌肉、骨骼、胸腹膜及内脏均呈黄色。皮肤坏死，肝脏肿大，胆囊充满黏稠胆汁。肾脏贫血及间质性炎，慢性经过时以肾脏变硬，特别是潜伏型常以肾脏变化为特征。脾脏中度肿大。血液稀薄，久不凝固。肺水肿，心、肠等脏器常有出血点。

③ 卫生处理

a. 处于急性期发热和表现高度衰弱的病畜，不准屠宰。

b. 宰后病变明显，胴体呈黄色并在一昼夜内不消失者，胴体及内脏作工业用或销毁。

c. 宰后未见黄疸或黄疸病变轻微，放置一昼夜后基本消失或仅留痕迹者，胴体和内脏经高温处理后出厂（场），肝脏销毁。

d. 皮张用浸渍法加工或盐腌或保持干燥状态，两个月后出厂（场）利用。

e. 处理钩端螺旋体病畜及其产品时，必须加强个人防护措施。

（13）破伤风　破伤风又名强直症，是由破伤风梭菌引起的一种人畜共患的急性、创伤性、中毒性传染病。临床特征是病畜全身肌肉或某些肌群呈现持续性的痉挛，对外界刺激的反射兴奋性增高。各种动物都能发生破伤风。

① 宰前鉴定　病畜骨骼肌强直性痉挛，兴奋反射性增高。两耳竖立，鼻孔张大，眼球不能运动，眼睑半闭，瞬膜明显外露，牙关紧闭，头颈伸直，背腰发硬，活动不自如，腹部紧缩，尾根翘起，四肢强直，状如木马，进退转弯困难。猪、牛、羊多横卧不起，四肢直伸向后方。

② 宰后鉴定　无特征性剖检病变。仅有肺充血水肿，实质器官变性，骨骼肌和心肌有变性坏死灶，躯干和四肢的肌间结缔组织有浆液性浸润，有小出血点。

③ 卫生处理

a. 肌肉无病变的，将创口割除后，不受限制出厂（场）。

b. 肌肉有局部病变的，病变部分作工业用或销毁，其余部分及内脏高温处理后出厂（场）。

c. 肌肉多处有病变的，胴体、内脏全部作工业用或销毁。

（14）牛海绵状脑病　牛海绵状脑病又名疯牛病，是由朊病毒引起的牛的一种中枢神经系统疾病。其临床表现和病理变化与人的克雅病十分相似，都是以神经细胞受到破坏、大脑蜕变而死亡。

① 宰前鉴定　病牛最常见的症状是触觉和听觉高度敏感，脖颈伸直，耳朵朝后。精神异常，表现为异常恐惧，烦躁不安。运动障碍，表现为四肢过度伸展，后肢运动失调，肌肉震颤，起立困难，重者躺卧不起。患牛体重和泌乳量下降，最后全身衰竭而死。

② 宰后鉴定　病理变化主要发生在中枢神经系统。脑组织神经元数目减少，脑两侧灰质神经呈对称性海绵样病变，脑神经核的神经元核周围空泡化，一般在延髓、脑桥和中脑处的脑横切面的切片中较常见，变化也较一致，尤其在延髓间脑部神经实质最严重。少数病例可见大脑淀粉样变。

对疑似病牛进行剖检，可采取其脑部组织制作切片，经 HE 染色后镜检，根据患牛脑干神经元空泡变化和海绵状变化的出现与否进行判定。

③ 卫生处理

a. 病牛或疑似病牛，严禁食用，一律扑杀销毁。

b. 牧场、畜舍的垫料、器具等被污染物应尽量销毁，不能销毁的器具可用 0.5% 以上的次氯酸钠经 2h 或 1～2mol/L 苛性钠经 1h 消毒。

c. 对处理病例时发生的外伤，用次氯酸钠彻底消毒。

（15）恶性水肿　恶性水肿是由腐败梭菌引起的家畜和人的一种创伤性急性传染病。临床特征是创伤及其周围呈现气性炎性水肿，并伴有全身性毒血症的症状。

① 宰前鉴定　在感染创伤的周围，出现弥漫性气性肿胀，肿胀迅速向周围蔓延。肿胀初期坚实有热有痛，后变为无热无痛，触之有捻发音。随着局部气性炎性水肿的急性发展，全身症状也趋恶化，体温升高至 41～42℃，精神沉郁，食欲废绝，呼吸困难，心脏衰弱，有时腹泻，粪便恶臭。牛、羊在分娩时感染本病，表现阴唇肿胀，阴道黏膜充血发炎，会阴部和腹下部呈现气性炎性水肿，阴道排出污秽的红褐色恶臭液体。

② 宰后鉴定　可见水肿部皮下和肌间结缔组织有大小不等的出血点，有红黄色乃至暗红色液体浸润，含有气泡，具有酸臭味。病变部肌肉松软呈煮肉样，容易撕裂，严重的呈暗红色或暗褐色。局部淋巴结肿大，实质器官变性，肺充血、水肿，心肌浊肿，心包腔积液。因分娩而感染的，子宫水肿，黏膜上被覆有污秽的粥状物；盆腔结缔组织和阴道周围组织明显水肿，并有气泡，局部淋巴结水肿。猪有时还发生胃型恶性水肿，胃壁显著增厚，硬似橡皮；胃黏膜潮红、肿胀，有时出血，黏膜下和浆膜下结缔组织以及肌间有淡红色酸臭并混有气泡的浆液浸润。肝脏含有气泡。

③ 卫生处理

a. 宰前发现恶性水肿病畜，禁止屠宰。

b. 宰后发现的，全部胴体、内脏、毛皮、血液销毁。被污染的胴体、内脏高温处理后出厂（场）。

2. 其他传染病的鉴定与处理

（1）猪瘟　猪瘟又名猪霍乱，是猪瘟病毒引起的一种猪的急性、热性、败血性传染病。以高热稽留和小血管壁变性引起的广泛出血、梗死和坏死等为特征。

① 宰前鉴定

a. 最急性型　表现为急性败血病症状，突然发病，高热稽留，皮肤和黏膜发绀，有出血点。

b. 急性型　精神高度沉郁，发热，食欲减退，寒战，背拱起，后肢乏力，步态蹒跚，重者全身痉挛。两眼无神，眼结膜潮红，口腔黏膜发绀或苍白。在耳、鼻、腹下、股内侧、会阴等处可见出血斑点，先便秘后腹泻。公猪阴鞘内积有恶臭尿液。

c. 亚急性型　与急性型相似，体温升高，扁桃体、舌、唇及齿龈出现溃疡。身体多处皮肤有出血点。

d. 慢性型　消瘦，便秘与腹泻交替出现，腹下、四肢和股部皮肤有出血点或紫斑。扁桃体肿大。

② 宰后鉴定

a. 最急性型　黏膜、浆膜和内脏有少量出血斑点，但无特征性病变。

b. 急性型　全身皮肤，特别是颈部、腹部、股内侧、四肢等处皮肤，有暗红或紫红的小出血点或融合成出血斑。脂肪、肌肉、浆膜、黏膜、喉头、胆囊、膀胱和大肠也有出血点。全身部分淋巴结呈出血性炎症变化，淋巴结肿大、暗红、质地坚实，切面外观呈大理石样花纹。脾出血性梗死。肾脏苍白色，有暗红色出血点。胃肠黏膜潮红，散布许多小出血点。

c. 亚急性和慢性型　病变常见于肺和大肠，前者肺切面呈暗红色，质地致密，间质水肿、出血，局部肺表面有红色网纹，后者肺脏表面有黄色纤维素，间质增厚，呈大理石样。肺脏、心包和胸膜发生粘连。大肠病变常见于结肠和盲肠，肠黏膜上有轮层状溃疡。

③ 卫生处理

a. 猪瘟病猪整个胴体、内脏、血液作工业用或销毁。

b. 猪瘟病猪的同群猪只和怀疑被污染的胴体和内脏作高温处理。皮张消毒后出厂（场）。

（2）牛瘟　牛瘟是由牛瘟病毒引起的主要发生于牛的一种败血性传染病，俗称烂肠瘟、胆胀瘟。急性病程的特征是黏膜坏死性炎症，消化道黏膜的病变则更具有特征性。

① 宰前鉴定　特征性症状是口腔黏膜的变化。初期流涎，口角、齿龈、颊内面和硬腭黏膜呈斑点状或弥漫性潮红，以后形成一层均匀的灰色或灰黄色假膜，极易脱落，露出形状不规则、边缘不整的出血烂斑。病畜排出稀糊状污灰色或褐棕色具恶臭的粪便，有时带血和脱落的黏膜。眼、鼻黏膜潮红或溃烂，流出浆液至脓性分泌物。

② 宰后鉴定　主要病变是消化道。口腔黏膜，特别是唇内侧、齿龈、舌下、舌侧面等处在弥漫性充血的背景下，见有结节或边缘不整齐的红色溃疡或糜烂，覆盖灰黄色麸皮样假膜。瓣胃中有大量干硬食物。真胃空虚，幽门区和皱襞处显著充血，常有麸皮假膜或具褐色痂皮溃疡，小肠和直肠黏膜红肿，密布点状出血，黏膜上皮坏死，形成假膜。胆囊肿大2～3倍，充满胆汁，胆囊黏膜树枝状充血或出血，形成溃疡。肝、肾、心实质变性。

③ 卫生处理

a. 宰前发现的，立即停止生产，封锁现场并向有关部门报告疫情。

b. 病牛胴体、内脏、血液、骨、角、皮张全部作工业用或销毁。

c. 被污染的胴体、内脏经高温处理后出厂（场），皮张消毒后出厂（场）。

d. 宰后发现的，立即停止屠宰，封锁现场、消毒，采取防疫措施。

e. 粪污销毁，污水严密消毒。

（3）恶性卡他热　恶性卡他热又名恶性头卡他或坏疽性鼻卡他，是由恶性卡他热病毒引起的牛的一种急性、热性传染病。特征是上呼吸道、头窦、口腔及胃肠道等黏膜发生急性卡他性纤维素性炎症，伴发角膜混浊和非化脓性脑膜脑炎。

① 宰前鉴定　病牛体温升高至41～42℃，呈稽留热，皮温不正常，额窦及角根部发热。所有典型病例几乎都是双眼同时患病，表现羞明、流泪，结膜充血，角膜混浊。鼻镜糜烂，

覆有干痂。鼻孔流出黏性或脓性发臭的分泌物，鼻黏膜高度潮红，有的覆有灰色易碎的纤维蛋白性假膜，剥落后留下溃疡面。口腔黏膜潮红，流涎，尤其是齿龈、唇内、硬软腭和颊部常见组织坏死，并形成污黄色斑点或假膜，甚至不同大小和外形的溃疡。咽部发炎的，则表现吞咽和呼吸困难。粪便先干后稀，有时混有血液或纤维蛋白碎片。病势严重者则虚弱昏迷，或磨牙哞叫；部分体表淋巴结明显肿胀。

② 宰后鉴定　除上述具有诊断意义的眼、鼻腔、口腔的特征性病变外，可见头颈、皮下和肌肉出血和水肿；咽部、会厌及食管黏膜亦见有糜烂或溃疡与充血、出血变化；心外膜小点出血，肺脏常有急性支气管肺炎灶。真胃和肠黏膜有炎症变化，泌尿道黏膜潮红，有点状出血。全身淋巴结肿大，呈棕红色，其周围显示胶状浸润，切面隆突、多汁，偶见坏死灶。

③ 卫生处理

a. 病变仅局限于头部（眼、鼻腔、口腔）或气管、肺及胃肠的，割除患部作工业用或销毁，其他部分高温处理后出厂（场）。

b. 多数器官和胴体（或淋巴结）有病变，全部作工业用或销毁。

（4）山羊传染性胸膜肺炎　山羊传染性胸膜肺炎俗称"烂肺病"，是由丝状支原体引起山羊特有的一种接触性传染病。以高热、咳嗽、肺和胸膜发生浆液纤维素性炎，并继发肺组织肉变坏死为特征。

① 宰前鉴定　病羊体温升高，呼吸困难，咳嗽干痛，有浆液性、黏液性乃至带铁锈色鼻液。叩诊多在一侧有浊音区，听诊呈支气管呼吸音和摩擦音。按压胸壁有痛感。高热稽留，痛苦呻吟，头颈伸直，背腰拱起。眼睑肿胀并有浆液性、黏液性或脓性分泌物。

② 宰后鉴定　病变多局限于胸部。胸腔内积有多量黄色渗出液，暴露于空气后有纤维蛋白凝块沉淀。胸膜上附有疏松的纤维蛋白絮片，肺胸膜和肋胸膜发生粘连。肺脏病变表现为纤维素性肺炎，肺实质内出现坚硬的、淡红色或暗红色、大小不等的肝变区。支气管淋巴结和纵隔淋巴结肿大，切面多汁并有出血点。心包腔内积有混杂纤维素的黄色液体。脾脏肿大，断面呈紫红色。心、肝、肾等器官变性。胆囊扩张，充满胆汁。

③ 卫生处理

a. 胴体与内脏有病变的，病变部分割除后作工业用或销毁，其余部分不受限制出厂（场）。

b. 胸腔有炎症的，胸腔器官及邻近部分作工业用或销毁。

c. 被炎性渗出物污染的胴体或内脏，洗净经高温处理后出厂（场）。

d. 羊皮经消毒或在隔离的条件下晒干后出厂（场），或用不漏水工具直接运至制革厂加工。

（5）气肿疽　气肿疽又称鸣疽，俗名黑腿病，是由气肿疽梭菌所致反刍动物的一种急性、热性、败血性传染病。特征是在肌肉丰满的部位发生气性肿胀。黄牛最易感。

① 宰前鉴定　气肿疽通常见于3个月到4岁的牛，病牛体温高达41～42℃以上。反刍停止。在股、臀、肩、颈部等肌肉丰满的部位发生气性炎性水肿。肿胀部气体很快沿皮下及肌间向四周扩散，肿胀部皮肤干燥、紧张，呈紫黑色，触诊硬固，有捻发音。肿胀破溃或切开时，流出污红色带泡沫的酸臭液体，多伴发跛行。

② 宰后鉴定　特征病变是在肌肉丰满的部位发生出血性气性炎性水肿，患部皮肤肿胀，按压有捻发音，切开病变部，患部肌肉呈暗红色或黑褐色，压有捻发音，触之易碎。切开流出酸臭味的液体且有气泡。

③ 卫生处理　同恶性水肿。

（6）羊快疫　羊快疫是由腐败梭菌引起的一种急性传病。特征是发病突然，病程短促，真胃出血性、坏死性炎。绵羊多发，山羊较少见。发病羊多在6个月至2岁之间。

① 宰前鉴定　突然发病，常在症状出现前死亡，病羊常死于放牧途中或圈舍内，多为肥壮的羊只。有些羊死前有腹痛、臌气，最后痉挛而死。有的离群独处，不愿走动。

② 宰后鉴定　真胃和十二指肠黏膜充血肿胀，并散在有出血斑点，黏膜下水肿，肠道内有大量气体。前胃黏膜常自行脱落，瓣胃内容物多干而硬。前躯皮下有血色胶样浸润，有时含有气泡。咽喉黏膜出血性胶样浸润，气管黏膜覆有血样黏液。肝脏肿大，质脆，土黄色如煮熟样。肾充血，个别病例有轻度软化现象。胸、腹腔积有或多或少的红色混浊液体。心包积液，呈黄色，有时呈胶样。心内外膜有出血点，心肌脆弱，呈淡的黄灰色，似煮熟样。全身淋巴结水肿。

③ 卫生处理　同恶性水肿。

（7）羊肠毒血症　羊肠毒血症又名类快疫，俗称软肾病，是由 D 型魏氏梭菌致绵羊的一种急性毒血症。以突然发病、病程短促和死后肾脏软化为主要特征。

① 宰前鉴定　突然发病，一类以抽搐为特征，另一类以昏迷和静静死去为特征。前者肌肉颤抖，眼球转动，磨牙，口水多，腹泻，倒地痉挛，左右翻滚，鼻流血沫，头颈伸缩，2～4h 死去。后者步态不稳，感觉敏感，角膜反射消失，腹泻，3～4h 死去。

② 宰后鉴定　皮下及肌肉出血，可在无毛处见有暗红色斑点，胸、腹腔、心包腔积液，心内外膜出血，心脏扩张，心肌松软。肠黏膜特别是小肠黏膜出血严重，致使整个肠段内壁呈红色，有的还出现溃疡，故有"血肠子病"之称。肠系膜胶样浸润，肠系膜淋巴结急性肿大。特征性病变是肾脏软化，实质呈红色软泥状。肝脏肿大，呈灰土色，质地脆弱，被膜下有带状或点状出血。脾肿大，但不软化。其他实质器官也有变性。全身淋巴结肿大，呈急性淋巴结炎，表面湿润，切面呈黑褐色。

③ 卫生处理　同恶性水肿。

二、家禽常见传染病的鉴定与卫生处理

1. 禽流感的鉴定与处理

禽流感是由 A 型流感病毒引起的家禽和野禽的一种从呼吸系统到全败血症等多种疾病的综合征。鸡和火鸡易感性最高，鸭、鹅很少感染。本病又称为真性鸡瘟，或称欧洲鸡瘟。

（1）宰前鉴定　流行初期的病例不见明显症状而突然死亡。症状稍缓和者可见精神沉郁，头翅下垂，鼻分泌物增多，常摇头，企图甩出分泌物，严重的可引起窒息，颜面水肿，冠和肉髯肿胀、发绀、出血、坏死，脚鳞变紫，下痢，有的还出现歪脖、跛行及抽搐等神经症状。蛋鸡产蛋停止。

（2）宰后鉴定　特征性病变是口腔、腺胃、肌胃角质膜下层和十二指肠出血。颈胸部皮下水肿。胸骨内面、胸部肌肉、腹部脂肪和心脏均有散在性的出血点。头部青紫，结膜肿胀、有出血点。口腔及鼻腔积有黏液，并混有血液。头部眼周围、耳和肉髯水肿，皮下有黄色胶样液体。肝、脾、肾常见灰黄色小坏死灶。卵巢和输卵管充血或出血。鸡见卵黄性腹膜炎。

（3）卫生评价与处理

① 宰前发现的，病禽采用不放血的方法扑杀后销毁。

② 宰后发现的，胴体、内脏和副产品均销毁。

2. 鸡新城疫的鉴定与处理

鸡新城疫又名亚洲鸡瘟，是由新城疫病毒引起的一种急性、热性、败血性传染病。鸡最易感，火鸡、鹌鹑和鸽也可轻度感染。水禽则具有极强的抵抗力。

（1）宰前鉴定　病鸡精神委顿，行动迟缓，体温升高（43～44℃），食欲减退或废绝，羽毛蓬乱，冠和肉髯青紫色或黑色，眼半闭合。常发咳嗽，呼吸困难，张口伸颈，常发出咯咯声。口腔和鼻腔中有大量积液，常作吞咽和摇头动作。嗉囊内充满液体和气体。将病鸡倒提时，从口中流出液体。排黄色、绿色或灰白色恶臭稀便，有时混有血液。病程长时，常出现神经症状。表现下肢瘫痪，翅下垂，全身肌肉运动不协调，头颈向一侧或向后扭曲，行走

时转圈或倒退。

（2）宰后鉴定　全身黏膜、浆膜和内脏出血，腺胃黏膜的出血溃疡最为常见。肌胃角质层下也有出血点，小肠、盲肠发生出血性坏死性炎症，并常见覆有假膜的溃疡。鼻腔、喉头、气管和支气管中积有多量污黄色黏液。喉头和气管黏膜充血或有小出血点。肺充血，气囊增厚。心尖和心冠有出血点。

（3）卫生评价与处理　与禽流感相同。

3. 禽伤寒的鉴定与处理

禽伤寒是由鸡伤寒沙门菌引起的一种主要发生于鸡和火鸡的禽类败血性传染病。多发生于成年鸡，鸭、鹅也可感染。病原菌有时可引起人的食物中毒。

（1）宰前鉴定　病禽体温升高，精神沉郁，肉髯、冠及黏膜苍白，羽毛蓬乱。食欲减退或消失，口渴喜饮。粪便呈黄绿色或褐黄色粥状物。

（2）宰后鉴定　肝、脾肿大约 3～4 倍，淤血，肝脏外观淡褐色或古铜色，切面散布有粟粒大小的灰白色坏死点。卵泡出血、变形。公鸡睾丸常有病灶。

（3）卫生评价与处理　与禽副伤寒相同。

4. 禽副伤寒的鉴定与处理

禽副伤寒是由鼠伤寒沙门菌、肠炎沙门菌、鸭沙门菌等沙门菌引起的传染病。各种家禽、野禽均易感。食用带菌的禽肉可引起人的沙门菌食物中毒。

（1）宰前鉴定

① 急性型　多见幼禽，鸭发病特别普遍和严重。病禽精神沉郁，反应挤堆，排水样便，肛门周围常被粪便污染。呼吸困难，常见痉挛性抽搐，头向后仰，病鸭常很快死亡。

② 慢性型　多见于成年禽，病禽极度消瘦和血痢，有时关节肿大而跛行，有时呈现转圈，轻瘫，甚至麻痹。

（2）宰后鉴定

① 急性型　肠黏膜呈现出血性卡他，盲肠黏膜多有糜烂或坏死病灶。肝脏肿大，黄色，质脆，散在有针尖大小或较大的灰白色坏死灶。

② 慢性型　可见胴体极度消瘦，脱水，肠黏膜坏死，肝脾肿大，卵巢的卵泡和输卵管变形、发炎，有时继发腹膜炎。

（3）卫生评价与处理

① 宰前确诊或可疑的病禽，急宰处理。

② 胴体无病变或病变轻微的，高温处理后出厂（场），内脏及血液作工业用或销毁。

③ 胴体有明显病变或消瘦的，胴体及内脏全部作工业用或销毁。

5. 禽结核病的鉴定与处理

禽结核是由禽结核分枝杆菌引起的慢性、消耗性传染病，主要发生于鸡，也可传染于人。

（1）宰前鉴定　病初症状不明显，食欲正常，后期病鸡委顿，冠、肉髯及可视黏膜苍白，羽毛蓬乱，骨显露。部分病鸡可能有顽固性下痢或跛行。但表现为进行性消瘦，体重减轻，翅下垂，不喜运动，极度消瘦，胸骨显露。

（2）宰后鉴定　结核病变最多见于肝脏、骨骼和关节，其次是脾脏和肠管，再次肺脏。结核结节大小不一，一般由针头大到粟粒大。肝和肠的结节可达豌豆大，且突出于器官表面。结核结节常呈灰白色或淡黄色，切开时见有结缔组织包囊，很少钙化。肠结核有时可形成溃疡。鸭结核病灶则多见于肺和肾，肠和肠系膜次之。常见粟粒大透明小结节或融合为豌豆大至榛实大或橄榄果大小的干酪样病灶。

（3）卫生评价与处理

① 胴体瘠瘦的，胴体及内脏作工业用或销毁。

② 胴体不瘠瘦的，病变部分作工业用或销毁，其余部分高温处理后出厂（场）。

③ 仅内脏发现结核病变的，内脏作工业用或销毁，胴体不受限制出厂（场）。

6. 禽霍乱的鉴定与处理

禽霍乱亦称禽巴氏杆菌病，是由多杀性巴氏杆菌引起的一种急性败血性传染病。各种禽类均有易感性，家禽中以鸡、鸭、鹅最为易感，火鸡亦可感染。

（1）宰前鉴定　可按病程分为最急性、急性和慢性三型，急性型和慢性型居多。

① 最急性型　发病急骤，常突然摇头倒地，死前看不到明显的临床症状，或于死前体温升高，冠呈蓝紫色，较肥或高产的禽容易发生。

② 急性型　病禽精神委顿，呆立一隅，嗜睡，羽毛蓬乱，翅下垂，头常藏于翅内。食欲不振或废绝，口渴，呼吸困难，从口鼻流出淡黄色泡沫状黏液，冠及肉髯青紫，肉髯肿胀。常发生剧烈下痢，粪便灰黄色或铜绿色，有时混有血液。病鸭有拍水表现，常因呼吸困难而张口呼吸，并常摇头，故有"摇头瘟"之称，常于1～3d内死亡。

③ 慢性型　病禽日渐消瘦，精神委顿。冠及肉髯显著肿大，苍白。常见关节肿大，甚至化脓，跛行。严重者鼻流黏液，鼻窦肿大，喉部蓄积分泌物，影响呼吸。

（2）宰后鉴定

① 最急性型　常见不到明显的病变，仅见心冠状沟部有针尖大的出血点，肝脏有细小的灰黄色坏死灶。

② 急性型　可见各处黏膜、浆膜及皮下组织呈现不同程度的出血点，十二指肠严重急性卡他性或出血性肠炎，内容物带血，心外膜有程度不同的出血，心冠和纵沟部的出血最为多见，往往血点密布，呈喷射状，心包扩张，蓄积较多的混有纤维素的淡黄色液体。肺充血，水肿，表面有出血点。肝脏肿大，柔软，呈棕色或棕黄色，质地脆弱，表面和切面散布针尖大至针头大灰黄色或灰白色坏死灶。

③ 慢性型　病变因细菌侵害的器官不同而异。有的关节和腱内蓄积混浊或干酪样渗出物；有的肉髯肿大，并含有大量干酪样物；有的鼻腔和鼻窦内有渗出物；雌性常见卵泡形状不正，质地柔软，腹腔内有豆腐渣样黄色卵黄。内脏的特征病变是纤维素性坏死性肺炎、胸膜炎和心包炎。

（3）卫生评价与处理

① 血液、内脏作工业用或销毁，胴体高温处理后出厂（场）。

② 羽毛消毒后出厂（场）。

7. 鸡马立克病的鉴定与处理

鸡马立克病是马立克病毒所致鸡的一种以淋巴样细胞增生为特征的肿瘤性疾病，主要发生于18周龄以下接近性成熟的小鸡。几周龄的幼鸡病程更为急剧。

（1）宰前鉴定　可按临床症状分为以下4个类型。

① 神经型　以周围神经的淋巴细胞浸润而引起的一翅或一腿进行性麻痹为特征，表现为患翅或患腿拖拉在地，或两腿前后分开呈劈叉状；两腿同时受害的，则倒地不起。一些病例头颈歪斜，呼吸困难，嗉囊胀大。

② 内脏型　一般只表现冠和肉髯苍白或黄染，极度贫血，进行性消瘦，精神委顿，闭眼，嗜睡，下痢，以至完全不能站立等。

③ 眼型　虹膜色素消失，变成灰白色，呈白色环形或完全"白眼"，瞳孔收缩或变形，甚至失明。

④ 皮肤型　皮肤上可见大小不等灰白色肿块或结节，有时形成以毛囊为中心的疥癣样小结节，并有结痂。

（2）宰后鉴定

①　神经型　常为一侧臂神经、坐骨神经或内脏大神经增粗（有的肿大2～3倍），呈黄色或黄白色，因水肿、变性而呈半透明状，神经干的横纹消失。偶见大小不等的黄白皂结节，使神经变得粗细不均匀。脊神经增大，病变蔓延至相连的脊髓组织中。

②　内脏型　常见性腺、脾、肝、肾、肠管、肾上腺、骨骼等发生淋巴细胞肿瘤性病灶。比正常的大数倍，颜色变淡，或出现不一致的淡色区。在器官的实质内呈灰白色的肿瘤结节。小的如粟粒大，大的直径数厘米，结节的切面平滑，呈灰白色。卵巢病变最为常见，显著肿大，形成很厚的皱褶，外观似脑回状。腺胃和肠管壁增厚、坚实，从浆膜或切面均可见到肿瘤性硬结节病灶。肌肉形成小的灰白色条纹以至肿瘤结节。法氏囊常萎缩，无肿瘤性结节形成，这是与鸡淋巴细胞性白血病不同之处。

③　眼型　虹膜的正常色素消失，呈圆形环状或斑点状以至弥漫的灰白色，所以俗称鸡白眼病或灰眼病。

④　皮肤型　与宰前检查所见相同。

（3）卫生评价与处理　与禽流感相同。

8. 鸡淋巴细胞性白血病的鉴定与处理

鸡淋巴细胞性白血病，是禽白血病病毒所致鸡的一种慢性肿瘤性疾病。14周龄以下的幼鸡很少发病，性成熟期的鸡发病率最高。

（1）宰前鉴定　病鸡一般无特征性症状。可能出现冠和肉髯苍白、皱缩。食欲不振，全身衰弱，消瘦。个别病鸡有下痢和腹部膨大现象。

（2）宰后鉴定　常侵害肝、脾和法氏囊，其他器官如肾、肺、性腺、心、胃肠系膜及骨髓等也可能受到损害，出现大小和数量不等的肿瘤病变。根据肿瘤的形态和分布，可分为结节型、粟粒型、弥漫型和混合型4种类型，其中以弥漫型最为常见。

①　弥漫型　病变器官呈弥漫性增大，如肝脏可增大数倍（故称大肝病），质地脆弱。色泽灰红，表面和切面散在着白色颗粒状病灶，肝脏外观呈大理石样。这是淋巴细胞性白血病的一个主要特征。

②　结节型　多呈球形扁平隆起，单个或大量散布于器官表面和实质，直径0.5～5cm。形状虽似结核结节，所不同的只是质地柔软，切面光亮。

③　粟粒型　多为直径不到2cm小结节，均匀分布于整个器官的实质，肝脏尤为严重。

④　混合型　兼有上述3种类型病变的特征。

（3）鉴别诊断　本病与内脏马立克病相似，在检验时应注意鉴别。

（4）卫生评价与处理　确诊的病鸡，不论肿瘤病变的轻重和多少，一律作工业用或销毁。

9. 鸡传染性法氏囊的鉴定与处理

鸡传染性法氏囊病又称腔上囊炎，是传染性法氏囊病病毒所致鸡的一种急性高度接触性传染病。该病常发生于3～15周龄的雏鸡和育成鸡，3～6周龄的鸡多发，3周龄以下的鸡感染后不表现临床症状，但可引起严重的免疫抑制。火鸡和鸭也能自然感染。

（1）宰前鉴定　早期症状是啄自身肛门周围的羽毛，饮水量增加，随后发生下痢，排淡白色或淡绿色稀粪，肛门周围的羽毛被粪便污染或沾污泥土，随着病程的发展，饮欲减退，逐渐消瘦，步态不稳，行走摇摆，头下垂，眼睑闭合，羽毛蓬松而无光泽，衰竭而死亡。

（2）宰后鉴定　患鸡或死亡鸡的胸肌、大腿肌常常出现条状及斑点状的出血点。各处脂肪组织和皮下均可见到点状出血，十二指肠、腺胃和总泄殖腔的黏膜上常有出血性病变，肾脏肿大呈灰白色，输尿管扩张，有的在输尿管腔内贮存有尿酸盐。最特征性的病变在法氏囊，感染初期（4～6d）法氏囊肿大，外观呈黄白色或灰白色，剖开后见内部贮有奶酪样和混浊的黏液，感染后7～10d发生法氏囊萎缩，周围的胶状物也随之消失，囊的实质变得小而硬。

（3）卫生评价与处理　同禽副伤寒。

10. 鸡传染性支气管炎的鉴定与处理

鸡传染性支气管炎是由冠状病毒传染性支气管炎病毒所致鸡的一种急性、高度接触性传染病，30d内的鸡极易感染，6周龄以上的小鸡和成年鸡也可感染发病。

（1）宰前鉴定　6周龄以上的小鸡和成年鸡最明显的症状是呼吸困难，气管啰音，打喷嚏，咳嗽，一般不见流鼻汁。产蛋量下降，并产软壳蛋、畸形蛋或粗壳蛋。蛋的质量变差，如蛋白呈稀薄水样，蛋黄与蛋白分离及蛋白黏着于壳内膜上，一般不出现下痢，但被侵害肾脏的毒株感染时，可引起肾炎和肠炎，常见急剧下痢。

（2）宰后鉴定　主要病变是气管、支气管和鼻腔有卡他性炎症。产蛋母鸡的腹腔内常见有液状的卵黄物质，卵泡充血、出血、变形，18d内发病后恢复的鸡只，输卵管发育异常，致使成熟期不能正常产蛋。

（3）卫生评价与处理　病变部分作工业用或销毁，胴体高温处理后出厂（场）。

11. 鸡传染性喉气管炎的鉴定与处理

鸡传染性喉气管炎是喉气管炎病毒所致鸡的一种急性接触性呼吸道传染病，本病传播快，病死率较高。

（1）宰前鉴定　急性患鸡的特征性症状是鼻孔中有分泌物和呼吸时发出湿性啰音，继而咳嗽和喘气。很多病鸡精神委顿，蹲伏于地上或栖架上。严重者呼吸困难，吸气时张嘴伸头，作尽力吸气的姿势。喘气时打喷嚏和痉挛性地咳嗽，间或喷出带血的黏液或凝固的血液。由于过量的炎性渗出物和血液在咽喉、气管或鸣管积聚，常使鸡窒息死亡。检查口腔时，可见喉部黏膜上有淡黄色凝固物附着，不易擦去。病鸡迅速消瘦，鸡冠发紫，有时排绿色稀粪，最后衰竭而死亡。症状较轻者仅见生长迟缓，产蛋减少，流泪，结膜炎，眶下窦肿胀，持续性鼻液分泌增多。

（2）宰后鉴定　主要病变见于喉部和气管。病初黏膜呈黏液性炎症，至中后期发生黏膜变性、坏死和出血，常覆有黄白色纤维素性干酪样假膜。有时喉部和气管完全被渗出物所充满。有的病例见脱落的上皮组织和血凝块。炎症也可扩散到支气管、肺和气囊，轻症病例，只见眼睑及眶下窦上皮肿胀和充血。

（3）卫生评价与处理

① 病变仅限于喉头与支气管的，病变部分作工业用或销毁，其他部分高温处理。

② 内脏出现病变时，连同喉头与支气管一并作工业用，其他部分高温处理。

12. 鸡传染性贫血的鉴定与处理

鸡传染性贫血是鸡传染性贫血病毒所致鸡的一种传染病。鸡是本病毒的唯一感染者，所有年龄的鸡都可感染，自然发病主要见于2～4周龄鸡，有混合感染时发病可超过6周龄。特征是再生障碍性贫血，全身淋巴组织萎缩，而导致免疫抑制。

（1）宰前鉴定　病鸡精神委顿，发育受阻，鸡冠、肉髯及可视黏膜苍白，皮肤出血。有的皮下出血，可能继发坏疽性皮炎。血液学检查，红细胞和血红蛋白明显降低，白细胞和血小板减少。

（2）宰后鉴定　肌肉、内脏器官苍白，血液稀薄。胸腺萎缩，或完全退化。骨髓萎缩是最特殊的变化，表现为骨髓脂肪化，呈淡黄色。部分病例法氏囊萎缩。肝肿大，发黄或有坏死斑点，腺胃黏膜出血。严重者肌肉和皮下出血。

（3）卫生评定与处理　与禽流感相同。

13. 禽痘的鉴定与处理

禽痘是由禽痘病毒所致鸡和火鸡的一种急性、热性、高度接触性传染病。鸭和鹅偶尔可感染。

（1）宰前鉴定，临床上可分为皮肤型、白喉型和混合型。

① 皮肤型　无毛和少毛部位，特别是冠、肉髯和眼睑等处，开始生成灰白色小结节，

突出于皮肤表面，随后扩大并融合结痂，痂皮脱落后，留下白色瘢痕。重症病鸡（特别是仔鸡）可能出现精神委顿，食欲消失，体重减轻，甚至死亡。

② 白喉型 病变主要在口腔和咽喉部分，先形成黄色斑，后融合成黄白色隆起的斑块，上覆一层假膜。呼吸和吞咽困难，常发出嘎嘎声。

③ 混合型 冠、肉髯、眼睑及皮肤上出现痘疹，同时口腔也发生白喉样病变。

（2）宰后鉴定 除上述病变外，在眶下窦、气管等处可发现灰白色结节状的痘疹，灰白色干酪样假膜或白喉性假膜、糜烂和溃疡。肝实质变性并散布小坏死灶，肾变为黄色，心外膜出血，胃肠黏膜有卡他性出血性炎症，有时见痘疱，体腔内积有浆液性渗出物。

（3）卫生评价与处理

① 病变仅限于头部的，头部作工业用或销毁，其余部分不受限制出厂（场）。

② 内脏有病变的，内脏作工业用或销毁，胴体不受限制出厂（场）。

③ 胴体局部皮肤有病变而肌肉无变化的，病变部销毁，其余部分经高温处理后出厂（场）。

④ 全身痘疹较多，且内脏又有病变的，全部销毁。

三、屠畜常见寄生虫病的鉴定与卫生处理

1. 人畜共患的寄生虫病的鉴定与处理

（1）囊尾蚴病 囊尾蚴病是由绦虫的幼虫所引起的一种人畜共患寄生虫病。多种动物均可感染此病。人吃进生的囊尾蚴病肉，即可在肠道中发育成有钩绦虫（猪肉绦虫）或无钩绦虫（牛肉绦虫）。

① 鉴定

a. 猪囊尾蚴病 猪囊尾蚴病是寄生于人体小肠内的有钩绦虫的幼虫——猪囊尾蚴在猪体内寄生所引起的疾病。

轻症的囊尾蚴病在临床上不易觉察，严重感染时才呈现症状，如患猪走路前肢僵硬，后肢不灵活，左右摇摆，似醉酒状，不爱活动，反应迟钝；如果寄生在舌部，则咀嚼、吞咽困难；寄生在咽喉，则声音嘶哑；寄生在眼球，则视力模糊；寄生在大脑，则出现痉挛，或因急性脑炎而突然死亡。

猪囊尾蚴多寄生于肩胛外侧肌、臀肌、咬肌、深腰肌、心肌、脑部、眼球等部位，所以我国规定猪囊尾蚴主要检验部位为咬肌、深腰肌和膈肌，其他可检验部位为心肌、肩胛外侧肌和股内侧肌等。肌肉中有许多椭圆形白色半透明的囊泡，囊内充满液体，囊壁上有一个圆形、粟粒大的乳白色头节，显微镜检查可见头节的四周有 4 个圆形吸盘和 2 圈角质小钩。

b. 牛囊尾蚴病 牛囊尾蚴病是寄生于人体内的无钩绦虫的幼虫——牛囊尾蚴在牛体内寄生所引起的疾病。

牛囊尾蚴与猪囊尾蚴外形相似，囊泡为白色的椭圆形，大小为 8mm×4mm。囊内充满液体，囊壁上附着无钩绦虫的头节，头节上有 4 个吸盘，但无顶突和小钩，这正是与猪囊尾蚴的主要区别。囊尾蚴主要寄生在牛的咬肌、舌肌、颈部肌肉、肋间肌、心肌和膈肌等部位。我国规定牛囊尾蚴主要检验部位为咬肌、舌肌、深腰肌和膈肌。

c. 绵羊囊尾蚴病 绵羊囊尾蚴病是由绵羊带绦虫的幼虫——绵羊囊尾蚴在体内寄生引起的绵羊的一种疾病。人不感染此病。

绵羊囊尾蚴主要寄生于心肌、膈肌，还可见于咬肌、舌肌和其他骨骼肌等部位。我国规定绵羊囊尾蚴主要检验部位为膈肌、心肌。绵羊囊尾蚴囊泡呈圆形或卵圆形，较猪囊尾蚴小。

② 卫生处理

a. 整个胴体在去除皮下脂肪和体腔脂肪后作化制处理。

b. 胃、肠、皮张不受限制出厂（场）。除心脏以外的其他脏器检验无囊尾蚴的，亦不受限制出厂（场）。

c. 患畜胴体剔下的皮下脂肪和体腔脂肪，炼制食用油。

（2）旋毛虫病　旋毛虫病是由旋毛线虫寄生于哺乳动物体内所引起的一种人畜共患寄生虫病。多种动物均可感染，屠畜中主要感染猪和犬。本病对人危害较大，人感染旋毛虫多与吃生猪肉、狗肉，或食用腌制与烧烤不当的含有旋毛虫包囊的肉类有关。因此，本病在公共卫生上甚为重要。

① 鉴定

a. 旋毛虫压片镜检法　猪体内肌肉旋毛虫常寄生于嚼肌、舌肌、喉肌、颈肌、咬肌、肋间肌及腰肌等处，其中膈肌部位发病率最高，并多聚集在筋斗和肌肉表面。我国规定旋毛虫的检验方法是：自胴体两侧横膈肌脚各取一小块肉样，先撕去肌膜作肉眼观察，然后顺肌纤维方向随机剪取米粒大肉样 24 块，进行压片镜检。肌旋毛虫包囊与周围肌纤维有明显的界线，镜下包囊内的虫体呈螺旋状。被旋毛虫侵害的肌肉发生变性、肌纤维肿胀、横纹消失，甚至发生蜡样坏死。

b. 旋毛虫的集样消化法。

② 鉴别诊断　旋毛虫包囊特别是钙化和机化的包囊，镜检时易与囊尾蚴、住肉孢子虫及其他肌肉内含物相混淆，应加以区别。见表 2-28。

表 2-28　猪囊尾蚴、旋毛虫、住肉孢子虫眼观及镜下区别

虫体名称		猪囊尾蚴	旋毛虫	住肉孢子虫
虫体形态		黄豆大包囊，囊内充满无色液体，白色头节如米粒大；镜检，头节有 4 个吸盘和角质小钩	呈灰白色半透明小点，包囊呈纺锤形、椭圆形，虫体常蜷曲成"S"形或"8"字形	呈灰白色或黄白色毛根状小体，镜下米氏囊内充满半月形滋养体和卵圆形孢子
虫体部位		咬肌、肩胛外侧肌、股内侧肌、心肌、腰肌等	多见于舌肌、喉肌、肋间肌、肩胛肌、膈肌、腰肌等	骨骼肌、心肌，尤以食道、腹部、股部等部位最多
虫体钙化灶	肉眼观察	椭圆或圆形，粟粒至黄豆大，呈灰白色、淡黄色或黄色，触摸有坚硬感	针尖或针头大，灰白或灰黄色；与钙化的住肉孢子虫不易区别	虫体钙化灶略小于囊尾蚴钙化灶，呈灰白色或灰黄色，触摸有坚实感
	压片镜检	不透明的黑色块状物	包囊内有大小不等的黑色钙盐颗粒，有的在包囊周围形成厚的组织膜	数量不等，浓淡不均的灰黑色钙化点，有时隐约可见虫体
	脱钙处理	可见角质小钩	可见虫体或残骸	可见虫体或残骸

③ 卫生处理　同囊尾蚴病。

（3）住肉孢子虫病　住肉孢子虫病是由住肉孢子虫寄生于肌肉间所引起的人畜共患寄生虫病。猪、牛、羊等多种动物均可感染。人也可患此病。

① 鉴定

a. 猪住肉孢子虫病　猪住肉孢子虫体形较小，虫体长 0.5～5mm，主要寄生在舌肌、膈肌、肋间肌和咽喉肌等处。肉眼观察可在肌肉中看到与肌纤维平行的白色毛根状小体。显微镜检查虫体呈灰色纺锤形，内含无数半月形孢子。如虫体发生钙化，则呈黑色小团块。重度感染的肌肉、虫体密集部位的肌肉发生变性，颜色变淡似煮肉样。有时胴体消瘦，心肌脂肪呈胶样浸润等变化。

b. 牛住肉孢子虫病　牛住肉孢子虫主要寄生于食管壁、膈肌、心肌及骨骼肌，白色纺锤形，虫体大小不一，长 3～20mm 不等。

c. 羊住肉孢子虫病　羊住肉孢子虫主要寄生于食道、膈肌和心肌等处，呈卵圆形或椭

圆形，最大的虫体长达 2cm，宽近 1cm。

② 卫生处理

a. 虫体发现于全身肌肉，但数量较少的，不受限制出厂（场）。

b. 较多虫体发现于全身肌肉，且肌肉有病变的，整个胴体作工业用或销毁；肌肉无病变的，则高温处理后出厂（场）。

c. 局部肌肉发现较多虫体，该部高温处理后出厂（场）；其他部位不受限制出厂（场）。

d. 水牛食管有较多虫体的，食管作工业用或销毁。

（4）弓形虫病　弓形虫病又称弓形体病，是由龚地弓形虫所引起的一种人畜共患原虫病。猪的感染率较高，在养猪场中可以突然大批发病，死亡率高达 60％以上。人可因接触和生食患有本病的肉类而感染，所以本病对人畜健康和畜牧业带来很大的危害和威胁。

① 鉴定　急性感染病猪体温升高，一般可达 40.5～42℃，呈稽留热；呼吸困难，流水样或黏性鼻液，咳嗽甚至呕吐；耳翼、鼻端、下肢、股内侧、下腹部位出现紫红斑或点状出血。宰后病变主要有肠系膜淋巴结、胃淋巴结、颌下淋巴结及腹股沟淋巴结肿大、硬结，质地较脆，切面呈砖红色或灰红色，有浆液渗出。急性型的全身淋巴结髓样肿胀，切面多汁，呈灰白色；肺水肿，有多量浆液流出，肝脏变硬、浊肿、有坏死点；肾表面和切面有少量点状出血。

确诊须进行病原检查、动物接种和免疫学诊断。

② 卫生处理

a. 病变脏器及淋巴结割除后作工业用或销毁。

b. 胴体和内脏高温处理后出厂（场）。

③ 皮张不受限制出厂（场）。

（5）棘球蚴病　棘球蚴病又称包虫病，是由细粒棘球绦虫和多房棘球绦虫的幼虫——棘球蚴寄生于羊、牛、马、猪和人肺等器官中引起的人畜共患寄生虫病。家畜中以牛和绵羊受害最重。

① 鉴定　棘球蚴主要寄生于肝脏，其次是肺脏。肝、肺等受害脏器体积显著增大，表面凹凸不平，可在该处找到棘球蚴；有时也可在其他脏器如脾、肾、脑、皮下、肌肉、骨、脊椎管等处发现。切开棘球蚴可有液体流出，形成腔洞，将液体沉淀，用肉眼或在解剖镜下可看到许多生发囊与原头蚴（即包囊砂）；有时肉眼也能见到液体中的子囊甚至孙囊。偶然还可见到钙化的棘球蚴或化脓灶。

② 卫生处理

a. 病变严重的器官，整个作工业用或销毁；轻者则将病变部分剔除后作工业用或销毁，其他部分不受限制出厂（场）。

b. 肌肉组织中有棘球蚴的，患部作工业用或销毁，其他部分高温处理后利用。

（6）肝片吸虫病　肝片吸虫病是牛、羊最主要的寄生虫病之一，由肝片吸虫引起，虫体通常寄生于牛、羊、鹿和骆驼等反刍动物的肝脏和胆管中，猪、马属动物及一些野生动物也可寄生。人亦有被寄生的病例报道。

① 鉴定　肝片吸虫虫体扁平，外观呈柳叶状，自胆管取出时呈棕红色，固定后变为灰白色。虫体长 20～30mm，宽 5～13mm。牛、羊急性感染时，肝肿胀，被膜下有点状出血和不规整的出血条纹；慢性病例，肝脏表面粗糙不平，颜色灰白，部分胆管显著扩张，常突出于肝脏表面，呈白色或灰黄色粗细不均的索状。切开肝脏，可见胆管黏膜由于结缔组织极度增生而肥厚，胆管壁变硬，胆管内壁粗糙，管腔内流出污褐色或污绿色黏稠的液体，其中含有虫体。胆管发生慢性增生性炎症和肝实质萎缩、变性，导致肝硬化。

② 卫生处理

a. 病变轻微的，割除病变部分，其他部分不受限制出厂（场）。

b. 病变严重的，整个脏器作工业用或销毁。

（7）复腔吸虫病　复腔吸虫病是由矛形复腔吸虫所引起的疾病。虫体寄生在牛、羊、猪、骆驼、马、鹿和兔等肝脏、胆管和胆囊内，多与肝片吸虫混合感染。这种吸虫主要见于反刍兽，偶见于人。

① 鉴定　矛形复腔吸虫虫体比肝片吸虫小，虫体长 5～15mm，宽约 1.5～2.5mm，扁平而透明，呈棕红色，前端尖细，后端较钝，表面光滑，呈矛状而得名。由于虫体的机械刺激和毒素作用，可见胆管轻度增生或黏膜卡他性炎症，胆管常呈粗细一致的粗索状。病程延长或严重侵袭时，可导致不同程度的肝硬变，边缘部分最为明显。切开所在的胆管，可见虫体随胆汁流出。

② 卫生处理　同肝片吸虫病。

（8）孟氏双槽蚴病　孟氏双槽蚴病是孟氏双槽绦虫的幼虫——双槽蚴寄生于猪、鸡、鸭、泥鳅、蛙和蛇的肌肉中所引起的一种寄生虫病。成虫寄生于犬、猫等动物的小肠内。猪主要由于吞食了含有双槽蚴的蛙类和鱼类而感染，人的感染主要是吃了生的或半生不熟的含有双槽蚴的肌肉所致，也有因用蛙皮贴敷治疗而感染的。

① 鉴定　孟氏双槽蚴为乳白色扁平的带状虫体，头似扁桃，伸展时如长矛，背腹有一纵行吸沟，虫体向后逐渐变细，体长 1～100cm，偶尔可见长达 1～2m 的虫体。主要寄生于猪的腹肌、膈肌、肋间肌等肌膜下或肠系膜的浆膜下和肾周围等处。宰后检验中最常于腹斜肌、体腔内脂肪和膈肌浆膜下发现，盘曲成团。如脂肪结节状，展开后如棉线样；如寄生于腹膜下，虫体则较为舒展。寄生数目不等。严重感染者寄生数目可达 1700 余条。

② 卫生处理　现行规程尚无规定。虫体较少时可经高温处理后出厂（场），虫体数量过多的局部作工业用或销毁。

（9）华支睾吸虫病　华支睾吸虫病由后睾科支睾属的华支睾吸虫寄生于猪胆管内所引起的一种吸虫病。除猪感染寄生以外，也可寄生于人、犬等动物肝脏的胆囊及胆管内，可使肝脏肿大并导致其他肝病变，是一种重要的人畜共患寄生虫病。所以本病在公共卫生上十分重要。

① 鉴定　华支睾吸虫虫体扁平呈叶状，前端稍尖，后端较钝，体表光滑，虫体长 10～25mm，宽 3～5mm。由于虫体机械性刺激引起胆管和胆囊发炎，管壁增厚。消化功能受到影响。严重感染时，虫体阻塞胆管，使胆汁分泌障碍，并出现黄疸现象。寄生时间久之后，肝脏结缔组织增生，肝细胞变性、萎缩，毛细血管栓塞形成，引起肝硬化。主要病变是胆囊肿大，胆管变粗，胆汁浓稠，呈草绿色。肝表面结缔组织增生，有时引起肝硬化或脂肪变性。切开肝脏、胆管和胆囊，有许多虫体。

② 卫生处理　同肝片吸虫病。

2. 其他寄生虫病

（1）球孢子虫病　又称贝诺孢子虫病，是贝诺球孢子虫或贝氏贝诺孢子虫所致牛、马、羊和骆驼的一种慢性寄生虫病。其特征是皮肤过度增生肥厚而表现为慢性皮炎、脱毛、皲裂，因此又名厚皮病。本病不仅降低皮肉质量，而且还可引起母牛流产、公牛精液质量下降，对养牛业发展危害较大。

① 鉴定　贝诺球孢子虫寄生于牛的皮肤、皮下结缔组织、筋膜、浆膜、呼吸道黏膜及眼结膜、巩膜等部位。虫体形成包囊，包囊为宿主组织所形成，故称为假囊。假囊呈灰白色，圆形，细砂粒样；散在、成团或串珠状排列；直径约为 100～500μm。囊壁由两层构成，内层薄，含有许多扁平的巨核；外层厚，呈均质而嗜酸性着染，囊内无中隔。假囊中的滋养体为新月状或香蕉状，一端尖，另一端圆，核偏中央。

患部皮肤粗糙，被毛稀少，弹性消失，厚而坚硬，出现皱褶，严重者呈格子状，类似大象皮肤。在头部、四肢、背部、臀部、股部、阴囊、腰部等处，可见皮下结缔组织和表层肌间结缔组织增生肥厚，其中有许多灰白色圆形砂粒样的坚硬球孢子虫小结节，外有结缔组织包囊。严重病例，除全身皮下结缔组织外，在浅表肌层、大网膜、舌、喉头、气管和支气管黏膜、肺以及大血管内壁和心内膜上可见到寄生性结节。

确诊本病，可在皮肤病变部切取一小块或刮取皮肤深部组织，压片后镜检有无假囊或滋养体。宰后检查，在皮下、喉头、声带、软腭、鼻腔等黏膜上有散在大量白色的圆形包囊，并由包囊中检查出香蕉状的滋养体。

② 卫生处理　同住肉孢子虫病。

（2）肺线虫病　肺线虫病是由各种肺线虫寄生于支气管、细支气管内引起的一种慢性支气管肺炎。牛、羊、猪均可感染，羊和猪较为严重。严重感染时，引起肺炎，且能加重肺部其他疾病的危害。

① 鉴定

a. 猪肺线虫病　又称猪肺丝虫病或猪后圆线虫病。由长刺后圆线虫、复阴后圆线虫寄生引起。虫体呈丝线状，寄生于猪的支气管、细支气管和肺泡。肉眼病变一般不明显。在肺隔叶腹面边缘有楔状肺气肿区，支气管增厚、扩张，靠近气肿区还有坚实的灰色小结节，周围呈淋巴样组织增生和肌纤维肿大。支气管内有虫体和黏液。

b. 羊肺线虫病　也叫羊网尾虫病或肺丝虫病。病理变化为尸体消瘦，贫血，支气管和纵隔淋巴结肿大。支气管内含有黏性至黏脓性甚至混有血液的分泌物团块，团块中有大量的成虫、幼虫和虫卵。支气管黏膜混浊肿胀、充血，并有小点状出血；支气管周围发炎，并有不同程度的肺膨胀不全和肺气肿。虫体寄生部位的肺表面稍隆起，呈灰白色，触诊有坚硬感，切开可见有虫体。

c. 牛线虫病　又称牛网尾线虫病，是胎生网尾线虫寄生于牛的气管和支气管引起。虫体呈乳白色，细长如粗棉线，40～80mm 不等。病理变化为肺气肿、肺门淋巴肿大，有时胸腔积液。肺脏肿大，有大小不一的块状肝变。尸体剖检在大小支气管可见虫体堵塞。

② 卫生处理　轻度感染，割除患部；严重感染且肺部病变明显的整个器官作工业用或销毁。

（3）细颈囊尾蚴病　细颈囊尾蚴病是由泡状带绦虫的幼虫——细颈囊尾蚴寄生于多种动物体内所引起的一种常见寄生虫病。成虫寄生在犬、狼等肉食兽的小肠内，幼虫寄生于猪、黄牛、绵羊、山羊等多种动物。

① 鉴定　细颈囊尾蚴主要寄生于大网膜、肠系膜、肝、肺部位，俗称"水铃铛"，呈囊泡状，黄豆大或鸡蛋大，大小不等，囊壁乳白色，囊泡内含透明液体。眼观囊壁上有一个不透明的乳白色结节，即其颈部及内凹的头节所在。翻转结节的内凹部，能见到一个相当细长的颈部与其游离端的头节，头节上有 4 个吸盘和由 26～46 个角质小钩组成的一个双排齿冠。虫体寄生部位，形成较厚的包膜，包膜内虫体死亡、钙化；重者可形成一片球形硬壳，破开后可见到许多黄褐色的钙化碎片，以及淡黄色或灰白色头颈残骸。

② 卫生处理　严重患病器官，整个作工业用或销毁；轻的，将患部割除，其他部分不受限制出厂（场）。

（4）肾虫病　肾虫病又名猪冠尾线虫病，是由有齿冠尾线虫寄生于猪的肾盂、肾周围脂肪和输尿管壁等处引起的一种线虫病。本虫无需中间宿主，多以幼虫经消化道或皮肤感染。幼虫在体内移行过程中，可使许多器官特别是肝和肺受到损害。本病分布广泛，对养猪业，尤其是对种猪场危害很大。

① 鉴定　经消化道重度感染的猪只，呈现急性损伤性肝炎、肝出血和形成脓肿，甚至发生肝硬变。肝淋巴结急性肿胀，肝门结缔组织水肿并常被染成淡红色或灰褐色。肝实质和肝表面有灰白色大小不等的结节，中心的为出血灶，从较大的结节中可以找到幼虫。沿门静脉分支常有红褐色瘤样的小血栓，小心切开，可在黑褐色血栓中找到幼虫，长约 0.5～1cm。

在肝门结缔组织中也可见到较大的带虫包囊。肺脏受到侵袭时，在胸膜下肺小叶间常见暗红色条状出血灶，撕开后，可找到灰白色幼虫。严重侵袭时，常导致肺的广泛性出血和炎症，肺胸膜显著增厚，肺气肿。病灶中的虫体也常发生钙化死亡。肺门淋巴结水肿。

肾虫最终在肾脏、肾周围脂肪中和输尿管壁定居并形成包囊。这些包囊常带有瘘管与输尿管相通，周围结缔组织浆液性或出血性浸润，囊内含脓液和虫体，这种包囊也见于肾盂。有时引起化脓性肾炎和间质性肾炎。此外，肾虫也可见于膈肌和脊椎骨周围组织，甚至皮下结缔组织。

② 卫生处理　病变器官和组织作工业用或销毁，其余部分不受限制出厂（场）。

（5）前后盘吸虫病　前后盘吸虫病是前后盘科各属的多种前后盘吸虫引起的疾病。成虫寄生于牛、羊等反刍兽的瘤胃和胆管壁上，一般危害不严重。但大量幼虫在移行过程中寄生于真胃、小肠、胆管和胆囊时，可引起较严重的疾病，甚至导致死亡。

① 鉴定　前后盘吸虫因其种属很多，虫体大小亦因种类不同而有差异，小的虫体长仅几毫米，大的虫体长可达二十多毫米。虫体呈深红色、粉红色，有的呈乳白色；圆柱状，或梨形、圆锥形等；有两个吸盘，口吸盘位于虫体前端，腹吸盘很发达，位于虫体后端，大于口吸盘。有些虫体具有腹袋；有的口吸盘连有一对突出袋；角皮光滑，缺咽和食道，有两个肠管，睾丸多数分叶，常位于卵巢之前；卵黄腺发达，位于虫体两侧。

幼虫在移行阶段，可见于真胃、十二指肠、胆管和胆囊中，剖检可见尸体消瘦，黏膜苍白，腹腔内含有淡红色的液体，有时在腹腔渗出液中甚至肾盂内也可发现幼小的虫体。真胃幽门部的黏膜有出血点和黏液。

② 卫生处理　轻的除去虫体，重的切除虫体侵害部分，其余部分不受限制出厂（场）。

（6）蠕形螨病　蠕形螨病又称毛囊虫病或脂螨病，是由蠕形螨科中的各种蠕形螨寄生于毛囊或皮脂腺中引起的一种寄生虫病。家畜各有其固有的蠕形螨寄生，但彼此互不感染。犬和猪蠕形螨病较为多见，羊、牛也常有此病。寄生于人体的有毛囊蠕形螨和皮脂蠕形螨两种。患蠕形螨病的牛皮和猪皮，在制革生产上很不适用。

① 鉴定　本病以引起皮脂腺——毛囊炎为特征。猪蠕形螨病多发生于细嫩皮肤的毛囊、皮脂腺或皮下结缔组织中。一般先发生于眼周围、鼻部和耳基部，而后逐渐向其他部位蔓延。病变部出现针尖、米粒甚至核桃大小白色的囊，囊内含有很多蠕形螨、表皮碎屑及脓细胞。当细菌感染严重时，成为单个的小脓肿。有的患病皮肤增厚，不洁，凸凹不平且覆有皮屑，并发生皱裂。

牛蠕形螨病一般发生于头部、颈部、肩部、背部或臀部，形成针尖至核桃大小的白色小囊瘤，内含粉状物或脓样液。也有只出现鳞屑而不形成疮疖的。切开皮肤结节或脓疱，取其内容物作涂片镜检，蠕形螨细长，似蠕虫状，呈半透明乳白色，一般体长 0.25～0.3mm，宽为0.04mm。外形上可以分为头、胸、腹三个部分。头部具蹄状口器（又称假头），口器由一对须肢、一对螯肢和一个下板组成；胸部有四对短粗的足；腹部长，表面具有明显的环形皮纹。

② 卫生处理

a. 轻度感染的，将病变皮肤切除后作工业用或销毁，其余部分不受限制出厂（场）。

b. 严重感染且皮下组织有病变的，剥去病变部皮肤并切除病变组织后高温处理。

四、家禽常见寄生虫病的鉴定与卫生处理

1. 球虫病的鉴定与处理

球虫病是由艾美耳球虫属中的一些球虫如柔嫩艾美耳球虫、毒害艾美耳球虫、巨型艾美耳球虫、堆型艾美耳球虫等引起的一种地方流行性原虫病。该病主要侵害幼鸡，其他禽类如鸭、鹅、火鸡、鸽、鹌鹑等均可感染发病，但不如鸡球虫病严重。

（1）宰前鉴定　早期症状是全身衰弱，精神委顿，病鸡喜欢拥挤成堆，两翅下垂，羽毛

蓬乱，闭眼嗜睡。特征性症状是下痢，便中带血。

青年鸡和成年鸡常发生慢性肠型球虫病，而且仅少数鸡有临床表现。冠和肉髯苍白，食欲不振，形体瘠瘦，羽毛蓬乱，间歇性下痢，两腿无力或瘫痪。

（2）宰后鉴定　病变主要是盲肠显著肿大，呈棕红色或暗红色，肠壁增厚，质地坚实，肠内充满凝血块或混有血液的坏死物。

慢性肠型球虫病的病变主要在十二指肠，肠壁发炎增厚，有时在浆膜上可见到白色小斑点，黏膜发炎、粗糙，覆有黏液性渗出物。

（3）卫生评价与处理　病变肠管废弃，其余部分不受限制出厂（场）。

2. 组织滴虫病的鉴定与处理

组织滴虫病又名传染性盲肠肝炎，俗称黑头病，是火鸡组织滴虫所致禽类的一种急性原虫病。火鸡最易感，其次是鸡、野鸡、孔雀、珠鸡和鹌鹑等均可感染发病。以2周龄到4月龄的幼鸡最易感染，成年鸡感染后病情较轻。

（1）宰前鉴定　病鸡精神委顿，食欲减退或废绝；羽毛蓬乱，无光泽，两翅下垂，身体蜷缩，畏寒，嗜睡；下痢，粪便呈淡黄色或淡绿色，严重者粪便带血色，甚至排出大量血液。后期由于循环障碍，病鸡的面部皮肤和冠呈蓝紫色或暗黑色，所以有"黑头病"之称。

（2）宰后鉴定　病变主要在盲肠和肝脏。多见一侧盲肠发生严重的出血性炎，盲肠内充满血液。典型病例，见盲肠肿大，肠壁变厚，坚实，形似香肠。剖开肠管，见肠腔充满干燥、坚实、干酪样的栓子。栓子横切面中心为黑红色凝血块，周围为灰白色或淡黄色的渗出物和坏死物。剥离栓子后，肠管只剩下薄的肠壁浆膜层，其黏膜层和肌层均被破坏。盲肠溃疡可使肠壁破裂，引起腹膜炎。

肝脏肿大，病变可见于整个肝表面。在肝被膜面散在或密发圆形、不规则形微凹陷的淡黄色或绿色坏死灶，周围常有红晕环绕。有时坏死灶相互融合成大片融合性坏死灶。

（3）卫生评价与处理　病变器官废弃，其余部分不受限制出厂（场）。

目标检测

1. 肉在保藏时会发生哪些变化，变化的原因及不同阶段肉的主要性状是什么？
2. 肉冷冻的各个阶段变化及卫生要求是什么？冷藏不符合要求的肉如何处理？
3. 如何做好冻肉的食品卫生检验工作？
4. 冷库的食品卫生管理包括哪些内容？
5. 熟肉制品的加工卫生及卫生检验的主要内容是什么？
6. 试述肠制品的概念和种类。
7. 简述香肠和灌肠的主要区别。
8. 试述中式香肠的加工工艺及质量控制。
9. 试述熟制灌肠加工的基本工艺及质量控制。
10. 试述南京香肚的加工工艺及操作要点。
11. 麻电致昏引起的组织出血与传染病感染时的区别。
12. 简述皮肤病理变化，如何进行卫生评价及处理？
13. 肺脏常见病变有哪些？如何处理？
14. 肝脏常见病变有哪些？如何处理？
15. 作为检验人员，如果遇到了不明白的组织器官病变时，如何进行鉴定并处理？
16. 宰后发现炭疽时如何处理？
17. 宰后出现旋毛虫如何处理？

项目三　乳制品加工与检验

【知识目标】
- 理解鲜乳的化学组成和理化性状。
- 掌握鲜乳、品质异常乳卫生检验方法。

【技能目标】
- 能够对鲜乳收购进行卫生检验。
- 会对不合格鲜乳和品质异常乳进行处理。
- 熟练运用鲜乳和品质异常乳检验方法进行检验。

乳中含有初生动物所必需的全部营养成分，是哺乳动物出生后赖以生长发育的完全食物。乳的成分与性质受动物的生理、病理和其他因素的影响，所以可将乳分为初乳、常乳、末乳和异常乳。

一、乳的化学组成

乳是多种物质组成的混合物，含有上百种成分，主要由水、脂肪、蛋白质、乳糖、无机盐、维生素及酶类等物质组成。正常乳各种成分的含量比较稳定，但受动物的种类、品种、年龄、泌乳期、季节、气温、健康状况、饲料及挤奶等因素的影响而发生变化。其中变化最为明显的是脂肪，其次为蛋白质，而乳糖和无机盐的变化很小。哺乳动物正常乳汁的主要化学成分及其含量见表3-1。

表3-1　哺乳动物乳化学成分组成及含量　　　　　　　　　单位：%

乳的成分	水分	脂肪	乳糖	酪蛋白	乳白蛋白和乳球蛋白	灰分
牛乳	87.32	3.75	4.75	3.00	0.40	0.75
山羊乳	82.34	7.57	4.96	3.62	0.60	0.74
绵羊乳	79.46	8.63	4.28	5.23	1.45	0.97
马乳	90.68	1.17	5.77	1.27	0.75	0.36
犬乳	75.44	9.57	3.09	6.10	5.05	0.73
人乳	88.50	3.30	6.80	0.90	0.40	0.20

二、乳的理化性状

乳的物理性质不仅是辨别乳质量的必要因素，同时也是辨明加工中牛乳变化和检验牛乳掺杂情况的依据，包括以下几个方面。

1. 色泽

新鲜乳的色泽与季节、饲料和乳畜的品种等有一定的关系。新鲜牛乳呈现乳白色或微黄色的不透明的液体。

2. 滋味

新鲜牛乳的甜味来自于乳糖，微酸来自于柠檬酸和磷酸，又因含有氯化物而具有咸味，而苦味来自于钙和镁。异常乳中的乳房炎乳，因氯的含量较高而有较浓厚的咸味。山羊乳因含有的特别脂肪酸而具有膻味。

3. 气味

乳有令人愉快的特殊香味，主要是低级脂肪酸、丙酮酸、乙醛类和二甲硫及其他挥发性物质所构成，遇热香味更浓。

4. 密度

正常乳的密度为 $1.028 \sim 1.032$ g/mL，平均为 1.030 g/mL。乳密度的大小由乳中干物质的含量决定，非脂乳干物质多则密度增加；反之则密度降低。掺水或脱脂，乳的密度都会受到影响，鲜乳脱脂后密度增加。此外乳的密度还受温度影响。因而在验收时，需测定乳的密度。

5. 酸度

新鲜正常乳的 pH 值在 $6.4 \sim 6.8$，平均为 6.6，酸败乳和初乳的 pH 值在 6.4 以下，乳房炎乳和低酸度乳的 pH 值在 6.8 以上。羊乳的 pH 值在 $6.3 \sim 6.7$。乳酸度的增高，可使乳对热的稳定性大大降低，也会降低乳的溶解度和保存期，对乳品加工及乳品质量有很大影响。所以乳酸度是乳品卫生质量的重要指标，在贮藏鲜乳时为防止酸度升高，必须迅速冷却，并在低温贮藏。

乳的酸度以 °T 来表示，牛乳的酸度通常为 $16 \sim 18$ °T，称为固有酸度或自然酸度，主要是乳中的蛋白质、氨基酸、柠檬酸盐、磷酸盐和 CO_2 等酸性物质所形成，与贮藏过程中微生物生长繁殖产生的酸无关。另外乳在贮藏过程中，微生物的生长繁殖，分解乳糖产生乳酸使 pH 值升高，称为发酵酸度。自然酸度与发酵酸度之和，称为总酸度。通常所说的牛乳酸是指其总酸度。

6. 冰点和沸点

因乳中含有乳糖、蛋白质和无机盐等物质，冰点较低，一般牛乳的冰点在 $-0.565 \sim -0.525$℃。乳中掺入水可导致冰点上升，掺水 1%，冰点约上升 0.0054℃。故可用测定冰点的方法检验乳中是否掺水。

牛乳的沸点在 101kPa 下约为 100.55℃。乳的沸点受乳中干物质含量的影响，乳浓缩时，沸点会相应上升。

7. 表面张力

表面张力与泌乳期、乳中干物质含量和温度有关，初乳中蛋白质含量高则表面张力低。新鲜牛乳在 15℃时表面张力为 $0.04 \sim 0.062$N/m，全脂乳表面张力为 0.052N/m，脱脂乳为 0.056N/m。温度高，乳的表面张力低。测定乳的表面张力可用于区别正常乳和异常乳，也可初步判定生乳和杀菌乳。

8. 黏度

乳的黏度实际指乳中各分子的变形速度与切变应力之间的比例关系。它与乳的化学组成、泌乳期和温度有关，初乳、末乳和病畜乳的黏度比正常乳大，乳的含脂率或非脂乳固体含量增加时黏度升高，温度升高时乳的黏度降低。

任务一　鲜乳的检验

子任务1　乳新鲜度的检验

一、技能目标

鲜乳挤出后不及时冷却，污染的微生物就会滋长繁殖，使乳中细菌数增多，酸度增高，风味恶化，新鲜度下降，影响乳的品质和加工利用。

通过本次实训，要求掌握检验原料乳新鲜度的方法。

二、任务实施

1. 乳的感官检查

正常牛乳应为乳白色或稍带黄色，有特殊的乳香味，无异味，组织状态均匀一致，无凝块和沉淀，不黏滑。评定方法如下。

（1）色泽和组织状态检查　将少许乳倒入瓷皿中，观察颜色。静置30min后将乳小心倒掉，观察有无沉淀和絮状物。用手指蘸乳汁，检查有无黏稠感。

（2）气味的检查　将少许乳倒入试管中加热后，嗅其气味。

（3）滋味的检查　口尝加热后乳的滋味。

根据各项感官鉴定，判断乳样是正常乳或异常乳。

2. 酸度滴定试验

通过测定牛乳的酸度可以确定牛乳的新鲜度，同时可反映乳质的实际情况。

（1）原理　新鲜牛乳的酸度一般为16～18°T。在牛乳存放过程中，由于微生物的活动，分解乳糖产生乳酸，使乳的酸度升高。所以测定乳的酸度是判定乳新鲜度的重要指标。

（2）材料

① 仪器　碱式滴定管。

② 试剂　0.1mol/L NaOH标准溶液；1%酚酞指示剂；不同新鲜度的乳样2～3种。

（3）操作方法　用吸管量取10mL混匀的乳样，注入150mL三角瓶中，加入20mL中性蒸馏水稀释，加入5滴酚酞指示剂，小心混匀，以0.1mol/L NaOH标准溶液滴定，边滴边摇，直至微红色在1min内不消失为止。将滴定所消耗的0.1mol/L NaOH标准溶液的毫升数乘以10，即为100mL乳样的滴定酸度。

（4）注意事项

① 有关标准规定使用的0.1mol/L NaOH溶液，应经精密标定后使用，其中不应含Na_2CO_3。故所用蒸馏水应先经煮沸冷却，以驱除CO_2。

② 温度对乳的pH值有影响，因乳中具有微酸性物质，解离程度与温度有关，温度低时滴定酸度偏低。最好在（2±5）℃时滴定为宜。

③ 滴定很慢时，则消耗碱液多，误差大，最好在20～30s完成滴定。

3. 煮沸试验

吸取10mL牛乳，移入试管中，置于沸水浴中加热5min，取出，观察试管壁上有无絮片或是否发生凝固，如产生絮片或发生凝固，则表示乳不新鲜，其酸度大于26°T。牛乳酸度与凝固温度的关系见表3-2。

表 3-2　牛乳的酸度与凝固温度的关系

酸度/°T	凝固的条件	酸度/°T	凝固的条件
18	沸时不凝固	40	加热至 65℃时能凝固
22	沸时不凝固	50	加热至 40℃时能凝固
26	沸时能凝固	60	22℃时自行凝固
28	沸时能凝固	65	16℃时自行凝固
30	加热至 77℃时能凝固		

4. 酒精试验

（1）原理　根据牛乳中的蛋白质遇到酒精时的凝固特征，以判断牛乳的酸度。在酒精试验中，乳的酸度越高，酒精浓度越大，乳的凝絮现象越易发生。

（2）材料

① 仪器　ϕ15mm×150mm 试管；2mL 刻度吸管；200mL 烧坏。

② 试剂　68°中性酒精溶液；不同新鲜度的牛乳乳样 2～3 种。

（3）操作方法　吸取 2mL 牛乳于试管中，加入 2mL 中性酒精，振摇后不出现絮片就符合酸度标准（表 3-3）。

表 3-3　酸度标准

酒精浓度	界限酸度(不产生絮片的酸度)
68°	20°T 以下
70°	19°T 以下
72°	18°T 以下

如果牛乳出现絮片，即酒精试验为阳性，表示其酸度较高。牛乳酸度与被酒精所凝固的蛋白质的特征之间的关系见下表（表 3-4）。

表 3-4　在牛乳的不同酸度下，被 68°乙醇凝固的牛乳蛋白质特征

牛乳酸度/°T	牛乳蛋白质凝固的特征	牛乳酸度/°T	牛乳蛋白质凝固的特征
21～22	很细的絮片	26～28	大的絮片
22～24	细的絮片	28～30	很大的絮片
24～26	中型的絮片		

也可以用其他浓度的乙醇代替 68°乙醇，但要在不同度数的酸度下才能开始产生蛋白质的凝固。对于牛乳的标准，应该采用 68°、70°或 72°中性酒精比较适宜。下表（表 3-5）为在各种浓度的乙醇溶液中，牛乳蛋白质的凝固特征。

表 3-5　在各种浓度的乙醇中，牛乳蛋白质凝固的特征

乙醇浓度	牛乳蛋白质凝固的特征	牛乳酸度/°T	乙醇浓度	牛乳蛋白质凝固的特征	牛乳酸度/°T
44°	细的絮片	27	68°	细的絮片	20
52°	细的絮片	25	70°	细的絮片	19
60°	细的絮片	23	72°	细的絮片	18

（4）注意事项

① 非脂乳固体较高的水牛乳、牦牛乳和羊乳，酒精试验呈阳性反应，但热稳定性不一定差，乳不一定不新鲜。因此对这些乳进行酒精试验，应选用低于 68°的酒精溶液。由于地区不同，尚无统一标准。

② 牛乳冰冻也会形成酒精阳性乳，但这种乳热稳定性较高，可作为乳制品原料。

③ 酒精要纯，pH 值必须调到中性，使用时间超过 5～10d 必须重新调节。

三、任务报告

根据任务结果写出任务报告。

 相关知识

原料乳的品质直接影响乳制品的风味、保藏性能等，提高乳品的卫生质量，确保消费者的安全，必须加强和规范乳与乳制品的卫生监督管理和检验工作。

一、鲜乳的生产卫生及检验

1. 乳的生产卫生

为了得到品质良好的乳，在原料的生产中除了改良动物的品种、加强饲养管理外，还应严格遵守卫生制度，最大限度地杜绝污染。养殖场应制定生产卫生制度，加强卫生监督和管理。

（1）奶牛场的环境设计与设施的卫生

① 场址要求　奶牛场应建立在交通方便、水质良好、水量充沛、地势高燥、环境幽静、无有害体、无烟雾、无灰沙及无其他污染的地区，并且远离学校、公共场所、居民住宅区。

② 场区的布局与设施要求　场内的饲养区、生活区布置在场区的上风、高燥处，兽医室、产房、隔离病房、贮粪场和污水处理池应布置在场区的下风、较低处；场区内的道路坚硬、平坦、无积水。牛舍、运动场、道路以外地带应绿化；场区牛舍应坐北朝南，坚固耐用，宽敞明亮，排水通畅，通风良好，能有效地排出潮湿和污浊的空气，夏季应增设电风扇或排风扇通风降温，饲养区门口通道地面设 3.8m×3m×0.1m 的消毒池，人行通道除设地面消毒池外，增设紫外线消毒灯；场区内应设有牛粪尿处理设施，处理后应符合 GB 7959 的规定，排放出场的污水必须符合 GB 8978 的有关规定；场区内必须设有更衣室、厕所、淋浴室、休息室，更衣室内应按人数配备衣柜，厕所内应有冲水装置、非手动开关的洗手设施和洗手用的清洗剂；场内必须设有与生产能力相适应的微生物和产品质量检验室，并配备工作所需的仪器设备和经专业培训、考核合格的检验人员；场内需设置专用危险品库房、橱柜，存放有毒、有害物品，并贴有醒目的"有害"标记，在使用危险品时需经专门管理部门核准并在指定人员的严格监督下使用。

③ 场区的供水、排水系统　场区内应有足够的生产用水，水压和水温均应满足生产需要，水质应符合 GB 5749 的规定。如需配备贮水设施，应有防污染措施，并定期清洗、消毒；场区内应具有能承受足够大负荷的排水系统，并不得污染供水系统。

（2）饲养管理　各种饲草应干净，无杂质，不霉烂变质；各种饲料收购和贮藏应符合 GB 13078 的规定；饮水卫生应符合 GB 5749 的规定。饮水池应定期清洗、换水。饲喂前饲草应铡短，扬弃泥土，清除异物，防止污染，块根、块茎类饲料需清洗、切碎，冬季防冷冻；每天应清洗牛舍槽道、地面、墙壁，除去褥草、污物、粪便。清洗工作结束后应及时将粪便及污物运送到贮粪场。运动场的牛粪派专人每天清扫，集中到贮粪场；场区内应定期或在必要时进行除虫灭害，清除杂草，防止害虫滋生，但药液不得直接触及牛体和盛乳用具；场内不得饲养其他家畜、家禽，并防止其进入场区。

（3）防疫与检疫　保证乳畜的健康是生产优质乳的先决条件，饲养场必须建立检疫和防疫制度，培育无规定弊病的乳牛群。

① 防疫　进出车辆与人员要严格消毒；场内应建立必要的消毒制度；每旬一次牛槽消毒，每月一次牛舍消毒，每季一次全场消毒；初生牛犊七日内每天应饮足其母牛的初乳，第

一次饮乳时间应在出生后 1h 之内；每年三四月间，全群进行无毒炭疽芽孢苗的防疫注射，密度不得低于 95%。

② 检疫 每年春季或秋季对全群进行布鲁菌病和结核病的实验室检验，检疫密度不得低于 90%。在健康牛群中检出的阳性牛扑杀，深埋或火化；非健康牛群的阳性牛及可疑阳性牛可隔离分群饲养，逐步淘汰净化。对下列疾病进行临床检查，必要时做实验室检验：口蹄疫、蓝舌病、牛白血病、副结核病、牛肺疫、牛传染性鼻气管炎和黏膜病；检测方法同 GB 16567 中种牛检疫的规定，检出阳性后按有关兽医法规处理。多雨年份的秋季应做肝片吸虫的检查。

（4）工作人员的健康与卫生要求 场内饲养、挤奶人员每年进行健康检查，在取得健康合格证后方可上岗工作。场有关部门应建立职工健康档案。患有下列病症之一者不得从事饲草、饲料收购、加工、饲养和挤奶工作：痢疾、伤寒、弯杆菌病、病毒性肝炎等消化道传染病（包括病原携带者）；活动性肺结核、布鲁菌病；化脓性或渗出性皮肤病；其他有碍食品卫生、人畜共患的疾病。

挤奶员手部受刀伤和其他开放性外伤，未愈前不能挤奶。饲养员和挤奶员工作时必须穿戴工作服、工作帽和工作鞋（靴）。挤奶员工作时不得佩戴饰物和涂抹化妆品，并经常修剪指甲。工作帽、工作服、工作鞋（靴）应经常清洗、消毒；对更衣室、淋浴室、休息室、厕所等公共场所要经常清扫、清洗、消毒。

（5）挤奶卫生 挤奶分为人工挤奶和机器挤奶。

① 人工挤奶 奶牛进牛舍后必须先冲洗，刨刷牛体，然后再饲喂挤奶。挤奶前应先清除牛床上粪便，固定牛尾，使用 40～45℃ 温水清洗、按摩、擦干乳房。一牛一条毛巾，一牛一桶水，乳头严禁涂布润滑油脂。挤奶开始第一、第二把乳应丢弃。挤奶时，若遇牛排尿或排粪应及时避让。挤奶后应对奶牛乳头逐个进行药浴消毒。挤奶应先挤健康牛，再挤病牛。病牛的乳，尤其是患乳房炎病牛的乳应单独存放，另行处理。盛乳用具使用前后必须彻底清洗、消毒。

② 机器挤奶 挤奶机在使用时应保持性能良好，送奶管和贮奶缸使用后应及时清洗、消毒。挤奶开始前逐一对每头牛每个乳区做乳房炎的检查，阳性牛改为人工挤奶。挤奶前用温水清洗乳房和乳头，并用一次性纸巾擦干。挤奶后用消毒液喷淋乳头消毒。

2. 乳的卫生检验

（1）采样 散装或用大型容器盛装的乳，采样前应先将牛乳充分混合，并按被检乳量的 0.02%～0.1% 进行取样，每份样品不得少于 250mL。若为瓶装或袋装乳，取整件原装的样品按生产班次分批取样或按批号取样。采样量按每批或每个班次取 1%。所取样品分为 3 份，分别供检验、复检和备查用。采集理化检验的样品时所用采样容器都必须清洁干燥，不得含有待测物质或干扰物质；采集微生物检验用的取样容器必须无菌。牛乳样品应迅速贮存在 2～6℃ 环境中，以防变质。

所取各批样品均应进行容器或重量的鉴定，实际容量与标签上标示的容量偏差应小于 1.5%。此批样品中至少有 1 瓶做微生物学检验，其余做感官检验及理化检验。

（2）感官检验 首先将乳样置于 15～20℃ 水浴保温 10～15min 并充分摇匀。检查乳的色泽、气味、滋味、组织状态等几方面。新鲜正常的牛乳应呈白色或微黄色，具有新鲜牛乳固有的香味，组织状态均匀一致，无凝块，无沉淀，无杂质，无黏稠和浓厚现象，无其他外来滋味和气味。

（3）理化检验 主要检验乳的密度、乳脂率、蛋白质、新鲜度、有害物质等。

① 密度的测定 一般多用 20℃/4℃ 乳稠计来测定乳的密度。方法是取混匀并调节温度为 10～25℃ 的样品，小心倒入玻璃圆筒或 200～250mL 量筒内，勿使发生泡沫，测量样品

温度。小心将乳稠计沉入样品中到相当刻度 30°处，然后让其自然浮动，但不能与筒内壁接触。静置 2～3min，眼睛对准筒内牛乳液面的高度，读出乳稠计数值。如果测定温度不在 20℃，则应进行校正。

② 乳脂率的测定　我国食品卫生理化检验标准（GB 5413.3—2010）规定乳脂肪的测定方法有哥特里-罗兹法、盖勃氏法、巴布科克氏法和伊尼霍夫氏碱法四种。其中盖勃氏法因测定简便迅速，在检验工作中较为常用，但因易焦糖化，故此法不适用于含糖高的样品，而适用于酸性的液态或粉状和脂肪含量高的样品。

③ 蛋白质的测定　取巴氏杀菌乳或灭菌乳 10g，按 GB/T 5009.5—2010 规定的凯氏定氮法，将样品消化、蒸馏、滴定后计算乳中蛋白质的含量。

④ 新鲜度的测定　通过酸度、酒精试验和煮沸试验均可判定乳的新鲜度。见子任务 1。

⑤ 有害物质的测定　按 GB 5413 规定测定黄曲霉毒素、汞、砷、铅、六六六和滴滴涕等有害生物污染物和有害化学污染物。

（4）微生物检验　乳及乳制品的微生物检验包括菌落总数测定、大肠菌群测定、沙门菌检验、志贺菌检验、金黄色葡萄球菌等肠道致病菌和霉菌的检验。具体方法参照中华人民共和国国家标准 GB 4789.3—2010 中的规定。

二、乳的卫生评价与处理

1. 合格乳标准

（1）原料乳应符合《生鲜牛乳收购标准》（GB 19301—2010）的规定。

① 感官指标　正常牛乳应为乳白色或微带黄色，不得含有肉眼可见的异物，不得有红色、绿色或其他异色。不能有苦、咸、涩的滋味和饲料、青贮、霉等其他异常气味。

② 理化指标　生鲜牛乳的理化指标见表 3-6。

表 3-6　生鲜牛乳的理化指标

项目		指标
脂肪/%	≥	3.10
蛋白质/%	≥	2.95
密度/(20℃/4℃)	≥	1.028
酸度/°T	≤	0.162
杂质度/(mg/kg)	≤	4
汞/(mg/kg)	≤	0.01
六六六、滴滴涕/(mg/kg)	≤	0.1

③ 细菌指标　生鲜牛乳的细菌指标见表 3-7、灭菌原料乳的微生物指标见表 3-8。

表 3-7　生鲜牛乳的细菌指标

分级	平皿细菌总数分级指标/(万个/mL)	美蓝褪色时间分级指标
I	≤50	≥4h
II	≤100	≥2.5h
III	≤200	≥1.5h
IV	≤400	≥40min

表 3-8　灭菌原料乳的微生物要求

项目	指标/(CFU/mL)
细菌总数	100000
芽孢总数	100
耐热芽孢数	10
嗜冷菌数	1000

（2）绿色食品消毒牛乳　绿色食品消毒牛乳各项指标应符合 NY/T 657—2002，感官指标见表3-9、理化指标见表3-10、微生物指标见表3-11。

表3-9　绿色食品消毒牛乳感官指标

项目	指　标
色泽	呈乳白色或稍带黄色
组织状态	呈均匀的胶态流体，无沉淀，无凝块，无杂质和其他异物
滋味与气味	具有新鲜牛乳固有的香味，无其他异味

表3-10　绿色食品消毒牛乳理化指标

项目		指标
相对密度/（20℃/4℃）	≤	1.028～1.032
全乳固体/%	≤	11.2
杂质度/（mg/kg）	≤	2.00
脂肪/%	≤	3.00
酸度/°T	≤	18.00
汞（以 Hg 计，mg/kg）	≤	0.005
砷（以 As 计，mg/kg）	≤	0.1
铅（以 Pb 计，mg/kg）	≤	0.05
铜（以 Cu 计，mg/kg）	≤	0.50
锌（以 Zn 计，mg/kg）	≤	10
硒（以 Se 计，mg/kg）	≤	0.03
硝酸盐（以 $NaNO_3$ 计，mg/kg）	≤	6
亚硝酸盐（以 $NaNO_2$ 计，mg/kg）	≤	0.35
六六六/（mg/kg）	≤	0.05
滴滴涕/（mg/kg）	≤	0.05
黄曲霉毒素 M_1/（μg/kg）	≤	0.5
抗生素		不得检出

表3-11　绿色食品消毒牛乳微生物指标

项目		指标
细菌总数/（个/mL）	≤	15000
大肠菌群/（个/100mL）	≤	40
致病菌		不得检出

2. 不合格乳的卫生评价

鲜乳经过全面检查，有下列缺陷者，不得食用，应予以销毁。

（1）乳有下述缺陷者，禁止销售

① 乳出现黄色、红色或绿色等异常色泽；

② 乳汁黏稠、有凝块或沉淀，有血或脓，肉眼可见异物或杂质；

③ 有明显的饲料味、苦味、酸味、霉味、臭味、涩味及其他异常气味或滋味。

（2）乳汁内有明显污染物或加有防腐剂、抗生素和其他任何有碍食品卫生的物质，也不得销售。

（3）牛乳密度不得低于 1.028～1.032g/mL；乳脂率不得低于 3.0%；酸度不得大于 22°T。乳中不得检出掺杂、掺假物质和致病菌。

（4）炭疽、牛瘟、狂犬病、钩端螺旋体病、开放性结核、乳房放线菌病等患畜乳，一律不准食用。

<h1 align="center">子任务 2 掺假乳的检验</h1>

一、技能目标

掌握掺假乳的检验方法。

二、任务实施

首先对乳进行感官检验，观察乳的色泽、稀稠；鼻闻有无不正常的气味，如酸味、腥味、焖煮味等；口尝有无异味，如咸味、苦涩味等。再根据不同情况，采用不同的检验方法。常见的掺假有掺水、掺碱、掺淀粉、掺盐等几种。其检验方法如下。

1. 掺水的检验

（1）原理 对于感官检查发现乳汁稀薄，色泽发灰（即色淡）的乳，有必要做掺水检验。目前常用的是比重法。因为牛乳的比重一般为 1.028～1.034，其与乳的非脂乳固体物的含量百分数成正比。当乳中掺水后，乳中非脂乳固体含量百分数降低，比重也随之变小。当被检乳的比重小于 1.028 时，便有掺水的嫌疑，并可用比重数值计算掺水百分数。

（2）材料

① 仪器 乳稠计有 20℃/4℃ 和 15℃/15℃ 两种。前者测得的数值加 2 即换算为后者测得的数值。200～250mL 量筒 1 支，温度计 1 支，200mL 烧杯 2 个。

② 试剂 掺水与未掺水乳样各 1～2 种。

（3）操作方法

① 将乳样充分搅拌均匀后小心沿量筒壁倒入筒内 2/3 处，防止产生泡沫而影响读数。将乳稠计小心放入乳中，使其沉入到 1.030 刻度处，然后让其在乳中自由游动（防止与量筒壁接触）。静置 2～3min 后，两眼与乳稠计同乳面接触处成水平位置进行读数，读出弯月面上缘处的数字。相对密度与乳稠计刻度的关系为：

$$乳稠计读数＝（样品的相对密度－1.000）×1000$$

② 用温度计测定乳的温度。

③ 计算样品的密度：乳的密度是指 20℃ 时乳与同体积 4℃ 水的质量之比，所以，如果乳温不是 20℃ 时，需进行校正。在乳温为 10～25℃ 范围内，乳密度随温度升高而降低，随温度降低而升高。温度每升高或降低 1℃ 时，实际密度减小或增加 0.0002（即 0.2 度）。故校正为实际密度时应加上或减去 0.0002。例如乳温度为 18℃ 时测得密度为 1.034，则校正为 20℃ 乳的密度应为：

$$1.034－0.0002×（20－18）＝1.034－0.0004＝1.0336$$

与正常的密度对照，以判定掺水与否。

2. 掺碱（碳酸钠）的检验

鲜乳保藏不当时酸度往往升高，加热煮沸时会发生凝固。为了避免被检出高酸度乳，有时向乳中加碱。感官检查时对色泽发黄、有碱味、口尝有苦涩味的乳应进行掺碱检验。

（1）玫瑰红酸定性法（常用）

① 原理 玫瑰红酸 pH 值范围为 6.9～8.0，遇到碱性乳，其颜色由肉桂黄色（亦即棕黄色）变为玫瑰红色。

② 材料 200mL 试管 2 支；0.05% 玫瑰红酸酒精液（溶 0.05g 玫瑰红酸于 100mL 95% 酒精中）；掺碱乳样与正常乳样各 1～2 种。

③ 操作方法 于 5mL 乳样中加入 5mL 玫瑰红酸液，摇匀，乳呈肉桂黄色为正常，呈玫瑰红色为加碱。加碱越多，玫瑰红色越鲜艳，应以正常乳作对照。

（2）溴麝香草酚蓝法

① 原理　溴麝香草酚蓝是一种酸碱指示剂，在 pH 6.0～7.6 的溶液中有从黄到蓝的颜色变化，牛乳加入碱后，可使溴麝香草酚蓝的显色反应与正常牛乳不同。

② 材料　0.04％溴麝香草酚蓝乙醇溶液。

③ 操作方法　把 5mL 被检乳样注入试管中，将试管保持倾斜，沿管壁小心加入溴麝香草酚蓝溶液 5 滴，把试管小心斜转 2～3 转，使这些液体更好地相互接触，但切忌液体相互混合。然后把试管垂直放置，2min 后根据环层指示剂颜色的特征确定结果。同时须做对照实验。颜色变化情况见下表（表 3-12）。

表 3-12　颜色判断标准

标准	颜色	标准	颜色
无碳酸钠	黄色	含 0.5％的碳酸钠	青绿色
含 0.03％的碳酸钠	黄绿色	含 0.7％的碳酸钠	淡绿色
含 0.05％的碳酸钠	淡绿色	含 1.0％的碳酸钠	蓝色
含 0.1％的碳酸钠	绿色	含 1.5％的碳酸钠	深蓝色
含 0.3％的碳酸钠	深绿色		

3. 掺淀粉的检验

(1) 原理　掺水的牛乳，乳汁变得稀薄，比重降低。向乳中掺淀粉可使乳变稠，比重接近正常。对有沉渣物的乳，应进行掺淀粉检验。

(2) 材料

① 仪器　20mL 试管 2 支，5mL 吸管 1 支。

② 试剂　碘溶液（取碘化钾 4g 溶于少量蒸馏水中，然后用此溶液溶解结晶碘 2g，待结晶碘完全溶解后，移入 100mL 容量瓶中，加水至刻度即可）；掺淀粉乳样和正常乳样各 1～2 种。

(3) 操作方法　取乳样 5mL 注入试管中，稍稍煮沸，待冷却后加入碘溶液 2～3 滴。乳中有淀粉时，即出现蓝色、蓝紫色或暗红色沉淀物。

4. 掺盐的检验

(1) 原理　向乳中掺盐，可以提高乳的比重，口尝有咸味的乳有掺盐的可能，须进行掺盐检验。

(2) 材料

① 仪器　20mL 试管 2 支；1mL 吸管 1 支；5mL 吸管 1 支。

② 试剂　0.1mol/L 硝酸银溶液；10％铬酸钾水溶液。掺盐乳样和正常乳样各 1～2 种。

(3) 操作方法　取乳样 10mL 于试管中，滴入 10％铬酸钾 2～3 滴后，再加入 0.1mol/L 硝酸银 5mL（羊乳需 7mL）摇匀，观察溶液颜色。如出现黄色，则表明掺有食盐，且说明乳中氯化物已超过了 0.14％（因全部银已被沉淀成氯化银）。若呈橙色，则表明未掺食盐。一般氯化物正常含量为 0.09％～0.14％。

5. 掺硝酸盐的检验

将含有硝酸盐的水及食盐掺入乳中，有可能引起食物中毒，必要时对乳需做硝酸盐检验。

(1) 原理　在柠檬酸溶液中，NO_3^- 能被 Zn 还原为 NO_2^-，NO_2^- 与对氨基苯磺酸及盐酸萘乙二胺作用生成红色偶氮化合物。

(2) 材料

① 仪器　200mL 试管 2 支；2mL 吸管 2 支。

② 试剂　$BaSO_4$ 100g（110℃烘干 1h）；柠檬酸 75g；$MnSO_4 \cdot H_2O$ 10g；对氨基苯磺

酸 4g；盐酸萘乙二胺 2g。将少量研细 Zn 粉与 BaSO₄ 混合，再与柠檬酸、MnSO₄·H₂O、对氨基苯磺酸、盐酸萘乙二胺全部混合为固体试剂，保存于棕色瓶中备用（密封保持干燥）。掺硝酸盐乳样及正常乳样各 1~2 种。

（3）操作方法　在 2mL 乳中加上述固体试剂 0.3g，在硝酸盐存在时，振荡 1min 后显红色。

6. 掺亚硝酸盐的检验

（1）材料

常将亚硝酸盐误当做 NaCl 或 Na₂CO₃ 掺入乳中而引起中毒。

① 仪器　200mL 试管 2 支；2mL 吸管 2 支；乳钵 1 个。

② 试剂　对氨基苯磺酸 10g；α-萘胺 1g；酒石酸 8.9g。三种试剂分别称好后于乳钵中研碎，在棕色瓶中干燥保存备用。掺亚硝酸盐的乳样及正常乳样各 1~2 种。

（2）操作方法　取乳样 2mL，加固体试剂 0.2g 混合，有 NO_2^- 存在时显桃红色。

7. 掺饴糖、白糖的检验

（1）材料

① 仪器　5mL 吸管 1 支；量筒 1 支；50mL 烧杯 1 个；试管 2 支；50mL 三角瓶 1 个；漏斗 1 个；滤纸 1 张；100mL 烧坏 1 个；电炉 1 台。

② 试剂　浓盐酸；0.1g 间苯二酚 1 包；掺糖乳样及正常乳样各 1~2 种。

（2）操作方法　量取 30mL 乳样于 50mL 烧杯中，加入 2mL 浓盐酸，混合均匀，待乳凝固后进行过滤。吸取 15mL 滤液于试管中，再加入 0.1g 间苯二酚，混合均匀，完全溶解后置沸水浴中数分钟。出现红色者为掺糖可疑乳样。

8. 掺尿素的检验

（1）材料

① 仪器　5mL、1mL 吸管各 2 支；试管 2 支。

② 试剂　1% 的硝酸钠溶液；浓硫酸（相对密度 1.80~1.84）；格里斯试剂（89g 的酒石酸，10g 的对氨基苯磺酸和 1g 的 α-萘胺三种试剂在乳钵内研成粉末，贮存在茶色瓶中备用）；掺尿素乳样和正常乳样各 1~2 种。

（2）操作方法　取乳样 3mL 混入试管中，向试管中加入 1% 的硝酸银溶液 1mL 及浓硫酸 1mL，摇匀后再加入少量格里斯试剂粉混合均匀后，观察其颜色变化，如有尿素存在则颜色不变（因尿素与亚硝酸盐作用在酸性溶液中生成 CO_2、N_2 和 H_2O），无尿素则亚硝酸盐与对氨基苯磺酸重氮化后再与 α-萘胺作用形成偶氮化合物，呈紫色。

9. 掺过氧化氢的检验

（1）材料

① 仪器　1mL 吸管 2 支；试管 2 支。

② 试剂　稀硫酸溶液（1:1 稀释）；1% 碘化钾淀粉溶液（3g 淀粉先用少量温水混合成乳浊液，然后边搅拌边加入沸水 100mL，冷却后加入碘化钾溶液 5mL，事先取碘化钾 3g 溶于 5mL 蒸馏水中）；掺过氧化氢乳样和正常乳样各 1~2 种。

（2）操作方法　用吸管取 1mL 被检乳注入试管内，加 1 滴稀硫酸，然后滴加 1% 的碘化钾淀粉溶液 3~4 滴，摇动混匀后，观察其结果。如果直到显现蓝色，则判定为过氧化氢阳性，否则为阴性。

10. 掺豆浆的检验

（1）材料

① 仪器　5mL 吸管 2 支；2mL 吸管 1 支；大试管 2 支。

② 试剂　28% 的氢氧化钾溶液；乙醇乙醚等量混合液；掺豆浆乳样和正常乳样各 1~2 种。

（2）操作方法　取样乳 5mL 注入试管中，吸取乙醇乙醚等量混合液 3mL 加入试管中，再加入 28％的氢氧化钾溶液 2mL。摇匀后置于试管架上。5～10min 观察颜色变化情况，呈黄色时则表明有豆浆存在，同时做对照试验（因豆浆中含有皂角苷，与氢氧化钾作用而呈现黄色）。

三、实训报告

根据检测结果做出报告。

 相关知识

乳品生产者和经营者在乳中加入各种物质，以假乱真、以杂当真或以伪当真，最终目的是获取非法利润。

一、常见掺假物的分类

牛乳掺假情况极其复杂，掺假物种类繁多，有时难以检出。据报道，我国牛乳掺假率高达 36％～70％，掺假物有 50 余种，其中以掺水、碱、盐、糖、淀粉、豆浆、尿素等物质较为常见，并且以混合物掺假现象较为普遍。按掺假物的性质不同分为以下几类情况。

（1）最常见的一种掺假物质是水，加入量一般为 5％～20％，有时高达 30％。

（2）在乳中掺入电解质可有效增加乳的密度或掩盖乳的酸败。如在乳中掺入食盐、芒硝、硝酸钠和亚硝酸钠等物质可提高乳的密度；在乳中加入少量的碳酸钠、碳酸氢钠、石灰水、氨水等中和剂，可降低乳的酸度，掩盖乳的酸败，防止牛乳因酸败而发生凝结现象；在乳中掺入尿素、蔗糖等，其目的是为了增加乳的比重；在乳中加入米汤、豆浆和明胶等，以增加重量，同时能增加乳的黏度，感官检验时没有稀薄感。

（3）为了防止乳的酸败，在乳中加入具有抑菌或杀菌作用的物质，常见的有两类。

① 防腐剂：主要有甲醛、苯甲酸、水杨酸、硼酸及其盐类、过氧化氢、亚硝酸钠、重铬酸钾等。

② 抗生素：主要有青霉素、链霉素、红霉素等。

二、掺假掺杂物的检验

食品卫生检验人员通过现场调查，获取资料，对可疑掺假物进行初步分析，确定检验方案。首先进行感官检验，检查乳的色泽、气味、黏稠度，有无咸味、苦味或其他异味，再进行测定乳的密度、导电率、冰点等物理性质。同时，根据现场调查和感官检验结果，通过分析，确定化学检验项目，采用定量或定性分析方法检验乳中主要营养物质的含量、掺假物质和含量。通过综合检验与分析，判定乳中是否掺假。常见的掺假检验方法有几种。

（1）感官检验　检查乳的色泽、气味和滋味、组织状态、有无杂质或沉淀。

（2）密度的测定　牛乳掺水时密度降低，并使酸度、脂肪、蛋白质、乳糖等成分相应降低。在掺水的同时又掺入提高密度的其他物质，如电解质、非电解质或胶体物质等，可使乳的密度维持在正常范围内，但酸度、脂肪、乳糖含量等则可能低于正常值。

（3）滴定酸度的测定　随着乳的存放时间延长，乳中微生物的生长繁殖，产生乳酸，使牛乳滴定酸度增高。如在乳中加水和中和剂后，可使酸度降低。另外乳房炎乳的滴定酸度也低于正常值。

（4）冰点的测定　乳的冰点一般比较稳定，加入水、电解质、非电解质、牛尿等，都能使冰点下降。

（5）电导率的测定　乳的电导率与其中的离子浓度、脂肪、乳糖及蛋白质有关。牛乳掺水后，电导率下降；乳中掺入电解质时，电导率明显增加。

（6）乳清密度的测定　乳中掺入水、米汤、豆浆等物质后，乳清密度下降。在乳中加入酸，使酪蛋白沉淀。检验时分离乳清，测定其相对密度。

（7）乳发酵时间的测定　乳中加入抗生素或防腐剂后，乳中微生物的繁殖受到抑制，因此乳的发酵时间延长。因此与正常乳相同时间内的产乳酸量相比，可以判定乳中是否掺入了抗生素或防腐剂。

卫生处理：除单纯掺水乳可作奶粉等浓缩加工的乳制品原料外，其他的掺假掺杂乳一律不得食用。

子任务 3　乳中抗生素的测定

一、技能目标

掌握抗生素乳的检测方法。

二、任务实施

1. TTC 检验法

（1）原理　以 TTC 作为指示剂，如鲜乳样品中有抗生素存在，乳中加入菌种经培养后，菌种不增殖，此时，加入的 TTC 指示剂不还原，样品仍然呈无色状态。与此相反，如鲜乳中有抗生素存在，则加入的菌种即行增殖，TTC 还原变成红色，样液随之被染成红色。

（2）材料

① 仪器　恒温水浴槽；恒温培养箱；1mL 灭菌试管 2 支；10mL 灭菌试管 2 支；灭菌的 10mL 具塞刻度试管或灭菌带棉塞的普通试管 3 支。

② 试剂　a. 使用嗜热链球菌，接种在脱脂乳培养基或 10％脱脂乳粉培养基中保存，每隔 20min 接种一次，检查时，将保存的菌种接种于灭菌的脱脂乳或 10％脱脂乳粉中，在检验前 1d 进行接种（培养 12h 后），用等量的灭菌脱脂乳稀释 2 倍使用）。b. TTC（氯化三苯四氮唑）试剂：1g TTC 溶于 25mL 灭菌蒸馏水中，置于褐色瓶中在冷暗处（7℃以下）保存。最好是现用现配。

（3）操作方法　吸取 9mL 样乳注入试管（甲）中，另两个试管（乙）、（丙）注入不含抗生素的灭菌脱脂乳 9mL 作为对照。将试管（甲）置于 80℃恒温水浴中 5min 灭菌后冷却至 37℃。向试管（甲）和试管（乙）中各加入试验菌稀释 1mL，充分混合，然后将试管（甲）、（乙）、（丙）三管置于 37℃恒温水浴中 2h（注意水面不要高于试管的液面，并要避光），然后取出，向三个试管中各加 0.3mL TTC 试剂，混合后置于培养箱（或水浴）中 37℃培养大约 30min，观察试管中的颜色变化。如甲管与乙管同时出现红色，则表明无抗生素存在，甲管与乙管相同，颜色无变化，则再于 37℃的培养箱（或水浴）中培养大约 30min，进行第二次观察。

2. 滤纸片法

（1）材料

① 仪器　无菌镊子。

② 试剂　无菌蒸馏水；菌种保存培养基（酵母浸汁 2g、肉汁 1g、蛋白胨 5g、琼脂 15g、氯化钠 15g、蒸馏水 1000mL）；增菌培养基（其中酵母浸汁 1g、胰蛋白胨 2g、葡萄糖 0.05g、蒸馏水 100mL，pH8.0、120℃、20min 灭菌）；琼脂平板培养基（酵母浸汁 2.5g、

胰蛋白胨 5g、葡萄糖 1g、琼脂 15g、蒸馏水 1000mL，pH7.0、120℃、20min 灭菌）；试验用菌（将 B・calicolactis C₉₅₃ 菌种用增菌培养基 55℃培养 16～18h，琼脂平板培养基 55℃加热溶解，1∶5 比例混合，然后倾入预先加热至 55℃的平皿中，厚度为外 0.8～1.0mm，供当日使用）。如装入塑料袋中冷冻保存，可供数日使用、滤纸片（直径为 12～13mm 和 8～10mm）。

（2）操作方法　用灭菌镊子夹住浸入乳样中（事先要混合均匀），去掉多余的乳，放在平板上，用镊子轻轻按实，然后将平皿倒置于 55℃培养箱中，培养 2.5～5.0h，取出观察滤纸片周围有无抑菌环出现。有抑菌环证明有抗生素存在。如需进行定量，则可用配制不同浓度的抗生素标准液的抑菌环的大小作比较。本法对青霉素的检出浓度为 0.05～0.02IU/mL。

三、实训报告

根据检测结果做出报告。

 相关知识

牛乳中抗生素残留的检验与卫生处理

1. 牛乳中抗生素残留原因和危害性

近年来养殖业的大规模发展，不合理使用抗生素治疗动物疾病、饲喂含抗生素的饲料和饲料添加剂等因素，造成原料乳中抗生素残留。

牛乳中抗生素残留水平通常较低，一般不会引起急性中毒，但如果长期食用抗生素超标的牛乳，食用者可能会产生各种不良的反应，如对抗生素类药物的敏感性降低，增加病原菌对抗生素的耐药性等；同时牛乳中抗生素残留也会直接影响到乳制品的品质，尤其是在发酵类乳制品加工中，残留的抗生素会抑制发酵菌种的繁殖，影响酸乳制品的正常凝结和乳酪的正常发酵成熟，影响发酵后期风味的形成。

2. 牛乳中抗生素残留检测方法

牛乳中抗生素残留的检测方法主要有：微生物受阻检测法、理化检测法、免疫学分析法。

（1）微生物受阻检测法　检验牛乳中抗生素残留的传统方法是微生物受阻检测法。其测定原理是根据抗生素对微生物的生理功能、代谢的抑制作用来定性或定量确定样品中抗微生物药物残留。我国鲜乳中抗生素残留量检测法（GB/T 4789.27—2008），还有 20 世纪六七十年代国外普遍采用的抑菌圈试验、浑浊度试验均属于此类。常见的有氯化三苯四氮唑法（TTC）、管碟法、纸片法和德尔文特斯特法。

（2）理化检测法　理化检测法是利用抗生素分子中的基团所具有的特殊反应或性质来测定其含量，如高效液相色谱法（HPLC）、气相色谱法、质谱法、联用技术等，能用于进行定性、定量和药物鉴定。敏感性较高，但检测程序复杂，检测费用较高。在牛乳中抗生素残留检测方面，最常用的理化检测方法是高效液相色谱法和联用技术。

① 高效液相色谱法　高效液相色谱法是目前广泛应用的一种理化检测方法，它引入了气相色谱理论，在技术上采用了高压泵、高效固定相和高灵敏度检测器，实现了分离速度快、效率高和操作自动化。反相 HPLC 发展最快，目前已成为大多数抗生素残留的常规分析方法。彭莉等报道了用高效液相色谱法检测牛乳中氯霉素的残留量，采用乙酸乙酯提取牛乳中残留的氯霉素，用紫外检测器在 278nm 处检测样品，其平均回收率 94.8%，变异系数＜12.0%。此方法样品前处理简单、回收率高、实用性强、检验灵敏度高、重现性好、检测

数据准确可靠，可作为牛乳中氯霉素残留检测的确证方法。

② 联用技术　各种分析技术联用是现代兽药残留分析乃至整个分析化学方法的发展特点。计算机的应用加速了这一趋势的发展。联用技术可扬长避短，一般集分离、定量和定性于一体，因而特别适用于确证性分析。常用的联用技术有薄层液相色谱和质谱联用（TLC-MS）、气相色谱和质谱联用（GC-MS）、液相色谱和质谱联用（LC-MS）、毛细管区域电泳和质谱联用（CIE-MS）、液相色谱和核磁共振波谱联用（LC-NMR）、超临界流体色谱和质谱联用（SFC-MS）等。Straub 等使用 LC-EMS 测定了牛乳中的几种青霉素残留，青霉素和邻氯青霉素的最大检测限为 $3 \sim 5 \mu g/kg$。Kihak 等用 LC-PB-MS 技术成功地对牛乳中氧四环素（OTC）、四环素（TC）与金霉素（CTC）残留量进行确证，方法检测限为 $0.02 \sim 0.05 \mu g/mL$。

③ 其他理化检测方法　牛乳中抗生素残留检测方法还有气相色谱法（GC）、高效薄层色谱法（HPTLC）、超临界流体色谱（SFC）和毛细管区域电泳法（CIE）等。这些方法尽管在残留检测中不常用，但因其各自特有的性能，能弥补常用方法中不足之处。GC 有许多高灵敏度、通用性或专一性强的检测器供选用，如氢火焰离子化检测器（FID）、氯磷检测器（NPD）等，检测限可达 $\mu g/kg$ 级；HPTLC 的斑点原位扫描定量、定性和高效分离材料 $[\varphi(3 \sim 10)\mu m]$ 改变了常规在灵敏度和重现性方面的不足，但保持了 TLC 的简便、快速和样品容量大的优点，可使用正相或反相板，分辨率几乎与 HPLC 相当，在抗生素残留的快速检测方面应用广泛。

（3）免疫分析法　免疫学分析方法在食品分析中正得到越来越广泛的运用。目前药物残留免疫分析技术主要分为 3 大类：相对独立的分析方法，即免疫测定法；免疫分析技术与常规理化分析技术联用法；免疫受体法。

① 免疫测定法　相对独立的免疫测定法有放射免疫测定法（RIA）、酶联免疫吸附分析法（ELISA）、固相免疫传感器等。

② 免疫分析技术与常规理化分析技术联用法　利用免疫分析的高选择性作为理化测定技术中的净化手段，典型的方式为免疫亲和色谱（IAC）。与传统的微生物受阻法和常规的理化分析方法技术相比，免疫分析技术最突出的优点是操作简单、速度快。以使用微量滴定板的 ELISA 为例，免疫测定法取样量小，前处理简单、容量大，仪器程序化低，检测乳与液相色谱和质谱联用（LC-MS）相似，可方便地达到 ng～pg 级，分析效率则为 HPLC 或 GC 的几十倍以上。目前大部分抗生素已建立了免疫测定法，如磺胺二甲嘧啶、氯霉素、磺胺甲基嘧啶、链霉素等。在联用方法中，免疫分析技术既可作为 HPLC 或 GC 等测定技术的样品净化或分离手段，又可作为其离线或在线检测方法，这些方法结合了免疫分析的选择性、灵敏度、高速与 HPLC、GC 等技术的高效分离和准确检测能力，使分析过程简化、分析成本下降，拓展了待测物范围。

③ 免疫受体法　免疫受体法是目前国际法规认可的一类专利检测法。免疫受体检测法是酶联免疫吸附分析（ELISA）的一个变换形式，其基本原理是将特定抗生素类群作为靶子，让固定在一定部位的特定抗体或广谱受体捕捉。大多数检测法利用竞争性原理，使样品内的抗生素与内置抗生素标志物竞争与固定抗体或广谱受体结合，然后进行冲洗和显色。内置抗生素标志物与固定抗体或广谱受体形成复合体，通过酶的作用分解形成有色物质或发光物质。通过测定色度或光度并与参比物对照，就可以判断结果是阴性还是阳性。免疫受体试验的特点是速度快，通常在 1min 内可以得到试验结果，但一般只能作为定性试验，特异性很强，检测费用较高。

3. 卫生处理

农业部发布《无公害食品生鲜牛乳》的行业标准，该标准也要求鲜牛乳中"抗生素不得检出"。生产中一旦抗生素检测为阳性的，不得食用。

<h2 align="center">子任务 4　乳房炎乳的测定</h2>

一、技能目标
掌握乳房炎乳的测定方法。

二、任务实施
乳房炎乳、盐类不平衡乳的氯含量高，热稳定性差，一般酒精试验为阳性，其检查方法有多种，主要介绍氯糖数测定和氯化物简易测定两种方法。

1. 氯糖数测定法

（1）材料

① 仪器　1mL、2mL、20mL 吸管各 1 支；10mL 吸管 2 支；200mL 容量瓶 1 个；250mL 三角瓶 1 个；50mL 滴定管 1 支；滴定台架 1 个；量筒 1 个；精密试纸；大试管 2 支；5mL 吸管 2 支。

② 试剂　20%硫酸铝溶液；2mol/L 氢氧化钠溶液；10%的铬酸钾溶液；0.02817mol/L 硝酸银溶液（每升水溶液中含 4.788g 硝酸银，标定后备用）。

（2）操作方法　首先测定乳糖含量（本法可按经验数值 4.6%～5.6%计算），然后测氯化物含量。测定时吸取 20mL 牛乳，注入 200mL 容量瓶中，加入 10mL 的 20%硫酸铝溶液和 8mL 的 2mol/L 氢氧化钠溶液，混合均匀后，用蒸馏水加至刻度，混匀后静置片刻。过滤后取 100mL 滤液注入 250mL 三角瓶中，加入 1mL 10%铬酸钾溶液，以精密试纸测其 pH，调到中性。最后用 0.02817mol/L 的硝酸银滴定，呈砖红色为终点，最后读数计算。

$$氯化物含量(\%)=\frac{V\times10}{1000\times1.030}\times100\%$$

式中　V——滴定消耗 0.02817mol/L 硝酸银体积，mL；

　　1.030——正常牛乳的比重；

　　10——表示每 100mL 牛乳中的含氯量，mg。

$$氯糖数=\frac{氯含量(\%)}{乳糖含量(\%)}$$

健康牛乳的氯糖数不超过 4，患乳房炎时乳中氯化物增加、乳糖减少，氯糖数大于 4。

2. 简易测定法

（1）材料　称取 60g 碳酸钠（$Na_2CO_3\cdot10H_2O$），溶于 100mL 水中，另称取 40g 无水氯化钙溶于 300mL 水中。二者溶液需加温和过滤，然后互相混合在一起，加入等量的 15%氢氧化钠溶液。搅拌均匀后过滤，加入少量溴甲酚紫，有助于观察结果。

（2）操作方法　吸取 3mL 乳样，置于白色平皿中，加入 0.5%上述试剂，混合均匀，约 10s 后观察结果。

（3）结果判断

① 无沉淀及絮片——（－）阴性；

② 稍有沉淀发生——（±）可疑；

③ 有明显沉淀——（＋）阳性；

④ 发生黏稠性团块，并继之分成薄片——（＋＋）强阳性；

⑤ 有持续性的黏稠性团块（凝胶）——（＋＋＋）强阳性。

三、实训报告
根据检测结果做出报告。

相关知识

乳房炎乳的检验

乳房炎乳中可能含有溶血性链球菌、金黄色葡萄球菌、绿脓杆菌和大肠埃希菌等多种致病菌以及微球菌、芽孢菌等腐败菌，严重影响乳的卫生质量。此外，奶牛乳房发生炎症，引起上皮细胞坏死、脱落进入乳汁中，白细胞也会增加，甚至有血和脓。因此，收购生乳时应加强乳房炎乳的检验。

1. 氯糖数的测定

氯糖数是指乳中氯离子的百分含量与乳糖的百分含量之比。健康牛乳中氯糖数不超过4，而乳房炎乳的氯糖数增至6～10。按国家标准规定，进行测定和计算氯糖数。

2. 隐血与脓的检出

乳房炎乳中含有脓和隐血，将4～5mL牛乳加入到二氨基联苯（联苯胺）试剂中，20～30s后，如果乳中含有隐血和脓时则液体呈深蓝色。

3. 氢氧化钠凝乳检验

乳房炎乳在碱性条件下出现沉淀。方法是取乳样3mL于白色平皿中，加0.5mL氢氧化钠试液，立即混合均匀，10s后观察（表3-13）。

表3-13 乳房炎乳的判定标准

现象	结果
无沉淀及絮片	－（阴性）
稍有沉淀发生	±（可疑）
有片条状沉淀	＋（阳性）
发生黏稠性团块，并继之分为薄片	＋＋（强阳性）
有持续性黏性团块	＋＋＋（强阳性）

4. 体细胞计数

衡量乳房健康状况及乳卫生质量的标志之一是乳中细胞含量的多少。我国和很多发达国家都采用体细胞计数的方法，防止乳房炎乳混入原料乳中。在正常牛乳中体细胞含量平均26万个/mL，不超过50万个/mL。当奶牛患有乳房炎时，乳中体细胞数超过50万个/mL。

5. 导电率测定

正常牛乳的导电率为0.004～0.005S。奶牛患乳房疾病时，乳中盐类含量增加，导电率增高为0.0065～0.0130S。用导电率仪测定乳的导电率。

此外，还可用溴麝香草酚蓝（BTB）检验法、过氧化氢酶法（H_2O_2玻片法）、烃基（烷基）硫酸盐检验法（CMT）等方法检验乳房炎乳。

6. 卫生处理

乳房炎乳，不得食用，经消毒后可作为饲料。

任务二 消毒乳的加工与检验

子任务1 消毒牛乳消毒效果的测定（磷酸酶测定）

一、工作原理

生牛乳中含有磷酸酶，它能分解有机磷酸化合物，成为磷酸及原来与磷酸相结合的有机单体。牛乳经消毒后，磷酸酶失活，在同样条件下不能分解有机磷酸化合物。利用苯基磷酸双钠在碱性缓冲溶液中被磷酸酶分解产生的苯酚，使之与2,6-双溴醌氯酰胺起作用显蓝色，蓝色深浅与苯酚含量成正比，即与消毒的完备与否成正比。

二、任务条件

（1）中性丁醇　沸点115～118℃。

（2）吉勃酚试剂　称取0.04g 2,6-双溴醌氯酰胺溶于10mL乙醇中，置棕色瓶中于冰箱内保存，临时新配。

（3）硼酸盐缓冲液　称28.472g硼酸钠（$Na_2B_4O_7 \cdot 10H_2O$），溶于900mL水中，加入3.27g氢氧化钠或81.75mL 1mol/L氢氧化钠溶液，加水稀释至1000mL。

（4）缓冲基质溶液　称取0.05g苯基磷酸双钠结晶，溶于10mL硼酸盐缓冲溶液，加水稀释至100mL，临用时配制。

三、任务实施

吸取0.5mL样品，置带塞试管中，加5mL缓冲基质溶液，稍振摇后置36～44℃水浴或孵箱中10min。然后加6滴吉勃酚试剂，立即摇匀，静置5min，有蓝色出现表示消毒处理不够。为增加灵敏度，可加2mL中性丁醇，反复完全倒转试管，每次倒转后稍停使气泡破裂，分出丁醇，然后观察结果。并同时做空白对照试验。

四、任务报告

根据操作结果做出报告。

子任务2　牛乳均质效果的测定

一、工作原理

均质可以防止脂肪球的上浮，而均质的效果可以通过显微镜观察法、均质指数法、均质度法和紫外分光光度法进行评价，此处介绍前两种方法。

二、任务条件

（1）试剂　蒸馏水、香柏油、5mol/L氢氧化氨溶液、牛乳。

（2）仪器　显微镜（1000倍）、紫外分光光度计、盖勃离心机。

三、任务实施

1. 显微镜观察法

将充分混合的乳样用放大1000倍的显微镜观察，用目镜测数计计算超过一定直径的脂肪球数目，至少计算10个视野。允许的最大直径取决于工艺要求，一般约85%的脂肪球直径应小于$2\mu m$。

2. 均质指数法

将乳样250mL置细长容器中，在4～6℃下静置48h，然后分别测定上层（容量的1/10）和下层（容量的9/10）乳中含脂率，按下面公式计算均质指数。

$$均质指数 = 100 \times (F_上\% - F_下\%)/F_上\%$$

一般均质乳的均质指数应在1～10的范围内。

四、任务报告

根据操作结果做出报告。

 **相关知识**

一、消毒乳的概念和分类

1. 概念

消毒乳指以鲜牛乳、稀奶油等为原料，经净化、标准化、均质、杀菌和冷却，以液体状态灌装出售的饮用乳。

2. 分类

（1）按原料成分　可分为普通全脂消毒乳、脱脂消毒乳、高脂消毒乳、复原消毒乳、强化消毒乳、花色牛乳和含乳饮料等。

（2）按杀菌强度　可分为低温长时间消毒乳（LTHT）、高温短时间杀菌乳（HTST）和超高温杀菌乳（UHT）。

二、消毒乳的加工

1. 原料乳初加工

（1）验收　原料乳的验收分为现场验收和入厂验收。现场验收主要进行感官验收，检测味觉、外观，测温度、比重，做酒精试验，方法要求快速；入厂验收主要检测脂肪率、滴定酸度、乳干物质、杂质度和细菌数等。

（2）过滤净化　在养殖场，乳容易被粪屑、饲料、垫草、牛毛、乳块、蚊蝇或其他异物污染。因此，刚挤出的乳，必须尽快过滤，以便除去机械性杂质。常用纱布、滤袋或不锈钢滤器过滤。用3～4层纱布过滤，其过滤量不得超过50kg，注意将纱布和滤袋扎牢，不能有漏洞；滤布和滤器使用后必须清洗和消毒，干燥后可继续使用。在乳品厂为使乳达到更高的纯净度，常用离心净乳机来净化乳，以便除去不能被过滤的极小杂质和附着在杂质上的微生物和乳中的体细胞，也有利于提高乳的质量。

（3）冷却　刚挤出的乳含有乳抑菌素，具有抗菌作用。但它所维持的抗菌时间与乳的温度和细菌污染程度有关。由表3-14可以看出，刚挤出的乳如果不及时冷却，侵入乳中的微生物会大量繁殖。乳的抗菌性与污染程度的关系见表3-15。所以鲜乳必须由过滤器或多层纱布进行过滤才能装入容器贮藏，2h内应冷却到4℃以下。乳的温度越低，细菌含量越少，抑菌时间越长，反之则短。所以，来延长抗菌期的最好办法就是挤奶后将生乳迅速冷却。这样既可以抑制微生物的繁殖，又可延长抑菌物质的活性。

表 3-14　乳的冷却与乳中细菌数的关系　　　　　　单位：细菌个数/mL

贮存时间	冷却乳	未冷却乳
刚挤出的乳	11500	11500
3h 以后	11500	18500
6h 以后	6000	102000
12h 以后	7800	114000
24h 以后	62000	1300000

表 3-15　乳的抗菌性与污染程度的关系

乳温/℃	抗菌特性的作用时间/h	
	挤奶时严格遵守卫生制度	挤奶时不严格遵守卫生制度
37	3.0	2.0
30	5.0	2.3
16	12.7	7.6
13	36.0	19.0

冷却只能暂时使微生物的生命活动停止,当温度升高时,微生物又开始活动,因此冷却后的乳尽可能贮存于低温下,并应保持相应温度。乳的冷却温度与酸度的关系见表3-16。

表 3-16　乳的冷却温度与酸度的关系

乳的贮存时间	抗菌特性的作用时间/h		
	未冷却乳	冷却到 18℃ 的乳	冷却到 13℃ 的乳
刚挤出的乳	17.5	17.5	17.5
挤出后 3h	18.3	17.5	17.5
挤出后 6h	20.9	18.0	17.5
挤出后 9h	22.5	18.5	17.5
挤出后 12h	变酸	19.0	17.5

从表3-16来看,乳冷却越早,温度越低,乳越新鲜。所以刚挤出的乳过滤后必须尽快冷却到4℃,并在此温度下进行贮运到乳品厂。

（4）贮存和运输

① 贮存　为了保证产品的风味和质量,避免腐败变质,鲜乳应设单间存放,与牛舍隔离,并且有防尘、防蝇、防鼠的设施。巴氏杀菌乳的贮存温度应为2～6℃。灭菌乳应贮存在干燥、通风良好的场所。贮存成品的仓库必须卫生,产品不得与有害、有毒、有异味或对产品产生不良影响的物品同库贮存。

② 运输　乳的运输是乳品生产的重要环节,鲜乳必须使用密闭、清洁的经消毒的乳槽车或桶装运。必须遵循以下原则:一防止乳在运输途中升温;二必须保持容器清洁卫生并加以消毒。长距离和高温季节运输时应用冷藏车。高温季节运输产品时应在6h内分送给用户。在运输中还应避免剧烈震荡和高温,要防尘、防蝇,避免日晒、雨淋,不得与有害、有毒、有异味的物品混装运输。

2. 原料乳的预处理

（1）标准化

① 标准化的概念　调整原料乳中脂肪和无脂干物质之间以及其他成分间的比例关系,使加工出的乳产品符合标准,一般把该过程称为标准化。

原料乳中脂肪与无脂干物质的含量随奶牛品种、地区、季节和饲养管理等因素不同而有较大差异,为了使产品符合标准,乳制品中脂肪和无脂干物质含量要求保持一定比例,所以要对原料乳进行标准化处理,标准化主要包括脂肪含量、蛋白质含量及其他一些成分。

② 标准化的原则　原料乳中脂肪含量不足,应通过添加稀奶油或分离一部分脱脂乳,使其达到要求的脂肪含量;原料乳中脂肪含量过高,则可添加脱脂乳或提取一部分稀奶油,另外要按产品标准加入和调整乳中的其他成分。标准化在贮乳缸的原料乳中进行或在标准化机中连续进行。

③ 标准化的计算

原料乳中脂肪不足时的标准化: $C=[(R_1 \times SNF-F)/(F_1-R_1 \times SNF_1)] \times M$

原料乳中脂肪过高时的标准化: $S=(F/R_1-SNF)/(SNF_2-F_2/R_1)$

F——原料乳的含脂率,%;

SNF——原料乳中非脂乳固体的含量,%;

M——原料乳的数量,kg;

F_1、SNF_1——稀奶油含脂率和无脂干物质的含量,%;

C——稀奶油量,kg;

F_2、SNF_2——脱脂乳含脂率和无脂干物质的含量,%;

S——脱脂乳的量，kg；

R_1——成品中脂肪与非脂乳固体含量的比值；

R_2——原料乳中脂肪与非脂乳固体含量的比值。

（2）均质

① 概念　在强力的机械作用下将乳中大的脂肪球破碎成小的脂肪球，均匀一致地分散在乳中，这一过程称为均质。

② 优点　均质的目的是分裂脂肪球或使脂肪球以微细状态分布于牛乳中，以免形成乳脂层。

a. 牛乳在放置一段时间后，有时上部分会出现一层淡黄色的脂肪层，称为"脂肪上浮"。原因主要是乳脂肪的比重小（0.945）、脂肪球直径大，且大小不均匀，容易聚结成团块，影响乳的感官质量。经均质，脂肪球直径可控制在 $1\mu m$ 左右，这时乳脂肪表面积增大，浮力下降，乳可长时间保持不分层，可防止脂肪球上浮，不易形成稀奶油层脂肪。

b. 均质使不均匀的脂肪球呈数量更多的较小的脂肪球颗粒而均匀一致地分散在乳中，脂肪球数目的增加，增加了光线在牛乳中折射和反射的机会，使得均质乳的颜色更白。

c. 经均质后的牛乳脂肪球直径减小，脂肪均匀分布在牛乳中，维生素 A 和维生素 D 也呈均匀分布，促进了乳脂肪在人体内的吸收和同化作用。

d. 经过均质化处理的牛乳具有新鲜牛乳的芳香气味，均质化以后的牛乳防止了由于铜的催化作用而产生的臭味，这是因为均质作用增大了脂肪表面积所致。

e. 经均质后的牛乳脂肪直径减小，易消化吸收。

f. 使乳蛋白凝块软化，促进消化和吸收。

g. 在酶制干酪生产中，可使乳凝固加快，乳产品风味更加一致。

③ 均质的不足　牛乳经均质后对阳光、解脂酶等敏感，有时会产生金属腥味；蛋白质的热稳定性降低；不能使乳有效地分离出稀奶油。

④ 工序安排　原料乳在经过验收、净化、冷却和标准化等预处理之后，必须进行均质处理。杀菌乳、稀奶油、炼乳、冰激凌配料、发酵乳饮料等都需要进行均质。

在巴氏杀菌乳的生产中，均质机的位置处于杀菌机的第一热回收段；在间接加热的超高温灭菌乳生产中，均质机位于灭菌之前；在直接加热的超高温灭菌乳生产中，均质机位于灭菌之后，因此应使用无菌均质机。

⑤ 工艺要求　均质可以是全部的，也可以是部分的。全部式均质一般应用于含脂率小于12%的牛乳或稀奶油，这样不能产生黏化乳现象及脂肪球粘连。部分式均质是一种只对原料的 1/2 或 1/3 进行均质的方法，这主要是对含脂率高的稀奶油而言，以防产生黏化乳现象。部分均质是很经济的方法，因为可以使用一台小的均质机。

均质前需要进行预热，达到 $60\sim65℃$。均质一般采用二段式，即第一段均质使用较高的压力（16.7~20.6MPa），目的是破碎脂肪球；第二段均质使用低压（3.4~4.9MPa），目的是分散已破碎的小脂肪球，防止粘连。

⑥ 影响均质的因素

a. 含脂率　含脂率过高会在均质时形成脂肪球粘连，因为大脂肪球破碎后形成许多小脂肪球，而形成新的脂肪球膜需要一定的时间，如果均质乳的脂肪率过高，那么新的小脂肪球间的距离就小，这样会在保护膜形成之前因脂肪球的碰撞而产生粘连。当含脂率大于12%时，此现象就易发生，所以稀奶油的均质要特别注意，可采用"加温"并"部分均质法"，即均质 50%，再与未均质的混合。

b. 均质温度　均质温度过高，均质形成的黏化乳现象就少，一般在 $60\sim70℃$ 为佳。低温下均质产生黏化乳现象较多。

c. 均质压力　均质压力低，达不到均质效果；压力过高，又会使酪蛋白受影响，对以后的灭菌十分不利，杀菌时往往会产生絮凝沉淀。

⑦ 效果检测　均质效果的检测方法有显微镜检验法、均质指数法、尼罗法和激光测定法。

（3）真空脱气　牛乳刚刚挤出后约含 5.5%～7% 的气体，经过贮存、运输和收购后含量在 10% 以上，而且绝大多数为非结合的分散气体。气体对牛乳加工的破坏作用主要有：影响牛乳计量的准确度；使巴氏杀菌机中结垢增加；影响分离和分离效率；影响牛乳标准化的准确度；影响奶油的产量；促使脂肪球聚合；促使游离脂肪吸附于奶油包装的内层；促使发酵乳中的乳清析出。所以，在牛乳处理的不同阶段进行脱气是非常必要的。

① 工序安排　第一处在乳槽车上安装脱气装备，以避免泵送牛乳时影响流量计的准确度；第二处在乳品厂收乳间流量计之前安装脱气设备。上述两种方法对乳中细小的分散气泡是不起作用的，因此在进一步处理牛乳的过程中，还应第三次使用真空脱气罐，以除去细小的分散气泡和溶解氧。

② 工艺要求　工作时，将牛乳预热到 68℃ 后，泵入真空脱气罐，则牛乳温度立即降到 60℃，这时牛乳中空气和部分牛乳蒸发到罐顶部，遇到罐冷凝器后，蒸发的牛乳冷凝回到罐底部，而空气及一些非冷凝气体（异味）由真空泵抽取吸除去。

③ 工艺安排　脱气→分离→标准化→均质→进入杀菌机杀菌。

3. 原料乳的加热杀菌

（1）热处理　对原料乳进行热处理主要有以下几个目的。

① 保证安全　热处理主要杀死致病菌，如结核杆菌、金黄色葡萄球菌、沙门菌、李斯特菌等病原菌，以及进入乳中的潜在病原菌、腐败菌，其中许多菌耐高温。

② 延长保质期　主要杀死腐败菌和它们的芽孢，灭活乳中固有的或由微生物分泌的酶。热处理抑制了脂肪自身的氧化引起的化学变质。

③ 使产品获得特有的性状　例如，乳蒸发前加热可提高炼乳杀菌期间的凝固稳定性；使细菌的抑制剂——免疫球蛋白和乳过氧化氢酶系统失活，促进发酵剂菌的生长；使酸乳具有一定的黏度；促进乳在酸化过程中乳清蛋白和酪蛋白凝集等。

（2）常用杀菌和灭菌的方法

① 预热杀菌　预热杀菌是一种比巴氏杀菌温度更低的热处理，通常为 57～68℃，15s。

预热杀菌的特点有两个。第一，可以减少原料乳的细菌总数，尤其是嗜冷菌。因为它们中的一些菌会产生耐热的脂酶和蛋白酶，这些酶可以使乳产品变质。第二，在乳中引起的变化较小，若将牛乳冷却并保存在 0～1℃，贮存时间可以延长到 7d 而其品质保持不变。

② 低温巴氏杀菌　低温巴氏杀菌有两种方法。第一种，温度 62～65℃，30min，叫低温杀菌，也称保温杀菌。在这种情况下，乳中的病原菌，尤其是耐热性较强的结核菌都被杀死。第二种，温度 72～75℃，15s 杀菌或采用 75～85℃，15～20s 杀菌，通常称为高温短时间杀菌。低温巴氏杀菌的特点有两个。第一，可钝化乳中的碱性磷酸酶，杀死乳中所有的病原菌、酵母和霉菌以及大部分的细菌，但在乳中生长缓慢的某些微生物不能被杀死。第二，乳的风味有些改变，几乎没有乳清蛋白变性，抑菌特性不受损害。

③ 高温巴氏杀菌　高温巴氏杀菌采用 70～75℃，20min 或 85℃，5～20s 加热。

高温巴氏杀菌的特点有两个。第一，大部分的酶都被钝化，可以破坏乳过氧化氢酶的活性，但乳蛋白酶和某些细菌蛋白酶与脂酶不被钝化或不完全被钝化。第二，使除芽孢外所有细菌生长体都被杀死。这种杀菌方法会使大部分抑菌特性被破坏；部分乳清蛋白发生变性，乳中产生明显的蒸煮味。除了损失维生素 C 之外，营养价值没有重大变化。

④ 超巴氏杀菌 超巴氏杀菌是目前生产延长货架乳的一种杀菌方法。温度为 125～138℃，时间为 2～4s，并冷却到 7℃以下。

⑤ 灭菌 灭菌是在 115～120℃，20～30min，加压灭菌，或采用 135～150℃，0.5～4s，后一种热处理条件被称为 UHT（超高温瞬时灭菌）。

灭菌的特点有两个。第一，这种热处理能杀死所有的微生物包括芽孢，热处理条件不同产生的效果是不一样的。115～120℃，20～30min，加热可钝化所有乳中固有酶，但是不能钝化所有细菌脂酶和蛋白酶；产生严重的美拉德反应，导致棕色化；形成灭菌乳气味；损失一些赖氨酸；维生素含量降低；引起包括酪蛋白在内的蛋白质相当大的变化；使乳 pH 值大约降低了 0.2 个单位。第二，超高温瞬时灭菌对乳没有破坏。

（3）冷杀菌技术 热杀菌是常用的杀菌方式，与热杀菌相反的工艺称其为"冷杀菌"。由于杀菌过程中食品温度并不升高或升高很低，所以冷杀菌技术既利于保持食品中功能成分的生理活性，又有利于保持其色、香、味及营养成分。

① 离心杀菌（除菌） 离心杀菌对芽孢特别有效，因为芽孢具有相对较高的自身密度，一般可高达 1.2～1.3g/L，通常细菌密度远低于芽孢，一般细菌是难以去除的。一般情况下，密封离心机可去除 98%厌氧芽孢微生物、95%好氧芽孢菌，降低总菌数约 86%。高速离心除菌应用于消毒乳时，可以降低巴氏杀菌温度，进而提高产品的风味，可以延长消毒牛乳保质期 3～5d。生产上通常将离心杀菌与其他加热杀菌方式组合使用。

② 高浓度二氧化碳杀菌 在许多食品中（包括乳制品），已经利用溶解在食品中的二氧化碳来抑制细菌的生长。二氧化碳加入到原料乳中能减少蛋白水解作用。至少有两种机理：由于微生物生长的减少导致微生物蛋白酶减少和由于乳的 pH 低可能导致血浆酶活性的降低；二氧化碳降低脂肪的分解作用是由于微生物生长的降低。

③ 超声波杀菌 超声波杀菌是应用于乳品生产的一项新技术。目前，超声波在乳品加工中的应用研究主要集中在其作为清洗工具上，乳品工厂已能合理地利用该清洗技术。高强度超声波（10～1000W/cm）产生的压力和剪切力，可以破坏微生物细胞。它与其他方法如加热、氯化作用和极限 pH 联合使用时效果非常有效。与加热处理联合作用称为"热超声作用"工艺，据悉可在 44℃灭菌。随着该工艺的完善，可作为 UHT 乳或乳制品杀菌的方法之一。研究表明，超声波通过液体时形成气泡或气孔（空化作用），气泡的崩溃将导致局部电震波过强而带来高温、高压，致使物质结构受到破坏，且在空化过程中形成的自由基（虽然量很少）能破坏如 DNA 之类的生物物质。

④ 高压杀菌 高压杀菌的原理及对乳中微生物的影响：生物大分子如蛋白质、核酸等通常具有多级构象，其最高一级构象是由离子键、氢键、疏水性结合，和二硫键等较弱的结合来维持。在超高压下，由于体积的缩小会使这些较弱的结合被打断，造成生物大分子的立体构象崩溃而导致变性。当压力不大时（100～200MPa）这种变性是短暂的、可逆的，一旦释压后则可恢复到未变性状态；而压力太大时，此种变化是永久性的、不可逆的。由于核酸、蛋白质、多糖类等物质或细胞膜在高压下都受到影响，这样生物体的生命活动就会受到影响而停止，从而达到杀菌和钝化酶的目的。

⑤ 微滤杀菌 在乳品工业上应用膜分离技术的目的是：利用反渗透对乳清、超滤清液和超滤浓缩液的脱水；微滤用于乳清、超滤清液或超滤浓缩液部分脱盐；超滤用于牛乳蛋白的浓缩、乳清蛋白的浓缩和生产干酪，酸乳以及其他乳制品的牛乳的蛋白标准化方面；而微滤基本上是用于减少脱脂乳、乳清和盐溶液中的细菌，也用于准备生产乳清蛋白浓缩物的乳清的脱脂以及蛋白分馏方面。应用膜技术去除乳制品中细菌是近几年发展起来的。将巴氏杀菌和无机膜过滤相结合生产浓缩的巴氏杀菌牛乳的过程已实现工业化。膜分离技术通过微孔对细菌及孢子的截留，来实现乳品除菌，具有冷杀菌潜势。

4. 冷却

通常将乳冷却至 4℃ 左右。而超高温乳、灭菌乳则冷却至 20℃ 以下即可。

5. 灌装、冷藏

将杀菌后的牛乳，在无菌条件下装入事先杀过菌的容器里。

（1）灌装的目的　主要为便于分送和零售，防止外界杂质混入成品中和微生物再污染，保存风味和防止吸收外界气味而产生异味，以及防止维生素等营养成分受损失等。

（2）灌装容器　过去我国各乳品厂采用玻璃瓶包装，现在大多采用带有聚乙烯的复合塑料纸、塑料瓶或单层塑料包装。

在巴氏杀菌乳的包装过程中，首先，应该注意的就是避免二次污染，如包装环境、包装材料及包装设备的污染。其次，应尽量避免灌装时的产品温度升高，因为包装以后的产品冷却比较慢。第三，对包装材料应提出较高的要求，如包装材料应干净、避光、密闭，具有一定的机械强度。

（3）包装材料具备的特性　在选择包装材料时，应考虑这些特性：保证产品的质量及其营养价值；保证产品的卫生及清洁，对所包装的产品没有任何污染；避光、密闭，有一定的抗压强度；便于运输、携带和开启；便于灌装、适宜自动化生产；有一定的美观装饰作用。

（4）巴氏杀菌乳的贮存、分销　在巴氏杀菌乳的贮存和分销过程中，必须保持冷链的连续性。冷库温度一般为 4~6℃。欧美国家巴氏杀菌乳的贮藏期为 1 周。巴氏杀菌乳在分销时要注意小心轻放；远离有异味的物质；避光；防尘和避免高温；避免强烈震动。

三、消毒牛乳的质量标准

生产的消毒牛乳必须符合国家的标准。

1. 感官指标

消毒乳的感官指标如表 3-17 所示。

表 3-17　消毒乳的感官指标

项目	特征
滋味和气味	具有消毒牛乳固有的纯香味,无其他任何外来滋味和气味
组织状态	呈均匀的流体,无沉淀、凝块、有机杂质,无黏性和浓厚现象
色泽	呈乳白色或稍带微黄色

2. 理化指标

消毒乳的理化指标如表 3-18 所示。

表 3-18　消毒乳的理化指标

项目	指标
比重(20℃)	1.028~1.030
脂肪/%	≤3.0
总乳固体/%	≥11.2
酸度/°T	≤18

3. 微生物指标

消毒牛乳微生物指标应符合表 3-19 的要求。

表 3-19　消毒牛乳微生物指标

项目	指标
细菌总数/(个/mL)	≤300000
大肠菌群(近似数)/(个/100mL)	≤90
致病菌	不得检出

任务三　酸乳的加工

子任务 1　酸乳的加工

一、技能目标

熟悉并掌握酸乳的制作过程和方法。

二、工作原理

乳酸菌发酵糖类产生乳酸，使原料的 pH 值下降，当降至酪蛋白等电点时，乳发生凝固并形成特有酸乳风味。

三、任务条件

1. 试剂

新鲜乳或复原乳；保加利亚乳杆菌；嗜热链球菌；脱脂乳培养基；白砂糖；CMC-Na 等。

2. 仪器

高压均质机；高压灭菌锅；酸度计；酸性 pH 试纸；超净工作台；恒温培养箱等。

四、任务实施

1. 发酵剂的制备

(1) 脱脂乳培养基制备　脱脂乳用三角瓶和试管分装，置于高压灭菌器中，121℃，灭菌 15min。

(2) 菌种活化与培养　用灭菌后的脱脂乳将粉状菌种溶解，用接种环接种于装有灭菌乳的三角瓶和试管中，42℃恒温培养直到凝固。取出后置于 5℃下 24h（有助于风味物质的提高），再进行第二次、第三次接代培养，使保加利亚杆菌和嗜热链球菌的滴定酸度分别达 110°T 和 90°T 以上。

(3) 母发酵剂混合扩大培养　将已培养好的液体菌种以球菌∶杆菌为 1∶1 的比例混合，接种于灭菌脱脂乳中恒温培养。接种量为 4%，培养温度 42℃，时间 3.5～4.0h，制备成母发酵剂备用。

2. 凝固型酸乳的加工

(1) 工艺流程

原料乳→过滤、净化→配料→预热→均质→巴氏杀菌→冷却→接种→装瓶→保温培养→冷却、后熟→检验→成品。

(2) 配方　原料乳 100，糖 5%～7%，发酵剂为 2%～5%。

(3) 操作要点

① 配料　将稳定剂和砂糖充分溶解，然后加入原料乳中，砂糖加入量为 5%～7%，搅

拌均匀。根据国家标准，酸乳中全乳固体含量应为 11.5% 左右，在配料的时候要注意把握。

② 均质　均质前将原料预热至 53℃，20～25MPa 下均质处理。

③ 杀菌　混合料液杀菌温度为 90℃，时间 15min。

④ 冷却　采苗后迅速冷却至 42℃ 左右。

⑤ 接种　接种量为 4%。比例为杆菌：球菌＝1：1。

⑥ 培养　接种后装瓶，置于 42℃ 培养箱中培养至凝固，约 2.5～4h。

⑦ 冷却后熟　为防止发酵过度，立即在 4～5℃ 的条件下进行冷却，一般 24h 左右。

（4）质量评定

① 感官指标

a. 组织状态　凝块均匀细腻，无气泡。允许有少量乳清析出。

b. 滋味和气味　具有纯乳酸发酵剂制成的酸牛乳特有的滋味和气味。无酒精发酵味、霉味和其他外来的不良气味。

c. 色泽　色泽均匀一致，呈乳白色或稍带微黄色。

② 微生物指标　大肠菌群数＜90 个/100mL，不得有致病菌。

③ 理化指标　脂肪≥3.0%（扣除砂糖计算），全乳固体＞11.5%，酸度 70～110°T，砂糖＞5.0%，汞（以 Hg 计）＜$0.01×10^{-6}$mg/kg。

3. 搅拌型酸乳的加工

（1）工艺流程

原料乳→过滤、净化→配料→预热→均质→巴氏杀菌→冷却→接种→保温培养→冷却→搅拌（加入果料、香料稳定剂等）→灌装→冷藏、后熟→检验→成品。

（2）配方　同凝固型酸乳。

（3）操作要点

① 原料乳的过滤与净化、配料、预热与均质、杀菌、冷却、接种、培养、冷藏与后熟同凝固型酸乳。

② 培养　料液在发酵罐中形成凝乳。培养条件是 41～43℃、2～3h。

③ 冷却、搅拌　发酵完成后，快速降温的同时进行适度搅拌，以破碎凝乳，获得均一的组织状态。

④ 混合和灌装　将杀菌果料、稳定剂加入，混匀后灌装。

（4）质量评定　参照国家标准相关规定进行。

五、任务报告

根据操作结果做出报告。

子任务 2　酸乳中乳酸菌的微生物检验

一、技能目标

了解酸乳中乳酸菌分离原理，学习并掌握乳酸菌饮料中乳酸菌菌数的检测方法。

二、工作原理

活性酸乳需要控制各种乳酸菌的比例，有些国家将乳酸菌的活菌数含量作为区分产品品种和质量的依据。

由于乳酸菌对营养有复杂的要求，生长需要糖类、氨基酸、肽类、脂肪酸、酯类、核酸衍生物、维生素和矿物质等，一般的肉汤培养基难以满足其要求。测定乳酸菌时必须尽量将试样中所有活的乳酸菌检测出来。要提高检出率，关键是选用特定良好的培养基。采用稀释平板菌落计数法，检测酸乳中的各种乳酸菌可获得满意的结果。

三、任务条件

1. 培养基

改良 MC 培养基（Modified Chalmers 培养基）或改良 TJA 培养基（改良番茄汁琼脂培养基）。

2. 仪器

无菌移液管（25mL，1mL），无菌水（225mL 无菌水带玻璃珠三角瓶，9mL 试管），无菌培养皿，旋涡均匀器，恒温培养箱。

四、任务实施

工艺流程：酸乳稀释→制平板→培养→检查计数。

1. 样品稀释

先将酸乳样品搅拌均匀，用无菌移液管吸取样品 25mL 加入盛有 225mL 无菌水的三角瓶中，在旋涡均匀器上充分振摇，务必使样品均匀分散，即为 1∶10 的均匀稀释液。

1mL 灭菌吸管吸取 1∶10 稀释液 1mL，沿管壁徐徐注入含有 9mL 灭菌生理盐水的试管内（注意吸管尖端不要触及管内稀释液）。按上述操作顺序，作 10 倍递增稀释液，如此每递增一次，即换用 1 支 1mL 灭菌吸管。

2. 制平板

选用 2～3 个适合的稀释度，培养皿贴上相应的标签，分别吸取不同稀释度的稀释液 1mL 置于平皿内，每个稀释度作 2 个重复。然后用溶化冷却至 46℃左右的改良 MC 培养基或改良 TJA 培养基倒平皿，迅速转动平皿使之混合均匀，冷却成平板。同时将乳酸菌计数培养基倾入加有 1mL 稀释液检样用的灭菌生理盐水的灭菌平皿内作空白对照，以上整个操作自培养物加入培养皿开始至接种结束须在 20min 内完成。

3. 培养和计数

琼脂凝固后，翻转平板，置（36±1）℃培养箱内培养（72±3）h 取出，观察乳酸菌菌落特征，按常规方法选取菌落数在 30～300 之间的平板进行计数。

五、结果

1. 指示剂显色反应

计算后，随机挑取 5 个菌落数进行革兰染色。乳酸菌的菌落很小，1～3mm，圆形隆起，表面光滑或稍粗糙，呈乳白色、灰白色或暗黄色。由于产酸菌落周围能使 $CaCO_3$ 产生溶解圈，酸碱指示剂呈酸性显色反应，即革兰染色呈阳性。

2. 镜检形态

必要时，可挑取不同形态菌落制片镜检确定是乳杆菌或乳链球菌。保加利亚乳杆菌呈杆状，呈单杆或双杆菌或长丝状。嗜热链球菌呈球状，成对或短链或长链状。

3. 计数结果

公式：平均菌落数×稀释倍数

稀释度						
重复	1	2	1	2	1	2
菌落数						
平均数						
计数结果						

六、任务报告

根据操作结果做出报告。

 相关知识

一、酸乳的概念及分类

1. 酸乳的概念

酸乳是指在添加（或不添加）乳粉（或脱脂乳粉）的乳中，由于保加利亚杆菌和嗜热链球菌的作用进行乳酸发酵制成的凝乳状产品，成品中必须含有大量相应的活菌。

2. 酸乳的分类

（1）按成品的组织状态分类

① 凝固型酸乳　发酵和冷却过程在包装容器中进行，从而使成品保留凝乳状态。

② 搅拌型酸乳　在发酵罐中发酵和冷却，发酵后的凝乳在灌装前和灌装过程中搅碎呈黏稠状组织状态。

③ 饮料型酸乳　基本组成与搅拌型酸乳相似，但凝乳块在包装前被打成液态，可直接饮用，总固形物含量最大为 11%。

④ 冷冻型酸乳　在酸乳中加入果料、增稠剂或乳化剂，然后进行凝冻处理得到的类似冰淇淋的成品。

（2）按成品的口味分类

① 天然纯酸乳　产品只由原料乳和菌种发酵而成，不含任何辅料和添加剂。

② 加糖酸乳　产品由原料乳和糖加入菌种发酵而成。在我国市场上常见，糖的添加量较低，一般为 6%～7%。

③ 调味酸乳　在天然酸乳或加糖酸乳中加入香料而成。酸乳容器的底部加有果酱的酸乳称为圣代酸乳。

④ 果料酸乳　成品是由天然酸乳与糖、果料混合而成。

⑤ 复合型或营养健康型酸乳　通常在酸乳中强化不同的营养素（维生素、食用纤维素等）或在酸乳中混入不同的辅料（如谷物、干果、菇类、蔬菜汁等）而成。这种酸乳在西方国家非常流行，人们常在早餐中食用。

⑥ 疗效酸乳　包括低乳糖酸乳、低热量酸乳、维生素酸乳或蛋白质强化酸乳。

（3）按发酵的加工工艺分类

① 浓缩酸乳　将正常酸乳中的部分乳清除去而得到的浓缩产品。因其除去乳清的方式与加工干酪方式类似，有人也叫酸乳干酪。

② 冷冻酸乳　酸乳中加入果料、增稠剂或乳化剂，然后将其进行冷冻处理而得到的产品。

③ 充气酸乳　发酵后在酸乳中加入稳定剂和起泡剂（通常是碳酸盐），经过均质处理即得这类产品。这类产品通常是以充 CO_2 的酸乳饮料形式存在。

④ 酸乳粉　通常使用冷冻干燥法或喷雾干燥法将酸乳中约 95% 的水分除去而制成酸乳粉。制造酸乳粉时，在酸乳中加入淀粉或其他水解胶体后再进行干燥处理而成。

（4）按菌种组成和特点分类

① 嗜热菌发酵乳

a. 单菌发酵乳　如嗜酸乳杆菌发酵乳、保加利亚乳杆菌发酵乳。

b. 复合菌发酵乳   如酸乳及由酸乳的两种特征菌和双歧杆菌混合发酵而成发酵乳。

② 嗜温菌发酵乳

a. 经乳酸发酵而成的产品   这种发酵乳中常用的菌有：乳酸链球菌属及其亚属、肠膜状明串珠菌和干酪乳杆菌。

b. 经乳酸发酵和酒精发酵而成的产品   如酸牛乳酒、酸马乳酒。

3. 酸乳的营养价值

酸乳的营养价值与其原料直接相关，酸乳具有其原料乳所提供的所有营养价值，也与其特有的加工方法（控制发酵）和所含活菌紧密相关，使酸乳具有其独特的营养价值。

（1）与原料乳有关的营养价值

① 极好生理价值的蛋白质   由于在发酵过程中，乳酸菌产生蛋白质水解酶，使原料乳中部分蛋白质水解，这使酸乳与一般乳相比含有更多的肽和丰富的、比例更合理的人体必需氨基酸，从而使酸乳中的蛋白质更易被机体合成细胞时所利用，具有更好的生化可利用性。

② 更多易于吸收的钙质   通常酸乳中乳固体含量大于牛乳中的，故含有较多的钙质。事实上酸乳属于钙密度最高的食品。发酵后，原料乳中的钙被转化为水溶形式，更易被人体吸收利用。一般酸乳中含钙量为 $140\sim165\text{mg}/100\text{g}$。

③ 维生素   酸乳中主要含有 B 族维生素和少量脂溶性维生素。酸乳中维生素含量主要取决于原料乳，其所用菌株种类也影响维生素含量，如 B 族维生素作为乳酸菌生长与增殖的产物。

（2）酸乳所特有的营养价值

① 减轻"乳糖不耐受症"   人体内乳糖活力在刚出生时最强，断乳后开始下降。而成年时，人体内的乳糖酶活力仅是其刚出生时的 10%。但有些人体肠道内乳糖酶的活力太小以至无法消化乳糖。当他们喝牛乳时会有腹痛、痉挛、肠鸣的症状，有时会腹泻。

牛乳经发酵制成酸乳时，一部分乳糖水解成半乳糖和葡萄糖，后者再被转化成乳酸。因此，酸乳中的乳糖含量与牛乳相比较少。另外，根据国际乳品联合会 1984 年的研究结果，酸乳中的活菌直接或间接地具有乳糖酶活性，因此摄入酸乳可以减轻喝牛乳时出现的"乳糖不耐受症"。

② 调节人体肠道中的微生物菌群平衡   酸乳中的乳酸菌可以活着到达大肠。乳酸菌虽无法在肠道中长期存活，但在摄入酸乳后的几个小时内的作用仍是不可置疑的。也就是说当乳酸菌经过消化道时仍起着抗菌和防腐作用。

事实上，现已证明酸乳中的菌株产生许多抗菌物质，从而抑制多种致病菌在人体内的增殖。同时酸乳中的乳酸菌也在肠道中营造了一种不利于一些致病菌增殖的环境，从而协调人体肠道中微生物菌群的平衡，改善消化过渡时间。

③ 调节胆固醇水平   大量进食酸乳可以降低人体胆固醇水平，但少量摄入酸乳的影响结果则很难判断。并且酸乳中其他组成（如钙或乳糖）也可能参与影响人体内胆固醇含量。但有一点可以相信：进食酸乳并不增加血液中的胆固醇含量。

（3）其他发酵乳的营养价值

① 双歧杆菌发酵乳   双歧杆菌是人出生几天后肠道中自然存在的细菌，在母乳喂养的婴儿体内，其含量尤其多。许多研究表明，双歧杆菌具有下述有益健康的作用。

a. 改善轻度便秘症状。

b. 提高肠道中双歧杆菌数量。

c. 预防腹泻。

d. 提高免疫功能。

e. 促进并改善蛋白质及维生素的代谢。

f. 增强对腐败菌的抗菌能力。

② 干酪乳杆菌发酵乳 干酪乳杆菌也是人体内自然存在的一种菌，其生理作用如下。

a. 治疗腹泻。

b. 调节肠道微生物菌群。

c. 增强免疫功能。

③ 嗜酸乳杆菌发酵乳 嗜酸乳杆菌也是人体肠胃中自然存在的一种菌，由于这种菌抗胃酸和胆酸，故它可以活着通过胃和小肠，并且其存活率高于保加利亚乳杆菌和嗜热链球菌。嗜酸乳杆菌发酵乳的生理作用表现如下。

a. 改善肠道微生物菌群。

b. 促进营养物质的有效利用，增加体重。

c. 增强 β-乳糖苷酶的活性，克服"乳糖不耐受症"。

d. 降低胆固醇。

e. 增强机体免疫功能。

f. 抑制癌症的发生。

二、发酵剂的制备

1. 发酵剂概述

发酵剂是一种能够促进乳的酸化过程，含有高浓度乳酸菌的产品。对于发酵乳加工来说，质量优良的发酵剂是不可缺少的。

（1）发酵剂的作用 发酵剂分解乳糖产生乳酸；产生挥发性的物质，如丁二酮、乙醛等，从而使酸乳具有典型的风味；具有一定的降解脂肪、蛋白质的作用，从而使酸乳更利于消化吸收；酸化过程抑制了致病菌的生长。

（2）发酵剂种类

① 商品发酵剂 从专门的发酵剂公司或研究所购买的原始菌种。

② 母发酵剂 用商品发酵剂制得的发酵剂。

③ 中间发酵剂 加工大量发酵剂的中间环节的发酵剂。

④ 工作发酵剂 又称加工发酵剂，是直接用于加工酸乳的发酵剂。

（3）酸乳发酵剂菌种的共生作用 酸乳加工中常用的发酵剂是保加利亚乳杆菌与嗜热链球菌的混合菌种。这种混合菌种在 $40\sim50℃$ 乳中发酵 $2\sim3h$ 即可达到所需的凝乳状态与酸度，而上述任何一种单一菌株的发酵时间都在 10h 以上，其原因就是因为保加利亚乳杆菌与嗜热链球菌之间存在共生现象。

保加利亚乳杆菌在发酵的初期分解乳中酪蛋白而形成氨基酸（主要是缬氨酸）和多肽，促进了嗜热链球菌的生长，随着嗜热链球菌的增加，乳酸度也随之增加。随着乳酸度的增加，又抑制了嗜热链球菌的生长。在嗜热链球菌生长过程中乳脲活动产生 CO_2，刺激保加利亚乳杆菌生长。伴随着 CO_2 的产生，脲释放出氨作为微弱的缓冲剂。嗜热链球菌产生的甲酸（一部分可能由牛乳的热处理产生）也促进了保加利亚乳杆菌的生长。

在发酵的初期嗜热链球菌生长快，发酵 1h 后与保加利亚乳杆菌的比例为 $(3\sim4):1$。在随后的阶段，嗜热链球菌的生长由于乳酸的抑制作用缓慢下来，保加利亚乳杆菌的数量也逐渐与嗜热链球菌数量相近。表 3-20 为酸乳发酵中两种乳酸菌的数量的变化过程。

表 3-20 发酵酸度对酸乳中嗜热链球菌与保加利亚乳杆菌数量的影响

酸度/°T	嗜热链球菌数 /$(\times10^6 CFU/mL)$	保加利亚乳杆菌数 /$(\times10^6 CFU/mL)$
28	200	37

续表

酸度/°T	嗜热链球菌数 /(×10⁶CFU/mL)	保加利亚乳杆菌数 /(×10⁶CFU/mL)
38	440	86
56	480	170
68	560	230
75	580	400
91	600	470
101	570	530
120	560	720

由上表看出，在发酵的初期嗜热链球菌增殖活跃，而后期保加利亚乳杆菌增殖活跃。

2. 发酵剂的选择与制备

（1）发酵剂的选择 在加工实践中，厂家根据自己所加工的酸乳品种、口味与市场消费者的需求来选择合适的发酵剂。选择发酵剂应从以下几方面考虑。

① 酸生成能力和后酸化 不同的发酵剂其产酸能力会不一样，在同样的条件下可测得发酵酸度随时间的变化关系，从而得出酸生长曲线，从中得知哪一种发酵剂产酸能力强。产酸能力强的酸乳发酵剂通常在发酵过程中导致过度酸化和强的后酸化过程（在冷却和冷藏时继续产酸）。在加工中一般选择产酸能力弱或中等的发酵剂。

后酸化过程应考虑到：从发酵终点（42℃）冷却到19℃或20℃时酸度的增加，从19℃或20℃冷却到10℃或12℃时酸度的增加以及在0～6℃冷库中酸度的增加。目前我国冷链系统尚不完善，从酸乳产品出厂到消费者饮用之前，冷链经常被打断。因此在酸乳加工中选择较温和的发酵剂显得尤为重要。在任何情况下，后酸化度都应该尽可能小。

② 滋气味和芳香味的产生 优质的酸乳必须具有良好的滋气味和芳香味。为此，选择产生滋气味和芳香味满意的发酵剂是很重要的。一般酸乳发酵剂产生的芳香物质有乙醛、丁二酮和挥发性酸等。可通过品尝、测定挥发酸和乙醛的方法来选择发酵剂。

③ 黏性物质的产生 若发酵剂在发酵过程中产黏，将有助于改善酸乳的组织状态和黏稠度，这一点在酸乳干物质含量不太高时更显得重要。在加工中，若正常使用的发酵剂突然产黏，则可能是发酵剂变异所致。也可购买产黏的发酵剂，但一般情况下，产黏发酵剂发酵的产品风味都稍差些。所以在选择时最好将产黏发酵剂作补充发酵剂来用。

④ 蛋白质的水解性 酸乳发酵剂中的嗜热链球菌在乳中表现出很弱的蛋白质水解性，而保加利亚乳杆菌表现出很高的活力，能将蛋白质水解为游离脂肪酸和多肽。酸乳中乳酸菌的蛋白质水解活动可能影响到发酵剂和酸乳的一些特性，如刺激嗜热链球菌的生长、促进酸的生成等。由于部分蛋白质水解增加了酸乳的可消化性，但也带来产品黏度下降等不利影响。所以若酸乳保质期短，蛋白质水解问题可以不予考虑；若酸乳保质期长，应选择蛋白质水解能力弱的菌株。在选择发酵剂时要根据酸乳的生长类型而定：对于果料型酸乳，应选择产酸温且后酸化弱的发酵剂；对于天然纯酸乳，除选择产酸温和后酸化弱的发酵剂外，还应考虑发酵剂的产香性能。

（2）发酵剂的类型 乳品厂使用的发酵剂大致分为三类，即混合发酵剂、单一发酵剂和补充发酵剂。

① 混合发酵剂 一般是保加利亚乳杆菌和嗜热链球菌按1：1或1：2比例混合的酸乳发酵剂，且两种菌比例的改变越小越好。

② 单一发酵剂 一般是将每一种菌株单独活化，加工时再将各菌株混合在一起。其优点是：容易继代，且易于保持保加利亚乳杆菌和嗜热链球菌比例；容易更换菌株；根据酸乳加工的类型不同，容易调整保加利亚乳杆菌和嗜热链球菌的比例；选择性地接种到乳中是可

能的，如在果料酸乳加工中，可先接种球菌，1.5h后再接种杆菌；通过单一活化不同菌株，菌株间的共生作用减弱，从而减慢了酸的生成；单一菌株在冷藏条件下易于保持性状，液态母发酵剂可以数周活化一次。

③ 补充发酵剂是为了增加酸乳的黏稠度、风味或增强产品的保健目的，可以选择以下菌种，一般可单独培养或混合培养后加入乳中。

a. 产黏发酵剂 为了防止产黏菌过度增殖，应将其与保加利亚乳杆菌或嗜热链球菌分开培养。

b. 产香发酵剂 当加工的天然纯酸乳的香味不足时，可考虑加入特殊产香的保加利亚乳杆菌菌株或嗜热链球菌丁二酮产香菌株。

c. 加入嗜酸乳杆菌、干酪乳杆菌或双歧杆菌等加工保健酸乳。

(3) 发酵剂的保存方法 对发酵剂菌种进行保存是非常重要的，不但可以保持微生物菌种在保存过程的活性使之稳定地用于工作发酵剂的加工；在发生工作发酵剂失活的情况下，一些保存的菌种也可用于发酵罐内接种（DVI）。连续继代培养可引起突变体，而突变体可能改变菌种的整体性质和一般特性。因而，在使用混合菌种的情况下，连续的继代培养会改变嗜热链球菌和德氏乳杆菌保加利亚亚种间的平衡或比例，而这种变化还会引起该混合发酵剂中的嗜酸乳杆菌和双歧杆菌的菌数发生变化。因而发酵剂的保存至关重要。

菌种保存方法很多，其原理多为：挑选典型菌种的优良纯种，创造适合其长期休眠的环境，如干燥、低温、缺氧、避光、缺乏营养以及添加保护剂或酸度中和剂。良好的菌种保存方法的前提是必须能够保证原菌种具有优良的性状，此外还需考虑方法的通用性和操作的简便性。

通常，酸乳发酵剂可用以下方法进行保存。

① 液态发酵剂 发酵剂菌种可用几种不同的生长培养基以液体形式保存（培养基一般为活化培养基或发酵加工所用的培养基）。

a. 液态发酵剂的优点 使用前能给予评估和检查；依据实验和已知的方法能指导酸乳加工；价格便宜。

b. 液态发酵剂的缺点 每批与每批之间质量不够稳定；在加工厂还得再扩大培养，费原料、费时、费工；保存期短，乳酸菌含量较低；接种量较大。

② 干燥发酵剂 干燥发酵剂是通过冷冻干燥培养到最大乳酸菌数的液体发酵剂而制得的。冷冻干燥能最大限度地减少了对乳酸菌的破坏。

冷冻干燥发酵剂一般在使用前再接种制成母发酵剂。但使用浓缩冷冻干燥发酵剂时，可将其直接制备成工作发酵剂，无需中间的扩培过程。冷冻干燥发酵剂与液态发酵剂相比，其优点为：良好的保存质量；更强的稳定性和乳酸菌活力；由于接种次数减少，降低了被污染的机会；保存时间有所增加；产品品质均一。

a. 真空干燥。

b. 喷雾干燥。

c. 冷冻干燥或升华干燥（广泛用于实验室）。

d. 浓缩发酵剂的冷冻干燥（广泛用于商品加工）。

③ 冷冻发酵剂 这是一种深度冷冻干燥，能通过以下两个方案加工。

a. $-20℃$冷冻（不发生浓缩）和经$-80\sim-40℃$深度冷冻（会发生浓缩）。

b. $-196℃$超低温液氮冷冻（会发生浓缩），$-196℃$是液态氮中最低冻结点。

冷冻干燥法是一种适用范围很广的菌种保存方法，发酵剂利用冷冻干燥技术不仅为了保存菌种，更主要的是为了加工大量直投式或间接加工所需的发酵剂，以满足乳品工业加工需求。目前，冷冻干燥发酵剂已广泛应用于酸乳的加工。冷冻干燥发酵剂具有以下优点。

a. 冷冻干燥发酵剂经低温处理，保存时间长。

b. 冷冻干燥发酵剂一般为小型铝箔包装，适合长途运输和贮存，使用方便，灵活性大。

c. 冷冻干燥发酵剂可不经过活化培养，直接投入加工，减少污染，对噬菌体有较好的控制能力，并且可节约劳动力和加工成本。

d. 冷冻干燥发酵剂性质均一，产量和品质稳定。

e. 日产量高。

f. 菌种保存过程中不易发生变异。

（4）发酵剂的制备

① 培养基的选择

a. 母发酵剂、中间发酵剂的培养基制备　母发酵剂、中间发酵剂的培养基一般用高质量无抗生素残留的脱脂乳粉（因游离脂肪酸的存在可抑制发酵剂菌种的增殖）制备，培养基干物质含量为10%～12%。一般用带无菌棉塞或耐热硅胶塞的试管或三角瓶作为盛装培养基的容器，用蒸汽高压灭菌（121℃，10～15min）。用于母发酵剂的培养基在使用之前应在30℃下培养2d，以检查其灭菌程度。

b. 工作发酵剂培养基的制备　工作发酵剂培养基一般用无抗生素优质原料乳（或脱脂乳粉）来制备，灭菌温度和时间是在90℃保持30min。

② 发酵剂的活化和扩大培养

a. 商品发酵剂的活化　商品发酵剂（乳酸菌纯培养物）由于保存温度与保存时间的影响，在刚使用时应反复活化几次才能恢复其活力。活化过程必须严格按照无菌操作程序进行操作。所用吸管应在160℃烘箱中最少灭菌2h。

活化工艺流程：复原脱脂乳→灭菌→冷却到43℃→接种→42℃培养至凝乳状→冷却至4℃→冰箱保存。

b. 母发酵剂和中间发酵剂的制备　母发酵剂和中间发酵剂的制备须在严格的卫生条件下，制作间最好有经过过滤（除尘、除菌等）的正压空气，操作前要用400～800mg/L的次氯酸钠溶液喷雾消毒，每次接种时容器口端最好用200mg/L的次氯酸钠溶液浸湿的干净纱布擦拭消毒，防止杂菌（特别是噬菌体）的污染。

母发酵剂一次制备后可存于0～6℃冰箱中保存。对于混合菌种，每周活化一次即可。母发酵剂在活化过程中可能会带来杂菌或噬菌体的污染，应定期更换，一般最长不超过1个月。

c. 工作发酵剂的制备　工作发酵剂室最好与加工车间隔离，要有良好的卫生条件，最好有换气设备。为防止来自环境中的微生物污染，每天要喷雾200mg/L的次氯酸钠溶液，工作人员在操作前也要用100～150mg/L的次氯酸钠溶液洗手消毒。

母发酵剂、中间发酵剂和工作发酵剂的制备工艺流程和商品发酵剂活化流程相同，只是培养基、杀菌条件和容器设备不同。

3. 发酵剂活力的影响因素及质量控制

（1）影响发酵剂菌种活力的主要因素

① 天然抑制物　牛乳中存在不同的抑菌因子，主要功能是增强牛犊的抗感染与疾病的能力。这些物质包括乳抑菌素、凝聚素、溶菌酶等。但乳中存在的抑菌物质一般对热不稳定，加热后即被破坏。

② 抗生素残留　患乳房炎等疾病的奶牛常用青霉素、链霉素等抗生素药物治疗，在一定时间内（一般3～5d，个别在一周以上）乳中会残留一定的抗生素。用于加工酸乳的所有乳品原料中都不允许有抗生素残留。

乳品工厂一般用做小样的方法，通过发酵来判断原料乳中是否有抗生素残留，但费时较长，约 2h 左右。目前有用抗生素检测试剂盒检测，时间较短，但价格较高。

③ 噬菌体 噬菌体的存在对发酵乳的加工是致命的。为此，在发酵剂制备过程中应严格遵守以下环节。

a. 在发酵剂继代过程中必须无菌操作；

b. 工作发酵剂培养基热处理时应确保灭活噬菌体病毒，发酵剂罐被充满到最大容量是很重要的，否则应延长热处理时间以及杀灭罐内空间可能存在的噬菌体；

c. 每天最好循环使用与噬菌体无关或抗噬菌体的菌株；

d. 发酵剂室和加工区域空气的有效过滤有助于控制噬菌体的存在，发酵剂室良好的卫生能减少微生物的污染，车间合理的设计也能限制空气污染；

e. 设备必须经充分的消毒，如加热或用化学杀菌液处理；

f. 发酵剂室应远离加工区域，以降低空气污染的可能性；

g. 除专门人员外，一般厂内员工不得进入发酵剂加工间；

h. 发酵剂准备间用 400～800mg/L 的次氯酸钠溶液喷雾或紫外线灯照射消毒，控制空气中的噬菌体数；

i. 使用混合菌株的发酵剂。

④ 清洗剂和杀菌剂的残留 清洗剂和杀菌剂是乳品厂用来清洗和杀菌的化学物品。这些化合物（碱洗剂、碘灭菌剂、季铵类化合物、两性电解质等）的残留会影响发酵剂菌种的活力。清洗剂和杀菌剂在发酵剂加工用乳中的污染来自于人为工作的失误或 CIP 系统循环的失控。因此，清洗程序的设定应保证除去加工发酵剂罐内可能残留的化学制品溶液。

（2）发酵剂的质量控制 发酵剂在发酵乳加工中的作用取决于发酵剂的纯度和活力，其质量控制有如下方法。

① 感官检查 对于液态发酵剂，首先检查其组织状态、色泽及有无乳清分离等，其次检查凝乳的硬度，然后品尝酸味与风味，看其有无苦味和异味等。

② 理化、微生物学检查

a. 检查形态与菌种比例 使用革兰染色或 Newman's 染色方法染色发酵剂涂片，并用高倍光学显微镜观察乳酸菌形态正常与否以及杆菌与球菌的比例等。

b. 检查污染程度 纯度可用催化酶试验：乳酸菌催化酶试验应呈阴性，阳性反应是污染所致。阳性大肠菌群试验检测粪便污染情况；乳酸菌发酵剂中不许出现酵母或霉菌；检测噬菌体的污染情况。

活力检查：使用前在化验室对发酵剂的活力进行检查，从发酵剂的酸生成状况或色素还原来进行判断。好的酸乳发酵剂活力一般在 0.8% 以上。

常用的测定活力的方法有：酸度测定——在灭菌冷却后的脱脂乳中加入 3% 的发酵剂，并在 37.8℃ 的培养箱下培养 3.5h，然后测定其酸度，若滴定乳酸度达 0.8% 以上，认为活力良好；刃天青还原试验——在 9mL 脱脂乳中加入 1mL 发酵剂和 0.005% 刃天青溶液 1mL，在 36.7℃ 的培养箱中培养 35min 以上，如完全褪色则表示活力良好。

③ 定期进行发酵剂设备和容器涂抹检验 定期进行发酵剂加工设备和容器涂抹检验来判定清洗效果和车间的卫生状况。

三、酸乳加工的质量控制

酸乳加工中，由于各种原因，常会出现一些质量问题，下面简要介绍问题的发生原因和控制措施。

1. 凝固性差

酸乳有时会出现凝固性差或不凝固现象，黏性很差，出现乳清分离。

(1) 原料乳质量 当乳中含有抗生素、防腐剂时，会抑制乳酸菌的生长，从而导致发酵不力、凝固性差。试验证明原料乳中含微量青霉素（0.01IU/mL）时，对乳酸菌便有明显抑制作用。乳房炎乳由于其白细胞含量较高，对乳酸菌也有不同的噬菌作用。此外，原料乳掺假，特别是掺碱，使发酵所产的酸被中和，而不能积累达到凝乳要求的 pH，从而使乳不凝固或凝固不好。牛乳中掺水，会使乳的总干物质降低，也会影响酸乳的凝固性。

因此，必须把好原料验收关，杜绝使用含有抗生素、农药以及防腐剂、掺碱或掺水牛乳加工酸乳。

(2) 发酵温度和时间 发酵温度依所采用乳酸菌种类的不同而异。若发酵温度低于或高于乳酸菌最适生长温度，则乳酸菌活力下降，凝乳能力降低，使酸乳凝固性降低。发酵时间短，也会造成酸乳凝固性能降低。此外，发酵室温度不稳定也是造成酸乳凝固性降低的原因之一。因此，在实际加工中，应尽可能保持发酵室的温度恒定，并控制发酵温度和时间。

(3) 噬菌体污染 是造成发酵缓慢、凝固不完全的原因之一。由于噬菌体对菌的选择作用，可采用经常更换发酵剂的方法加以控制，此外，两种以上菌种混合使用也可减少噬菌体危害。

(4) 发酵剂活力 发酵剂活力弱或接种量太少会造成酸乳的凝固性下降。对一些灌装容器上残留的洗涤剂（如氢氧化钠）和消毒剂（如氯化物）须清洗干净，以免影响菌种活力，确保酸乳的正常发酵和凝固。

(5) 加糖量 加工酸乳时，加入适当的蔗糖可使产品产生良好的风味，凝块细腻光滑，提高黏度，并有利于乳酸菌产酸量的提高。若加量过大，会产生高渗透压，抑制了乳酸菌的生长繁殖，造成乳酸菌脱水死亡，相应活力下降，使牛乳不能很好凝固。试验证明，6.5% 的加糖量对产品的口味最佳，也不影响乳酸菌的生长。

2. 乳清析出

乳清析出是加工酸乳时常见的质量问题，其主要原因有以下几种。

(1) 原料乳热处理不当 热处理温度偏低或时间不够，就不能使大量乳清蛋白变性，变性乳清蛋白可与酪蛋白形成复合物，能容纳更多的水分，并且具有最小的脱水收缩作用。据研究，要保证酸乳吸收大量水分和不发生脱水收缩作用，至少要使 75% 的乳清蛋白变性，这就要求 85℃ 20~30min 或 90℃ 5~10min 的热处理；UHT 加热（135~150℃，2~4s）处理虽能达到灭菌效果，但不能达到 75% 的乳清蛋白变性，所以酸乳加工不宜用 UHT 加热处理。

(2) 发酵时间 若发酵时间过长，乳酸菌继续生长繁殖，产酸量不断增加。酸性的过度增强破坏了原来已形成的胶体结构，使其容纳的水分游离出来形成乳清上浮。发酵时间过短，乳蛋白质的胶体结构还未充分形成，不能包裹乳中原有的水分，也会形成乳清析出。因此，应在发酵时抽样检查，发现牛乳已完全凝固，就应立即停止发酵。

(3) 其他因素 原料乳中总干物质含量低、酸乳凝胶机械振动、乳中钙盐不足、发酵剂添加量过大等也会造成乳清析出，在加工时应加以注意，乳中添加适量的 $CaCl_2$，既可减少乳清析出，又可赋予酸乳一定的硬度。

酸乳搅拌速度过快，过度搅拌或泵送造成空气混入产品，将造成乳清分离。此外，酸乳发酵过度、冷却温度不适及干物质含量不足也可造成乳清分离现象。因此，应选择合适的搅拌器搅拌并注意降低搅拌温度。同时可选用适当的稳定剂，以提高酸乳的黏度，防止乳清分离，其用量为 0.1%~0.5%。

3. 风味不良

正常酸乳应有发酵乳纯正的风味，但在加工过程中常出现以下不良风味。

(1) 无芳香味 主要出于菌种选择及操作不当所引起。正常的酸乳加工应保证两种以上的菌种混合使用并选择适宜的比例。任何一方占优势均会导致产香不足，风味变劣。高温短时发酵和固体含量不足也是造成芳香味不足的因素。芳香味主要来自发酵剂分解柠檬酸产生的丁二酮等物质，所以原料乳中应保证足够的柠檬酸含量。

（2）酸乳的不洁味　主要由发酵剂或发酵过程中污染杂菌引起。被丁酸菌污染可使产品带刺鼻怪味，被酵母菌污染不仅产生不良风味，还会影响酸乳的组织状态，使酸乳产生气泡。因此，要严格保证卫生条件。

（3）酸乳的酸甜度　酸乳过酸、过甜均会影响风味。发酵过度、冷藏时温度偏高和加糖量较低等会使酸乳偏酸，而发酵不足或加糖过高又会导致酸乳偏甜。因此，应尽量避免发酵过度现象，并应在 0～4℃条件下冷藏，防止温度过高，严格控制加糖量。

（4）原料乳的异味　牛体臭味、氧化臭味及由于过度热处理或添加了风味不良的炼乳或乳粉等也是造成其风味不良的原因之一。

4. 表面霉菌生长

酸乳贮藏时间过长或温度过高时，往往在表面出现有霉菌。白色霉菌不易被注意。这种酸乳被人误食后，轻者有腹胀感觉，重者引起腹痛下泻。因此要严格保证卫生条件并根据市场情况控制好贮藏时间和贮藏温度。

5. 口感差

优质酸乳柔嫩、细滑，清香可口。采用高酸度的乳或劣质的乳粉加工的酸乳口感粗糙，有沙状感。因此，加工酸乳时，应采用新鲜牛乳或优质乳粉，并采取均质处理，使乳中蛋白质颗粒细微化，达到改善口感的目的。

6. 沙状组织

酸乳在组织外观上有许多沙状颗粒存在，不细腻，沙状结构的产生有多种原因，在制作搅拌型酸乳时，应选择适宜的发酵温度，避免原料乳受热过度，减少乳粉用量，避免干物质过多和较高温度下的搅拌。

任务四　干酪的加工

一、任务条件

① 试剂　牛乳（7.5L）；干酪发酵剂（75mL）；$CaCl_2$（2.25mL）；凝乳酶（1/10000）65 滴；盐水（18%～19%）。

② 仪器　干酪刀、干酪容器、干酪模具、温度计、不锈钢尺子、勺子、不锈钢滤网。干酪制作过程中每个工具必须先用热碱水清洗，再用 200mg/kg 的次氯酸钠溶液浸泡，使用前用清水冲净。

二、任务实施

1. 热处理

原料乳在 65℃条件下消毒 30min，迅速冷至最佳发酵温度 30℃。

2. 干酪容器的装填

在 30℃水浴条件下将乳倾注在干酪容器中，并使干酪容器始终处于 30℃水浴条件下。

3. 加入发酵剂

加入活化好的发酵剂并搅拌。发酵剂的活化条件为温度 22℃、时间 18h，活化后发酵剂的酸度应为 0.8% 左右。

4. 加入 $CaCl_2$

加入发酵剂后再加入 2.25mL $CaCl_2$ 溶液并搅拌。$CaCl_2$ 要事先配成 33％溶液，添加量为 100L 原料乳中添加 30mL。

5. 加入凝乳酶

加入发酵剂 30min 后，加入 65 滴凝乳酶。在滴入过程中不断搅拌，加完 65 滴后停止搅拌。

6. 凝乳块搅拌和切割

使乳在水浴中再静置 30min 后，检验凝乳块是否形成，如果凝乳成功就可以开始切割，否则可以再等一段时间，直至凝乳块形成。开始顺着容器壁切下去，然后再向凝乳块中间切下去，接着向不同方向切，切割时动作要轻，切割过程在大约 10min 内完成，直到 0.5～1cm³ 小凝乳块形成。

7. 乳清分离

切割后开始小心搅动，同时从干酪槽中去除乳清，直到物料体积变为最初的 1/2。

8. 凝乳块洗涤

洗涤是为了降低乳酸浓度，并获得合适的搅拌温度。洗涤持续 20min，如果时间过长，那么就有过多乳糖和凝乳酶留在凝乳块中的危险。乳清分离后，在不断搅动情况下，加入 60～65℃经过煮沸的热水，直至凝乳块的温度为 33℃，使物料体积还原为原来的容量，然后再持续搅动 10min，10min 后盖上干酪槽，将其放入 36℃水浴中持续 30min。

9. 干酪压滤器装填

用手将凝乳块装入干酪模具，使凝乳块达到模具高度的 2 倍，然后合上模具。

10. 压榨成型

通常一次装好一个 1kg 的模具，将模具放在干酪压榨机上，然后持续压榨 0.5h，然后将干酪从模具中取出，翻转，再放回模具中，继续压榨 3.5h。压榨时保证干酪上压强为 1kg/cm²。

11. 盐腌

压榨成型后，将干酪从压滤器中取出，放入 18％～20％、13～14℃的盐水中浸泡 24h。

12. 成熟

放在温度 12℃、湿度 85％发酵间中的木质搁板上，持续成熟 4 周以上，发酵开始约 1 周内每日翻转干酪 1 次，并进行整理。1～2 周后用专用树脂涂抹，以防表面裂开。

三、任务报告

根据操作结果做出报告。

 相关知识

一、干酪的概念及种类

干酪是以牛乳、稀奶油、部分脱脂乳、乳酪或这些产品的混合物为原料，经凝乳并分离出乳清而制得的新鲜或发酵成熟的乳制品。干酪加工历史悠久，主要有 2000 多种。近几年干酪加工在我国发展也比较迅速。

干酪的种类很多，其名称更多，不同的产地、制造方法、组成成分、形状外观会产生不同的名称和品种。目前，国际上较通行的分类方法是以质地、脂肪含量和成熟情况三个方面对干酪进行描述和分类，按水分在非脂成分中的比例可分为特硬质、硬质、半硬质、半软质和软质等；按脂肪在干酪非脂成分中的比例又可分为高脂、全脂、中脂、低脂和脱脂；按发酵成熟情况可分为成熟的、霉菌成熟的和新鲜的。表3-21分类方法是以干酪中水分含量多少为标准，对干酪的分类。

表 3-21　干酪的分类

形体的软硬及与成熟有关的微生物			代表	原产地
特别硬质 水分30%～35%	细菌		帕尔门逊干酪、罗马诺干酪	意大利
硬质 水分30%～40%	细菌	大气孔	埃曼塔尔、格鲁耶尔	荷兰
		小气孔	哥达干酪、依达姆干酪	
		无气孔	切达干酪	
半硬质 水分38%～45%	细菌		砖状干酪、林堡干酪	德国
	霉菌		法国羊乳干酪、青纹干酪	丹麦、法国
软质 水分40%～60%	霉菌		卡门培尔、布里干酪	法国
	不成熟的		农家干酪、稀奶油干酪、里科塔干酪	美国
融化干酪 水分40%以下	—		融化干酪	—

二、干酪的成分

1. 水分

干酪的水分含量与干酪的种类、形体及组织状态有着直接关系，并影响着干酪的发酵速度。以半硬质干酪为例，水分多时酶的作用迅速进行，发酵时间短并形成有刺激性气味；水分少时发酵时间长，成品具有良好风味。

干酪的水分调节可以在制造过程中通过调节原料的成分、含量及加工工艺条件等来实现。

2. 脂肪

干酪中脂肪含量一般占总固形物含量的45%以上。脂肪分解产物是干酪风味的主要来源，同时干酪中的脂肪使组织保持特有的柔性及湿润性。

3. 蛋白质

酪蛋白为干酪的重要成分，原料乳中的酪蛋白被酸或凝乳酶作用而凝固，成为凝块形成干酪组织；由于酪蛋白水解产生水溶性氮化物，如肽、氨基酸等，也构成干酪的风味物质。

乳清蛋白不被酸或凝乳酶凝固，只是一小部分在形成凝块时机械地包含于凝块中，当干酪中乳清蛋白含量多时，容易形成软质凝块。

4. 乳糖

原料中的乳糖大部分转移到乳清中，残存在干酪中的一部分乳糖促进乳酸发酵。乳酸的生成抑制杂菌繁殖，与发酵剂中的蛋白质分解酶共同使干酪成熟。发酵剂的活性依赖乳糖，即使是少量的乳糖也显得十分重要。一部分乳糖变成的羰基化合物也是形成干酪风味的组分之一，成熟2周后干酪中的乳糖几乎全部消失。

5. 无机物

牛乳无机物中含量最多的是钙和磷，其在干酪成熟过程中与蛋白质融化现象有关。钙可促进凝乳酶的凝乳作用，加快凝块的形成。此外钙还是某种乳酸菌，特别是乳酸杆菌生长所必需的营养素。

三、干酪的营养价值

干酪是以蛋白质及脂肪为主要成分而含少量无机盐、乳糖、维生素等的浓缩乳制品。干酪中含有丰富的营养成分，100 份原料乳大致能加工 10 份的干酪，即等于将原料中的主要成分蛋白质和脂肪浓缩了 10 倍，而且蛋白质在成熟过程中发生变化，形成氨基酸、肽等，因此使干酪很容易被消化吸收，干酪蛋白质的消化率达 96％～98％。干酪中含有大量的必需氨基酸，质优且量多，此外，还含有丰富的盐类，尤其是含有大量的钙和磷，这些无机成分，除能形成骨骼和牙齿外，在生理方面还有重要作用。另外，干酪也是维生素 A 的良好来源。表 3-22 列举了几种干酪的组成。

表 3-22　几种主要干酪的组成（每 100g 含量）

干酪名称	类型	水分/%	蛋白质/g	脂肪/g	钙/mg	磷/mg	维生素 A/IU	维生素 B$_1$/mg	维生素 B$_2$/mg	烟酸/mg
切达干酪	硬质（细菌发酵）	37.0	25.0	32.0	750	478	1310	0.03	0.46	0.1
法国羊乳干酪	半硬（霉菌发酵）	40.0	21.5	30.5	315	184	1240	0.03	0.61	0.2
法国浓味干酪	软质（霉菌成熟）	52.2	17.5	24.7	105	339	1010	0.04	0.75	0.8
农家干酪	软质（新鲜不成熟）	79.0	17.0	0.3	90	175	10	0.03	0.28	0.1

干酪是营养价值极高的食品。除了直接食用外，还可作为加工儿童营养食品和中老年保健食品的优选配料。

在干酪加工过程中，大约一半的乳成分，如大约 20％的蛋白质、大部分的乳糖、65％的核黄素以及几乎全部的水溶性盐类残留在乳清中，因而乳清也有很高的利用价值。除了作为饲料之外，乳清已被加工成乳清浓缩蛋白、乳清分离蛋白、乳糖等多种产品，广泛应用于婴儿配方乳粉、焙烤食品、糖果、饮料、肉制品、制药等领域。所以加工干酪，乳清是一种较为特殊的副产品，其处理成本较高。

四、干酪的质量标准

1. 干酪理化指标

干酪理化指标应符合表 3-23 要求。

表 3-23　干酪理化指标

项目	指标	项目	指标
水分含量/%	≤42.00	汞（以 Hg 计）含量/(mg/kg)	按鲜乳折算 0.01
脂肪含量/%	≥25.00	食盐含量/%	1.50～3.00

2. 硬质干酪微生物指标

（1）大肠菌群/（CFU/100g）　≤90。

（2）霉菌/（CFU/g）　≤50。

（3）致病菌　不得检出。

五、干酪中的微生物

1. 有害微生物

在制造干酪的过程中有时易污染一些有害菌，例如大肠菌、丁酸菌、丙酸菌，真菌类包括酵母菌、霉菌及噬菌体，这些有害菌的污染容易引起干酪的缺陷。

（1）产气　干酪中微生物的产气又分为成熟初期产气和成熟后期产气。

① 成熟初期产气　当原料乳杀菌不彻底时，在干酪压榨成型至其后 2～3d 出现产气现

象。这主要是由大肠杆菌引起的。此外乳糖发酵性酵母菌、孢子形成杆菌等也能够发酵乳糖产生二氧化碳、氢气等。

② 成熟后期产气 干酪成熟后期产气以丁酸菌产气为主。

（2）微生物引起的腐败及风味缺陷 微生物繁殖常使硬质干酪表面软化、褪色，产生不愉快的臭味。

（3）颜色缺陷 微生物引起的干酪颜色变化有：霉菌繁殖引起的干酪表面的褐色和黑色斑点，细菌产生色素引起的锈色斑点。

2. 干酪发酵剂

（1）添加发酵剂的目的

① 促进凝乳酶的作用，以缩短凝乳时间。

② 由于乳酸的生成，促进切割后乳清排出。

③ 在成熟过程中，由微生物产生的酶类，促进干酪的成熟及风味变化。

（2）发酵剂的种类 用于加工干酪的乳酸菌发酵剂，随干酪种类而异。最主要的菌种有乳酸链球菌、干酪乳杆菌、丁二酮乳酸链球菌、嗜酸乳杆菌等，通常选取其中两种以上的乳酸菌配成混合发酵剂后加入杀菌剂中。

（3）噬菌体对发酵剂的危害及预防 在干酪加工过程中一旦污染了噬菌体，会造成乳酸菌不能繁殖，阻止干酪成熟，使产品质量下降，应及时采取措施。

六、对原料的质量要求

1. 原料乳

加工干酪的原料乳必须是符合国家规定的优良新鲜乳。感官检验合格后，测定酸度，必要时进行抗生素试验。

2. 凝乳酶

加工干酪所用的凝乳酶，一般以皱胃酶为主。使用前需测定凝乳酶的活力，凝乳酶的活力是指 1mL 凝乳酶溶液（或 1g 干粉）在一定温度下（35℃），一定时间内（通常 40min）能凝固原料乳的体积（mL），其测定方法也比较简单。

3. 其他原料

除在原料乳中加入凝乳酶外，还需加入盐、硝酸钾、氯化钙、色素等。

（1）盐

① 加盐目的

a. 调节酸度 盐可以抑制乳酸菌的生长。

b. 改善干酪的组织状态 当盐含量一定时，干酪组织状态也较好。

c. 改进风味 干酪中蛋白质成熟产生的香味和盐保持平衡时风味最好。

d. 抑制其他腐败菌的生长。

② 加盐方法

a. 干加法 直接将盐加入。

b. 湿加法 将盐制成 2% 溶液加入。

c. 混合法 上述两种方法的混合。

（2）水 加工干酪所用的水必须是高质量的软水且无菌，所以水的软化和脱氯处理是十分必要的。

（3）氯化钙 在加工干酪时，钙盐在使原料乳凝结方面起着重要的作用，这与凝乳酶原理有很大关系。当牛乳中钙含量不足时获得不了理想的凝乳，所以加入氯化钙，加入量应符合标准。

（4）硝酸钾等防腐剂　硝酸钾为防腐剂，加入后可防止产气菌的加工繁殖。此外还有8％丙酸、0.05％山梨酸、0.01％脱氢乙酸等防腐剂。

（5）色素　为了使干酪具有统一的色泽，需添加色素。常用的色素为胭脂树橙，应在添加凝乳酶之前添加。

七、干酪加工的质量控制

干酪的加工工艺流程如下：

原料乳→标准化→杀菌→冷却→添加发酵剂→调整酸度→加氯化钙→加色素→加凝乳酶→凝块切割→搅拌→加温→排出乳清→成型压榨→盐渍→成熟和贮存。

1. 原料乳的处理

（1）原料乳的验收　按照灭菌乳的原料乳标准进行验收，不得使用含有抗生素的牛乳。原料乳的净化一是除去生乳中的机械杂质以及黏附在这些机械杂质上的细菌；二是除去生乳中的一部分细菌，特别是对干酪质量影响较大的芽孢菌。

（2）标准化

① 标准化的目的　使每批干酪组成一致，使成品符合统一标准。质量均匀，缩小偏差。

② 标准化的注意事项　正确称量原料乳的数量，正确检验脂肪的含量，测定或计算酪蛋白含量，每槽分别测定脂肪含量，确定脂肪/酪蛋白之比，然后计算需加入的脱脂乳（或除去稀乳油）数量。

2. 原料乳的杀菌和冷却

从理论上讲，加工不经成熟的新鲜干酪时必须将原料乳杀菌，而加工经 1 个月以上时间成熟的干酪时，原料乳可不杀菌。但在实际加工中，一般都将杀菌作为干酪加工工艺中的一道必要的工序。

（1）杀菌的目的

① 消灭原料乳中的有害菌和致病菌，使产品卫生安全，并防止异常发酵。

② 质量均匀一致、稳定，增加干酪保存性。

③ 由于加热，使白蛋白凝固，随同凝块一起形成干酪成分，可以增加干酪产量。

（2）杀菌的方法　杀菌的条件直接影响着产品质量。若杀菌温度过高，时间过长，则蛋白质热变性量增多，用凝乳酶凝固时，凝块松软，且收缩后也较软，往往形成水分较多的干酪。所以多采用 63℃，30min 或 71～75℃，15s 的杀菌方法。杀菌后的牛乳冷却到 30℃左右，放入干酪槽中。

3. 添加剂的加入

在干酪制作过程中必须加入发酵剂，根据需要还可添加氯化钙、色素、防腐性盐类如硝酸钾或硝酸钠等，使凝乳硬度适宜，色泽一致，减少有害微生物的危害。

根据计算好的量，按以下顺序将添加剂加入。

（1）加入氯化钙　用灭菌水将氯化钙溶解后加入，并搅拌均匀。如果原料乳的凝乳性能较差，形成的凝块松散，则切割后碎粒较多，酪蛋白和脂肪的损失大，同时排乳清困难，干酪质量难以保证。为了保持正常的凝乳时间和凝块硬度，可在每 100kg 乳中加入 5～20g 氯化钙，以改善凝乳性能。但应注意的是，过量的氯化钙会使凝块太硬，难于切割。

（2）加入发酵剂　将发酵剂搅拌均匀后加入。乳经杀菌后，直接打入干酪槽中，冷却到30～32℃，然后加入经过搅拌并用灭菌筛过滤的发酵剂，充分搅拌。为了使干酪在成熟期间能获得预期的效果，达到正常的成熟，加发酵剂后应使原料乳进行短时间的发酵，也就是预酸化。约经 10～15min 的预酸化后，取样测定酸度。

（3）加入硝酸钾　用灭菌水将硝酸钾溶解后加入到原料乳中，搅拌均匀。原料乳中如有丁酸菌或产气菌时，会产生异常发酵，可以用硝酸盐（硝酸钠或硝酸钾）来抑制这些细菌。但其用量需根据牛乳的成分和加工工艺精确计算，因过多的硝酸盐能抑制发酵剂中细菌生长，影响干酪的成熟，还会使干酪变色，产生红色条纹和一种异味。通常硝酸盐的添加量每100kg 不超过 30g。

（4）加入色素 用少量灭菌水将色素稀释溶解后加入到原料乳中，搅拌均匀。可加胡萝卜素或安那妥（胭脂红）等色素，使干酪的色泽不受季节影响。其添加量通常为每 1000kg 原料乳中加 30～60g 浸出液。在青纹干酪加工中，有时添加叶绿素，来反衬霉菌产生的青绿色条纹。

（5）加入凝乳酶 先用 1％的食盐水（或灭菌水）将凝乳酶配成 2％的溶液，并在 28～32℃下保温 30min，然后加到原料乳中，均匀搅拌后（1～2min）加盖，使原料乳静置凝固。加工干酪所用的凝乳酶，一般以皱胃酶为主。如无皱胃酶时也可用胃蛋白酶代替。酶的添加量需根据酶的活力（也称效价）而定。一般以在 35℃保温下，经 30～35min 能进行切块为准。

4. 凝块的形成及处理

（1）凝乳过程 凝乳酶凝乳过程与酸凝乳不同，即先将酪蛋白酸钙变成副酪蛋白酸钙后，再与钙离子反应而使乳凝固，乳酸发酵及加入氯化钙有利于凝块的形成。

（2）凝块的切割 牛乳凝固后，凝块达到适当硬度时，用干酪刀切成 7～10mm^3 的小立方体。凝乳时间一般为 30min 左右。是否可以开始切割可通过以下方法判断：用失职或小刀斜插入凝乳表面，轻轻向上提，使凝乳表面出现裂纹，当渗出的乳清澄清透明时，说明可以切割；也可在干酪槽侧壁出现凝乳剥离时切割，或以从凝乳酶加入至开始凝固的时间的2.5 倍作为切割的时间。切割过早或过晚，对干酪得率和质量均会产生不良影响。

（3）搅拌及温度 在干酪槽内，切割后的小凝块易粘在一起，所以应不停地搅拌。开始时徐徐搅拌，防止将凝块碰碎。大约 15min 后搅拌速度可逐渐加快，同时在干酪槽的夹层中通入热水，使温度逐渐上升。温度升高速度为：开始时每隔 3min 升高 1℃，以后每隔2min 升高 1℃，最后使槽内温度达 42℃。加温的时间按乳清的酸度而定，酸度越低加温时间越长，酸度高则可缩短加温时间。

酸度与加温时间对照如下。

① 酸度 0.13％加温 40min。

② 酸度 0.14％加温 30min

加温时间也可根据如下标准。

① 乳清酸度达 0.17％～0.18％时。

② 凝乳粒的大小收缩为切割一半时。

③ 凝乳粒以手捏感觉到弹性时。

通常温度越高，排出的水分越多，干酪越硬。如果加温速度过快，会使干酪粒表面结成硬膜，影响乳清排出，最后成品水分含量过高。

加温的目的是为了调节凝乳颗粒的大小和酸度。加热能限制产酸菌的生长，从而调节乳酸的生成，此外，加热能促进凝块的收缩和乳清的排出。

（4）排出乳清 凝块粒子收缩时必须立即将乳清排出。乳清排出是指将乳清与凝乳颗粒分离的过程。排乳清的时机可通过所需酸度或凝乳颗粒的硬度来掌握。在实际操作中，可根据经验，用手检验凝乳颗粒的硬度和弹性。乳清排出的时间对产品质量也有影响。当乳清酸度过高时，会使干酪过酸及过于干燥；酸度不够时则会影响干酪成熟。

乳清的排出可分为几次进行。为了保证在干酪槽中均匀地处理凝块，要求每次排出同样数量的乳清，一般为牛乳体积的 35％～50％，排放乳清可在不停搅拌下进行。

5. 成型压榨

（1）入模定型 乳清排出后，将干酪粒堆在干酪槽的一端，用带孔木板或不锈钢压

5min，使其成块，并继续压出乳清，然后将其切成砖状小块，装入模型中，成型 5min。

（2）压榨　压榨可使干酪成型，同时进一步排出乳清，干酪可以通过自身的重量和通过压榨机的压力进行长期和短期压榨。为了保证成品质量，压力、时间、酸度等参数应保持在规定值内。压榨用的干酪模必须是多孔的，以便将乳清从干酪中压榨出来。

6. 加盐

在干酪制作过程中，加盐可以改善干酪风味、组织状态和外观，调节乳酸发酵程度，抑制腐败微生物生长，还能够降低水分，起到控制产品最终水分含量的作用。

干酪的加盐方法，通常有下列 4 种。

（1）将盐撒在干酪粒中，并在干酪槽中混合均匀。

（2）将食盐涂布在压榨成型后的干酪表面。

（3）将压榨成型后的干酪取下包布，置于盐水池中腌渍，盐水的浓度，第一天到第二天保持在 17%～18%，以后保持在 22%～23%。为防止干酪内部产生气体，盐水温度应保持在 8℃左右，腌渍时间一般为 4d。

（4）以上几种方法的混合。

加工契达干酪采用第一种加盐方法，青纹干酪和卡门伯尔干酪则采用第二种方法加盐。加盐的量因品种而异，从 10%～20%不等。

7. 干酪的成熟

新鲜干酪如农家干酪和稀奶油干酪一般认为是不需要成熟的，而契达干酪、瑞士干酪则是成熟干酪。

（1）干酪成熟的条件　干酪的成熟是指在一定条件下，干酪中包含的脂肪、蛋白质及糖类等在微生物和酶的作用下分解并发生其他生化反应，形成干酪特有风味、质地和组织状态的过程。这一过程通常在干酪成熟室中进行。不同种类的干酪成熟温度为 5～15℃，室内空气相对湿度为 65%～90%，成熟时间为 2～8 个月。

（2）成熟过程中的变化　在成熟过程中，干酪的质地逐渐变得软而有弹性，粗糙的纹理逐渐消失，风味越来越浓郁，气孔慢慢形成。这些外观变化从本质上说归于干酪内部主要成分的变化。

① 蛋白质的变化　干酪中的蛋白质在乳酸菌、凝乳酶以及乳中自身蛋白酶的作用下发生降解，生成多肽、肽、氨基酸、胺类化合物以及其他产物。由于蛋白质的降解，一方面干酪的蛋白质网络结构变得松散，使得产品质地柔软；另一方面，随着因肽键断裂产生的游离氨基和羧基数的增加，蛋白质的亲水能力大大增强，干酪中的游离水转变为结合水，使干酪内部因凝块堆积形成的粗糙纹理结构消失，质地变得细腻并有弹性，外表也显得比较干爽，另外蛋白质也易于被人消化吸收，此外蛋白质分解产物还是构成干酪风味的重要成分。

② 乳糖的变化　乳糖在生干酪中含量为 1%～2%，而且大部分在 48h 内被分解，且成熟 2 周后消失变成乳酸。乳酸抑制了有害菌的繁殖，利于干酪成熟，并从酪蛋白中将钙分离形成乳酸钙。乳酸同时与酪蛋白中的氨基反应形成酪蛋白的乳酸盐。由于这些乳酸盐的膨胀，使干酪粒进一步黏合在一起形成结实并具有弹性的干酪团。

③ 水分的变化　干酪在成熟过程中水分蒸发而重量减轻，到成熟期由于干酪表面已经脱水硬化形成硬皮膜，而水分蒸发速度逐渐减慢，水分蒸发过多容易使干酪形成裂缝。

水分的变化由下列条件所决定：成熟的温度和湿度；成熟的时间；包装的形式，如有无石蜡或塑料膜等；干酪的大小与形状；干酪的含水量。

④ 滋气味的形成　干酪在成熟过程中能形成特有的滋气味，这主要与下列因素有关：蛋白质分解产生游离态氨基酸。据测定，成熟的干酪中含有 19 种氨基酸，给干酪带来新鲜味道和芳香味。脂肪分解产生游离脂肪酸，其中低级脂肪酸是构成干酪风味的主体。乳酸菌发酵

剂在发酵过程中使柠檬酸分解，形成具有芳香风味的丁二酮。加盐可使干酪具有良好的风味。

⑤ 气体的产生　由于微生物的生长繁殖，将在干酪内产生各种气体。即使同一种干酪，各种气体的含量也不一样，其中 CO_2 和 H_2 最多，H_2S 也存在，从而形成干酪内部圆形或椭圆形且分布均匀的气孔。

（3）影响干酪成熟的因素

① 成熟时间　成熟时间长则水溶性含氮物含量增加，成熟度高。

② 温度　若其他成熟条件相同，则温度越高成熟度越高。

③ 水分含量　水分含量越多越容易成熟。

④ 干酪大小　干酪越大成熟越容易。

⑤ 含盐量　含盐量越多成熟越慢。

⑥ 凝乳酶添加量　凝乳酶添加量越多干酪成熟越快。

⑦ 杀菌　原料乳不经杀菌则容易成熟。

8. 干酪质量缺陷及防止方法

干酪的缺陷是由于牛乳的质量、异常微生物繁殖及制造过程中操作不当所引起。其缺陷可分成物理性缺陷、化学性缺陷及微生物性缺陷。

（1）物理性缺陷及其防止方法

① 质地干燥　凝乳在较高温度下处理会引起干酪中水分排出过多而导致制品干燥。凝乳切割过小，搅拌时温度过高，酸度过高，处理时间较长及原料乳中的含脂率低也能引起制品干燥。防止方法除改进加工工艺外，也可采用石蜡或塑料包装及在温度较高条件下成熟等方法。

② 组织疏松　凝乳中存在裂缝，当酸度不足时乳清残留于其中，压榨时间短或最初成熟时温度过高均能引起此种缺陷。可采用加压或低温成熟方法加以防止。

③ 脂肪渗出　由于脂肪过量存在于凝块表面（或其中）而产生。其原因大多是由于操作温度过高，凝乳处理不当或堆积过高所致。可通过调节加工工艺来防止。

④ 斑点　加工中操作不当引起的缺陷，尤其是以切割、加热、搅拌工艺影响较大。

⑤ 发汗　即成熟干酪渗出液体，主要由于干酪内部游离液体量多且压力不平衡所致。

（2）化学性缺陷及其防止方法

① 金属性变黑　铁、铅等金属离子能产生黑色硫化物，依干酪质地而呈绿色、灰色、褐色等不同颜色。

② 桃红或赤变　当使用色素时，色素与干酪中的硝酸盐结合形成其他有色化合物，应认真选用色素及其添加量。

（3）微生物性缺陷及其防止方法

① 酸度过高　由发酵剂中微生物引起。防止方法：降低发酵温度并加入适量食盐抑制发酵，增加凝乳酶的量，在干酪加工中将凝乳切成更小的颗粒，或高温处理，或迅速排除乳清。

② 干酪液化　由于干酪中含有液化酪蛋白的微生物，从而使干酪液化。此现象发生在干酪表面，此种微生物一般在中性或微酸性条件下繁殖。

③ 发酵加工　在干酪成熟过程中产生少量的气体，形成均匀分布的小气孔是正常的，但由于微生物发酵产气，产生大量的气孔却为缺陷。可以添加硝酸钾或氯化钾抑制。

④ 生成苦味　苦味是由于酵母剂不是发酵剂中的乳酸菌引起，而且与液化菌有关。此外，高温杀菌、凝乳酶添加量大、成熟温度高均可导致产生苦味。

⑤ 恶臭　干酪中如存在厌氧芽孢杆菌，会分解蛋白质生成硫化氢、硫醇、亚胺等物质产生恶臭味。加工过程中要防止这类菌的污染。

⑥ 酸败　由微生物分解蛋白质或脂肪等产酸引起。污染菌主要来自于原料乳、牛粪及土壤等。

拓展内容

冰淇淋的制作

一、原理

冰淇淋混合料在低温条件下充分发生水合作用后，经强力搅拌，使空气以极细小的气泡状态均匀分布于全部混合料中，形成的具有一定膨胀率、组织细腻的产品。

二、材料

（1）试剂　乳粉（或者鲜乳）；白砂糖；复合乳化稳定剂；奶油。

（2）仪器　杀菌锅；冰箱；冰淇淋机。

三、制作方法

1. 原料标准

脂肪 8％～14％，砂糖 13％～15％，稳定剂 0.3％～0.5％，非脂乳固体 8％～12％，总固形物 32％～38％。

2. 原料的混合与处理

鲜牛乳过滤，砂糖加水加热溶解成糖浆，稳定剂先配制成 10％的溶液，奶油加热熔化备用。混合时，先浓度低的液体原料，次而黏度高的奶油，再而砂糖、乳粉、复合乳化稳定剂等固体原料，最后用水、牛乳做容量调整。混合温度通常为 40～50℃。

3. 杀菌

90～95℃，5～15min。

4. 均质

一般采用二级均质，65～70℃下，均质压力第一级为 15～20MPa，第二级为 2～5MPa。

5. 冷却老化

混合料在 2～4℃下，冷藏 4～24h。

6. 凝冻

混合料液进入凝冻机，出料温度控制在 −5～−3℃。

7. 成型灌装

按照产品的规格要求进行灌装成型。

8. 速冻、硬化与贮存

−25～−23℃，10～24h；−40～−35℃，30～50min。然后在 −20℃左右的低温冷库中进行贮存。

 目标检测

1. 简述乳的概念、泌乳期的不同阶段产乳的特点及对乳制品加工的影响。
2. 简述乳的化学成分及理化特性。
3. 原料乳的掺假物质有哪些？如何检测？
4. 原料乳与乳制品的卫生指标有哪些？
5. 试述鲜乳及乳制品的卫生检验方法及卫生评价的主要内容。

项目四 蛋制品加工与检验

【知识目标】
- 掌握禽蛋的质量标准、品质鉴别的方法。
- 掌握蛋制品的加工方法。
- 掌握蛋制品质量标准、品质鉴别的方法。

【技能目标】
- 会对鲜蛋进行检验。
- 能独立制作各种蛋制品。

任务一 鲜蛋的检验

一、任务实施

1. 感观鉴别法

感观鉴别法主要靠技术经验来判断，采用看、听、摸、嗅等方法，从外观来鉴定蛋的质量，以蛋的结构特点和性质为基础，有一定的科学道理，也有一定的经验性。只能对蛋的新陈好坏作个大概的鉴定。

2. 光照鉴别法

光照鉴别法是根据蛋本身具有透光性的特点，在灯光透视下观察蛋内部结构和成分变化的特征，来鉴别蛋品质的方法。

新鲜蛋光照透视时的特征：蛋白完全透明，呈橘红色；气室极小，深度在5mm内，略微发暗，不移动；蛋清浓厚澄清，无杂质；蛋黄居中，蛋黄膜包裹得紧，呈现朦胧暗影；蛋转动时，蛋黄亦随之转动；胚胎不易看出；无裂纹，气室固定，无血斑血丝、肉斑、异物。

常见形式有手工照蛋、机械传送照蛋和电子自动照蛋。

电子自动照蛋是利用光学原理，采用光电元件组装装置代替人的肉眼照蛋，以机械手代替人工操作，以机器输送代替人力搬运，实现自动鉴别的科学方法。（应用光谱变化的原理根据蛋的透光度进行检验。）

3. 荧光鉴别法

荧光鉴别法应用发射紫外线的水银灯照射禽蛋，使其产生荧光。根据荧光产生的强度大小，鉴别蛋的新鲜度。新鲜蛋的荧光强度微弱，蛋壳的荧光反应呈深红色、紫色或淡紫色。

变化过程：深红色→红色→淡红色→紫色→淡紫色。

4. 比重鉴别法

比重鉴别法是用盐水来测定蛋的比重，根据蛋的比重大小判别蛋的新鲜程度的方法。蛋的分量大，则比重大，说明贮藏时间短，水分损失少，为新鲜蛋。

方法：用不同比重的食盐水测定蛋的比重，推测蛋的新鲜度。

二、任务报告

根据操作结果做出报告。

 相关知识

一、鲜蛋的质量指标

1. 蛋重

鲜蛋在贮藏期间重量会逐渐减轻，贮存时间越长，减重越多，气室越大。这是由于蛋内水分经由蛋壳上的气孔蒸发所致。影响蛋重变化的主要因素有温度、湿度、贮藏期及涂膜、蛋壳的厚薄、贮藏方法。

（1）温度 贮藏温度的高低与蛋减重的多少有直接关系，温度越高，减重越多，温度低则减重少。

（2）湿度 环境湿度高则减重少，相反则减重多。

（3）贮藏期及涂膜 蛋贮藏时间越长，减重越多，涂膜贮藏则蛋减重少。

（4）蛋壳的厚薄 蛋壳越薄，水分蒸发越多，失重则越大。

（5）贮藏方法 减重还与贮存方法有关，水浸法几乎不失重，涂膜法失重少，谷物贮存法失重多。

2. 气室

气室是衡量蛋新鲜程度的标志之一。在贮藏过程中由于水分蒸发、CO_2 的逸散、蛋的内容物干缩使气室增大。在其他条件相同的情况下，贮存时间越长，气室越大。

3. 黏度

蛋液具有一定的黏度，新鲜蛋的蛋液黏度高，陈旧蛋的蛋液黏度低。这种变化与贮藏中蛋白质的分解和表面张力的大小有关。贮存方法不同与贮存时间的长短对蛋液的黏度都有影响。

4. 蛋黄系数

蛋黄系数是衡量蛋新鲜度的一个标志。新鲜蛋的蛋黄系数大，平均为 0.36～0.44，陈旧蛋的蛋黄系数小。在 25℃下贮藏 8d，或者 16℃下贮藏 23d，蛋黄系数可降至 0.3。但在37℃时只需 3d 蛋黄系数即可降至 0.3。可见除时间因素外，温度对蛋黄系数的降低有直接影响。

5. 哈氏单位

哈氏单位是根据蛋重和浓厚蛋白高度，按一定公式计算出其指标的一种方法，可以衡量蛋白品质和蛋的新鲜程度，它是现在国际上对蛋品质评定的重要指标和常用方法。哈氏单位越高，则蛋白越浓稠，品质越好；反之表示蛋白稀薄，品质较差。新鲜蛋的哈氏单位在 80以上，当哈氏单位小于 31 时则为次等蛋。

$$哈氏单位 = 100 \cdot \log(H - 1.7 \times 0.37W + 7.57)$$

式中，H 为浓蛋白高度，mm；W 为蛋重，g。蛋的最佳哈氏单位指标为 75～80。

6. pH 值

新鲜蛋黄的 pH 值大约为 6.0～6.4，贮存过程中 pH 会逐渐上升接近中性以致于达到中性。蛋白的变化比蛋黄大。最初蛋白的 pH 值为 7.6~7.9，贮存后可升到 9.0 以上。但当蛋接近变质时，则 pH 有下降的趋势。当蛋白的 pH 降到 7.0 左右时尚可食用，若 pH 继续下降则不宜食用。蛋在贮存期间 pH 上升的原因主要是由于蛋内 CO_2 不断从气孔向外逸散所致。当气室内的 CO_2 与外界空气平衡后就停止下降，此时蛋白 pH 可达 9.0 以上。如果在蛋壳表面涂膜后再贮藏，则 pH 的下降速度可以减缓。

7. 水分

新鲜的蛋白、蛋黄含水量分别为 73.57% 和 47.58%，经一段时间贮存的蛋，由于渗透作用，蛋白中的水分逐渐向蛋黄中转移，使蛋黄中水分增加，蛋白中水分可降至 71% 以下。蛋白水分减少的原因，除一部分向蛋黄渗透外，还有一部分通过气孔向外蒸发，同时造成气室增大。

8. 含氮量

在贮藏过程中蛋内的蛋白质在微生物的作用下逐渐分解，产生部分氮和含氮物，从而使蛋内氮含量增加。据测鲜蛋中每 100g 蛋黄液含氮 3.4~4.1mg，每 100g 蛋白液含氮 0.4~0.6mg。随着贮藏时间延长，蛋液中含氮量逐渐增加。

二、鲜蛋的质量标准

蛋的质量标准和分级一般从两个方面来综合确定：一是外观检查，二是光照鉴别。在分级时，应注意蛋壳的洁净度、色泽、重量和形状，蛋白、蛋黄、胚胎的能见度及其强度和位置，气室大小等。

1. 内销鲜蛋的质量标准

（1）国家卫生标准 应符合 GB 2749—2015《食品安全国家标准 蛋与蛋制品》（表 4-1 为感官要求）。

表 4-1 鲜蛋感官指标

项目	要求	检验方法
色泽	灯光透视时整个蛋呈微红色；去壳后蛋黄呈橘黄色至橙色，蛋白澄清、透明、无其他异常颜色	取带壳鲜蛋在灯光下透视观察。去壳后置于白色瓷盘中，在自然光下观察色泽和状态。闻其气味
气味	蛋液具有固有的蛋腥味，无异味	
状态	蛋壳清洁完整，无裂纹，无霉斑，灯光透视时蛋内无黑点及异物；去壳后蛋黄凸起完整并带有韧性，蛋白稀稠分明，无正常视力可见外来异物	

（2）收购等级标准 收购鲜蛋一般不分等级，没有统一的标准，但有些地区制订了收购标准。

① 一级蛋 不分鸡、鸭、鹅品种，不论大小（除仔鸭蛋外），必须新鲜、清洁、完整、无破损。

② 二级蛋 品质新鲜，蛋壳完整，沾有污物或受雨淋水湿的蛋。

③ 三级蛋 严重污壳，面积超过 50% 的蛋和仔鸭蛋。

在加工腌制蛋时，一级、二级鸭蛋宜加工彩蛋或糟蛋，三级蛋用于加工咸蛋。

在冷藏时，一级蛋可贮存 9 个月以上，二级蛋可贮存 6 个月左右，三级蛋可短期贮存或及时安排销售。

（3）冷藏鲜蛋

① 一级冷藏蛋　蛋的外壳清洁，坚固完整，稍有斑痕。透视时气室允许微活动，高度不超过 1cm；蛋白透明，稍浓厚；蛋黄紧密，明显发红色，位置略偏离中央，胚胎无发育现象。一级冷藏蛋除夏季不可加工变蛋、咸蛋外，其他季节都可加工。

② 二级冷藏蛋　蛋的外壳坚固完整，有少许泥污或斑迹。在透视时气室高度不能超过 1.2cm，允许波动；蛋白透明稀薄，允许有水泡；蛋黄稍紧密，明显发红色，位置偏离中央，黄大扁平，转动时正常，胚胎稍大。二级冷藏蛋可以加工咸蛋，只在冬季可以加工变蛋。

③ 三级冷藏蛋　蛋的外壳完整，有脏迹而且脆薄。透视时气室允许移动，空头大，但不允许超过全蛋的 1/4；蛋白稀薄如水，蛋黄大且扁平，色泽显著发红，明显偏离中央，胚胎明显扩大。三级冷藏蛋不宜加工变蛋、咸蛋。

2. 出口鲜蛋的分级标准

根据我国有关部门规定，依据蛋的重量以及蛋壳、气室、蛋白、蛋黄、胚胎状况出口鲜蛋分为三级。

① 一级蛋　刚产出不久的鲜蛋，外壳坚固完整，清洁干燥，色泽自然有光泽，并带有新鲜蛋固有的腥味。透视时气室很小，不超过 0.8cm 高度，且不移动。蛋白浓厚透明，蛋黄位于中央，无胚胎发育现象。

② 二级蛋　存放时间略长的鲜蛋，外壳坚固完整，清洁，允许稍带斑迹。透视时气室略大，高度不超过 1.0cm，不移动。蛋白略稀透明，蛋黄稍大明显，允许偏离中央，转动时略快，胚胎无发育现象。

③ 三级蛋　存放时间较久，外壳较脆薄，允许有污壳斑迹。透视时气室超过 1.2cm，允许移动。蛋黄大而扁平，并显著呈红色，胚胎允许发育。

近年来供应出口的商品蛋，其质量分级标准也有所变化，尤其是外贸中还要根据国际市场的习惯和买方的要求，经双方协商，将分级标准具体规定在合同上。

任务二　禽蛋的贮藏保鲜　

一、冷藏法

1. 原理

冷藏保鲜法是利用冷藏库中的低温（最低温度不低于 $-3.5℃$）抑制微生物的生长繁殖和分解作用以及蛋白酶的作用，延缓鲜蛋内容物的变化。

冷藏保鲜法能够延缓浓厚蛋白的变稀并降低重量损耗，使其保鲜。

2. 操作方法

（1）预冷　蛋在正式冷藏前应先进行预冷。预冷的温度是 $3\sim4℃$，时间 24h。

（2）冷藏的温度、湿度　库温 $(0\pm0.5)℃$，湿度 $80\%\sim85\%$。也有一些学者认为鲜蛋的冷藏温度最好为 $-2.5\sim-2℃$。

（3）定期检查　每隔 $1\sim2$ 个月定期检查，一般可贮藏 $6\sim8$ 个月。

（4）出库　冷藏蛋出库要事先经过升温，待蛋温升至比外界温度低 $3\sim5℃$ 时才可出库，可防止蛋壳面形成水珠并避免水分渗入蛋内，影响蛋的品质。

二、CO_2 气调法

利用二氧化碳贮藏鲜蛋能较好地保持蛋的新鲜度，贮藏效果好。除 CO_2 以外，使用 N_2 也可以收到同样的效果。

1. 原理

① CO_2能够有效减缓和抑制蛋液 pH 的变化。

② CO_2能抑制蛋内的化学反应。

③ CO_2抑制蛋壳表面和贮藏容器中微生物繁殖。

2. 操作方法

采用此法贮藏蛋需备有密闭的库房或容器，以保持一定的 CO_2 浓度；将蛋装入箱内，并通入 CO_2 气体，置换箱内空气；然后将蛋箱放在含有 3% CO_2 的库房内贮藏。此法最好与冷藏法配合使用，效果更理想。即使贮藏 10 个月，品质也无明显下降。

三、液浸法

选用适宜的溶液，将蛋浸泡在其中，使蛋同空气隔绝，阻止蛋内的水分向外蒸发，避免细菌污染，抑制蛋内 CO_2 逸出，达到鲜蛋保鲜保质的一种方法。

四、涂膜法

据试验涂膜的蛋在贮藏 6 个月后，干耗率只有 1%～2%，未经涂膜的蛋干耗率高达 15% 以上，美国的涂剂主要用矿物油，日本多使用植物油。国外的一些大型蛋鸡场，蛋产出后经过分级（按重量）、洗涤、涂膜、干燥、包装等工序处理后方可出售。这样就缩短了涂膜前存放的时间，减少被污染的机会，提高保鲜的效果。

目前使用的涂剂种类很多，有的使用单一的成分如液状石蜡、明胶、水玻璃、火棉胶等，也有采用两种以上的成分配制，如松脂-石蜡合剂等。

（1）松脂-石蜡合剂　石蜡 18 份，松脂 18 份，64 份三氯乙烯，搅匀。将新鲜、清洁的鸡蛋置于上述合剂中浸泡 30s，取出晾干，即可在常温下贮存。保鲜期 6～8 个月。

（2）蔗糖-脂肪酸酯　使用时将其配成 1% 的溶液，再将经过挑选的新鲜蛋浸入溶液中 20s 取出，风干后置于库房贮藏。在 25℃ 下可贮藏 6 个月以上。

（3）蜂油合剂　取蜂蜡 112mL 于水浴锅上溶化，再徐徐加入橄榄油 224mL，边加边仔细调和均匀。然后将无破损的鲜蛋浸入蜂油合剂中，使之均匀地粘上一层合剂，取出晾干，可贮存半年。

五、小结：贮藏方法选择的基本条件

① 能杀灭蛋壳上的微生物或使蛋内或蛋壳上的微生物停止发育；

② 能防止微生物侵入蛋内；

③ 不得有毒和有损人体健康，对人体无副作用，不造成环境污染和社会危害；

④ 可使保鲜蛋内的蛋黄、蛋白的理化性质不变，营养成分与营养价值基本不变，使贮藏后的蛋与新鲜蛋的性状、营养基本一致；

⑤ 经过较长时间的贮藏后，气体不过分增多；

⑥ 价格低廉，原料易得，贮存效果好。

 相关知识

禽蛋是一个完整的、具有生命的活卵细胞；禽蛋中包含着自胚发育、生长成幼雏的全部营养成分，同时还具有保护这些营养成分的物质。

禽蛋主要包括四部分：蛋壳 10%～13%，蛋壳膜 1%～3%，蛋白 55%～66%，蛋黄 32%～35%。但其比例受产蛋家禽年龄、产蛋季节、蛋禽饲养管理条件及产蛋量的影响，见图 4-1。

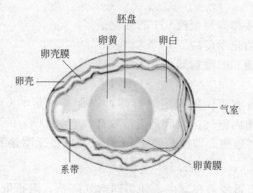

图 4-1　禽蛋的结构

一、蛋的结构

1. 壳外膜

壳外膜也称壳上膜，即蛋壳表面的一层无定形可溶性胶体。壳外膜成分为黏蛋白质，易脱落，尤其在水洗情况下更易消失，故可据此判断蛋的新鲜度。外蛋壳膜的作用主要是保护蛋不受细菌和霉菌等微生物的侵入，防止蛋内水分蒸发和 CO_2 逸出，对保证蛋的内在质量起有益的作用。鸡蛋涂膜保鲜方法就是人工仿造外蛋壳膜的作用而发展起来的一种保持蛋新鲜度的方法。

2. 蛋壳

蛋壳是包裹在蛋内容物外面的一层厚度为 $270 \sim 370 \mu m$ 的石灰质硬蛋壳，它使蛋具有固定形状并起着保护蛋白、蛋黄的作用，但质脆，不耐碰撞或挤压。蛋壳的厚度受禽的品种、气候条件和饲料等因素的影响而不同。蛋壳的厚薄与其表面色素的沉积有关，一般而言，色素愈多，蛋壳愈厚。

蛋壳上有许多肉眼看不见的、不规则呈弯曲状的微小气孔（7000～17000 个/枚）。这些气孔沟通蛋的内外环境。空气可由气孔进入蛋内，而蛋内的水分和 CO_2 可由气孔排出，因而蛋久存后质量减轻。若角质层脱落，细菌、霉菌均可通过气孔侵入蛋内，造成蛋的质量降低或腐败变质。气孔使蛋壳具有透视性，故在灯光下可观察蛋内存物。

3. 壳内膜及蛋白膜

蛋壳内有一层壳内膜，厚度 $73 \sim 114 \mu m$。壳内膜分内外两层，外层紧贴蛋壳，称壳内膜；内层紧贴蛋白，称蛋白膜。壳内膜厚，其纤维较粗，网状结构粗糙，空隙大，细菌可直接通过进入蛋内。蛋白膜薄，其纤维纹理较紧密细致，有些细菌不能直接通过进入蛋内，只有其所分泌的蛋白酶将蛋白膜破坏之后，微生物才能进入蛋内。所有霉菌的孢子均不能透过这两层膜而进入蛋内，但其菌丝体可以自由透过，并能导致蛋内发霉。

4. 气室

在蛋的钝端，由蛋白膜和内蛋壳膜分离形成一气囊，称气室。新生蛋没有气室，当蛋接触空气，蛋内容物遇冷发生收缩，使蛋的内部暂时形成一部分真空，外界空气便由蛋壳气孔和蛋壳膜网孔进入蛋内，形成气室，里面贮存着一定的气体。由于蛋的钝端部分比尖端部分与空气接触面广，气孔分布最多最大，外界空气进入蛋内的机会非常大，因而蛋的气室只在钝端形成。气室的大小与蛋的新鲜程度有关，是鉴别蛋新鲜度的主要标志之一。

5. 蛋白

蛋白也称为蛋清，位于蛋白膜的内层，系白色透明的胶体物质。蛋白是半流动体，以不同浓度分层分布于蛋内。对于蛋白的分层，大部分学者将蛋白的结构由外向内分为四层：第一层为外层稀薄蛋白，紧贴在蛋白膜上，占蛋白总体积的 23.2%；第二层为中层浓厚蛋白，占蛋白总体积的 57.3%；第三层为内层稀薄蛋白，占蛋白总体积的 16.8%；第四层为系带层浓蛋白，占蛋白总体积的 2.7%。蛋白按其形态分为两种，即稀薄蛋白与浓厚蛋白。

在蛋白中，位于蛋黄的两端各有一条浓厚的白色的带状物，叫做系带，一端和大头的浓厚蛋白相联结，另一端和小头的浓厚蛋白相联结。其作用是将蛋黄固定在蛋的中心。系带是由浓厚蛋白构成的，新鲜蛋的系带很粗、有弹性，含有丰富的溶菌酶。随着鲜蛋存放时间的延长和温度的升高，系带受酶的作用会发生水解，逐渐变细，甚至完全消失，造成蛋黄移位上浮出现靠黄蛋和贴壳蛋，因此，系带存在的状况也是鉴别蛋的新鲜程度的重要标志之一。

6. 蛋黄

蛋黄呈圆球形，位于蛋的中心位置。由蛋黄膜、蛋黄内容物和胚盘三个部分组成。蛋黄内容物的中央为白色蛋黄层，周围则为互相交替着的深色蛋黄层和浅色蛋黄层所包围着，蛋黄表面的中心是胚盘，胚盘的下部有蛋黄芯。蛋白的渗透压小于蛋黄的渗透压。因此蛋白中的水分不断向蛋黄中渗透，蛋黄中的盐类以相反方向渗透，使蛋黄体积不断增大，蛋黄膜弹性减小，当体积大于应有的体积时则破裂形成散黄。蛋随着贮存时间的延长，蛋黄的体积会因蛋白中水分的渗入而逐渐增大，当达到原来体积的 119% 时，将导致蛋黄膜破裂，使蛋黄内容物外溢，形成散黄蛋。

根据蛋黄指数，则可判断蛋黄的新鲜程度。蛋黄指数越小，蛋越陈旧。

蛋黄指数＝蛋黄高度/蛋黄直径。

二、蛋的化学组成

禽蛋的化学组成成分主要有水分、脂肪、蛋白质、糖类、类脂、矿物质及维生素等。这些成分的含量因家禽种类、品种、年龄、饲养条件、产蛋期及其他因素不同而有较大的差异。几种禽蛋的主要化学组成见表 4-2。

表 4-2　蛋的主要化学组成　　　　　　单位：%

禽蛋种类	水分	蛋白质	脂肪	糖类	灰分
鸡蛋(白皮)	75.8	12.7	9.0	1.5	1.0
鸡蛋(红皮)	73.8	12.8	11.1	1.3	1.0
鸭蛋	70.3	12.6	13.0	3.1	1.0
鹅蛋	69.3	11.1	15.6	2.8	1.2
鹌鹑蛋	73.0	12.8	11.1	2.1	1.0

1. 水分

蛋白中水分含量为 85%～88%，鸡蛋中水分的含量稍高于鸭蛋和鹅蛋。随着蛋贮存时间的延长，稀蛋白所占水分的比例逐渐增加，浓蛋白逐渐减少，因而蛋白的水分含量也逐渐增高，蛋白变得稀薄。

2. 蛋白质

蛋中含有多种蛋白质，蛋白中的蛋白质含量为总量的 11%～13%。蛋黄中的蛋白质约占 14%～16%，其中占比例最大的是卵白蛋白、卵黄磷蛋白及卵黄球蛋白，三者都是全价蛋白，含有人体所必需的各种氨基酸。

3. 脂肪

蛋中的脂肪主要集中在蛋黄内，约占 30%～33%，主要是卵磷脂，其次是脑磷脂和少量神经磷脂等。磷脂有很强的乳化作用，能使蛋黄保持很稳定的乳化状态。磷脂对神经系统的发育具有重要意义。

4. 糖类

蛋中的糖类含量为 1%，分两种状态存在。一种与蛋白质结合形成糖蛋白，呈结合状态；另一种呈游离状态，如葡萄糖、乳糖。蛋白中糖类含量虽少，但与蛋白片、蛋白粉等产品的色泽有关。

5. 矿物质

蛋中含有多种矿物质，主要有钾、钠、钙、镁、磷、铁，还含有微量锌、铜、锰、碘等。其中以磷、钙、铁的含量较多，而且易被吸收。尤其是铁，可以作为人体铁的重要来源。

6. 维生素

蛋中含有丰富的维生素，其中维生素 A、维生素 B_1、维生素 B_2 等含量较高，还含有一定量的泛酸、维生素 D、维生素 E、维生素 K、维生素 C 等。

7. 酶

蛋中含有多种酶类，如蛋白分解酶、溶菌酶、淀粉酶、蛋白酶、脂解酶和过氧化氢酶。蛋白分解酶对蛋白质有分解作用，溶菌酶有一定的杀菌作用。

8. 色素

蛋黄中含有丰富的色素，从而使蛋黄呈浅黄乃至橙黄色。其中主要的色素为叶黄素，其次为胡萝卜素、核黄素等。蛋黄色素的深浅，与蛋的营养价值无关而与饲料有关。

任务三　腌制蛋品的加工

子任务1　松花皮蛋的加工

一、技能目标

掌握松花皮蛋的加工方法。

二、任务条件

1. 纯碱

纯碱化学名为碳酸钠（Na_2CO_3），和熟石灰 [$Ca(OH)_2$] 反应，所生成的氢氧化钠溶液对鲜蛋起作用。

2. 生石灰

生石灰（CaO）和水反应生成熟石灰 [$Ca(OH)_2$]。氢氧化钙再和纯碱反应，产生氢氧化钠和碳酸钙。

3. 茶叶

茶叶有红茶、绿茶、乌龙茶及茶砖等，红茶是发酵茶，其鲜叶中的茶多酚发生氧化，形成古铜色，是加工变蛋的上等辅料；乌龙茶是一种半发酵茶，作用仅次于红茶。目前多用红茶末、混合茶末以及茶砖等，有的地区用山楂果叶、无花果叶代替茶叶也能起到一定的作用。

4. 食盐

食盐可使鲜蛋凝固、收缩、离壳，还具有增味、提高鲜度及防腐作用，一般以料液中含 3%～4% 的食盐为宜。

5. 氧化铅

氧化铅又称密陀僧、黄丹粉等。氧化铅属重金属盐类，能使蛋白质凝固；氧化铅的腐蚀性强，可促进配料向蛋内渗透，缩短成熟时间，并减少蛋白碱分，有增色、离壳等作用。如果用量过多则会使蛋壳变薄并产生腐蚀斑点，甚至造成蛋白腐烂。

6. 草木灰

草木灰包括柴灰、豆秸灰及其他的植物灰，都可作为包料黏合剂使用。草木灰中含有碳酸钾，其碱性比较弱，对变蛋的凝固能起一定作用，是比较理想的辅料。

7. 黄泥

黄泥黏性强，与其他辅料混合后呈碱性，不仅可以防止细菌浸入，而且可以保持成品质量的稳定性。

三、任务实施

1. 工艺流程

配料→熬料（冲料）

照蛋→敲蛋→分级→下缸→灌料泡蛋→质检→出缸→洗蛋→晾蛋→包蛋→成品

2. 操作方法

（1）配方　随地区、季节及蛋的品质而变化。如鸭蛋1000枚，水50kg，石灰16～17kg，纯碱35kg，黄丹粉0.1kg，茶叶1.75kg，食盐1.5kg，草木灰0.8kg。

（2）配料　有熬料和冲料两种。

（3）凉汤　一般夏季冷却至25～27℃，春秋季为17～20℃。

（4）料液的测定　配制好的料液，在浸蛋之前需对其进行碱度测定，一般氢氧化钠的含量以4.5%～5.5%为宜。也可进行简易试验。用少量料液，把鲜蛋蛋白放入其中，经15min左右，如果蛋白不凝固则碱度不足，若蛋白凝固，还需检查有无弹性。若有弹性，再放入碗内经1h左右，蛋白稀化则料液正常；如在0.5h内即稀化，则碱度过大，不宜使用。

（5）灌蛋　①装蛋；②卡盖；③排缸；④灌料。

（6）出缸　变蛋出缸经清洗后，必须放在阴凉通风处晾干。

（7）品质鉴定　鉴定变蛋品质主要靠"一观、二掂、三摇晃"的传统方法。

（8）涂泥包糠　为了长期贮存，必须进行涂泥包糠。成品蛋的保管期取决于季节：春季加工的蛋，保管期不得超过4个月；夏季加工的蛋，保管期不超过2个月；秋季加工的蛋，保管期不超过4个月；冬季加工的蛋，保管期不超过6个月。

四、任务报告

根据操作结果做出报告。

子任务2 黄泥咸蛋的加工

一、技能目标

掌握黄泥咸蛋的加工方法。

二、任务实施

1. 工艺流程

配料→和泥

选蛋→沾泥→装缸→封头→腌制→成熟

2. 操作方法

（1）配料　鲜鸭蛋2000枚，食盐12kg，黄泥23kg，清水15～16kg。

（2）搅拌泥　无论机器和泥或人工和泥，做到盐泥搅拌透彻，一般食盐浓度大约为 23.5％。

（3）腌蛋　将鲜蛋浸入泥浆中，使蛋周身沾满泥浆（每只蛋约沾泥浆 30 g），放入缸内，待缸装满后，再洒些泥浆在蛋的上面，俗称封头。

（4）成熟　腌蛋的成熟时间因季节和盐量而异。一般约 40～80d。

三、任务报告

根据操作结果做出报告。

子任务 3　盐水咸蛋的加工

一、技能目标

掌握盐水咸蛋的加工方法。

二、任务实施

1. 配液

配制的盐溶液浓度为 15％～22％，即清水 80～85kg，加食盐 15～20kg，可泡鲜鸭蛋 1800～2000 枚，或鲜鸡蛋 2000～2400 枚。

2. 装缸

3. 成熟与保管

室温应控制在 20～28℃之间，其成熟时间为 35d 左右，保质期为 20～30d。

三、任务报告

根据操作结果做出报告。

子任务 4　糟蛋的加工

一、技能目标

掌握糟蛋的加工方法。

二、工作原理

（1）酒糟中的乙醇和乙酸可使蛋白和蛋黄中的蛋白质发生变性和凝固作用；

（2）酒糟中的乙醇和乙酸使糟蛋蛋白呈乳白色或酱黄色的胶冻状，蛋黄呈橘红色或橘黄色的半凝固的柔软状态；

（3）酒糟中的乙醇和糖类（主要是葡萄糖）渗入蛋内，使糟蛋带有醇香味和轻微的甜味；

（4）酒糟中的醇类和有机酸渗入蛋内后在长期作用下，产生芳香的酯类，使糟蛋具有特殊浓郁的芳香气味；

（5）酒糟中的乙酸使蛋壳变软，溶化脱落成软壳蛋。

三、任务实施

1. 平湖糟蛋的加工

加工糟蛋需掌握好三个环节，即酿酒制糟、选蛋击壳、装坛糟制。

（1）工艺流程

糯米清洗→浸米→蒸饭→淋饭→拌酒药→酿糟蒸坛鲜鸭蛋→检验分级→洗蛋→晾蛋→击蛋破壳→装坛封坛→检验→成熟→成品

（2）操作方法

① 酿酒制糟

② 选蛋击壳

a. 洗蛋　挑选好的蛋，在糟制前 1～2d，清洗后置通风阳光处晾干。

b. 击蛋破壳　击蛋时做到破壳而膜不破。

③ 装坛

a. 蒸坛　糟制前坛用清水洗净，蒸汽消毒。

b. 落坛　蛋放入，蛋大头朝上，插入糟内。

④ 封坛

⑤ 成熟　糟蛋的成熟期为 4.5～5.0 个月。

2. 叙府糟蛋的加工

叙府糟蛋加工方法与平湖糟蛋略有不同。

（1）选蛋、洗蛋和击蛋　同平湖糟蛋加工。

（2）配料　150 枚鸭蛋，甜酒糟 7kg，白酒 1kg，红砂糖 1kg，陈皮 25g，食盐 1.5kg，花椒 25g。

（3）装坛

（4）翻坛去壳　在室温下糟渍 3 个月左右，将蛋翻出，剥去蛋壳，保留壳内膜。

（5）白酒浸泡　去壳蛋入高度白酒（150 枚需 4kg）浸泡 1～2 d。

（6）加料装坛　酒泡蛋取出，装入坛内再加入红糖 1kg、食盐 0.5kg、陈皮 25g、花椒 25g 等，充分搅拌均匀，层糟层蛋，加盖密封，贮藏于干燥而阴凉的仓库内。

（7）再翻坛　贮存 3～4 个月时，须再次翻坛，同时剔出次劣糟蛋。从加工开始直至糟蛋成熟，约需 10～12 个月。

3. 熟蛋糟蛋的加工

（1）配方　鸭蛋 100 枚，绍兴酒酒糟 10kg，食盐 3kg，醋 0.2kg。

（2）将酒糟放在缸中，加入食盐和醋，充分搅拌混合均匀备用。鸭蛋煮沸约 5 min 左右至熟，冷却后去外壳，保留壳膜，埋入糟里。密封好坛口经 40d 即成。

四、任务报告

根据操作结果做出报告。

 相关知识

一、松花皮蛋的加工要点

将纯碱、生石灰、植物灰、黄泥、茶叶、食盐、氧化铅、水等几类物质按一定比例混合后，将鸭蛋放入其中，在一定的温度和时间内，使蛋内的蛋白和蛋黄发生一系列变化而形成。

皮蛋的形成是纯碱与生石灰、水作用生成的氢氧化钠及其他辅料共同作用的结果。鲜蛋蛋白中的氢氧化钠含量达到 0.2%～0.3% 时，蛋白就会凝固。鲜蛋浸泡在 5.6% 左右的氢氧化钠溶液中，7～10d 就成胶凝状态。胶凝适度的蛋白弹性强，滑嫩适口。变蛋的加工期可分为化学作用阶段和发酵阶段。

1. 化学作用阶段（凝固阶段）

当碱液和茶叶中的单宁渗入蛋内后，蛋白、蛋黄形成冻胶状的凝固体。同时，由于蛋白质中的氨基和糖类在碱性环境中发生"美拉德反应"，使蛋白质变成棕褐色。

（1）蛋白质水解　蛋白质水解所产生的硫化氢与蛋黄中的铁反应，使蛋黄变成青黑色。蛋黄中的卵黄磷蛋白、卵黄球蛋白的含硫量较高，在强碱的作用下水解，产生胱氨酸和半胱氨酸；随着蛋黄酸碱度的变化，产生了活性的硫化氢与二硫基。这些活性基与蛋黄本身的色素结合，形成各种颜色。加之蛋黄本身就有深浅不一的颜色，故呈现出绚丽、斑斓的色彩。

（2）蛋的成分中含有多种微量元素　活性的硫氢基、二硫基会与 Ca、P、Fe 等离子结合起变色作用。以上反应是在一定的温度、时间内完成的，而最关键的是温度。只有在20～25℃温度下，经过一定的时间，变蛋才会出现理想的颜色。

（3）松花的形成　品质良好的变蛋，在蛋白上呈现晶莹剔透如松针状的花纹，少数蛋黄上也能见到，称为松花，故变蛋有松花蛋之称。据研究松花是氨基酸与盐类混合物形成的结晶体。松花是在变蛋成熟的后期形成的。

（4）鲜辣风味的形成　鲜辣风味的形成来源于蛋白质分解产物、茶叶的香味以及食盐的咸味等。

2. 发酵阶段

发酵阶段即在蛋内微生物、酶的作用下，使内容物发生变化的阶段。

微生物、酶在变蛋的成熟过程中，会使蛋白质产生变化，一部分蛋白质变成简单的蛋白质，部分蛋白质变成氨基酸和硫化氢。氨基酸经氧化后，形成氨和酮酸。少量的酮酸（有辣味）、氨气、硫化氢使变蛋形成一种独特的风味。氨基酸增多，蛋白质就会相应减少，使蛋的腥味减少，鲜味增加。

二、盐水咸蛋的加工要点

盐溶液具有扩散作用，对鲜蛋内容物产生渗透压并逐渐进入蛋内。食盐可以抑制微生物的发育，延缓蛋内的有机物分解。咸蛋不仅风味独特，且具有较长的保藏期。

1. 食盐在腌制中的作用

（1）风味

（2）延缓蛋腐败变质的速度

① 渗透压升高。

② 食盐的渗入使蛋内水分减少。

③ 食盐可降低蛋内蛋白酶的活性。

2. 咸蛋在腌制过程中的变化

泥料或盐溶液中盐的浓度大于蛋内，盐溶液通过气孔而进入蛋内。其转移的速度与浓度和温度成正比，还和盐的纯度以及盐渍方法等因素有关。

（1）腌制方法

（2）食盐含量与质量　如食盐中含有较多的钙盐和镁盐，则会延缓食盐向蛋内的渗透速度。

（3）盐粒　盐颗粒越大，渗透则越慢。

（4）脂肪含量　含脂肪高的蛋比含脂肪低的蛋渗透得慢。蛋质新鲜、浓稠蛋白多的蛋成熟快，蛋白较稀薄的蛋成熟慢。

（5）温湿度

3. 腌蛋的用盐量

低于 3.8% 的盐溶液能促进腐生菌和一些病原菌的生长。用盐量低于 7% 防腐能力较差。一般以 9%～12% 为宜。

拓展内容

蛋粉的加工

蛋粉是以蛋液为原料，经干燥加工除去水分而制得的粉末状蛋制品。蛋粉种类很多，但加工方法基本相同，以下介绍蛋粉的喷雾干燥加工方法。

一、工艺流程

蛋液搅拌→过滤→巴氏杀菌→喷雾干燥→出粉→冷却→筛粉→包装

二、工艺操作

1. 蛋液的搅拌、过滤和巴氏杀菌

巴氏杀菌方法同冰蛋加工。

2. 喷雾干燥

与乳粉的喷雾干燥相似。一般在未喷雾前，干燥塔的温度应在 120～140℃。在喷雾过程中，热风温度应控制在 150～200℃，蛋粉温度在 60～80℃。

3. 蛋粉造粒化、筛粉和包装

为了使干燥后的蛋粉速溶，需要将干燥的蛋粉富集。通常采用的方法是先加水使蛋粉回潮后再予以干燥。为了使蛋白粉造粒化，可加入蔗糖或乳糖。蛋白粉造粒化后在水中即能迅速分散。干燥塔中卸出的蛋粉必须晾凉、过筛，使产品均匀，然后进行包装。蛋粉用马口铁箱包装为宜。

任务四　皮蛋中铅含量的测定

一、技能目标

熟悉掌握常见蛋制品的卫生检验方法。

二、工作原理

在重金属类食品污染名单中，易造成铅污染的皮蛋尤为严重，其中铅平均含量超过国家标准限量值的 1.2～8.0 倍。制作加工原料中使用铅丹（氧化铅）是导致皮蛋中铅含量过高的主要原因。目前，关于皮蛋样品的预处理主要有浓硝酸微波消解法和过硫酸铵灰化消解法。

三、任务条件

1. 试剂

过氧化氢，去离子水，硝酸（1+1）（均为分析纯）等。

铅标准溶液：准确称取 0.100g 金属铅（99.99%），加入 10mL 硝酸（1+1），加热溶解，移入 100mL 容量瓶中，加去离子水至刻度，混匀，得到 1.00mg/mL 的铅标准溶液作为储备。

临用时用硝酸稀释成质量浓度为 10.0μg/mL 的铅标准溶液。

2. 仪器

TAS-986 火焰型原子吸收光谱仪、乙炔钢瓶、无油空气压缩机；马弗炉，可调电热板，1 个 100mL、1 个 50mL、6 个 25mL 容量瓶，剪刀，酒精灯，大、小烧杯等。所有玻璃器皿都以硝酸（1+5）浸泡过夜，用自来水反复冲洗，最后用去离子水冲洗干净。

3. 样品

在集贸市场购买的松花蛋 1 个，洗去其外壳上的料泥，剥去外壳，小心分开蛋白和蛋黄，蛋白部分用塑料刀切碎备用。

四、任务实施

1. 样品预处理

干法消解：称取样品 5.00g 10 份分别置于瓷坩埚中，在电热板上用小火加热至炭化，移入马弗炉，500℃下灰化 6h 左右，放冷取出。若个别样品灰化不完全，应加 3mL 硝酸（1＋1），在可调电热板上小火加热，反复多次直到消化完全，放冷，用硝酸（0.5mol/L）使灰分溶解至样液澄清，将试样消化液移入 50mL 容量瓶中，用水少量多次洗涤瓷坩埚，洗液合并于容量瓶中并定容至刻度，混匀备用。同时做试剂空白。

2. 样品检测 TAS-986 火焰型原子吸收光谱仪测定

（1）仪器工作条件　铅原子吸收分析中仪器的最佳工作条件参考。

待测元素	分析线/nm	狭缝/nm	灯电流/mA	燃烧器高度/mm	燃气流量/(mL/min)
Pb	217.0	0.4	8.0	12	1000

（2）标准曲线绘制　取配制好的铅标准溶液 0mL、0.25mL、0.50mL、0.75mL、1.00mL 分装于 25mL 容量瓶中，用硝酸（0.5mol/L）定容，分别注入石墨炉，测得其吸光值并求得吸光值与浓度关系的一元线性回归方程。

（3）样品检测　分别吸取各样品液 1mL 装入 25mL 容量瓶中，用硝酸定容注入石墨炉，测得其吸光值，代入标准系列的一元线性回归方程中求得样液中的铅的含量。

五、任务报告

根据操作过程，写出报告。

 拓展内容

蛋制品的加工卫生与检验

一、冰蛋品的加工卫生与检验

冰蛋品系全蛋液、蛋白液或蛋黄液经搅拌、过滤、装听、低温下冻结而成的相应产品；也有在过滤后，先经巴氏消毒，再装听，低温急冻而成的"巴氏消毒蛋"，包括冰鸡全蛋、冰鸡蛋黄和冰鸡蛋白 3 种。

1. 加工卫生

（1）半成品加工的卫生监督　半成品质量的好坏直接影响着成品的质量，因而半成品加工时，要求卫生检验人员对原料蛋进行检验、清洗、消毒、晾干，然后去壳所得的蛋液全过程进行卫生监督。

① 先进行感官检验，剔除不符合加工要求的劣质蛋。然后进行照蛋检验，剔除所有次劣蛋和腐败变质蛋。

② 经检验挑选出来的新鲜蛋，在清水中洗净蛋壳，然后放在含 1%～2% 有效氯的漂白粉液（或 0.04%～0.1% 过氧乙酸液）中浸泡 5min，再于 45～50℃并加有 0.5% 硫代硫酸钠的温水中浸洗除氯。

③ 将消毒后的蛋送至清洁无菌的晾蛋室晾干。

④ 用人工打蛋或机械去蛋壳的方法去除蛋壳。手工打蛋时，操作人员应严格遵守卫生

制度，防止蛋液人为的污染。

（2）成品加工的卫生监督

① 加工厂采用搅拌器将半成品蛋液搅拌均匀，再通过 $0.1\sim0.5cm^2$ 的筛网将蛋液内的蛋壳碎片、壳内膜等杂质滤除。

② 为保证产品质量，要及时对半成品蛋液进行预冷，这样可以阻止细菌繁殖，并缩短速冻时间。预冷在冷却罐内进行，罐内装有蛇形管，蛇形管内通以 $-8℃$ 的冷盐水不停地循环，使罐内的蛋液很快就降温至 $4℃$ 左右。

③ 将冷却至 $4℃$ 的蛋液装听（桶），然后送入速冻间进行冷冻。

④ 将装有蛋液的听或桶送至速冻间冷冻排管上，听（桶）之间要留有一定的间隙，以利于冷气流通。速冻间温度要保持在 $-20℃$ 以下，冷冻 36h 后，将听（桶）倒置，使其四角冻结充实，防止膨胀，并可缩短冷冻时间。冷冻时间不超过 72h，听（桶）内中心温度达 $-18\sim-15℃$ 时，速冻即可完成。

⑤ 将速冻后的听（桶）用纸箱包装，然后送到冷藏库冷藏。冷藏库的温度需保持在 $-15℃$ 以下。

2. 卫生检验

冰蛋品的卫生检验包括感官检验、理化检验和微生物检验。具体检验方法参照 GB/T 5009.47—2003 要求进行。

二、干蛋品的加工卫生与检验

干蛋品是将蛋液中大部分水分蒸发干燥而成的蛋制品，包括干蛋粉（全蛋粉、蛋白粉、蛋黄粉）和干蛋白（蛋白片）。干蛋粉是将鲜蛋经打蛋后，将全蛋、蛋白或蛋黄搅拌、过滤，在干燥室内喷雾干燥，使其急速脱水，并杀灭大部分微生物，再经过筛，最后成为均匀的全蛋粉、蛋白粉或蛋黄粉。

1. 加工卫生

干蛋品的加工工艺包括半成品和成品的加工。其中半成品加工方法与冰蛋品相同，不再赘述。干蛋品成品加工的卫生监督介绍如下。

干蛋粉的加工可采用喷雾干燥，即先将蛋液经过搅拌、过滤，除去蛋壳及杂质，并使蛋液均匀，然后喷入干燥塔内，形成微粒与热空气相遇，瞬时即可除去水分，落入底部形成蛋粉，最后经晾粉、过筛即为成品。但生产蛋白粉时，需将蛋白液进行发酵，以除去其中的糖类及其他杂质。

2. 卫生检验

干蛋品的卫生检验包括感官检验、理化检验和微生物学检验。具体检验方法参照 GB 5009.47—2003 要求进行。

三、再制蛋的加工卫生与检验

再制蛋指在保持蛋壳原形的情况下经过系列的加工而成的蛋制品，主要有变蛋、咸蛋和糟蛋 3 种，都是我国传统的禽蛋制品，不仅在国内有很大的消费市场，而且国际市场对此需求也不断增加。

1. 变蛋的加工卫生与检验

（1）加工卫生　变蛋又称为彩蛋。变蛋的制作方法大致有三种工艺：一是生包法，就是把调制好的料泥直接包在蛋壳上；二是浸泡法，就是把辅料调制成料液，将鲜蛋浸渍在料液中加工而成；三是涂抹法，即先制成变蛋粉料，然后将变蛋粉料经调制后均匀地涂抹在蛋壳上来制作变蛋。

① 原料蛋的挑选　加工变蛋的原料蛋可选用鸭蛋、鸡蛋和鹅蛋。原料蛋质量的好坏直

接关系着成品变蛋的质量，因此，在加工变蛋前必须对原料蛋进行认真的挑选。挑选的方法一般采用感官检验、照蛋检验和大小分级。

② 加工辅料　加工变蛋的辅料主要有纯碱、生石灰、食盐、红茶末、植物灰（或干黄泥）、谷壳。辅料通过一系列的化学反应将原料蛋变为变蛋。所有辅料都必须保持清洁、卫生。氧化铅的加入量要按有关规定执行，以免变蛋中铅超出国家卫生标准，危害人体健康。

（2）卫生检验

① 感官检验　先仔细观察变蛋外观（包泥、形态）有无发霉，敲摇检验时注意颤动感及响水声。变蛋刮泥后，观察蛋壳的完整性（注意裂纹），然后剥开蛋壳，要注意蛋体的完整性，检查有无铅斑、霉斑、异物和松花花纹。剖开后，检查蛋白的透明度、色泽、弹性、气味、滋味，检查蛋黄的形态、色泽、气味、滋味。

② 理化检验　变蛋的理化检验项目有 pH、游离碱度、挥发性盐基氮、总碱度、铅、砷等，其测定按 GB/T 5009.47—2003 操作。

③ 变蛋的微生物检验　变蛋的微生物检验项目有菌落总数、大肠菌群和致病菌（系指沙门菌），其检验按 GB 4789.2、GB 4789.3 和 GB 4789.4 操作。

2. 咸蛋的加工卫生与检验

（1）加工卫生　咸蛋又称盐蛋、腌蛋、味蛋，制作简便，费用低廉，耐贮藏，四季均可食用，尤其是夏令佳肴。煮熟后的咸蛋，蛋白细嫩，蛋黄鲜红，油润松沙，清爽可口，咸度适中，深受消费者的喜爱。咸蛋的加工遍及全国各地，加工方法也很多，主要有稻草灰腌制法、盐泥涂包法、盐水浸渍法。

① 原料蛋的挑选　原料要选择蛋壳完整的新鲜蛋，并要经过严格检验，具体检验方法与皮蛋加工的原料蛋挑选方法相同。

② 辅料的卫生　咸蛋加工的辅料有食盐、草木灰和黄泥。加工咸蛋的食盐要求纯净，氯化钠含量高（96％以上），必须是食用盐，不能用工业盐加工咸蛋。草木灰和黄泥要求干燥，无杂质，受潮霉变和杂质多的不能使用。加工用水要达到生活饮用水卫生标准。

（2）卫生检验

① 感官检验　查看包着的灰泥是否过于干燥，有无脱落现象，有无破损。检验咸蛋的成熟程度，也就是咸味是否适中，以决定是否还要继续腌制。

② 光照透视检验　一般采样为5％左右，除去包着的灰、泥后灯光透视。正常的蛋透亮鲜明，蛋黄红色带黄、随蛋的转动而转动，蛋白清晰。

③ 摇晃检验　将咸蛋拿在手中，轻轻摇动，听到有拍水声的是成熟的蛋。

④ 去壳检验　抽取几枚蛋，打开蛋壳，见蛋白、蛋黄分明，蛋白水样透明，蛋黄坚实，色红或橙黄者为好蛋；略有腥气味，蛋黄不坚实的为未成熟蛋；蛋黄、蛋白不清，蛋黄发黑，有臭气的是变质咸蛋。

⑤ 煮熟后检验　取几枚样品蛋洗净后煮熟，良质咸蛋蛋壳完整，烧煮的水洁净透明，切开后蛋白鲜嫩洁白，蛋黄坚实，色红或橙黄，周围有油珠；裂纹蛋有蛋白外溢凝固，烧煮水混浊；变质蛋烧煮时炸裂，内容物全黑或黑黄，煮蛋的水混浊而有臭气。

四、蛋制品的卫生标准

巴氏杀菌冰鸡全蛋、冰鸡蛋黄、冰鸡蛋白、巴氏杀菌鸡全蛋粉、鸡蛋黄粉、鸡蛋白片、皮蛋（变蛋、松花蛋）、咸蛋、糟蛋等蛋制品的卫生指标应符合 GB 2749—2015《食品安全国家标准　蛋与蛋制品》，其主要内容如下。

1. 感官指标

蛋制品的感官指标见表 4-3。

表 4-3 蛋制品的感官指标

项 目	要 求	检验方法
色泽	具有产品正常的色泽	取适量试样置于白色瓷盘中，在自然光下观察色泽和状态。尝其滋味，闻其气味
滋味、气味	具有产品正常的滋味、气味、无异味	
状态	具有产品正常的形状、形态，无酸败、霉变、生虫及其他危害食品安全的异物	

2. 微生物限量

蛋制品的微生物限量见表 4-4。

表 4-4 蛋制品的微生物限量

项 目	采样方案[a] 及限量				检验方法
	n	c	m	M	
菌落总数[b]/(CFU/g)					GB 4789.2
液蛋制品、干蛋制品、冰蛋制品	5	2	$5×10^4$	10^6	
再制蛋(不含糟蛋)	5	2	10^4	10^5	
大肠菌群[b]/(CFU/g)	5	2	10	10^2	GB 4789.3 平板计数法

　a. 样品的采样及处理按 GB/T 4789.19 执行

　b. 不适用于鲜蛋和非即食的再制蛋制品

 目标检测

1. 根据什么标准对蛋的质量进行分级？
2. 如何检验蛋的新鲜度？
3. 如何进行蛋制品的卫生检验？
4. 简述松花蛋的制作程序。

项目五　市场肉品检疫检验

【知识目标】
- 掌握黄脂肉与黄疸肉的感官检查要点。
- 掌握黄脂肉与黄疸肉实验室鉴别检验的程序和方法。

【技能目标】
- 会检验黄脂肉和黄疸肉。

任务一　黄疸肉与黄脂肉的鉴别检验

一、技能目标

掌握黄脂肉与黄疸肉的感官检查、碱法和酸法的鉴定及判定标准；掌握黄疸肉与黄脂肉的卫生评定。

二、任务条件

选择一个定点屠宰场或肉联厂；检验刀具，每生一套；防水围裙、袖套及长筒靴、白色工作衣帽、口罩、乳胶手套和线手套等，每生一套。

三、任务实施

1. 氢氧化钠-乙醚法

（1）原理　脂肪中胆红素能与氢氧化钠结合，生成黄色的胆红素钠盐，可溶于水，在水层中呈现黄色，表示黄疸。天然色素属于脂溶性物质，不溶于水，只溶于乙醚，在乙醚中呈现黄色，表示黄脂。

（2）操作方法　取猪肥膘或脂肪组织于平皿中剪碎，取约2g置于试管中，向试管内注入5%氢氧化钠溶液5mL，煮沸约1min，使脂肪全部溶化，并不时振摇试管，防止液体溅出，将试管置于流水中冲淋，使之冷却至以手触摸有温热感为止（约40～50℃），小心加入乙醚2～3mL，加塞振摇，静置，待分层后观察其颜色变化，并同时做空白对照试验。

（3）判定标准

① 若上层乙醚液为黄色，下层液无色，则系天然色素所致，证明是黄脂。

② 若上层乙醚液无色，下层液呈黄色或黄绿色，则为黄疸。

③ 若上下层均呈黄色，表明检样同时存在黄疸与黄脂。

2. 硫酸法

（1）原理　胆红素在酸性环境（pH 1.39）下显绿色或蓝色反应。故可在抽提滤液中加酸后使之显色而进行定性检查。

（2）操作方法　被检脂肪数克，剪碎，置于具塞锥形瓶中加入 50％乙醇溶液，振摇提取 10～15min，过滤，取滤液 8mL 置于试管中，滴加浓硫酸 10～20 滴，振摇混匀，观察变化。

（3）判定标准　当滤液中含有胆红素时，滤液呈绿色，如继续加入硫酸经适当加热，则变为淡蓝色。若无胆红素，则滤液无颜色反应。

黄脂肉和黄疸肉的鉴别项目见表 5-1。

表 5-1　黄脂肉和黄疸肉的鉴别

项目	黄脂肉	黄疸肉
着色部位	皮下、腹腔脂肪	全身各部皮肤脂肪可视黏膜、巩膜、关节液、肌腱、实质器官等
发生原因	饲料及猪的品种有关	溶血或胆汁受阻
放置后变化	放置时间稍长，颜色变淡或消退	放置时间愈长，颜色愈黄
氢氧化钠-乙醚鉴别法	上层乙醚为黄色，下层液无色	上层乙醚液为无色，下层液黄色或黄绿色
硫酸鉴别法	滤液呈阴性反应	滤液呈绿色，加入硫酸，适当加热变成淡蓝色

四、任务报告

1. 说出黄疸肉与黄脂肉的感官特点。
2. 总结黄疸肉与黄脂肉鉴别操作方法；记录体会与收获。

 相关知识

性状异常肉的检验与处理

1. 气味和滋味异常肉的检验与处理

肉的气味和滋味异常，在动物屠宰后和保藏期间均可发现。发生的原因包括动物生前长期饲喂带有浓郁气味的饲料，未去势或晚去势，宰前投服芳香类药物，发生某些病理过程及周围环境气味的影响。

（1）气味和滋味异常肉的检验

① 饲料气味　动物生前长期饲喂带有浓郁气味的饲料，常使肉带有特殊气味。如长期饲喂胡萝卜、甜菜、油渣饼、蚕蛹粕、鱼以及泔水等，使肉和脂肪带有饲料气味和鱼腥味等异常气味。

② 性气味　一般认为肉的性气味在去势后 2～3 周消失，脂肪组织的性气味大约 2.5 个月后才消失，唾液腺的性气味则消失更慢。老公猪、老母猪肉特别明显，公羊的膻味特别大。

③ 药物气味　畜禽在屠宰前内服或注射芳香类药物，如松节油、樟脑、乙醚、氯仿、克辽林等，可使肌肉带有药物气味。长期饲喂被农药污染的块根、牧草等，也能使肉带有农药气味。

④ 病理气味　屠畜宰前患某种疾病时给肉带来的特殊气味。如患气肿疽和恶性水肿的

胴体有陈腐油脂气味，患蜂窝织炎、瘤胃臌气时胴体有腥臭味，患刨伤性脓性心包炎和腹膜炎时肉有腐尸臭味，患尿毒症时肉有尿味，砷中毒时肉有大蒜味，患酮血症时肉有怪甜味，家禽患卵黄性腹膜炎时，肉有恶臭味。

⑤ 附加气味　肉置于有特殊气味（如汽油、消毒药、烂水果、蔬菜、鱼虾、漏氨冷库、煤油等）的环境中，可因吸附作用而具有这些特殊气味。

⑥ 发酵性酸臭　新鲜胴体冷凉时，由于吊挂过密或堆放，胴体余热不能及时散失，引起自身产酸发酵，使肉质软化、色泽深暗，带酸臭气味。

（2）气味和滋味异常肉的处理　异味肉的处理可依据不同情况分别对待。在排除禁忌征候（如病理因素、毒物中毒）的情况下，将异味肉放于通风处，经24h，切块煮沸后嗅闻，如仍保持原有气味的不得上市销售，胴体作工业用或销毁，如仅个别部分有气味，则将该部分割除，其余部分出售食用。

2. 色泽异常肉的检验与处理

肉的色泽因动物种类、性别、年龄、肥度、宰前状态等而有所差异。色泽异常肉的出现主要是病理因素（如黄疸、白肌病）、腐败变质、冻结、色素代谢障碍等因素造成。

（1）色泽异常肉的检验　在市场贸易中常见的色泽异常肉有黄脂、黄疸、红膘、黑色素沉着、白肌肉、白肌病等。

① 黄脂　又称黄膘，是指皮下或腹腔脂肪发黄，质地较硬，稍呈混浊，而其他组织器官无异常的一种色泽异常肉。一般认为，发生的原因是长期饲喂黄玉米、棉籽饼、胡萝卜、南瓜、鱼粉、蚕蛹、鱼肝油、下脚料等饲料，或者机体色素代谢功能失调所引起的。也有人认为某些病例与遗传因素有关。

它们都仅仅是脂肪有黄色素沉着，脂肪组织呈黄色乃至黄褐色，尤以背部和腹部皮下脂肪最明显。黄脂肉放置后颜色会逐渐减轻或消失。

② 黄疸　是胆红素形成过多或排除障碍所致，由于发生大量溶血或胆汁排除受阻，导致大量胆红素进入血液，把全身各组织染成黄色，除脂肪组织发黄外，全身皮肤（白皮猪）、黏膜、浆膜、结膜、巩膜、关节囊液、腱鞘及内脏器官均染成不同程度的颜色，以关节囊液、组织液、皮肤和肌腱黄染对黄疸和黄脂的鉴别具有重要意义。黄疸肉存放时间愈长，其颜色愈黄，这也是区别黄脂的重要特性。

③ 红膘　皮下脂肪由于充血、出血或血红素浸润而呈现红色。除某些传染病（如急性猪丹毒、猪肺疫）外，还可由于背部受到冷热空气刺激而引起，特别在烫猪水温超过68℃时常可见到皮下和皮肤发红。

a. 死猪冷宰引起的红膘检验　脂肪色泽混浊，暗红色或红中带黄褐色，俗称"走膘"，呈现全身性病理变化，淋巴结充血或出血、水肿；耳、颈、胸腹的皮肤黑紫色，脂肪、肌肉、肋骨、胸腹膜以及各脏器（尤以肾、肝、肺）的低下部位或下侧的一些器官和组织，可见到血液的沉积，呈现淤血性沉积。

这种现象多发生于尸体凝血缓慢的情况时，液态的血液能流入内脏的低下部。

b. 疫病病原体引起的红膘检验　生猪在饲养管理不良、气候反常突变或长途运输疲劳的情况下，机体抵抗力降低，由病原体（如猪丹毒杆菌、猪巴氏杆菌等）的侵入并大量繁殖为主致病因素而引起的红膘。

• 急性猪丹毒（败血型猪丹毒）检验：皮下脂肪呈桃红色，用刀切之毛细血管出血浸润，表皮呈弥漫性炎性充血，即全身性皮肤充血，呈现一片红色，俗称"大红袍"。另一种则是仅见耳、颈、胸、腹、股的皮肤充血，俗称"小红袍"。全身淋巴结充血、肿胀、多汁液。内脏器官中以肝和肾充血、肿胀为主要病变特征，伴以胃肠充血，轻度卡他性炎，脾淤血，触之柔软感。采取淋巴结、肾、肝、脾进行抹片，用革兰染色法染色，镜检发现革兰阳性纤细小杆菌（猪丹毒杆菌）。

● 猪巴氏杆菌病检验：皮下脂肪呈轻度红色，缺乏光泽，表皮以四肢及胸膜呈现云班状出血。乳房淋巴结、股前淋巴结出血。肾和肝淤血、水肿，肺呈大叶性纤维素性典型病变。采取心血、肝抹片，瑞特染色法染色，镜检出似虾子般的革兰阴性小型球状杆菌，呈二极染色，诊断为出血性败血病。

c. 屠宰加工工艺不当引起的红膘检验　由于屠宰加工工艺掌握不妥，如麻电的方法、时间和放血的方法不对，造成放血不全所引起的皮下脂肪发红。仅见皮下脂肪发红，全身各器官、组织无特异性病理变化，由于垂直倒挂放血之故，有时出现自后趋至头部走向之红色加深。采样化验未检出致病菌。诊断属于非致病菌引起的红膘。

d. 生猪宰前缺乏休息引起的红膘检验　由于没有严格执行屠宰前的饲养管理制度，生猪没有足够的休息与饮水，是在尚未消除疲劳的情况下进行屠宰的。脂肪呈淡红色泽，剖检全身淋巴结和内脏器官组织未见病理变化现象。胴体冷却后红色渐褪接近正常脂肪色泽，肉质新鲜。此类红膘属于非病理性原因引起的极为轻微的红膘。

④ 白肌肉　白肌肉又称"PSE"肉，也称"水煮样肉"，主要特征是肉的颜色苍白，质地柔软，有液体渗出，病变多发生于半腱肌、半膜肌和背最长肌。发生的原因多是猪宰前应激所致，即宰前机体受到强烈刺激（驱赶、冲淋、电击）后，肾上腺分泌增多，致肌肉中肌糖原的磷酸化酶活性增强，在缺氧状态下糖酵解过程加速，产生大量乳酸。肉的pH下降（pH降到5.70以下，健康动物新鲜肉pH值为5.80~6.40），再加上宰前温和僵直热使肌纤维膜变性，肌浆蛋白凝固收缩，肌肉游离水增多而渗出，从而使肌肉色泽变淡，质地变脆，切面多汁。

一般认为，白肌肉是缺乏维生素E和微量元素硒，或维生素E利用障碍而引起的一种营养代谢病。

⑤ 白肌病　主要发生于幼年动物，特征是心肌和骨骼肌发生变性和坏死，病变发生于负重较大的肌肉，主要是后腿的半腱肌、半膜肌和股二头肌，其次是背最长肌。发生病变的骨骼肌呈白色条纹或斑块，严重的整个肌肉呈弥漫性黄色，切面干燥，似鱼肉样外观，左右两侧肌肉常呈对称性发生。

⑥ 肉色变绿　主要是由两种情况引起的：一种是氧化性变绿，是因鲜肉具有氧化能力或能产生硫化氢的细菌作用而变成灰色或绿色；另一种是腐败性变绿，见于热天急宰的猪，未及时开膛取出内脏，肉在厌氧菌作用下败坏时发绿。

⑦ 肉色变黑　肉色变黑是由于黑色素沉着或厌氧性细菌腐败变黑引起的。黑色素沉着常见于牛、羊。成年屠畜的黑色素沉着多见于皮肤、乳腺及其周围的脂肪组织、淋巴结和肝脏等，沉着于肺、皮下组织、脑膜和脊髓膜的较少见。猪偶有全身性黑色素沉着者，可见胴体的皮、脂肪、骨膜、筋膜、胸膜、腹膜及软骨等处，如同烟熏一样呈淡灰黑色。

厌氧性腐败变黑是由于贮存运输不当，鲜肉不能通风冷却造成的。由于肉里的组织蛋白酶和腐败性细菌活动，致使肉腐败发黑。

（2）色泽异常肉的处理

① 黄脂肉　胴体放置24h颜色变淡或无色时，肉可食用，可上市销售。放置24h色素消退不快或有异味不允许上市，其胴体、内脏可经高温处理后销售。

② 黄疸肉　确诊后一律不得上市，其胴体如膘情良好、肌肉无异味，可进行腌制或熬油。胴体消瘦，放置24h黄色退化不显著，肉尸内脏一律销毁；怀疑是传染病引起黄疸的应进一步送检，胴体和内脏按动物防疫法规定处理。

③ 红膘肉　如系传染病引起，应结合该传染病相关规定处理。如内脏淋巴结没有明显病理变化的红膘肉，将胴体及内脏高温处理后出厂；对冷、热或机械性损伤引起的红膘肉，轻者不作处理，较严重的高温处理后出厂。如麻电的方法、时间和放血的方法不对，造成放

血不全所引起的红膘肉虽然不是由传染病引起，但肉质低劣，色泽欠佳，往往是微生物的良好培养基，不宜保藏，所以其胴体与内脏应作高温处理为妥。

④ 白肌肉　味道不佳，加热烹调时损失很大，口感粗硬，不宜鲜销。如果感官上变化微小，在切除病变部位后，胴体和内脏可不受限制出厂；病变严重，有全身变化时，在切除病变部位后，胴体和内脏可做复制品出售，但不宜做腌腊制品的原料。

⑤ 白肌病肉　全身肌肉有变化时，胴体作工业用或销毁；病变轻微而局部的，经修割后可食用。

⑥ 绿色肉　对于氧化性变绿的肉，应尽快加工处理或制成熟制品；对于腐败性变绿的肉，应酌情对胴体全部或局部作修整处理。

⑦ 黑色肉　轻度黑色素沉着的肌肉和内脏可供食用，重者进行加工或做工业用。腐败变黑者不得食用。

任务二　注水畜禽肉的检验

一、技能目标
掌握注水畜禽肉的各种检验方法。

二、任务条件
来自市场的正常肉和注水肉，如市场上无注水肉，可以购买正常畜禽肉，自行注水后检验。要求肉必须是精肉。

三、任务实施
1. 感官检验详见相关内容中注水肉的检验与处理。

2. 放大镜观察法

（1）材料　15～20 倍放大镜、检验刀、大镊子、20mL 注射器各 1 个，大瓷盘 2 个，每组 1 套。

（2）操作方法

① 将正常肉和注水肉或光禽放入大瓷盘内，以备检验者观察。

② 检验者用镊子固定住被检肉，用检验刀顺着肌纤维方向切开肌肉后用放大镜观察。

（3）判定标准

① 正常肉　肌纤维排列均匀，结构致密紧凑无断裂、无变细与增粗等形态变化，色泽呈鲜红、浅红色，看不到血液和渗出液。

② 注水肉　肌纤维肿胀、粗细不匀、结构纹理不清、有大量血水和渗出液。

3. 滤纸贴附检验法

（1）材料　新华滤纸（最好是定量滤纸）剪成 1cm×8cm 大小的纸条若干，检验刀、镊子各 1 个，每组 1 套。

（2）操作方法

① 检验者用镊子固定被检肉，用检验刀切开肌肉。

② 立即将滤纸条插入肉新鲜切面上 2cm，深贴紧肉面 1～2min。

③ 观察滤纸条被浸润情况，纸条揭下后两手均匀拉，检验其拉力。

（3）判定标准

① 正常肉　滤纸贴后稍湿润且有油渍，揭后耐拉。

② 注水肉　滤纸贴后立即被水分和肌肉汁浸湿，均匀一致，超过插入部分 2～5mm 以

上（注水越多，湿得越快、超过部分越高）。揭后不耐拉易断。

4. 燃纸检验法

（1）材料 卷烟纸1本，火柴1盒，检验刀、镊子各1个，瓷盘2个，每组1套。

（2）操作方法

① 检验者用镊子固定被检肉，用检验刀顺着肌纤维切开肌肉。

② 将卷烟纸贴于肉的新鲜切面上，取下后点火燃烧。

（3）判定标准

① 正常肉 卷烟纸贴后有油渍，点火后易燃烧。

② 注水肉 卷烟纸贴后立即湿润，点火后不燃烧。

5. 加压检验法

（1）材料 干净塑料袋、重5kg的哑铃或铁块。

（2）操作方法

① 取10cm×10cm×5cm的正常肉和注水肉分别装在干净的塑料袋内扎紧。

② 将哑铃或铁块压在塑料袋上，10min后观察袋内情况。

（3）判定标准

① 正常肉 塑料袋内无水或有非常少的几滴血水。

② 注水肉 塑料袋内有水被挤出。

6. 熟肉率检验法

（1）材料 锅、电炉子、检验刀、秤、量筒（500～1000mL）各1个，每组1套。

（2）操作方法

① 称取正常肉和注水肉各0.5kg重的肉块，放入锅内，加2000mL水。

② 水煮沸后继续煮1h，捞出晾凉后称取熟肉重量。

③ 计算

$$熟肉率 = \frac{熟肉质量}{鲜肉质量} \times 100\%$$

（3）判定标准

① 正常肉 熟肉率＞50％。

② 注水肉 熟肉率＜50％。

（4）注意事项 正常肉与注水肉放在同锅内煮沸时要进行标记，以免混淆。

7. 肉的损耗检验法

（1）材料 吊钩、秤。

（2）操作方法

① 取相同大小的正常肉和注水肉各1块，分别称重。

② 将其分别挂在15～20℃通风良好的阴凉处的吊钩上，24h后分别称重。

③ 计算

$$损耗率 = \frac{晾前肉质量 - 晾后肉质量}{晾前肉质量} \times 100\%$$

（3）判定标准

① 正常肉 损耗率0.5％～0.7％。

② 注水肉 损耗率4.0％～6.0％。

8. SY-01型肉类注水测定仪检测法

（1）原理 该仪器应用电导原理进行测量。正常情况下，瘦肉中含水量一般均在70％左右，正常肉电导度S＜1/51V，电阻R＞51Ω，加入不洁水质的肉电导度S≥1/51V，电阻

$R \leqslant 51\Omega$。

（2）材料　SY-01 型肉类注水测定仪。鲜猪、牛、羊前后肢精肉（瘦肉）。

（3）操作方法　将检测探头插入被检部位精肉中，按下测量键。表头指针所指为检测结果。

（4）判定标准

① 正常肉　表头指针停在蓝色带上。

② 注入少量水的肉　表头指针停在黄色带上。

③ 严重注水肉　表头指针停在红色带上。

9. 试纸法

（1）材料　检验用试纸、检验刀、检验钩、大镊子各 1 个，瓷盘 2 个，每组 1 套。正常和注水的老牛肉、小牛肉和猪肉。

（2）操作方法

① 检验者用检验钩钩住被检肉，用检验刀顺着肌纤维切断，要求切面必须光滑平整。

② 翻开切口，于一侧面贴试纸，立即压实并记录时间，试纸由蓝变红，观察记录试纸变色程度及完全变色（变红）时间。

（3）判定标准

① 正常猪肉试纸完全变色时间超过 20s；注水猪肉 20s 以内试纸完全变色。

② 正常老牛肉试纸完全变色时间超过 25s；注水老牛肉 25s 以内试纸完全变色。

③ 正常小牛肉试纸完全变色时间超过 20s；注水小牛肉 20s 以内试纸完全变色。

（4）注意事项　不同部位、不同品种、宰后贮存时间都会使试纸变色时间有所不同。肉质细嫩、含水量高，如小牛肉的背最长肌，试纸变色快。

10. 刀切检验法

将待检肉品用刀将肌纤维切一深口，注水肉在切口可见渗水。

11. 实验室常压水分干燥法

常压水分干燥法虽简单，但耗时较长，且结果受所注水水质的影响。由于注水中含电解质等物质，而且在种类、数量上有很大差异，所以对肉类注水程度的判定难以掌握，该方法只粗略判定，方法如下。

（1）将称量瓶置于 105℃烘箱烘 1～2h 至恒重，盖好，取出置干燥器内冷却，分析天平称质量为 W_1。

（2）取待检肉样 3g 左右于称量瓶中，摊平，加盖，精密称重为 W_2，并置于 105℃烘箱烘 4h 以上至恒重（两次重复烘，质量之差小于 2mg 即为恒重），经干燥器冷却后称重为 W_3。

（3）结果计算与评价

$$肉品水分 = (W_2 - W_3)/(W_2 - W_1) \times 100\%$$

正常鲜精肉水分含量为 67.3%～74%，注水猪肉大于此范围。

除上述几种方法外，还有直接干燥法等。注水肉是个复杂的问题，注入的水多是掺进其他物质或是不洁净的水，使之不易流出和鉴别。每种检验法都不十分理想，直接干燥法、熟肉率法、损耗法加入的水含不挥发性杂质多，烘干、煮后、晾后注水肉重量可能大于正常肉；SY-01 型肉类注水仪检测法不适于注入普通水；试纸法在观察时存在眼观误差，时间也不易掌握；滤纸贴附法、燃纸法没有量的概念，只凭检验者经验判定。所以注水肉可采用多种方法进行检验，综合判定。

四、任务报告

采集检品（注水肉）进行检验，对结果进行综合评价，写出任务报告。

相关知识

注水肉的检验与处理

近年来我国开放了肉类市场，方便群众的生活，但少数屠宰户为了牟取暴利，千方百计向肉类中掺加或者注入自来水、血水、矾盐水、胶质液体等，严重影响了肉品的卫生质量，危害人民群众的健康。

1. 畜禽肉注水肉的途径与方法

（1）宰前活体注水法

① 宰前活体注水法　强行固定猪体灌水姿势，用皮管塞入口腔或肛门注入水，注水量可占体重的 20％以上，最高可达 30％，也可灌稠状饲料或泥浆土、粪、黄沙等物充堵猪的胃肠道以达到增加体重的目的。

② 注水多在畜禽屠宰前的 2～3h，此种注水方法多见于冬季。

（2）宰后注水法

① 在丰满的前后腿部、胸部用注射器直接注入水分。

② 在开膛的鸡、鸭胸腹腔空隙处塞入冰块或其他杂物。

2. 注水肉的特征

（1）外观特性

① 活体掺水后，明显可见腹部膨胀、体态臃肿、步履蹒跚，行动困难。生猪肛门可有水和肠管流出。

② 掺水的畜禽肉色较正常的淡，有一种水样光泽，切面呈淡红色或玫瑰色。用手指按压时，有水滴流出，指压后凹陷恢复较慢。

（2）剖检特征

① 宰后畜禽胴体的表皮在通风环境下不易形成干膜，但失重较快。经注水后畜体内一些内脏器官呈水肿样。

② 光禽（鸡、鸭）胴体肌肉（颈、胸、腿、肩肌）因注入水分，手指触之即可见这些部位肌肉层有水分流出，肌肉的色泽变淡，猪肉、牛肉色泽鲜红亮泽，切面浅红色。

③ 肝体积增大，包膜紧张，肝叶边缘钝圆，切面隆突、有水分渗出。

④ 肺肿胀，各叶胀满水分，手提肺沉重，用手压之气管中有泡沫状的液体流出。切开肺叶即可流出多量液体。

⑤ 肾水肿，剖之可见肾盂部积液。

⑥ 胃肠浆膜外观明显湿润肿胀。

3. 注水肉的处理

（1）凡注水肉，不论注入的水质如何，不论掺入何种物质，均予以没收，作化制处理。

（2）对经营者予以经济处罚，直至追究相关责任。

任务三　免疫学方法鉴别不同种类肉　▶▶

一、技能目标

掌握用免疫学方法鉴别不同种类肉的操作技术。

二、任务实施

1. 沉淀反应

（1）原理 本反应是一种单相扩散法，以相应动物的血清作抗原接种家兔，然后分离兔血清作为特异抗体。用这种已知的抗血清测未知的肉样浸出液（抗原），凡能在 10min 内以 1：1000 的稀释度与同源抗原呈现显著沉淀反应的抗血清，即认为是适用的。

（2）材料

① 显微镜、灭菌剪刀、镊子、电炉、培养箱。

② 锥形瓶（250mL）、玻璃小漏斗、吸管（2mL）、毛细管、载玻片、中性滤纸。

③ 牛蛋白原沉淀素血清、马蛋白原沉淀素血清（如欲测其他动物肉，也应有相应的血清准备）。

④ 灭菌生理盐水。

⑤ 硝酸（密度1.2）。

（3）操作方法

① 待检肉浸出液的制备 将除去脂肪和结缔组织的肌肉剪碎，按 1：10 的比例放入灭菌生理盐水内，浸泡 1～3h，不断搅拌，将浸出液通过两层滤纸或石棉过滤。按下述方法测定其稀释度：于 1mL 的浸出液内加入 1 滴密度为 1.2 的硝酸，并煮沸，如出现轻度乳白色，证明其中含有 1：1000 蛋白质，说明适于反应用。如发生混浊或沉淀，证明蛋白质含量高于 1：300，应作适当稀释。若无乳白色而完全透明，则说明其中含蛋白质过少，须将盐水的比例减少 [1：（3～5）]，重新配制浸出液。如果肉浸出液呈蔷薇色，则应置于 70℃水浴上加热 30min，过滤，滤液待测。

② 反应方法

a. 沉淀管法 取沉淀小试管，分别加入 0.1mL 特异沉淀素血清（勿使产生气泡），用毛细吸管吸取等量待检肉浸出液，沿管壁徐徐流下重叠于各试管的血清层上，在室温下静置 15～30min 后，对光观察结果。阳性者于两液面之间出现白色沉淀轮环。然后振摇混合，于次日检查管底有无沉淀。

b. 平板法 在载玻片上置数滴特异血清，并放入 37℃培养箱内干燥（制成的玻片可放于干燥处长期保存）。进行检验时，将数滴透明抗原（肉浸液）加在干燥的血清上，用玻璃棒搅拌，此后将玻片放入湿盒内（用湿纱布垫在盒底即可），置于 37℃培养箱中 30min，取出后，在 300 倍显微镜下观察。阳性反应者可见混浊的云雾状物。

2. 琼脂扩散反应

（1）原理 本反应是一种双相扩散，不但能检测单一肉种，还能同时与有关抗原作比较，便于分析混合肉样的抗原成分，比单相扩散更为敏感。琼脂扩散反应形成沉淀线以后不再扩散，并可保存作为永久记录。

（2）材料

① 牛蛋白原沉淀素血清、马蛋白原沉淀素血清（如欲测其他动物肉，也应有相应的血清准备）。

② 琼脂扩散反应用琼脂平板、琼脂扩散打孔器等。

（3）操作方法 在琼脂平板上打孔，中间 1 个孔，周围 6 个孔，孔间距离为 4mm，孔直径为 4mm。将制备好的被检肉浸出液（同沉淀反应法）分别注入外周的 5 个孔内，第 6 个孔注入已知肉浸液作为阳性对照，中央孔加入已知特异性抗血清。每次加样时，均以刚好加满为宜。加样完毕后，将琼脂平板放入湿盒中，于 25℃培养箱或 15℃室温下，8～72h 内观察结果。

（4）判定标准　阳性反应在中央孔和外周孔之间形成一白色沉淀线。

三、任务报告

采集检样进行检验，对结果进行分析、评价，写出报告。

 相关知识

一、老公猪肉、老母猪肉的鉴别与处理

1. 老公猪肉、老母猪肉的鉴别

老公猪肉、老母猪肉的鉴别见表 5-2。

表 5-2　老公猪肉、老母猪肉的鉴别

项目	老母猪肉	老公猪肉
皮肤	皮厚，有黑色素及皱襞，毛孔粗大	背部、肩胛部皮肤角质化层厚，皮厚，有黑色素及皱襞，毛孔粗大
肌肉	肌肉呈深红色，肉质粗硬，纤维粗糙，不易煮烂	比老母猪肉更红，肉质坚硬，肌纤维粗糙，断面颗粒大，毛糙不整
脂肪	淡白色，质较硬，肌间脂肪少，断面看不到大理石样花纹	色淡，皮下脂肪少，肌间脂肪几乎没有，断面粗糙
气味	有难闻臊气味	臊气味特浓，肉块及唾液腺煮汤后臊味更浓烈，消退很慢

2. 老公猪肉、老母猪肉的处理

（1）第一胎母猪去势后育肥 4 个月屠宰，胴体允许上市销售。

（2）老母猪肉需修割掉乳腺、生殖器官等，允许上市销售或作肉食品加工原料用。

（3）老公猪肉、特老母猪肉修割除去唾液腺，剔除筋腱、生殖器，老母猪肉割除乳腺后，胴体绞碎作灌肠等复制品原料，鲜肉销售时应予注明。

二、肉种类的鉴别

在肉类交易中，某些经营者在经济利益驱动下，"挂羊头，卖狗肉"欺骗消费者。另一方面由于肉制品的多样化，有时还需查明各种原料的比例和真伪等情况。因此，经常出现因肉种类而引发的问题。进行肉种类鉴别主要依据肉的外部形态、骨的解剖学特征、肉的理化特性及免疫学反应等。

1. 外部形态学特征比较

各种动物肉及脂肪的形态学特征受品种、年龄、性别阉割、肥育度、使役、饲喂、放血程度及屠畜应激反应等因素的影响，不可能始终如一。因此只能作为肉种类鉴别时的参考。牛肉与马肉，羊肉、猪肉与狗肉，兔肉与禽肉的外部形态学比较见表 5-3～表 5-5。

表 5-3　牛肉与马肉形态学比较

类别	肌肉			脂肪		气味
	色泽	嫩度	肌纤维性状	色泽和硬度	肌间脂肪	
牛肉	淡红色、红色或深红色（老龄牛）；切面有光泽	质地坚实，有韧性，嫩度较差	肌纤维较细，眼观断面有颗粒感	黄色或白色（幼龄牛和水牛）；硬而脆，揉搓时易碎	肌间脂肪明显可见，切面呈大理石样花纹斑	具有牛肉固有的气味
马肉	深红色、棕红色，老马肉颜色更深	质地坚实，韧性较差	肌纤维比牛肉粗，切面颗粒明显	浅黄色或黄色，软而黏稠	成年马少，营养好得多	具有马肉固有的气味

表 5-4 羊肉、猪肉与狗肉形态学特征比较

类别	肌肉			脂肪		气味
	色泽	嫩度	肌纤维性状	色泽和硬度	肌间脂肪	
绵羊肉	淡红色、红色或暗红色,肌肉丰满,肉黏手	质地坚实	肌纤维较细短	白色或微黄色,质硬而脆,油发黏	少	具有绵羊肉固有的膻气味
山羊肉	红色、棕红色,肌肉发嫩,肉不黏手	质地坚实	比绵羊肉粗长	除油不黏手外,其余同绵羊肉	少或无	膻味浓
猪肉	鲜红色或淡红色,切面有光泽	肉质嫩软,嫩度高	肌纤维细软	纯白色,质硬而黏稠	富有脂肪,瘦肉型断面呈大理石样花纹	具有肉腥味
狗肉	深红色或砖红色	质地坚实	比猪肉粗	灰红色,柔软而黏腻	少	具有不愉快的气味

表 5-5 兔肉和禽肉形态学特征比较

类别	肌肉			脂肪		气味
	色泽	嫩度	肌纤维性状	色泽和硬度	肌间脂肪	
兔肉	淡红色或暗红色(老龄兔或放血不全)	质地松软	黄白色,质软	沉积极少	沉积极少	具有兔肉固有的土腥味
禽肉	呈淡黄色、淡红色、灰红色或暗红色等,急宰肉多呈淡青色	质地较细嫩	纤维细软,水禽的肌纤维比鸡的粗	黄色,质地软	肌间无脂肪沉积	具有禽肉固有的气味

2. 淋巴结特征鉴别

淋巴结特征鉴别主要是牛与马的淋巴结鉴别。牛的淋巴结是单个完整的淋巴结,多呈椭圆形,切面在灰色或黄色基础上往往有灰色或黑色的色素沉着。马的淋巴结是由多个大小不同的小淋巴结联结成的淋巴结团块,呈纽结状,比牛的淋巴结小,切面色泽灰白或黄白。

3. 脂肪熔点的测定

每种动物脂肪所含饱和脂肪酸和不饱和脂肪酸的种类和数量不同,其熔点也不相同,故可作为鉴别肉种类的依据。

(1) 直接加热测定法 从检肉中取脂肪数克,剪碎,放入烧杯中加热,待熔化后,加适量冷水 (10℃以下),使液态油脂迅速冷却凝固并浮于液面。插入一温度计,使液面刚好淹没其水银球。将烧杯放在石棉网上加热,并随时观察温度计水银柱上升和脂肪熔化情况。当液面的脂肪刚开始熔化和完全熔化时,分别读取温度计所示读数,即为被检脂肪的熔点范围。

(2) 毛细管测定法 将毛细管直立插入已熔化的油样中,当管柱内油样达 0.5～1.5cm 高时,小心移入冰箱内或冷水中冷却凝固,取出后,用橡皮圈固定毛细管于温度计上,并使油样与水银球在同一水平面上,然后将其插入盛有冷水的烧杯中,使温度计水银球浸没于液面下 3～4cm 处。缓慢加热,不时搅拌,使水温传热均匀并保持水的升温速度为每分钟 0.5～1℃,直至接近预计的脂肪熔点时,分别记录毛细管内油样刚开始熔化和完全澄清透明时的温度。将毛细管取出,冷却。再按上述方法复检 3 次,取平均温度,即为该脂肪样品的熔点。

(3) 结果判定 各种动物脂肪的熔点与凝固点温度见表 5-6。

表 5-6　各种动物脂肪的熔点与凝固点温度

脂肪名称	熔点温度/℃	凝固点温度/℃	脂肪名称	熔点温度/℃	凝固点温度/℃
猪脂肪	34～44	22～31	犬脂肪	30～40	20～25
牛脂肪	45～52	27～38	鸡脂肪	30～40	—
水牛脂肪	52～57	40～49	兔脂肪	35～45	—
羊脂肪	44～55	32～41			

4. 免疫学鉴别

免疫学鉴别方法较多，用于市场肉种类鉴别的方法，首推沉淀反应和琼脂扩散反应。前者是一种单相扩散法，即以相应动物的特异蛋白作抗原接种家兔，以获得特异抗体，再用这种已知的抗血清检测未知的肉样。后者是一种双相扩散法，不仅能检测单一肉种，还能同时与有关抗原作比较，分析混合肉样中的抗原成分。琼脂扩散反应在形成沉淀线之后不再扩散，并可保存作为永久性记录，有法律证据价值。

任务四　病死畜禽肉的实验室检验

一、技能目标

使学生基本能掌握病死畜禽肉的检验操作方法和卫生评价标准。

二、任务条件

正常畜与病死畜各 1 头，正常禽与病死禽各 4 只。

三、任务实施

1. 感官检验和剖检

详见第十章第二节中病死畜禽肉的鉴定和处理。

2. 细菌学检验

感官检验一旦发现有病死畜禽肉征象时，应立即采样→触片→染色→镜检。

（1）材料　显微镜、有盖搪瓷盘、酒精灯、镊子、剪子、载玻片（要求灭菌）。革兰染色液 1 套、瑞氏染色液。

（2）操作方法

① 无菌操作取有病理变化的淋巴结、实质器官和组织制备触片（每个检样制备两个以上的触片）。

② 将干燥并经火焰固定的触片，经革兰染色法进行染色（亦可将自然干燥的组织触片，经瑞氏法进行染色）。光学显微镜或油镜下检查。

（3）判定标准　同微生物或动物性食品微生物学检验标准进行炭疽杆菌、猪丹毒杆菌、巴氏杆菌、链球菌等各种致病菌的判定。

3. 放血程度检验

（1）滤纸浸润法

① 材料　新华滤纸 0.5cm×5cm、镊子、检验刀、瓷盘，每组 1 套。

② 操作方法

a. 检验者用镊子固定被检肉，用检验刀切开肉。

b. 取滤纸条插入被检新鲜肉切口 1～2cm 深。

c. 经 2～3min 后观察。

③ 判定标准

a. 放血不全　滤纸条被血液浸润且超出插入部分 2～3cm。

b. 严重放血不全　滤纸条被血样液严重浸润且超出插入部分 5cm 以上。

（2）愈创木脂酊反应法

① 材料　镊子、检验刀、瓷皿、吸管、吸球、量筒（10mL），每组 1 套。

a. 愈创木脂酊　称取 5g 愈创木脂，加 75% 乙醇至 100mL 溶解后备用。

b. 3% 过氧化氢溶液　量取 30% 过氧化氢 3mL，用蒸馏水稀释至 30mL 即成（现用现配）。

② 操作方法

a. 检验者用镊子固定肉，用检验刀切取前肢或后肢肉片 1～2g，置于瓷皿中。

b. 用吸球、吸管吸取愈创木脂酊 5～10mL 注入瓷皿中，此时肌肉不发生任何变化。

c. 加入 3% 过氧化氢溶液数滴，此时肉片周围产生泡沫。

③ 判定标准

a. 放血良好　肉片周围溶液呈淡蓝色环或无变化。

b. 放血不全　数秒钟内肉片变为深蓝色，周围组织全呈深蓝色。

4. 细菌毒素检验（鲎试剂试验）

（1）原理　鲎试剂中含有内毒素敏感因子凝固酶原、凝固蛋白等凝固素。微量的内毒素可将其依次激活，产生胶冻样凝集现象，其程度与被检物中内毒素含量成正比。本法不仅可以定性，还可以依据凝集的最小需要量，推算出检样中内毒素含量。此反应敏感，特异性高，简便快速。

（2）材料　水浴锅、天平、灭菌的剪子和镊子。小试管 3 支、锥形瓶、大平皿或广口瓶（带玻璃珠）、吸管 4 支等均需除热源处理。每组 1 套。

除热源处理方法：玻璃器皿用清洁液浸泡 24h，取出后流水冲洗，1% NaOH 煮沸30min，流水充分洗净后蒸馏水冲洗，无热源蒸馏水冲洗，置于 250℃烘箱中烘烤 30min 或180℃烘箱中烘烤 2h。

① 鲎试剂（TAL 试剂）　冻干制品，临用时从冰箱内取出，打开安瓿，加入稀释液0.5mL 溶化后备用（可保存 2 周）。

② 无热源蒸馏水。

③ 大肠埃希菌内毒素的制成品，临用前从冰箱取出。

④ 氢氧化钠（除热源用）。

⑤ 健康新鲜肉浸液和生理盐水。

（3）操作方法

① 检验液的制备检验者以无菌法从被检肉中心剪取 3cm 肉一块，用无热源蒸馏水冲洗表面后，置于除热源处理的平皿中剪成肉泥，称取 10g 置于装有玻璃珠的广口瓶中，加入无热源的蒸馏水 90mL 混匀，在 5℃下放置 15min（每 5min 振荡一次）后静置 2min，取上清液过滤备用。

② 取 3 支小试管，第 1 支加入检样液 0.1mL，第 2 支加入大肠埃希菌内毒素稀释液0.1mL 作阳性对照，第 3 支加入健康新鲜肉浸液或生理盐水 0.1mL 作阴性对照。

③ 依次向上述 3 支试管中加入鲎试剂 0.1mL 稀释液，立即用透明胶带封好管口，防止污染和蒸发。

④ 轻轻摇匀后将试管置于 37℃水浴中保温 1h，取出试管慢慢倾斜成 40°～180°，观察结果。

（4）判定标准

① 完全凝固　试管中凝胶完全凝固不变形为强阳性（＋＋＋）。

② 80％凝固　倾斜试管，凝胶稍变形，但不流动为阳性（＋＋）。

③ 40％凝固　倾斜试管，凝胶呈半流动态，具有黏性为弱阳性（＋）。

④ 无凝固　倾斜试管，凝胶不凝固为阴性（－）。

四、任务报告

采集样品，进行实验室检验，并对检验结果作出评价。

 相关知识

病死畜禽肉的检验与处理

1. 病死畜禽肉的检验

（1）杀口状况　杀口状况是判别病死畜禽肉的客观标准。健康猪杀口外翻，皮下脂肪切面呈颗粒状凹凸不平，杀口组织被血红染深达 0.5～1mm。病死畜禽由于死前血液循环变慢或已有部分凝固，放血时杀口就比较平整不外翻，附近也不污染鲜血。

（2）血液坠积情况　畜禽濒死或刚刚死亡，由于重力作用，血液流向胴体最低体位引起坠积性充血，结果畜禽尸体的卧侧皮下及肌肉组织由于血液坠积而色暗，尤其是对称性器官（如肾脏）尤为明显。肺、肾暗红淤血，胸膜、腹膜血管充盈暴露，呈红褐色，这是急宰胴体或冷宰胴体的标志。

（3）疫病特异性病变　因传染病而死亡的胴体，可在体表或皮下观察到特有的病理变化。猪瘟在颈部和腹下皮肤上有小而密布的出血点，淋巴结和内脏有固有的病变；喘气病猪胴体消瘦呈恶病质，肌间脂肪少，肺有肺气肿病变。

（4）胴体淋巴结病变　病死畜禽的淋巴结呈现水肿、充血、出血等。不同性质的疾病于淋巴结上还会出现特有的变化，中暑濒死的猪屠宰后也表现轻度放血不良现象，但淋巴结切面仍呈灰白色。这种肉也可食用的，在市场检验时应慎重判别。

（5）物理性致死痕迹　如压痕、勒痕、皮肤破损、局部淤血、出血及渗出等变化。但须注意区别生前骨折和死后的断骨，主要看局部有无血肿和肌肉撕裂，有血肿的，为生前骨折，否则为死后断骨。

（6）病死家禽肉尸鉴别　死家禽鸡冠、肉髯呈紫黑色，眼球下陷，眼全闭且污秽不洁，皮下充血，体表铁青，表面无光不湿润，毛孔突出，拔毛不净，翅下小血管淤血，肌肉不丰满，外观干瘪，胴体一侧有沉积性充血，肛门松弛，周围污秽不洁，嗉囊空虚，内有恶臭液体。

（7）细菌学检验　感官检验一旦发现有病死畜禽肉征象时，应立即采样→触片→染色→镜检。具体操作方法见子任务 4。

2. 病死畜禽肉的处理

凡病死畜禽，不论是何原因，一律不准上市销售。若检出是恶性传染病（炭疽、狂犬病）时，应在卫生检验人员监督下就地销毁。对胴体污染的一切场地、车辆、工具、衣物进行消毒，并报告上级主管部门，严密监视其疫情动态，凡与恶性传染病畜接触的人员，必须接受卫生防护。

对一般病死肉尸和急宰胴体，可依据规程及相关标准处理；对物理性致伤肥猪，可在卫生检验人员监督下，按不同情况进行无害化处理后利用。

固定摊点销售病死畜禽肉尸，除按规定处理胴体外，有关部门依据具体情况处以罚款，没收非法所得，吊销营业执照，直至追究刑事责任。

 拓展内容

一、病畜肉与死畜肉的鉴别检验

1. 病畜肉

病畜肉是患病急宰的畜禽肉，通常有如下特征。

（1）杀口状态异常：病畜急宰后，其宰杀口一般不外翻，切面平整，其周围组织有或无血液浸染现象。

（2）急宰牲畜肉明显放血不良，肌肉呈黑红色甚至蓝紫色，肌肉的切面可见血液浸润区，并有血滴外溢，脂肪、结缔组织中及胸膜下血管显露，有时皮下脂肪出血形成"红膘肉"。

（3）急宰牲畜的淋巴结由于疾病不同可能出现肿大、充血、出血、坏死或其他病变。

2. 死畜肉

死畜肉是病死后冷宰的牲畜肉，感官检查和病理剖检的特征与上述病畜肉基本相同，只是变化程度更加明显。此外，除坠积性淤血明显，还可见血管怒张，血液浸润的组织呈大片紫红色。

3. 病禽肉和死禽肉

病禽宰后放血不良，皮肤呈红色、暗红色，冠肉髯呈紫黑色，皮下血管淤血，肌肉切面呈暗红色，时有血滴流出；死禽肉放血极度不良，或根本没放血，肌肉切面呈紫黑色，一侧往往有坠积现象，死禽多数无宰杀口。

二、中毒畜禽肉的检验与处理

1. 中毒畜禽肉的检验

畜禽中毒致死有农药中毒、化学药品中毒、工业毒物污染中毒、毒蛇毒虫咬伤中毒等。畜禽中毒后其临床表现和死后病理变化多种多样，在农贸集市销售此类肉多不带头蹄、内脏，胴体上的病理变化常不完整，检验中正确判别是何种药物中毒在技术上存在一定困难，所以对可疑中毒畜禽肉的诊断，必须全面收集病因、病死畜禽宰前症状，在掌握宰后病理变化的基础上进行必要的毒物检验，综合判定。许多情况下还需要动物检验检疫人员有较丰富的业务知识和临床经验，如对畜禽中毒的机会、常见的中毒症状及死后特有的病理变化有较详细的了解，再结合分析，一般就可得出正确结论。中毒畜禽肉主要从以下四个方面进行的检验。

（1）调查

① 中毒情况　调查询问时态度要热情、诚恳、注意引导和启发，要特别讲明中毒畜禽肉的危害和有关法律。详细了解畜禽生前饲养管理、使役和表现、饲草饲料的种类和调制及喂饮等情况，以及与周围环境接触的情况等。进一步了解发病及死亡情况，即发病时间、病程、发病后的表现、治疗经过以及死亡头数等。

② 发病特点

a. 群发性　多数畜禽同时或相继发病，一般在饲喂后数小时至数日乃至数周内突然成群发病或相继发病。

b. 共同性　发病的畜禽具有共同的临床表现和相似的剖检变化，其中以消化系统和神经系统的症状最为明显，食欲旺盛的畜禽症状重剧。

　　c. 同因性　发病的畜禽有相同的发病原因，如喂相同饲草、饲料，条件改变后，发病随之停止。

　　d. 无热性　发病畜禽体温多不升高，有的畜禽体温下降，但并发炎症或肌肉痉挛时可能发热。

　　e. 无传染性　发病畜禽与健康动物间不发生传染。

　　（2）中毒症状　引起畜禽中毒的毒物很多，发病原因和临床表现也各不相同，常见毒物中毒的主要症状见表 5-7。

表 5-7　常见毒物中毒主要症状

毒物名称	中毒症状	患病器官
氰化物	发病急、死亡快，生前呼吸困难，眼结膜发绀，极度兴奋，狂叫，心功能衰竭、衰弱，昏迷	神经系统、血液、呼吸系统
有机磷、有机氯农药，亚硝酸盐，汞砷制剂，食盐等	流涎、呕吐、口腔黏膜发炎、充血、糜烂、狂躁不安、全身抽搐、瞳孔缩小、腹痛、腹泻，粪臭有血样黏液	消化系统、神经系统和眼
毒芹、麦角、颠茄、麻黄、马前子、乌头等生物碱	兴奋不安，呈强直性或阵发性肌肉痉挛、震颤，后躯不全麻痹	神经系统、肌肉系统
芥子油、秋水仙素、升汞等	血尿、血红蛋白尿、多尿、无尿（升汞）	泌尿系统
荞麦、三叶草、马铃薯	红斑性皮疹、黄染、脓包	皮肤
毒蛇、其他毒虫	咬伤处肿胀、出血、剧痛、兴奋不安	皮肤、皮下组织

　　（3）病理变化

　　① 与毒物接触的组织、器官的变化　一般与毒物接触的口腔、食道、胃肠黏膜会引起不同程度的充血、出血、变性、坏死、黏膜脱落、溃疡等变化。

　　② 毒物吸收后实质器官的变化　毒物吸收后，引起心、肝、肾、脑等组织器官的充血、出血、水肿、变性、坏死等变化。

　　③ 中毒畜禽放血不良　胴体肌肉呈暗红色，主要淋巴结肿大、出血、切面呈紫（暗）红色。其宰杀口状态、血液坠积等现象，基本与病死畜禽肉相同。

　　④ 中毒畜禽的特征性病理变化　某些毒物对某些组织器官有特殊的选择性，会引起这些组织器官特征性病理变化见表 5-8。

表 5-8　中毒畜禽肉的特征性病理变化

毒物名称	主要病理变化
氰化物	血液、肌肉呈鲜红色
亚硝酸盐	血液呈黑褐色，如酱油状凝固不良
有机磷	肝肿大、脂变，肾肿大、质脆，心、肌肉、胃肠黏膜出血，肺水肿
有机氯	肝、肾、脾肿大，体表淋巴结肿大，肺气肿充血，肠呈蓝紫色
食盐	胃肠产生出血性炎症，脑、延髓水肿、充血
灭鼠药	肝、肺肿大、淤血，胃肠壁出血
霉玉米	内脏器官广泛充血，脑膜、脑实质出血、软化
砷	肝、肾、脾呈不同程度变性、坏死，胃肠壁严重穿孔
汞	肾肿大、苍白，肺充血、出血，肝贫血，胃肠道黏膜脱落
毒蛇咬伤	咬伤处局部肿胀，伤口附近肌肉呈煮肉样

（4）毒物检验

① 样品的采取、包装、保存及送检

a. 样品采取　无菌采取胃肠内容物、粪便、血液、尿液及心、肝、肾、淋巴结等，必要时采取可疑的剩余饲料。

b. 样品包装　将多点取的样品装入清洁、无菌、无残留药物的容器内，并分别进行无菌包装密封后详细标注采集样品名称、采集人、采集地点和时间等备查资料。

c. 样品运送和保存　样品采取后，冷藏并尽快送检。注意一般不要加防腐剂，只能加酒精并注明，同时将调查情况和病理剖检变化的记录一并送检，以供参考。

② 常见毒物检验方法　主要有纸上呈色反应法、薄层层析法、色谱法等。实践中市场上多采用快速、简便的定性检验法——纸上呈色反应法。

2. 中毒畜禽肉的处理

（1）确认中毒致死（包括毒死的鸟及野兽）或死因不明的中毒畜禽肉，禁止上市销售，其肉尸、内脏应全部销毁。

（2）如发现中毒濒死急宰的肉尸及被食物中毒性微生物污染的肉尸，禁止上市销售，其肉尸、内脏全部销毁。

（3）某些饲料中毒如食盐中毒、酒精中毒、尿素中毒、棉子饼中毒、霉玉米中毒、甘薯黑斑病中毒等，其肉尸经高温处理后利用，内脏、头蹄化制或销毁。

（4）被毒蛇、毒虫咬伤而急宰的肉尸，将咬伤局部和病变组织修割后，肉尸高温处理后利用，内脏、头蹄全部销毁。

 目标检测

1. 市场上对性状异常肉如何进行鉴定和卫生处理？
2. 如何检验掺水肉，怎样对其进行卫生处理？
3. 如何鉴别公母猪肉、病死畜禽肉，怎样对其进行卫生处理？
4. 对中毒动物肉应如何进行鉴定和卫生处理？

项目六　水产品的检验

【知识目标】
- 掌握水产品的检验方法。
- 掌握水产品的加工方法。

【技能目标】
- 会进行水产品的检验。
- 会对水产品进行加工。

任　务　鱼新鲜度感官检验

一、工作原理

鱼发生腐败时，蛋白质会发生变性反应，鱼的颜色、感官都会发生改变，因此通过感官检验能快速地进行鱼的新鲜度检验。

二、任务实施

1. 鲜鱼的检验

首先观察鱼眼角膜清晰光亮程度和眼球饱满程度，眼球是否下陷及周围有无发红现象。揭开鳃盖观察鳃丝色泽及黏液性状，并嗅测其气味。然后检查鳞的色泽与完整性及附着是否牢固，同时用手测定体表黏液的性状，必要时可用一块吸水纸印渍鱼体黏液进行嗅测。再以手指按压肌肉或将鱼置于手掌，确定肌肉坚实度和弹性。注意肛门周围有无污染，肛门是否突出。直接嗅闻鱼体表、鳃、肌肉或内脏的气味，也可用竹签刺入肌肉深层，拔出后立即观察印染现象，然后横断脊柱，观察有无脊柱旁红染现象。不同新鲜度鱼的感官特征见表 6-1。

2. 冰冻鱼的检验

① 活鱼冰冻后的特征　眼睛明亮，眼球凸出、充满眼眶；鳞片上覆有冻结的透明黏液层，皮肤色泽明显；鱼鳍展平张开，鱼体仍保持临死前挣扎的弯曲状态。

② 死鱼冷冻后的特征　鱼鳍紧贴鱼体，鱼体挺直。中毒和窒息死后冰冻的鱼，口及鳃张开，皮肤颜色较暗。

③ 腐败后冷冻鱼的特征　完全没有活鱼冰冻后的特征。在可疑情况下，可用小刀或竹签穿刺鱼肉嗅闻其气味，或者切取鱼鳃一块，浸于热水后嗅测之。

表 6-1　不同新鲜度鱼的感官特征

项目	新鲜鱼	次鲜鱼	不新鲜鱼
体表	具有鲜鱼固有的体色与光泽,鳍末端鲜红,黏液透明	体色较暗淡,光泽差,黏液透明度较差	体色暗淡无光,黏液混浊或污秽并有腥臭味
眼睛	眼睛饱满,角膜光亮透明,有弹性	眼球平坦或稍凹陷,角膜起皱、暗淡或微混浊,或有溢血	眼球凹陷,角膜混浊或发黏
鳃部	鳃盖紧闭,鳃丝呈鲜红色或紫红色,结构清晰,黏液透明,无异味	鳃盖较松,鳃丝呈紫红色、淡红色或暗红色,黏液有酸味或较重的腥味	鳃盖松弛,鳃丝粘连,呈淡红色、暗红色或灰红色,黏液混浊并有显著腥臭味
鳞片	鳞片完整,紧贴鱼体不易剥落	鳞片不完整,较易剥落,光泽较差	鳞片不完整,松弛,极易剥落
坚挺度	死后坚挺,竹签抬起鱼身中部两端稍弯或呈直弧形	坚挺度较差,竹签抬起头尾端较下垂	坚挺度极差,从中间提起几乎呈弯弓状
气味	有固有的鱼腥味	有较重的腥味	浓腥味为腐败鱼,大蒜味为有机磷中毒鱼,六六六味为有机氯致死鱼,污泥水味为污水毒死鱼
腹部、肛门	腹部正常不膨胀,肛门紧缩凹陷不外突(雌鱼产卵期除外),不红肿	腹部膨胀不明显,肛门稍突出	腹部膨胀或变软,表面有暗色或淡绿色斑点,肛门突出
肌肉	肌肉坚实,富有弹性,手指压后凹陷立即消失,无异味,肌纤维清晰有光泽	肌肉组织结构紧密、有弹性,压陷能较快恢复,但肌纤维光泽较差,稍有腥味	肌肉松弛,弹性差,压陷恢复较慢,肌纤维无光泽,有霉味和酸臭味
内脏	气鳔充满,胆囊完整,肠管稍硬,走向清晰可辨	气鳔固定不实,胆汁稍有外溢,肠管色暗	胆汁外溢,内脏呈黄色,肠管腐烂,相互脱离
骨肉联合	鱼肉和鱼骨联系紧密,肌肉鲜嫩	腹底骨肉联系不密,剖腹后骨骼末端突出	明显的肉骨脱离,剖腹有污水流出,有腥腐臭味
脊柱	无脊柱旁红染现象	脊柱旁红染现象不明显	脊柱旁红染现象明显

此外,对冰冻较久的鱼,应检查头部和体表有无哈喇味,有无黄色或褐色锈斑。因长期存放的鱼,脂肪有可能被氧化。

3. 咸鱼的检验

观察鱼体外观是否正常,条形是否完整,外表有无脂肪氧化引起的泛油发黄,即所谓油酵及嗜盐细菌大量繁殖引起的发红现象。质次和不新鲜的咸鱼,鱼体多不清洁。注意鱼鳃及肌肉等处有无害虫活动的残迹。用手触摸鱼体有无黏糊、腐烂现象。为了检查其深层肌肉的色泽以及肌肉与骨骼结合状况,可用刀切鱼体,观察鱼肉断面,鉴定肉的坚实度及气味。好的咸鱼肉质坚实,用手指揉捏时,不成面团样,肌肉色泽均匀,无陈腐、霉变、发酸、发臭。最后可试煮以测定其气味和滋味。此外,注意有无回潮、析盐或发霉、虫蛀等现象。

不同新鲜度咸鱼的感官指标见表 6-2。

表 6-2　不同新鲜度咸鱼的感官指标

项目	良质咸鱼	次质咸鱼	劣质咸鱼
色泽	色泽新鲜,具有光泽	色泽不鲜明或暗淡	体表发黄或变红
体表	体表完整,无破肚及骨肉分离现象,体形平展,无残鳞、无污物	鱼体基本完整,但可有少部分变成红色或轻度变质,有少量残鳞或污物	体表不完整,骨肉分离,残鳞及污物较多,有霉变现象
肌肉	肉质致密结实,有弹性	肉质稍软,弹性差	肉质疏松易散
气味	具有咸鱼所特有的风味,咸度适中	可有轻度腥臭味	具有明显的腐败臭味

4. 干鱼的检验

观察鱼体是否完整,体表色泽是否正常,有无霉变、发红、脂肪氧化、虫蛀及异味。内脏是否除尽，腹腔是否干燥，肌纤维是否清晰，有无干鱼固有滋味。

不同新鲜度干鱼的感官指标见表6-3。

表6-3　不同新鲜度干鱼的感官指标

项目	良质干鱼	次质干鱼	劣质干鱼
色泽	外表洁净有光泽，表面无盐霜，鱼体呈白色或淡黄色	外表光泽度差，色泽稍暗	体表暗淡色污，无光泽，发红或呈灰白色、黄褐色、浑黄色
气味	具有干鱼的正常风味	可有轻微的异味	有酸味、脂肪酸败或腐败臭味
组织状态	鱼体完整、干度足，肉质韧性好，切割刀口处平滑无裂纹、破碎和残缺现象	鱼体外观基本完善，但肉质韧性较差	肉质疏松，有裂纹、破碎或残缺，水分含量高

三、任务报告

根据操作内容，写出报告。

相关知识

一、鱼新鲜度检验

1. 理化检验

根据鱼肉腐败分解产物的种类和数量可判定鱼类的新鲜度。目前已经有了一系列的测定方法，如测定挥发性盐基氮含量、pH测定、硫化氢试验、球蛋白沉淀反应、吲哚含量的测定等。目前能较好地反映鲜度变化规律而且与感官指标比较一致的是挥发性盐基氮。可采用半微量凯氏定氮法或康维氏微量扩散法测定鱼肉样品中挥发性盐基氮含量。

国外用核苷磷酸化酶、次黄嘌呤氧化酶，测定鱼肉匀浆中肌苷及次黄嘌呤的积累浓度来确定其新鲜度，近年还开展了酶色条快速目测试验。这类新的方法，国内虽也开始试用，但因捕捞鱼的实际保鲜条件较差，在生产中使用这些指标，目前还很困难。

理化检验指标还有重金属毒物（如汞）、农药及组胺含量等的检测。可采用冷原子吸收法或二硫腙比色法测定鱼肉样品中总汞含量。

2. 微生物检验

鱼类所污染的微生物，由于受环境条件的影响而差异较大，微生物检验也很费时，因此，一般只在需要微生物指标时才进行检验，通常情况下并不作为生产上检验鲜度的依据。

3. 寄生虫检验

鱼类常见的寄生虫病有50多种，是鱼类疾病中的一个大类。按病原的种类可将其分为原虫病、蠕虫病等。病原常寄生于鳃、体表、肌肉和内脏，有些寄生虫终生寄生于鱼体，有些寄生虫则仅以鱼类作为中间宿主或终末宿主。有些寄生虫只有在大量寄生时才会引起鱼类发病，甚至死亡，有些寄生虫则危害不很明显。在所有鱼类寄生虫病中，华支睾吸虫病、猫后睾吸虫病、阔节裂头蚴病、异形吸虫病、横川后殖吸虫病和球虫病可感染人，在公共卫生方面有重要意义。

在鱼的卫生检验中一般用肉眼观察判别，必要时取其蚴虫所在的组织，滴入适量的0.85%食盐水，直接压片镜检（此法对鳃不适宜）。必要时可加滴少许甘油（浓度为1∶3）以提高其透明度。也可用含1%稀盐酸和1%胃蛋白酶生理盐水，在37℃下消化病鱼组织24h左右，过筛离心后，取其沉淀镜检，发现圆形或卵圆形带吸盘或吸沟的小囊状体即可确诊。

二、有毒水产品的鉴别检验

1. 毒鱼类

有许多鱼类含有生理毒素（经常性或一时性的），有的几乎遍布于全身，有的仅存于局部脏器、组织或分泌物中，能使食用者发生中毒，毒性剧烈者可引起死亡。产于我国的有毒鱼类约有170余种，并分布在不同的水域。

（1）肉毒鱼类　肉毒鱼类广泛分布于太平洋、印度洋、大西洋热带和亚热带海域，种类很多，生活习性各异。据初步统计，属于肉毒鱼类的有300余种，我国亦有约30种，主要分布在广东和海南沿海，少数种类亦见于东海南部和我国台湾省。这类鱼的肌肉和内脏含有雪卡毒素，食后会引起中毒。这些鱼的外形和一般食用鱼几乎没有什么差异，从外形不易鉴别，需要有经验者辨认。肉毒鱼类的食毒原因十分复杂，有些鱼类在某个地区无毒，为食用鱼，但到了另一个地区却有毒，不可食用；也有的种类，平时没有毒，但一到生殖季节就有毒；有些鱼类本身无毒，但当赤潮时其摄食有毒涡鞭毛藻后被毒化，雪卡毒素（雪卡毒）进入鱼的肌肉和内脏中，被食入后即可引起中毒。

（2）豚毒鱼类　河豚又名蜓鲅鱼、气泡鱼，属鲀形目、鲀亚目、鲀科，是一种味道鲜美但含有剧毒物质的鱼类。在我国，河豚分布于沿海，少数种类上溯江河，约有40余种。河豚一般形态特征为：体形椭圆，不侧扁，体表无鳞而长有小刺，头粗圆，后部逐渐狭小，类似前粗后细的棒槌；小口，唇发达，有明显的门牙，上下各两颗；有气囊，遇敌害时能使腹部膨胀如球样；有尾柄，背鳍与臀鳍对生并位于近尾部，无腹鳍；背面黑灰色或杂以其他颜色的条纹（斑块），满生棘刺，腹部多为乳白色。

河豚体内含有一种毒性极强的天然毒素，称为河豚毒素（tetrodotoxin，简称TTX），LD_{50}为$8.7\mu g/kg$体重（小鼠腹腔注射），人的致死剂量约为2mg。

河豚的含毒情况比较复杂，其毒力强弱随鱼体部位、品种、季节、性别以及生长水域等因素而异，概括地说，在鱼体中以卵、卵巢、皮肤、肝脏的毒力最强，肾、肠、眼、鳃、脑髓等次之，肌肉和睾丸毒力较小。在品种中以星点东方鲀、斑点东方鲀、双斑东方鲀、虫纹东方鲀、铅点东方鲀、豹纹东方鲀、红鳍东方鲀、黄鳍东方鲀等毒力较强，特别是这些品种的肌肉也含有相当强的毒力。在季节上以3月份卵巢孕育期间毒力最强，但全年都有毒。在性别上除生殖器官的毒力雌性比雄性较强外，其他部位的毒力两性无显著差异。

河豚中毒患者一般在食后0.5～3h后出现症状，最初表现为口渴，唇舌和手指等神经末梢分布处发麻，随后发展到四肢麻痹、共济失调和全身软瘫，心率由加速而变缓慢，血压下降，瞳孔先收缩而又放大，重症因呼吸困难窒息而死。

（3）胆毒鱼类　我国胆毒鱼类中毒病例仅次于河豚中毒。中毒主要发生在有吞服鱼胆治疗眼病或作为"凉药"的习惯的地区。胆毒鱼类的胆汁含有胆汁毒素，主要损害肝和肾，中毒患者有时出现神经症状。其典型代表为青鱼、草鱼、鲢鱼、鳙鱼、鲤鱼等淡水鱼，尤以草鱼（鲩）最多。

（4）卵毒鱼类　这类鱼的卵子含有鱼卵毒素。鲤科鱼类中产于我国西北及西南地区的裂腹鱼亚科各属的许多鱼类，鱼卵有毒。大部分分布在湖泊、河流等淡水区域。如青海湖裸鲤鱼、软刺裸裂尻鱼、小头单列齿鱼、半刺光唇鱼、条纹光唇鱼、薄颌光唇鱼、虹彩光唇鱼、长鳍光唇鱼、云南光唇鱼、温州厚唇鱼以及鲭鱼、鲶鱼等。最典型的有光唇鱼中的溪鱼、裂腹鱼类中的鳇鱼。线鳞是海产卵毒鱼的代表品种。

（5）血毒鱼类　这类鱼血液中含有血毒素，仅见于鳗鲡、黄鳝和海鳝。轻者恶心、呕吐、腹泻、无力、多涎、皮疹，严重的可因呼吸困难而死亡。

（6）肝毒鱼类　鱼类肝脏本是富含营养物的佳品，可是吃了某些海产鱼类的肝脏却会引起剧烈中毒。这类鱼的肝中含有丰富的维生素 A、维生素 D、鱼油毒、痉挛毒和麻痹毒，如鲨鱼、鲕鱼、鲅（蓝点马鲛）鱼、旗鱼、鲕鱼、金枪鱼、大鲆、鲟鳇鱼以及鲸鱼等的肝脏都含有毒素，若误作菜肴就会发生食物中毒。不过，这些鱼类的肌肉都是无毒的。研究证实，一些使人中毒的肝脏有毒鱼类，都是一些大型的老龄鱼，同一种类的小型鱼、幼龄鱼的肝脏，人食后大多不会发生中毒。目前的卫生防疫部门规定 5kg 以上的大型鱼，必须摘除肝脏后上市，否则人们不可食用。

（7）含高组胺鱼类　主要见于海产鱼类中的青皮红肉鱼，如金枪鱼、鲐鱼、鲹鱼、鲭鱼、鲣鱼、鲱鱼、沙丁鱼等，这些鱼类的体内含有较多的组氨酸，当鱼死亡后，受到富含组氨酸脱羧酶的细菌污染，发生腐败，肉中组氨酸脱去羧基产生组胺，人食用后可引起过敏性食物中毒。

2. 刺毒鱼类

刺毒鱼类体内有毒棘和毒腺，包括虎鲨类、角鲨类、工鲶类等，这类毒鱼能蜇伤人体，引起中毒。有些鱼类死后，其棘刺的毒力可保持数小时，烹饪时也应注意。毒蚰科鱼类背上密生硬刺，虹鱼尾端有一硬刺，若触及人的皮肤，疼痛难忍，特别是毒蚰中的日本鬼毒蚰为渔民所畏惧，一经触及，即日夜剧痛不止，往往须经数天才能恢复。虹鱼截除尾刺后可供食用，毒蚰因处理困难而不作食用。

3. 毒鱼类的利用及中毒的预防

上述各科毒鱼虽然有毒，但其含毒部位不同，故并不意味着所有的毒鱼都不能食用，只要处理得当，弃去有毒脏器或破坏其毒素，就可成为营养价值很高的食用鱼类。

毒鱼类的利用和中毒的预防应遵循以下原则。

（1）应进行普及识别毒鱼及预防中毒的宣传教育，加强对水产品的管理，不得擅自处理和乱扔毒鱼及其有毒的脏器。

（2）肉毒鱼类与几种河豚的肌肉有毒不宜食用。凡在渔业生产中（包括集体或个人）捕得的河豚，都应送交水产购销部门收购，不得私自出售、赠送或食用。供市售的水产品中不得混有河豚，水产批发、零售单位应层层把关，严防河豚流入市场。经批准加工河豚的单位，应在非产卵季节利用鲜活河豚，并且必须严格按照规定进行"三去"加工，即先去尽内脏、皮、头；洗净血污，再盐腌晒干。剖割下来的内脏、皮、头等含毒部分，以及经营中剔除的变质河豚和小河豚等应妥善处理，勿随便抛弃。

（3）对卵毒、胆毒、血毒鱼类，只要不吃有毒的鱼卵，不乱吞食鱼胆治病，不吃生鳗和不生饮鳗血，就可避免中毒。有必要使用鱼胆治病时，应遵医嘱，严格控制剂量。同时也应向民间某些不懂毒理、轻率搬用土方的医生普及鱼胆毒性的知识。

（4）在产销经营过程中应确保鱼体鲜度，以免鱼卵、内脏中的毒素渗入肌肉内。

（5）对含组胺高的鱼类，要选择新鲜者食用，变质者废弃。组胺为碱性物质，烧煮时加入醋或山楂等能减少鱼肉中组胺的含量，可避免过敏性食物中毒。

（6）如量大需加工食用时，应在有条件的地方集中加工。加工前必须先除去内脏、皮、头等含毒部位，洗净血污，鱼肉经盐腌、晒干后，完全无毒方可出售。

（7）在生产加工过程中小心谨慎，防止被刺毒鱼蜇伤。

三、贝甲类的检验

贝甲类水产动物因体内组织含水分较多，同时也含相当量的蛋白质，其生活环境又大多不洁净，体表污染带菌的机会很多，加之捕、运、购、销辗转较多，极易发生腐败变质，故贝甲类水产品以鲜活为佳。除对虾、青虾等在捕获离水或死后应及时加冰保藏加工外，其他各种贝类、河蟹、青蟹死后均不得食用。为此，做好贝甲类的质量检验和卫生管理工作，十分重要。

贝甲类的检验，一般只进行感官检验，必要时，才做理化检验或微生物检验。贝甲类的检验首先是除去外壳，以下的操作方法与鱼相同。

1. 虾及虾制品的检验

虾的感官检验方法：观察虾体头胸节与腹节连接的紧密程度，以测知虾体的肌肉组织和结缔组织是否完好。在头胸节末端有胃和肝脏，容易腐败分解，并影响节间连接处的组织；观察虾体腹节背沿内的黑色肠管是否明显可辨，以测知虾体是否自溶或变质；观察虾体体表色泽是否干燥、有无发黏变色，以测知体表组织是否完好；观察虾体是否能保持死亡时的姿态，是否可加外力使其改变伸屈状态，以测知肌肉组织是否完好。

（1）生虾　不同新鲜度虾的感官特征见表 6-4。

表 6-4　不同新鲜度虾的感官特征

项目	新鲜生虾	不新鲜或变质生虾
外壳	体形完整，外壳透明、光亮	外壳暗淡无光泽
体表	体表呈青白色或青绿色，清洁无污秽、黏性物质，触之有干燥感	体色变红，体质柔软，甲壳下颗粒细胞崩解，大量黏液渗到体表，触之有滑腻感
肢节	头、胸、腹处连接紧密	头胸节和腹节连接处松弛易脱落，甲壳与虾体分离
伸屈力	须足无损，刚死亡虾保持伸张或蜷曲的固有状态，外力拉动松手后可恢复原有姿态	死亡时间长且气温高，虾体发生自溶，组织变软，失去伸屈力
肌肉	肉体硬实，紧密而有韧性，断面半透明	肉质松软，黏腐，切面呈暗白色或淡红色
内脏	内脏完整，胃脏及肝脏没有腐败	内脏溶解
气味	有固有的清淡腥味，无异常气味	有浓腥臭味，严重腐败时，有氨臭味

（2）冻虾仁　不同新鲜度冻虾仁的感官特征见表 6-5。

表 6-5　不同新鲜度冻虾仁的感官特征

项目	良质虾仁	劣质虾仁
色泽	呈淡青色或乳白色	色变红
气味	无异味	有酸臭气味
组织形态	肉质清洁完整，无脱落之虾头、虾尾、虾壳及杂质。虾仁冻块中心在 $-12{}^{\circ}\!C$ 以下，冰衣外表整洁	肉体不整洁，肌肉组织松软

（3）虾米　不同新鲜度虾米的感官特征见表 6-6。

表 6-6　不同新鲜度虾米的感官特征

项目	良质虾米	变质虾米
色泽	外观整洁，呈淡黄色而有光泽	暗淡无光，呈灰白色至灰褐色
组织形态	无搭壳现象，虾尾向下盘曲，肉质紧密坚硬	碎末多，表面潮润，搭壳严重，肉质酥软或如石灰状
滋味及气味	无异味	有霉味

（4）虾皮　不同新鲜度虾皮的感官特征见表 6-7。

2. 蟹及蟹制品的检验

蟹的感官检验方法：观察蟹体腹面脐部上方是否呈现黑印，以测知蟹胃是否腐败；观察步足与躯体连接的紧密程度，以测知肌肉组织和结缔组织是否完好；持蟹体加以侧动，观察内部有无流动状，以测知内脏（蟹黄）是否自溶或变质；检视体表是否保持固有色泽，以测

表 6-7　不同新鲜度虾皮的感官特征

项目	良质虾皮	变质虾皮
色泽	淡黄色有光泽	呈苍白或淡红色,暗淡无光
组织形态	外壳清洁,体形完整。尾弯如钩状,虾眼齐全,头部和躯干紧联。以手紧握一把放松后,能自动散开,无杂质	外表污秽,体形不完整,碎末较多。以手紧握后,黏结而不易散开
气味	无异味	有严重霉味

知外壳所含色素是否已分解变化;必要时可剥开蟹壳,直接观察蟹黄是否液化,鳃丝是否发生变化和混浊现象。

（1）鲜蟹　不同新鲜度蟹的感官特征见表 6-8。

表 6-8　不同新鲜度蟹的感官特征

项目	活鲜蟹	垂死蟹
灵敏度	蟹只灵活,好爬行,善于翻身	蟹只精神委顿,不愿爬行,如将其仰卧时,不能翻身
组织状态	腹面甲壳较硬,肉多黄足,腹盖与蟹壳之间突起明显	肉少黄不足,体重轻

（2）梭子蟹（死鲜蟹）　不同新鲜度梭子蟹的感官特征见表 6-9。

表 6-9　不同新鲜度梭子蟹的感官特征

项目	良质死鲜蟹	变质死蟹
体表色泽	外表纹理清晰有光泽,背壳青褐色或紫色,脐上部无胃印,腹部和螯足内侧呈白色	外表纹理模糊光泽暗淡,背壳褐色,脐上部透现出褐色或微绿色的胃印。螯足内壁灰白色或褐色
蟹黄性状	蟹黄凝固不流动	蟹黄发黑或呈液状,能流动
鳃	眼光亮,鳃丝清晰,白色或稍带褐色	鳃丝暗浊,灰褐色或深褐色
肢体连接程度	肉质致密,有韧性,色泽洁白,步足和躯体连接紧密,提起蟹体时,步足不松弛下垂	肉质黏糊。步足和躯干连接松弛,提起时,步足下垂甚至脱落
气味	有一种新鲜气味,无异味	有腐败臭味

（3）醉蟹和腌蟹　不同新鲜度醉蟹和腌蟹的感官特征见表 6-10。

表 6-10　不同新鲜度醉蟹和腌蟹的感官特征

项目	良质醉蟹和腌蟹	变质醉蟹和腌蟹
气味	外表清亮,甲壳坚硬	壳纹混浊
鳃	鳃丝清晰呈米色	鳃不清洁,呈褐色或黑色
组织状态	蟹黄凝结,深黄色或淡黄色。螯足和步足僵硬。肉质致密,有韧性	蟹黄流动或呈液状。螯足和步足松弛下垂,甚至经常脱落。肉质发糊,有霉味或臭味。严重者,壳内肉质空虚,重量明显减轻或壳内流出大量发臭卤水,卤水不洁净,甚至飘浮油滴
滋味与气味	咸度均匀适中并有醉蟹或腌蟹特有的香味和滋味	腐败、发酵的酒糟气味和滋味

四、贝蛤类的检验

1. 贝蛤

贝蛤类的感官检验方法：贝类以死活作为可否食用的标准。活的贝蛤,贝壳紧闭,不易揭开。当两壳张开时,稍加触动就立刻闭合,并有清亮的水自壳内流出。如果触动后不闭合,则表示已经死亡。检查文蛤、蚶子时,还可随便取数枚在手掌上探重、抖动或互相撞击,活贝在相互敲击时发出"笃笃"的实音;死贝一般都较轻（排除内部泥沙）,在相互敲击时发出"咯咯"的空音。

对大批贝蛤类进行检验，可以用脚触动包件，如包件内活贝多，即发出的贝壳合闭的"嗤嗤"声；反之其声微弱或完全没有。后一情况应进一步抽取一定数量的贝体做探重和敲击试验，逐一检查死活。如死亡率较高，则整个包件逐只检查或改作饲料用。剖检时，死贝蛤两壳一揭就开，水汁混浊而稍带微黄色，肉体干瘪，色变黑或红，有腐败臭味。必要时，可以煮熟后进行感官评定。

2. 牡蛎、蚶、蛏

牡蛎、蚶、蛏等都可采用上述方法检查。

3. 咸泥螺

（1）田螺　田螺可抽样检查。将样品放在一定容器内，加水至适量，搅动多次，放置15min后，检出浮水螺和死螺。

（2）咸泥螺　良质的贝壳清晰，色泽光亮，呈乌绿色或灰色，并沉于卤水中，卤水浓厚洁净，有黏性，无泡沫，深黄色或淡黄色，无异味；变质的则贝壳暗淡，肉与壳稍有脱离而使壳略显白色，螺体上浮。卤液混浊产气，或呈褐色，有酸败刺鼻的气味。

五、水产品的卫生评价

1. 鲜、冻动物性水产品的评价及处理

（1）感官指标（GB 2733—2015）　泥螺、河蟹、螃蜞、河虾、淡水贝类必须鲜活。

（2）理化指标（GB 2733—2015）　见表 6-11。

表 6-11　鲜、冻动物性水产品卫生理化指标

项　　目	指　标	检验方法
挥发性盐基氮[a]/（mg/100g）		
海水鱼虾	≤30	
海蟹	≤25	GB 5009.228
淡水鱼虾	≤20	
冷冻贝类	≤15	
组胺[a]/（mg/100g）		
高组胺鱼类[b]	≤40	GB/T 5009.208
其他海水鱼类　　　　　　　　　≤	≤20	

a. 不适用于活的水产品。

b. 高组胺鱼类：指鲐鱼、鲹鱼、竹荚鱼、鲭鱼、鲣鱼、金枪鱼、秋刀鱼、马鲛鱼、青占鱼、沙丁鱼等青皮红肉海水鱼。

2. 鱼及鱼制品的评价及处理

良质新鲜鱼与鱼制品符合国家规定的感官、理化及细菌指标，通过检验后，根据其卫生质量做出相应的卫生处理。

（1）新鲜鱼不受限制食用。

（2）次鲜鱼通常应立即销售食用（以高温烹调为宜）。

（3）腐败变质鱼禁止食用。变质严重者，也不能作为饲料。

（4）变质咸鱼缺陷轻微者，经卫生处理后可供食用。但有下列变化者，不得供食用。

① 由于腐败变质产生明显的臭味或异味时。

② 脂肪氧化蔓延至深层者。

③ 严重的"锈斑"或"变红"（赤变）侵入肌肉深部时。

④ 虫蛀已侵入皮下或腹腔时。

⑤ 凡青皮红肉的鱼类（鲣鱼、鲐鱼等）要特别注意检查质量鲜度。这类鱼易分解产生

大量组胺，发现鱼体软化者则不能销售，防止食后引起中毒。

⑥ 凡因中毒致死的鱼类不得供食用。

⑦ 黄鳝应鲜、活出售。凡已死亡者不得销售或加工。

3. 贝甲类的评价指标及处理

凡供食用的贝甲类水产品必须符合国家卫生标准和相应的行业标准的规定。

（1）虾类　虾肉组织变软，无伸屈力，体表发黏，色暗、有臭味等，说明虾已自溶或变质，不能食用。

（2）甲鱼、乌龟、蟹、各种贝蛤类　均应鲜、活出售。凡死亡者不得出售加工。

（3）含有自然毒的贝蛤类　不得出售，应予销毁。

（4）凡因中毒致死的贝类及虫蛀、赤变、氧化蔓延和深层腐败的贝类　不得供食用。

 目标检测

1. 鲜鱼在保藏过程中会发生哪些变化？如何对鲜鱼进行检验？

2. 鱼及鱼制品加工有哪些卫生要求？

3. 如何鉴别毒鱼类？

4. 虾与虾制品有何感官特点？

 **中华人民共和国动物防疫法**

中华人民共和国动物防疫法

（1997 年 7 月 3 日第八届全国人民代表大会常务委员会第二十六次会议通过；2007 年 8 月 30 日第十届全国人民代表大会常务委员会第二十九次会议第一次修订；据 2013 年 6 月 29 日中华人民共和国第十二届全国人民代表大会常务委员会第三次会议《全国人民代表大会常务委员会关于修改〈中华人民共和国文物保护法〉等十二部法律的决定》第二次修订；根据 2015 年 4 月 24 日第十二届全国人民代表大会常务委员会第十四次会议《全国人民代表大会常务委员会关于修改＜中华人民共和国电力法＞等六部法律的决定》第三次修订，由中华人民共和国主席令第 24 号发布，自公布之日起施行）

修订如下：

四、对《中华人民共和国动物防疫法》作出修改

（一）删去第二十条第一款中的"需要办理工商登记的，申请人凭动物防疫条件合格证向工商行政管理部门申请办理登记注册手续。"

（二）删去第五十一条中的"申请人凭动物诊疗许可证向工商行政管理部门申请办理登记注册手续，取得营业执照后，方可从事动物诊疗活动。"

（三）删去第五十二条第二款中的"并依法办理工商变更登记手续"。

第一章 总 则

第一条 为了加强对动物防疫活动的管理，预防、控制和扑灭动物疫病，促进养殖业发展，保护人体健康，维护公共卫生安全，制定本法。

第二条 本法适用于在中华人民共和国领域内的动物防疫及其监督管理活动。

进出境动物、动物产品的检疫，适用《中华人民共和国进出境动植物检疫法》。

第三条 本法所称动物，是指家畜家禽和人工饲养、合法捕获的其他动物。

本法所称动物产品，是指动物的肉、生皮、原毛、绒、脏器、脂、血液、精液、卵、胚胎、骨、蹄、头、角、筋以及可能传播动物疫病的乳、蛋等。

本法所称动物疫病，是指动物传染病、寄生虫病。

本法所称动物防疫，是指动物疫病的预防、控制、扑灭和动物、动物产品的检疫。

第四条 根据动物疫病对养殖业生产和人体健康的危害程度，本法规定管理的动物疫病分为下列三类：

（一）一类疫病，是指对人与动物危害严重，需要采取紧急、严厉的强制预防、控制、扑灭等措施的；

（二）二类疫病，是指可能造成重大经济损失，需要采取严格控制、扑灭等措施，防止扩散的；

（三）三类疫病，是指常见多发、可能造成重大经济损失，需要控制和净化的。

前款一、二、三类动物疫病具体病种名录由国务院兽医主管部门制定并公布。

第五条　国家对动物疫病实行预防为主的方针。

第六条　县级以上人民政府应当加强对动物防疫工作的统一领导，加强基层动物防疫队伍建设，建立健全动物防疫体系，制定并组织实施动物疫病防治规划。

乡级人民政府、城市街道办事处应当组织群众协助做好本管辖区域内的动物疫病预防与控制工作。

第七条　国务院兽医主管部门主管全国的动物防疫工作。

县级以上地方人民政府兽医主管部门主管本行政区域内的动物防疫工作。

县级以上人民政府其他部门在各自的职责范围内做好动物防疫工作。

军队和武装警察部队动物卫生监督职能部门分别负责军队和武装警察部队现役动物及饲养自用动物的防疫工作。

第八条　县级以上地方人民政府设立的动物卫生监督机构依照本法规定，负责动物、动物产品的检疫工作和其他有关动物防疫的监督管理执法工作。

第九条　县级以上人民政府按照国务院的规定，根据统筹规划、合理布局、综合设置的原则建立动物疫病预防控制机构，承担动物疫病的监测、检测、诊断、流行病学调查、疫情报告以及其他预防、控制等技术工作。

第十条　国家支持和鼓励开展动物疫病的科学研究以及国际合作与交流，推广先进适用的科学研究成果，普及动物防疫科学知识，提高动物疫病防治的科学技术水平。

第十一条　对在动物防疫工作、动物防疫科学研究中做出成绩和贡献的单位和个人，各级人民政府及有关部门给予奖励。

第二章　动物疫病的预防

第十二条　国务院兽医主管部门对动物疫病状况进行风险评估，根据评估结果制定相应的动物疫病预防、控制措施。

国务院兽医主管部门根据国内外动物疫情和保护养殖业生产及人体健康的需要，及时制定并公布动物疫病预防、控制技术规范。

第十三条　国家对严重危害养殖业生产和人体健康的动物疫病实施强制免疫。国务院兽医主管部门确定强制免疫的动物疫病病种和区域，并会同国务院有关部门制订国家动物疫病强制免疫计划。

省、自治区、直辖市人民政府兽医主管部门根据国家动物疫病强制免疫计划，制订本行政区域的强制免疫计划；并可以根据本行政区域内动物疫病流行情况增加实施强制免疫的动物疫病病种和区域，报本级人民政府批准后执行，并报国务院兽医主管部门备案。

第十四条　县级以上地方人民政府兽医主管部门组织实施动物疫病强制免疫计划。乡级人民政府、城市街道办事处应当组织本管辖区域内饲养动物的单位和个人做好强制免疫工作。

饲养动物的单位和个人应当依法履行动物疫病强制免疫义务，按照兽医主管部门的要求做好强制免疫工作。

经强制免疫的动物，应当按照国务院兽医主管部门的规定建立免疫档案，加施畜禽标识，实施可追溯管理。

第十五条　县级以上人民政府应当建立健全动物疫情监测网络，加强动物疫情监测。

国务院兽医主管部门应当制订国家动物疫病监测计划。省、自治区、直辖市人民政府兽医主管部门应当根据国家动物疫病监测计划，制订本行政区域的动物疫病监测计划。

动物疫病预防控制机构应当按照国务院兽医主管部门的规定，对动物疫病的发生、流行等情况进行监测；从事动物饲养、屠宰、经营、隔离、运输以及动物产品生产、经营、加工、贮藏等活动的单位和个人不得拒绝或者阻碍。

第十六条　国务院兽医主管部门和省、自治区、直辖市人民政府兽医主管部门应当根据对动物疫病发生、流行趋势的预测，及时发出动物疫情预警。地方各级人民政府接到动物疫情预警后，应当采取相应的预防、控制措施。

第十七条　从事动物饲养、屠宰、经营、隔离、运输以及动物产品生产、经营、加工、贮藏等活动的单位和个人，应当依照本法和国务院兽医主管部门的规定，做好免疫、消毒等动物疫病预防工作。

第十八条　种用、乳用动物和宠物应当符合国务院兽医主管部门规定的健康标准。

种用、乳用动物应当接受动物疫病预防控制机构的定期检测；检测不合格的，应当按照国务院兽医主管部门的规定予以处理。

第十九条　动物饲养场（养殖小区）和隔离场所，动物屠宰加工场所，以及动物和动物产品无害化处理场所，应当符合下列动物防疫条件：

（一）场所的位置与居民生活区、生活饮用水源地、学校、医院等公共场所的距离符合国务院兽医主管部门规定的标准；

（二）生产区封闭隔离，工程设计和工艺流程符合动物防疫要求；

（三）有相应的污水、污物、病死动物、染疫动物产品的无害化处理设施设备和清洗消毒设施设备；

（四）有为其服务的动物防疫技术人员；

（五）有完善的动物防疫制度；

（六）具备国务院兽医主管部门规定的其他动物防疫条件。

第二十条　兴办动物饲养场（养殖小区）和隔离场所，动物屠宰加工场所，以及动物和动物产品无害化处理场所，应当向县级以上地方人民政府兽医主管部门提出申请，并附具相关材料。受理申请的兽医主管部门应当依照本法和《中华人民共和国行政许可法》的规定进行审查。经审查合格的，发给动物防疫条件合格证；不合格的，应当通知申请人并说明理由。

动物防疫条件合格证应当载明申请人的名称、场（厂）址等事项。

经营动物、动物产品的集贸市场应当具备国务院兽医主管部门规定的动物防疫条件，并接受动物卫生监督机构的监督检查。

第二十一条　动物、动物产品的运载工具、垫料、包装物、容器等应当符合国务院兽医主管部门规定的动物防疫要求。

染疫动物及其排泄物、染疫动物产品，病死或者死因不明的动物尸体，运载工具中的动物排泄物以及垫料、包装物、容器等污染物，应当按照国务院兽医主管部门的规定处理，不得随意处置。

第二十二条　采集、保存、运输动物病料或者病原微生物以及从事病原微生物研究、教学、检测、诊断等活动，应当遵守国家有关病原微生物实验室管理的规定。

第二十三条　患有人畜共患传染病的人员不得直接从事动物诊疗以及易感染动物的饲养、屠宰、经营、隔离、运输等活动。

人畜共患传染病名录由国务院兽医主管部门会同国务院卫生主管部门制定并公布。

第二十四条 国家对动物疫病实行区域化管理，逐步建立无规定动物疫病区。无规定动物疫病区应当符合国务院兽医主管部门规定的标准，经国务院兽医主管部门验收合格予以公布。

本法所称无规定动物疫病区，是指具有天然屏障或者采取人工措施，在一定期限内没有发生规定的一种或者几种动物疫病，并经验收合格的区域。

第二十五条 禁止屠宰、经营、运输下列动物和生产、经营、加工、贮藏、运输下列动物产品：

（一）封锁疫区内与所发生动物疫病有关的；

（二）疫区内易感染的；

（三）依法应当检疫而未经检疫或者检疫不合格的；

（四）染疫或者疑似染疫的；

（五）病死或者死因不明的；

（六）其他不符合国务院兽医主管部门有关动物防疫规定的。

第三章 动物疫情的报告、通报和公布

第二十六条 从事动物疫情监测、检验检疫、疫病研究与诊疗以及动物饲养、屠宰、经营、隔离、运输等活动的单位和个人，发现动物染疫或者疑似染疫的，应当立即向当地兽医主管部门、动物卫生监督机构或者动物疫病预防控制机构报告，并采取隔离等控制措施，防止动物疫情扩散。其他单位和个人发现动物染疫或者疑似染疫的，应当及时报告。

接到动物疫情报告的单位，应当及时采取必要的控制处理措施，并按照国家规定的程序上报。

第二十七条 动物疫情由县级以上人民政府兽医主管部门认定；其中重大动物疫情由省、自治区、直辖市人民政府兽医主管部门认定，必要时报国务院兽医主管部门认定。

第二十八条 国务院兽医主管部门应当及时向国务院有关部门和军队有关部门以及省、自治区、直辖市人民政府兽医主管部门通报重大动物疫情的发生和处理情况；发生人畜共患传染病的，县级以上人民政府兽医主管部门与同级卫生主管部门应当及时相互通报。

国务院兽医主管部门应当依照我国缔结或者参加的条约、协定，及时向有关国际组织或者贸易方通报重大动物疫情的发生和处理情况。

第二十九条 国务院兽医主管部门负责向社会及时公布全国动物疫情，也可以根据需要授权省、自治区、直辖市人民政府兽医主管部门公布本行政区域内的动物疫情。其他单位和个人不得发布动物疫情。

第三十条 任何单位和个人不得瞒报、谎报、迟报、漏报动物疫情，不得授意他人瞒报、谎报、迟报动物疫情，不得阻碍他人报告动物疫情。

第四章 动物疫病的控制和扑灭

第三十一条 发生一类动物疫病时，应当采取下列控制和扑灭措施：

（一）当地县级以上地方人民政府兽医主管部门应当立即派人到现场，划定疫点、疫区、受威胁区，调查疫源，及时报请本级人民政府对疫区实行封锁。疫区范围涉及两个以上行政区域的，由有关行政区域共同的上一级人民政府对疫区实行封锁，或者由各有关行政区域的上一级人民政府共同对疫区实行封锁。必要时，上级人民政府可以责成下级人民政府对疫区实行封锁。

（二）县级以上地方人民政府应当立即组织有关部门和单位采取封锁、隔离、扑杀、销

毁、消毒、无害化处理、紧急免疫接种等强制性措施，迅速扑灭疫病。

（三）在封锁期间，禁止染疫、疑似染疫和易感染的动物、动物产品流出疫区，禁止非疫区的易感染动物进入疫区，并根据扑灭动物疫病的需要对出入疫区的人员、运输工具及有关物品采取消毒和其他限制性措施。

第三十二条　发生二类动物疫病时，应当采取下列控制和扑灭措施：

（一）当地县级以上地方人民政府兽医主管部门应当划定疫点、疫区、受威胁区。

（二）县级以上地方人民政府根据需要组织有关部门和单位采取隔离、扑杀、销毁、消毒、无害化处理、紧急免疫接种、限制易感染的动物和动物产品及有关物品出入等控制、扑灭措施。

第三十三条　疫点、疫区、受威胁区的撤销和疫区封锁的解除，按照国务院兽医主管部门规定的标准和程序评估后，由原决定机关决定并宣布。

第三十四条　发生三类动物疫病时，当地县级、乡级人民政府应当按照国务院兽医主管部门的规定组织防治和净化。

第三十五条　二、三类动物疫病呈暴发性流行时，按照一类动物疫病处理。

第三十六条　为控制、扑灭动物疫病，动物卫生监督机构应当派人在当地依法设立的现有检查站执行监督检查任务；必要时，经省、自治区、直辖市人民政府批准，可以设立临时性的动物卫生监督检查站，执行监督检查任务。

第三十七条　发生人畜共患传染病时，卫生主管部门应当组织对疫区易感染的人群进行监测，并采取相应的预防、控制措施。

第三十八条　疫区内有关单位和个人，应当遵守县级以上人民政府及其兽医主管部门依法作出的有关控制、扑灭动物疫病的规定。

任何单位和个人不得藏匿、转移、盗掘已被依法隔离、封存、处理的动物和动物产品。

第三十九条　发生动物疫情时，航空、铁路、公路、水路等运输部门应当优先组织运送控制、扑灭疫病的人员和有关物资。

第四十条　一、二、三类动物疫病突然发生，迅速传播，给养殖业生产安全造成严重威胁、危害，以及可能对公众身体健康与生命安全造成危害，构成重大动物疫情的，依照法律和国务院的规定采取应急处理措施。

第五章　动物和动物产品的检疫

第四十一条　动物卫生监督机构依照本法和国务院兽医主管部门的规定对动物、动物产品实施检疫。

动物卫生监督机构的官方兽医具体实施动物、动物产品检疫。官方兽医应当具备规定的资格条件，取得国务院兽医主管部门颁发的资格证书，具体办法由国务院兽医主管部门会同国务院人事行政部门制定。

本法所称官方兽医，是指具备规定的资格条件并经兽医主管部门任命的，负责出具检疫等证明的国家兽医工作人员。

第四十二条　屠宰、出售或者运输动物以及出售或者运输动物产品前，货主应当按照国务院兽医主管部门的规定向当地动物卫生监督机构申报检疫。

动物卫生监督机构接到检疫申报后，应当及时指派官方兽医对动物、动物产品实施现场检疫；检疫合格的，出具检疫证明、加施检疫标志。实施现场检疫的官方兽医应当在检疫证明、检疫标志上签字或者盖章，并对检疫结论负责。

第四十三条　屠宰、经营、运输以及参加展览、演出和比赛的动物，应当附有检疫证明；经营和运输的动物产品，应当附有检疫证明、检疫标志。

对前款规定的动物、动物产品，动物卫生监督机构可以查验检疫证明、检疫标志，进行监督抽查，但不得重复检疫收费。

第四十四条　经铁路、公路、水路、航空运输动物和动物产品的，托运人托运时应当提供检疫证明；没有检疫证明的，承运人不得承运。

运载工具在装载前和卸载后应当及时清洗、消毒。

第四十五条　输入到无规定动物疫病区的动物、动物产品，货主应当按照国务院兽医主管部门的规定向无规定动物疫病区所在地动物卫生监督机构申报检疫，经检疫合格的，方可进入；检疫所需费用纳入无规定动物疫病区所在地地方人民政府财政预算。

第四十六条　跨省、自治区、直辖市引进乳用动物、种用动物及其精液、胚胎、种蛋的，应当向输入地省、自治区、直辖市动物卫生监督机构申请办理审批手续，并依照本法第四十二条的规定取得检疫证明。

跨省、自治区、直辖市引进的乳用动物、种用动物到达输入地后，货主应当按照国务院兽医主管部门的规定对引进的乳用动物、种用动物进行隔离观察。

第四十七条　人工捕获的可能传播动物疫病的野生动物，应当报经捕获地动物卫生监督机构检疫，经检疫合格的，方可饲养、经营和运输。

第四十八条　经检疫不合格的动物、动物产品，货主应当在动物卫生监督机构监督下按照国务院兽医主管部门的规定处理，处理费用由货主承担。

第四十九条　依法进行检疫需要收取费用的，其项目和标准由国务院财政部门、物价主管部门规定。

第六章　动物诊疗

第五十条　从事动物诊疗活动的机构，应当具备下列条件：

（一）有与动物诊疗活动相适应并符合动物防疫条件的场所；

（二）有与动物诊疗活动相适应的执业兽医；

（三）有与动物诊疗活动相适应的兽医器械和设备；

（四）有完善的管理制度。

第五十一条　设立从事动物诊疗活动的机构，应当向县级以上地方人民政府兽医主管部门申请动物诊疗许可证。受理申请的兽医主管部门应当依照本法和《中华人民共和国行政许可法》的规定进行审查。经审查合格的，发给动物诊疗许可证；不合格的，应当通知申请人并说明理由。

第五十二条　动物诊疗许可证应当载明诊疗机构名称、诊疗活动范围、从业地点和法定代表人（负责人）等事项。

动物诊疗许可证载明事项变更的，应当申请变更或者换发动物诊疗许可证。

第五十三条　动物诊疗机构应当按照国务院兽医主管部门的规定，做好诊疗活动中的卫生安全防护、消毒、隔离和诊疗废弃物处置等工作。

第五十四条　国家实行执业兽医资格考试制度。具有兽医相关专业大学专科以上学历的，可以申请参加执业兽医资格考试；考试合格的，由国务院兽医主管部门颁发执业兽医资格证书；从事动物诊疗的，还应当向当地县级人民政府兽医主管部门申请注册。执业兽医资格考试和注册办法由国务院兽医主管部门商国务院人事行政部门制定。

本法所称执业兽医，是指从事动物诊疗和动物保健等经营活动的兽医。

第五十五条　经注册的执业兽医，方可从事动物诊疗、开具兽药处方等活动。但是，本法第五十七条对乡村兽医服务人员另有规定的，从其规定。

执业兽医、乡村兽医服务人员应当按照当地人民政府或者兽医主管部门的要求，参加预防、控制和扑灭动物疫病的活动。

第五十六条　从事动物诊疗活动，应当遵守有关动物诊疗的操作技术规范，使用符合国家规定的兽药和兽医器械。

第五十七条　乡村兽医服务人员可以在乡村从事动物诊疗服务活动，具体管理办法由国务院兽医主管部门制定。

第七章　监督管理

第五十八条　动物卫生监督机构依照本法规定，对动物饲养、屠宰、经营、隔离、运输以及动物产品生产、经营、加工、贮藏、运输等活动中的动物防疫实施监督管理。

第五十九条　动物卫生监督机构执行监督检查任务，可以采取下列措施，有关单位和个人不得拒绝或者阻碍：

（一）对动物、动物产品按照规定采样、留验、抽检；

（二）对染疫或者疑似染疫的动物、动物产品及相关物品进行隔离、查封、扣押和处理；

（三）对依法应当检疫而未经检疫的动物实施补检；

（四）对依法应当检疫而未经检疫的动物产品，具备补检条件的实施补检，不具备补检条件的予以没收销毁；

（五）查验检疫证明、检疫标志和畜禽标识；

（六）进入有关场所调查取证，查阅、复制与动物防疫有关的资料。

动物卫生监督机构根据动物疫病预防、控制需要，经当地县级以上地方人民政府批准，可以在车站、港口、机场等相关场所派驻官方兽医。

第六十条　官方兽医执行动物防疫监督检查任务，应当出示行政执法证件，佩戴统一标志。

动物卫生监督机构及其工作人员不得从事与动物防疫有关的经营性活动，进行监督检查不得收取任何费用。

第六十一条　禁止转让、伪造或者变造检疫证明、检疫标志或者畜禽标识。

检疫证明、检疫标志的管理办法，由国务院兽医主管部门制定。

第八章　保障措施

第六十二条　县级以上人民政府应当将动物防疫纳入本级国民经济和社会发展规划及年度计划。

第六十三条　县级人民政府和乡级人民政府应当采取有效措施，加强村级防疫员队伍建设。

县级人民政府兽医主管部门可以根据动物防疫工作需要，向乡、镇或者特定区域派驻兽医机构。

第六十四条　县级以上人民政府按照本级政府职责，将动物疫病预防、控制、扑灭、检疫和监督管理所需经费纳入本级财政预算。

第六十五条　县级以上人民政府应当储备动物疫情应急处理工作所需的防疫物资。

第六十六条　对在动物疫病预防和控制、扑灭过程中强制扑杀的动物、销毁的动物产品和相关物品，县级以上人民政府应当给予补偿。具体补偿标准和办法由国务院财政部门会同有关部门制定。

因依法实施强制免疫造成动物应激死亡的，给予补偿。具体补偿标准和办法由国务院财政部门会同有关部门制定。

第六十七条　对从事动物疫病预防、检疫、监督检查、现场处理疫情以及在工作中接触动物疫病病原体的人员，有关单位应当按照国家规定采取有效的卫生防护措施和医疗保健措施。

第九章 法 律 责 任

第六十八条 地方各级人民政府及其工作人员未依照本法规定履行职责的，对直接负责的主管人员和其他直接责任人员依法给予处分。

第六十九条 县级以上人民政府兽医主管部门及其工作人员违反本法规定，有下列行为之一的，由本级人民政府责令改正，通报批评；对直接负责的主管人员和其他直接责任人员依法给予处分：

（一）未及时采取预防、控制、扑灭等措施的；

（二）对不符合条件的颁发动物防疫条件合格证、动物诊疗许可证，或者对符合条件的拒不颁发动物防疫条件合格证、动物诊疗许可证的；

（三）其他未依照本法规定履行职责的行为。

第七十条 动物卫生监督机构及其工作人员违反本法规定，有下列行为之一的，由本级人民政府或者兽医主管部门责令改正，通报批评；对直接负责的主管人员和其他直接责任人员依法给予处分：

（一）对未经现场检疫或者检疫不合格的动物、动物产品出具检疫证明、加施检疫标志，或者对检疫合格的动物、动物产品拒不出具检疫证明、加施检疫标志的；

（二）对附有检疫证明、检疫标志的动物、动物产品重复检疫的；

（三）从事与动物防疫有关的经营性活动，或者在国务院财政部门、物价主管部门规定外加收费用、重复收费的；

（四）其他未依照本法规定履行职责的行为。

第七十一条 动物疫病预防控制机构及其工作人员违反本法规定，有下列行为之一的，由本级人民政府或者兽医主管部门责令改正，通报批评；对直接负责的主管人员和其他直接责任人员依法给予处分：

（一）未履行动物疫病监测、检测职责或者伪造监测、检测结果的；

（二）发生动物疫情时未及时进行诊断、调查的；

（三）其他未依照本法规定履行职责的行为。

第七十二条 地方各级人民政府、有关部门及其工作人员瞒报、谎报、迟报、漏报或者授意他人瞒报、谎报、迟报动物疫情，或者阻碍他人报告动物疫情的，由上级人民政府或者有关部门责令改正，通报批评；对直接负责的主管人员和其他直接责任人员依法给予处分。

第七十三条 违反本法规定，有下列行为之一的，由动物卫生监督机构责令改正，给予警告；拒不改正的，由动物卫生监督机构代作处理，所需处理费用由违法行为人承担，可以处一千元以下罚款：

（一）对饲养的动物不按照动物疫病强制免疫计划进行免疫接种的；

（二）种用、乳用动物未经检测或者经检测不合格而不按照规定处理的；

（三）动物、动物产品的运载工具在装载前和卸载后没有及时清洗、消毒的。

第七十四条 违反本法规定，对经强制免疫的动物未按照国务院兽医主管部门规定建立免疫档案、加施畜禽标识的，依照《中华人民共和国畜牧法》的有关规定处罚。

第七十五条 违反本法规定，不按照国务院兽医主管部门规定处置染疫动物及其排泄物、染疫动物产品，病死或者死因不明的动物尸体，运载工具中的动物排泄物以及垫料、包装物、容器等污染物以及其他经检疫不合格的动物、动物产品的，由动物卫生监督机构责令无害化处理，所需处理费用由违法行为人承担，可以处三千元以下罚款。

第七十六条　违反本法第二十五条规定，屠宰、经营、运输动物或者生产、经营、加工、贮藏、运输动物产品的，由动物卫生监督机构责令改正、采取补救措施，没收违法所得和动物、动物产品，并处同类检疫合格动物、动物产品货值金额一倍以上五倍以下罚款；其中依法应当检疫而未检疫的，依照本法第七十八条的规定处罚。

第七十七条　违反本法规定，有下列行为之一的，由动物卫生监督机构责令改正，处一千元以上一万元以下罚款；情节严重的，处一万元以上十万元以下罚款：

（一）兴办动物饲养场（养殖小区）和隔离场所，动物屠宰加工场所，以及动物和动物产品无害化处理场所，未取得动物防疫条件合格证的；

（二）未办理审批手续，跨省、自治区、直辖市引进乳用动物、种用动物及其精液、胚胎、种蛋的；

（三）未经检疫，向无规定动物疫病区输入动物、动物产品的。

第七十八条　违反本法规定，屠宰、经营、运输的动物未附有检疫证明，经营和运输的动物产品未附有检疫证明、检疫标志的，由动物卫生监督机构责令改正，处同类检疫合格动物、动物产品货值金额百分之十以上百分之五十以下罚款；对货主以外的承运人处运输费用一倍以上三倍以下罚款。

违反本法规定，参加展览、演出和比赛的动物未附有检疫证明的，由动物卫生监督机构责令改正，处一千元以上三千元以下罚款。

第七十九条　违反本法规定，转让、伪造或者变造检疫证明、检疫标志或者畜禽标识的，由动物卫生监督机构没收违法所得，收缴检疫证明、检疫标志或者畜禽标识，并处三千元以上三万元以下罚款。

第八十条　违反本法规定，有下列行为之一的，由动物卫生监督机构责令改正，处一千元以上一万元以下罚款：

（一）不遵守县级以上人民政府及其兽医主管部门依法作出的有关控制、扑灭动物疫病规定的；

（二）藏匿、转移、盗掘已被依法隔离、封存、处理的动物和动物产品的；

（三）发布动物疫情的。

第八十一条　违反本法规定，未取得动物诊疗许可证从事动物诊疗活动的，由动物卫生监督机构责令停止诊疗活动，没收违法所得；违法所得在三万元以上的，并处违法所得一倍以上三倍以下罚款；没有违法所得或者违法所得不足三万元的，并处三千元以上三万元以下罚款。

动物诊疗机构违反本法规定，造成动物疫病扩散的，由动物卫生监督机构责令改正，处一万元以上五万元以下罚款；情节严重的，由发证机关吊销动物诊疗许可证。

第八十二条　违反本法规定，未经兽医执业注册从事动物诊疗活动的，由动物卫生监督机构责令停止动物诊疗活动，没收违法所得，并处一千元以上一万元以下罚款。

执业兽医有下列行为之一的，由动物卫生监督机构给予警告，责令暂停六个月以上一年以下动物诊疗活动；情节严重的，由发证机关吊销注册证书：

（一）违反有关动物诊疗的操作技术规范，造成或者可能造成动物疫病传播、流行的；

（二）使用不符合国家规定的兽药和兽医器械的；

（三）不按照当地人民政府或者兽医主管部门要求参加动物疫病预防、控制和扑灭活动的。

第八十三条　违反本法规定，从事动物疫病研究与诊疗和动物饲养、屠宰、经营、隔离、运输，以及动物产品生产、经营、加工、贮藏等活动的单位和个人，有下列行为之一的，由动物卫生监督机构责令改正；拒不改正的，对违法行为单位处一千元以上一万元以下罚款，对违法行为个人可以处五百元以下罚款：

（一）不履行动物疫情报告义务的；

（二）不如实提供与动物防疫活动有关资料的；

（三）拒绝动物卫生监督机构进行监督检查的；

（四）拒绝动物疫病预防控制机构进行动物疫病监测、检测的。

第八十四条 违反本法规定，构成犯罪的，依法追究刑事责任。

违反本法规定，导致动物疫病传播、流行等，给他人人身、财产造成损害的，依法承担民事责任。

第十章 附 则

第八十五条 本法自 2008 年 1 月 1 日起施行。

附录二 生猪屠宰管理条例

（1997年12月19日中华人民共和国国务院令第238号发布 2007年12月19日国务院第201次常务会议修订通过）

第一章 总 则

第一条 为了加强生猪屠宰管理，保证生猪产品质量安全，保障人民身体健康，制定本条例。

第二条 国家实行生猪定点屠宰、集中检疫制度。

未经定点，任何单位和个人不得从事生猪屠宰活动。但是，农村地区个人自宰自食的除外。

在边远和交通不便的农村地区，可以设置仅限于向本地市场供应生猪产品的小型生猪屠宰场点，具体管理办法由省、自治区、直辖市制定。

第三条 国务院商务主管部门负责全国生猪屠宰的行业管理工作。县级以上地方人民政府商务主管部门负责本行政区域内生猪屠宰活动的监督管理。

县级以上人民政府有关部门在各自职责范围内负责生猪屠宰活动的相关管理工作。

第四条 国家根据生猪定点屠宰厂（场）的规模、生产和技术条件以及质量安全管理状况，推行生猪定点屠宰厂（场）分级管理制度，鼓励、引导、扶持生猪定点屠宰厂（场）改善生产和技术条件，加强质量安全管理，提高生猪产品质量安全水平。生猪定点屠宰厂（场）分级管理的具体办法由国务院商务主管部门征求国务院畜牧兽医主管部门意见后制定。

第二章 生猪定点屠宰

第五条 生猪定点屠宰厂（场）的设置规划（以下简称设置规划），由省、自治区、直辖市人民政府商务主管部门会同畜牧兽医主管部门、环境保护部门以及其他有关部门，按照合理布局、适当集中、有利流通、方便群众的原则，结合本地实际情况制订，报本级人民政府批准后实施。

第六条 生猪定点屠宰厂（场）由设区的市级人民政府根据设置规划，组织商务主管部门、畜牧兽医主管部门、环境保护部门以及其他有关部门，依照本条例规定的条件进行审查，经征求省、自治区、直辖市人民政府商务主管部门的意见确定，并颁发生猪定点屠宰证书和生猪定点屠宰标志牌。

设区的市级人民政府应当将其确定的生猪定点屠宰厂（场）名单及时向社会公布，并报省、自治区、直辖市人民政府备案。

生猪定点屠宰厂（场）应当持生猪定点屠宰证书向工商行政管理部门办理登记手续。

　　第七条　生猪定点屠宰厂（场）应当将生猪定点屠宰标志牌悬挂于厂（场）区的显著位置。

　　生猪定点屠宰证书和生猪定点屠宰标志牌不得出借、转让。任何单位和个人不得冒用或者使用伪造的生猪定点屠宰证书和生猪定点屠宰标志牌。

　　第八条　生猪定点屠宰厂（场）应当具备下列条件：

　　（一）有与屠宰规模相适应、水质符合国家规定标准的水源条件；

　　（二）有符合国家规定要求的待宰间、屠宰间、急宰间以及生猪屠宰设备和运载工具；

　　（三）有依法取得健康证明的屠宰技术人员；

　　（四）有经考核合格的肉品品质检验人员；

　　（五）有符合国家规定要求的检验设备、消毒设施以及符合环境保护要求的污染防治设施；

　　（六）有病害生猪及生猪产品无害化处理设施；

　　（七）依法取得动物防疫条件合格证。

　　第九条　生猪屠宰的检疫及其监督，依照动物防疫法和国务院的有关规定执行。

　　生猪屠宰的卫生检验及其监督，依照食品安全法的规定执行。

　　第十条　生猪定点屠宰厂（场）屠宰的生猪，应当依法经动物卫生监督机构检疫合格，并附有检疫证明。

　　第十一条　生猪定点屠宰厂（场）屠宰生猪，应当符合国家规定的操作规程和技术要求。

　　第十二条　生猪定点屠宰厂（场）应当如实记录其屠宰的生猪来源和生猪产品流向。生猪来源和生猪产品流向记录保存期限不得少于2年。

　　第十三条　生猪定点屠宰厂（场）应当建立严格的肉品品质检验管理制度。肉品品质检验应当与生猪屠宰同步进行，并如实记录检验结果。检验结果记录保存期限不得少于2年。

　　经肉品品质检验合格的生猪产品，生猪定点屠宰厂（场）应当加盖肉品品质检验合格验讫印章或者附具肉品品质检验合格标志。经肉品品质检验不合格的生猪产品，应当在肉品品质检验人员的监督下，按照国家有关规定处理，并如实记录处理情况；处理情况记录保存期限不得少于2年。

　　生猪定点屠宰厂（场）的生猪产品未经肉品品质检验或者经肉品品质检验不合格的，不得出厂（场）。

　　第十四条　生猪定点屠宰厂（场）对病害生猪及生猪产品进行无害化处理的费用和损失，按照国务院财政部门的规定，由国家财政予以适当补助。

　　第十五条　生猪定点屠宰厂（场）以及其他任何单位和个人不得对生猪或者生猪产品注水或者注入其他物质。生猪定点屠宰厂（场）不得屠宰注水或者注入其他物质的生猪。

　　第十六条　生猪定点屠宰厂（场）对未能及时销售或者及时出厂（场）的生猪产品，应当采取冷冻或者冷藏等必要措施予以储存。

　　第十七条　任何单位和个人不得为未经定点违法从事生猪屠宰活动的单位或者个人提供生猪屠宰场所或者生猪产品储存设施，不得为对生猪或者生猪产品注水或者注入其他物质的单位或者个人提供场所。

　　第十八条　从事生猪产品销售、肉食品生产加工的单位和个人以及餐饮服务经营者、集体伙食单位销售、使用的生猪产品，应当是生猪定点屠宰厂（场）经检疫和肉品品质检验合格的生猪产品。

　　第十九条　地方人民政府及其有关部门不得限制外地生猪定点屠宰厂（场）经检疫和肉品品质检验合格的生猪产品进入本地市场。

第三章 监督管理

第二十条 县级以上地方人民政府应当加强对生猪屠宰监督管理工作的领导，及时协调、解决生猪屠宰监督管理工作中的重大问题。

第二十一条 商务主管部门应当依照本条例的规定严格履行职责，加强对生猪屠宰活动的日常监督检查。

商务主管部门依法进行监督检查，可以采取下列措施：

（一）进入生猪屠宰等有关场所实施现场检查；

（二）向有关单位和个人了解情况；

（三）查阅、复制有关记录、票据以及其他资料；

（四）查封与违法生猪屠宰活动有关的场所、设施，扣押与违法生猪屠宰活动有关的生猪、生猪产品以及屠宰工具和设备。

商务主管部门进行监督检查时，监督检查人员不得少于2人，并应当出示执法证件。

对商务主管部门依法进行的监督检查，有关单位和个人应当予以配合，不得拒绝、阻挠。

第二十二条 商务主管部门应当建立举报制度，公布举报电话、信箱或者电子邮箱，受理对违反本条例规定行为的举报，并及时依法处理。

第二十三条 商务主管部门在监督检查中发现生猪定点屠宰厂（场）不再具备本条例规定条件的，应当责令其限期整改；逾期仍达不到本条例规定条件的，由设区的市级人民政府取消其生猪定点屠宰厂（场）资格。

第四章 法律责任

第二十四条 违反本条例规定，未经定点从事生猪屠宰活动的，由商务主管部门予以取缔，没收生猪、生猪产品、屠宰工具和设备以及违法所得，并处货值金额3倍以上5倍以下的罚款；货值金额难以确定的，对单位并处10万元以上20万元以下的罚款，对个人并处5000元以上1万元以下的罚款；构成犯罪的，依法追究刑事责任。

冒用或者使用伪造的生猪定点屠宰证书或者生猪定点屠宰标志牌的，依照前款的规定处罚。

生猪定点屠宰厂（场）出借、转让生猪定点屠宰证书或者生猪定点屠宰标志牌的，由设区的市级人民政府取消其生猪定点屠宰厂（场）资格；有违法所得的，由商务主管部门没收违法所得。

第二十五条 生猪定点屠宰厂（场）有下列情形之一的，由商务主管部门责令限期改正，处2万元以上5万元以下的罚款；逾期不改正的，责令停业整顿，对其主要负责人处5000元以上1万元以下的罚款：

（一）屠宰生猪不符合国家规定的操作规程和技术要求的；

（二）未如实记录其屠宰的生猪来源和生猪产品流向的；

（三）未建立或者实施肉品品质检验制度的；

（四）对经肉品品质检验不合格的生猪产品未按照国家有关规定处理并如实记录处理情况的。

第二十六条 生猪定点屠宰厂（场）出厂（场）未经肉品品质检验或者经肉品品质检验不合格的生猪产品的，由商务主管部门责令停业整顿，没收生猪产品和违法所得，并处货值金额1倍以上3倍以下的罚款，对其主要负责人处1万元以上2万元以下的罚款；货值金额难以确定的，并处5万元以上10万元以下的罚款；造成严重后果的，由设区的市级人民政府取消其生猪定点屠宰厂（场）资格；构成犯罪的，依法追究刑事责任。

第二十七条　生猪定点屠宰厂（场）、其他单位或者个人对生猪、生猪产品注水或者注入其他物质的，由商务主管部门没收注水或者注入其他物质的生猪、生猪产品、注水工具和设备以及违法所得，并处货值金额 3 倍以上 5 倍以下的罚款，对生猪定点屠宰厂（场）或者其他单位的主要负责人处 1 万元以上 2 万元以下的罚款；货值金额难以确定的，对生猪定点屠宰厂（场）或者其他单位并处 5 万元以上 10 万元以下的罚款，对个人并处 1 万元以上 2 万元以下的罚款；构成犯罪的，依法追究刑事责任。

生猪定点屠宰厂（场）对生猪、生猪产品注水或者注入其他物质的，除依照前款的规定处罚外，还应当由商务主管部门责令停业整顿；造成严重后果，或者两次以上对生猪、生猪产品注水或者注入其他物质的，由设区的市级人民政府取消其生猪定点屠宰厂（场）资格。

第二十八条　生猪定点屠宰厂（场）屠宰注水或者注入其他物质的生猪的，由商务主管部门责令改正，没收注水或者注入其他物质的生猪、生猪产品以及违法所得，并处货值金额 1 倍以上 3 倍以下的罚款，对其主要负责人处 1 万元以上 2 万元以下的罚款；货值金额难以确定的，并处 2 万元以上 5 万元以下的罚款；拒不改正的，责令停业整顿；造成严重后果的，由设区的市级人民政府取消其生猪定点屠宰厂（场）资格。

第二十九条　从事生猪产品销售、肉食品生产加工的单位和个人以及餐饮服务经营者、集体伙食单位，销售、使用非生猪定点屠宰厂（场）屠宰的生猪产品、未经肉品品质检验或者经肉品品质检验不合格的生猪产品以及注水或者注入其他物质的生猪产品的，由工商、卫生、质检部门依据各自职责，没收尚未销售、使用的相关生猪产品以及违法所得，并处货值金额 3 倍以上 5 倍以下的罚款；货值金额难以确定的，对单位处 5 万元以上 10 万元以下的罚款，对个人处 1 万元以上 2 万元以下的罚款；情节严重的，由原发证（照）机关吊销有关证照；构成犯罪的，依法追究刑事责任。

第三十条　为未经定点违法从事生猪屠宰活动的单位或者个人提供生猪屠宰场所或者生猪产品储存设施，或者为对生猪、生猪产品注水或者注入其他物质的单位或者个人提供场所的，由商务主管部门责令改正，没收违法所得，对单位并处 2 万元以上 5 万元以下的罚款，对个人并处 5000 元以上 1 万元以下的罚款。

第三十一条　商务主管部门和其他有关部门的工作人员在生猪屠宰监督管理工作中滥用职权、玩忽职守、徇私舞弊，构成犯罪的，依法追究刑事责任；尚不构成犯罪的，依法给予处分。

第五章　附　则

第三十二条　省、自治区、直辖市人民政府确定实行定点屠宰的其他动物的屠宰管理办法，由省、自治区、直辖市根据本地区的实际情况，参照本条例制定。

第三十三条　本条例所称生猪产品，是指生猪屠宰后未经加工的胴体、肉、脂、脏器、血液、骨、头、蹄、皮。

第三十四条　本条例施行前设立的生猪定点屠宰厂（场），自本条例施行之日起 180 日内，由设区的市级人民政府换发生猪定点屠宰标志牌，并发给生猪定点屠宰证书。

第三十五条　生猪定点屠宰证书、生猪定点屠宰标志牌以及肉品品质检验合格验讫印章和肉品品质检验合格标志的式样，由国务院商务主管部门统一规定。

第三十六条　本条例自 2008 年 8 月 1 日起施行。

附录三　病害动物和病害动物产品生物安全处理规程

GB 16548—2006

前　言

本标准的全部技术内容为强制性。

本标准是对 GB 16548—1996 的修订。

本标准根据《中华人民共和国动物防疫法》及有关法律法规和规章的规定，参照世界动物卫生组织（OIE）《国际动物卫生法典》（International Animal Health Codes）标准性文件的有关部分，依据相关科技成果和实践经验修订而成。

本标准与 GB 16548—1996 的主要区别在于：

——将标准名称改为《病害动物和病害动物产品生物安全处理规程》；

——将适用范围改为"适用于国家规定的染疫动物及其产品，病死、毒死或者死因不明的动物尸体，经检验对人畜健康有危害的动物和病害动物产品、国家规定应该进行生物安全处理的动物和动物产品"；

—— "术语和定义"中，明确"生物安全处理"的含义；

——在销毁的方法中增加"掩埋"一项，并规定具体的操作程序和方法。

本标准由中华人民共和国农业部提出。

本标准由全国动物防疫标准化技术委员会归口。

本标准起草单位：农业部全国畜牧兽医总站。

本标准主要起草人：徐百万、李秀峰、陈国胜、辛盛鹏、冯雪领、李万有。

病害动物和病害动物产品生物安全处理规程

1　范围

本标准规定了病害动物和病害动物产品的销毁、无害化处理的技术要求。

本标准适用于国家规定的染疫动物及其产品、病死毒死或者死因不明的动物尸体、经检验对人畜健康有危害的动物和病害动物产品、国家规定的其他应该进行生物安全处理的动物和动物产品。

2　术语和定义

下列术语和定义适用于本标准。

生物安全处理　biosafety disposal

通过用焚毁、化制、掩埋或其他物理、化学、生物学等方法将病害动物尸体和病害动物产品或附属物进行处理，以彻底消灭其所携带的病原体，达到消除病害因素，保障人畜健康安全的目的。

3 病害动物和病害动物产品的处理

3.1 运送

运送动物尸体和病害动物产品应采用密闭、不渗水的容器，装前卸后必须要消毒。

3.2 销毁

3.2.1 适用对象

3.2.1.1 确认为口蹄疫、猪水泡病、猪瘟、非洲猪瘟、非洲马瘟、牛瘟，牛传染性胸膜肺炎、牛海绵状脑病、痒病、绵羊梅迪/维斯那病、蓝舌病、小反刍兽疫、绵羊痘和山羊痘、山羊关节炎脑炎、高致病性禽流感、鸡新城疫、炭疽、鼻疽、狂犬病、羊快疫、羊肠毒血症、肉毒梭菌中毒症、羊猝狙、马传染性贫血病、猪密螺旋体痢疾、猪囊尾蚴、急性猪丹毒、钩端螺旋体病（已黄染肉尸）、布鲁氏菌病、结核病、鸭瘟、兔病毒性出血症、野兔热的染疫动物以及其他严重危害人畜健康的病害动物及其产品。

3.2.1.2 病死、毒死或不明死因动物的尸体。

3.2.1.3 经检验对人畜有毒有害的、需销毁的病害动物和病害动物产品。

3.2.1.4 从动物体割除下来的病变部分。

3.2.1.5 人工接种病原微生物或进行药物试验的病害动物和病害动物产品。

3.2.1.6 国家规定的其他应该销毁的动物和动物产品。

3.2.2 操作方法

3.2.2.1 焚毁

将病害动物尸体、病害动物产品投入焚化炉或用其他方式烧毁碳化。

3.2.2.2 掩埋

本法不适用于患有炭疽等芽孢杆菌类疫病，以及牛海绵状脑病、痒病的染疫动物及产品、组织的处理。具体掩埋要求如下：

　　a）掩埋地应远离学校、公共场所、居民住宅区、村庄、动物饲养和屠宰场所、饮用水源地、河流等地区；

　　b）掩埋前应对需掩埋的病害动物尸体和病害动物产品实施焚烧处理；

　　c）掩埋坑底铺 2cm 厚生石灰；

　　d）掩埋后需将掩埋土夯实。病害动物尸体和病害动物产品上层应距地表 1.5m 以上；

　　e）焚烧后的病害动物尸体和病害动物产品表面，以及掩埋后的地表环境应使用有效消毒药喷、洒消毒。

3.3 无害化处理

3.3.1 化制

3.3.1.1 适用对象

除 3.2.1 规定的动物疫病以外的其他疫病的染疫动物，以及病变严重、肌肉发生退行性变化的动物的整个尸体或胴体、内脏。

3.3.1.2 操作方法

利用干化、湿化机，将原料分类，分别投入化制。

3.3.2 消毒

3.3.2.1 适用对象

除 3.2.1 规定的动物疫病以外的其他疫病的染疫动物的生皮、原毛以及未经加工的蹄、骨、角、绒。

3.3.2.2　操作方法

3.3.2.2.1　高温处理法

适用于染疫动物蹄、骨和角的处理。

将肉尸作高温处理时剔出的骨、蹄、角放入高压锅内蒸煮至骨脱胶或脱脂时止。

3.3.2.2.2　盐酸食盐溶液消毒法

适用于被病原微生物污染或可疑被污染和一般染疫动物的皮毛消毒。

用2.5％盐酸溶液和15％食盐水溶液等量混合，将皮张浸泡在此溶液中，并使溶液温度保持在30℃左右，浸泡40h，1m² 的皮张用10L消毒液。浸泡后捞出沥干，放入2％氢氧化钠溶液中，以中和皮张上的酸，再用水冲洗后晾干。也可按100mL 25％食盐水溶液中加入盐酸1mL配制消毒液，在室温15℃条件下浸泡48h，皮张与消毒液之比为1∶4。浸泡后捞出沥干，再放入1％氢氧化钠溶液中浸泡，以中和皮张上的酸，再用水冲洗后晾干。

3.3.2.2.3　过氧乙酸消毒法

适用于任何染疫动物的皮毛消毒。

将皮毛放入新鲜配制的2％过氧乙酸溶液中浸泡30min，捞出，用水冲洗后晾干。

3.3.2.2.4　碱盐液浸泡消毒法

适用于被病原微生物污染的皮毛消毒。

将皮毛浸入5％碱盐液（饱和盐水内加5％氢氧化钠）中，室温（18～25℃）浸泡24h，并随时加以搅拌，然后取出挂起，待碱盐液流尽，放入5％盐酸液内浸泡，使皮上的酸碱中和，捞出，用水冲洗后晾干。

3.3.2.2.5　煮沸消毒法

适用于染疫动物鬃毛的处理。

将鬃毛于沸水中煮沸2～2.5h。

参 考 文 献

［1］ 郑明光．动物性食品卫生检验．北京：解放军出版社，2003.

［2］ 甘肃农业大学，南京农业大学．动物性食品卫生学．北京：中国农业出版社，1997.

［3］ 甘肃农业大学，南京农业大学．动物性食品卫生学实验实习指导．北京：中国农业出版社，1990.

［4］ 孙锡斌．动物性食品卫生学．北京：高等教育出版社，2006.

［5］ 王雪敏．动物性食品卫生检验．北京：中国农业出版社，2002.

［6］ 佘锐萍．动物产品卫生检验．北京：中国农业大学出版社，2000.

［7］ 史贤明．食品安全与卫生学．北京：中国农业出版社，2005.

［8］ 孔繁瑶．家畜寄生虫病学．第2版．北京：中国农业大学出版社，1997.

［9］ 杨文泰等．乳及乳制品检验技术．北京：中国计量出版社，1997.

［10］ 许益民．动物性食品卫生学．北京：中国农业出版社，2003.

［11］ 王秉栋．食品卫生检验手册．上海：上海科技出版社，2003.

［12］ 蔡宝祥．家畜传染病学．北京：中国农业出版社，2001.

［13］ 张彦明，佘锐萍．动物性食品卫生学．第3版．北京：中国农业出版社，2002.

［14］ 卫生部卫生虹监督中心卫生标准处．食品卫生标准及相关法规汇编（上、下）．北京：中国标准出版社，2005.

［15］ 农业部农产品质量安全中心．无公害食品标准汇编．北京：中国标准出版社，2006.

［16］ 马美湖，刘焱．无公害肉制品综合生产技术．北京：中国农业出版社，2003.

［17］ 曹斌，姜凤丽．动物性食品卫生检验．北京：中国农业大学出版社，2008.

［18］ 李雷斌．畜产品加工技术．北京：化学工业出版社，2010.

［19］ 张升华．动物性食品卫生检验．北京：化学工业出版社，2010.

［20］ 张妍．食品卫生与安全．第2版．北京：化学工业出版社，2014.